13. Spektrometertagung

13. Spektrometertagung

Düsseldorf, 29. 9. bis 1. 10. 1980, veranstaltet vom Deutschen Arbeitskreis für Spektroskopie in der Fachgruppe Analytische Chemie der Gesellschaft Deutscher Chemiker

Herausgeber
Karl-Heinz Koch   Hans Massmann

Walter de Gruyter · Berlin · New York 1981

Herausgeber

Karl-Heinz Koch, Dr. rer. nat., Dipl.-Chem.
Estel Hüttenwerke Dortmund AG
Postfach 902
D-4600 Dortmund 1

Hans Massmann, Dr. rer. nat.,
Institut für Spektrochemie
und angewandte Spektroskopie
Postfach 778
D-4600 Dortmund 1

CIP-Kurztitelaufnahme der Deutschen Bibliothek

Spektrometertagung <13. 1980, Düsseldorf>:
[Dreizehnte Spektrometertagung]
13. Spektrometertagung: Düsseldorf, 29. 9.–1. 10. 1980/
veranst. vom Dt. Arbeitskreis für Spektroskopie in d. Fachgruppe
Analyt. Chemie d. Ges. Dt. Chemiker. Hrsg. K.-H. Koch; H. Massmann.
Berlin, New York: de Gruyter, 1981.
ISBN 3-11-008456-2
NE: Koch, Karl-Heinz [Hrsg.]; Gesellschaft Deutscher Chemiker /
Deutscher Arbeitskreis für Spektroskopie; AST

Druck: Werner Hildebrand, Berlin. – Bindearbeiten: Dieter Mikolai, Berlin.

VORWORT

Mit der 13. Spektrometertagung, die vom Deutschen Arbeitskreis für Spektroskopie vom 29.9. bis 1.10.1980 in Düsseldorf veranstaltet wurde, hat der 4. Zyklus der von den Niederlanden, von Österreich, der Schweiz und der Bundesrepublik Deutschland getragenen Fachkonferenz begonnen, die alle 2 Jahre wissenschaftlich tätige und in der industriellen Praxis stehende Spektralanalytiker zu einem Erfahrungsaustausch zusammenführt.

Düsseldorf hat - wenn es auch auf den ersten Blick nicht so scheinen mag - mehrfachen Bezug zu diesem Symposium. Zum einen kann Düsseldorf als Hauptstadt der Technik gelten, sind hier doch eine Vielzahl von Zentralen und Niederlassungen großer Industrieunternehmen ansässig, in denen ohne moderne Analytik keine Produktion möglich wäre, sowie seit jeher der „Verein Deutscher Eisenhüttenleute" (VDEh) beheimatet. Der VDEh ist nach dem Verein Deutscher Ingenieure (VDI) - ebenfalls mit Sitz in Düsseldorf - und dem Verein Deutscher Elektroingenieure (VDE) die drittgrößte Ingenieur-Vereinigung. Der beim VDEh bestehende Chemikerausschuß hat sich bereits sehr früh mit den Möglichkeiten der Emissionsspektralanalyse unter dem Aspekt eines universellen Schnellverfahrens, d.h. der minutenschnellen, gleichzeitigen Lieferung von Informationen über die Gehalte mehrerer Elemente zur Überwachung von Prozessen, auseinandergesetzt. Erinnert sei an die Vorträge in den Düsseldorfer Vollsitzungen des Chemikerausschusses der Jahre 1929 bis 1933 von K. Kellermann [1], G. Scheibe [2], P. Klinger, O. Schließmann[3] und O. Feußner [4].

Der Einsatz dieser spektrographischen Verfahren blieb jedoch auf Sonderfälle beschränkt, sie lieferten nach heutigen Maßstäben im wesentlichen eine qualitative Analyse, sie müssen aber als hoffnungsvolle Ansätze und Voraussetzung für die weitere Entwicklung gewertet werden.

Diese Hinweise leiten zu einer weiteren Beziehung zwischen Düsseldorf und dieser Tagung über, denn in dieser Stadt steht das Institut, in dem die ersten spektrometrischen Analysen in Deutschland durchgeführt worden sind. Am damaligen Kaiser-Wilhelm-Institut für Eisenforschung, heute Max-Planck-Institut, ist 1936 G. Thanheiser und J. Heyes „die unmittelbare photoelektrische Bestimmung von Mangan und Chrom in Stählen"[5] gelungen. Leider hat die Folgezeit die konsequente Fortsetzung dieser Arbeiten an der genannten Forschungsstelle verhindert.

Die seit 1958 durchgeführten Spektrometertagungen haben die Entwicklung, die sich seit jener Zeit vollzogen hat, aufgezeigt und die Bedeutung dieses Zweiges der Analytik bewußt gemacht. Bereits im Jahre 1970 wurde die Zahl der in der Bundesrepublik Deutschland installierten spektrometrischen Großgeräte auf 1500 geschätzt [6]. Heute ist die Zahl sicher noch deutlich höher und die damit verknüpfte Investitionssumme dürfte in der Größenordnung von 1 Mrd. DM liegen, eine Summe, der auf der anderen Seite technische Vorteile und ein entsprechender wirtschaftlicher Nutzen gegenüberstehen.

Die geschlossene Herausgabe der Vorträge der 13. Spektrometertagung wird als Möglichkeit betrachtet, den gegenwärtigen Kenntnisstand über verschiedene spektrometrische Methoden zu vermitteln und zu helfen, auf der Tagung Gehörtes nachzuvollziehen und empfangene Anregungen besser umsetzen zu können.

Der vorliegende Band ist in dem Sinne als wünschenswerte oder gar notwendige Fortsetzung des Erfahrungsaustausches zu verstehen.

Die Herausgeber Dortmund, im November 1980

Literatur

1] K. Kellermann, Arch. Eisenhüttenwes. 3 (1929), S. 205/11

2] G. Scheibe, Arch. Eisenhüttenwes. 4 (1930/31), S. 579/86

3] P. Klinger, O. Schließmann u. K. Zänker, Arch. Eisenhüttenwes. 6 (1932/33), S. 487/94

4] O. Feußner, Arch. Eisenhüttenwes. 6 (1932/33), S. 551/57

5] G. Thanheiser u. J. Heyes, Arch. Eisenhüttenwes. 11 (1937/38), S. 31/40

6] H. Kaiser, Klepzig Fachber. 1970, S. 229

Inhaltsverzeichnis

Contents

KAPITEL 1

Emissionsspektrometrie mit Funken und Glimmentladungen

BEITRAG ZUM MEMORY-EFFEKT IN DER EMISSIONSSPEKTROMETRIE

F.J. Haftka und H. Vogel
Alusuisse Forschung und Entwicklung
CH-8212 Neuhausen

1. Einleitung

Emissionsspektrometrische Verfahren zeichnen sich nicht nur durch aussergewöhnliche Schnelligkeit sondern auch durch tiefe Nachweisgrenzen aus. Letztere sind mathematisch festgelegt und lassen sich z.B. durch folgende Formel bestimmen:

$$[LOD] = \frac{2\sigma_P\,[BEC]}{100} \quad (1)$$

$$= 2\sigma_R\,[BEC] \quad (2)$$

[BEC] = Untergrundäquivalentkonzentration

σ_R = Relative Streuung der Untergrund-Intensität = Variationskoeffizient

σ_P = Relative Streuung der Untergrund-Intensität in %.

Diese Version der Formel (2) dürfte für den Analytiker die geeignetste sein, weil sie 2 Anteile enthält, von denen jeder für sich mit einer besonderen Vorstellung verbunden werden kann. Der erste mitbestimmende Faktor ist statistischer Art, er repräsentiert die mittlere Streuung des gesamten Analysenverfahrens. Als zweiter Faktor erscheint der BEC-Wert als jene Konzentration, für welche die Netto-Intensität der Linie gleich der des "darunterliegenden" Untergrundes ist. Ein be-

13. Spektrometertagung

sonderer Vorteil des BEC-Wertes ist seine Einprägsamkeit im Gegensatz zur Empfindlichkeit [Imp/ppm], die vom Verstärkungsgrad der Photomultiplier abhängig ist. Es sei darauf hingewiesen, dass sich diese Formel bei der Entwicklung von Analysenverfahren und vergleichenden Bewertungen von Methoden als besonders vorteilhaft erweist.

Mit Recht kann der Einwand erhoben werden, dass die mit dieser Formel ermittelten Nachweisgrenzen nur von theoretischem Wert sind. Für den Analytiker sollten sie jedoch als orientierende Grössen willkommen sein, denn es ist ja bekannt, dass die Nachweisgrenzen gerade ein Musterbeispiel für das Auseinanderklaffen von theoretischen und experimentellen Werten darstellen. Wenn man von divergierenden chemischen Werten der Standards absieht und ähnliche BEC-Werte voraussetzt, bleiben dafür folgende Ursachen:

1. Unterschiede in der rein methodisch und apparativ bedingten mittleren Streuung.

2. Beeinflussung durch verschiedene Homogenitätsgrade der Proben.

3. Abweichende Reinlichkeitsbedingungen während des gesamten Analysenablaufes.

Trotz gegenseitiger Wechselwirkung ist es möglich, den Dingen auf den Grund zu gehen, sodass die Diskrepanz zwischen Theorie und Praxis wesentlich verkleinert werden kann. In einer ersten Untersuchung wurde deshalb das Schwergewicht auf den 3. Punkt gesetzt, unter dem folgende Faktoren zusammengefasst sind:

1. Blindwerteinfluss bei oszillierender Entladung durch die Gegenelektrode.

2. Kontamination während der Probennahme und Probenvorbereitung.

3. Memory-Effekte während des Abfunkens.

Die Aufmerksamkeit galt insbesondere dem letzten Punkt, dem Memory-Effekt also, für den folgende Definition gegeben wird:

Unter Memory-Effekt versteht man die Beeinflussung von Analysenresultaten durch Nachwirkung vorheriger Proben und deren Kontaktmaterialien infolge direkter Kontamination oder probenbedingter Zustandsänderungen des Instrumentariums.

Zweck der Untersuchung war herauszufinden:

1. unter welchen Umständen Memory-Effekte auftreten

2. welche Elemente davon betroffen sind

3. welche quantitativen Beziehungen bestehen

4. wie der Memory-Effekt analytisch in den Griff zu bekommen ist

2. Massnahmen zur Stabilisierung des Spektrometers

Für einen Analytiker, der keine Erfahrung mit Spurenanalysen hat, wird es nicht ohne weiteres einleuchtend sein, dass auch im Spurenbereich ein Höchstmass an Genauigkeit der Messwerte erforderlich ist, um eine verlässliche analytische Aussage machen zu können. Die Ergebnisse der vorliegenden Arbeit wurden deshalb mit Simultanspektrometern erreicht, deren relative mittlere Streuung meist zwischen 0.5 - 1 % liegt. Abweichungen von diesem Bereich sind fast immer ein Zeichen von Blindwerteinflüssen oder Kontamination, d.h. auch von Memory-Effekten. Es wird an dieser Stelle besonders darauf hingewiesen, dass die folgenden Untersuchungen und ihre Ergebnisse von den jeweiligen Laborbedingungen abhängen. Deshalb kann dem einzelnen nur empfohlen werden, seine individuellen Verhältnisse selbst durch gezielte Versuche zu überprüfen.

Nach diesen Bemerkungen ist verständlich, dass die Untersuchungen mit einem Spektrometer durchgeführt werden müssen, das sich im Arbeitsgleichgewicht befindet und während der Messreihen unter Kontrolle gehalten werden kann. Sogenannte Einlaufeffekte wurden deswegen durch entsprechende Massnahmen wie z.B. "Warmlaufen, Konditionierung" vermieden. Zusätzlich zeigte sich unter den vorliegenden Versuchsbedingungen eine 1 - 3 %ige Drift der Resultate in Absolut- und Ratiomessung in Abhängigkeit von der Reihenfolge der Abfunkungen einer jeden Probe. Ein typisches Beispiel für die Beeinflussung der Spektrallinien-Intensitäten wird durch Tab. 1 veranschaulicht.

KONDITIONIERUNGSEFFEKTE UND IHR EINFLUSS AUF DIE NACHWEISGRENZE

	UNTER-GRUND (DIG)	EMPF. (DIG / PPM)	BEC* PPM	1 % INTENSITÄTSÄNDERUNG BEI UNTERGRUND Δ PPM	BEC Δ PMM	10 x BEC Δ PPM
Si 2516	115	4,11	28,0	0,28	0,56	3,1
Cu 3274	139	10,2	13,6	0,14	0,28	1,5
Mg 2790	121	7,1	17,1	0,17	0,34	1,9
Zn 3345	239	1,39	172	1,7	3,4	18,9

Hier sind die Aenderungen in ppm bei verschiedenen Konzentrationsniveaus angegeben, wenn sich die Messwerte um 1 % ändern. Man sieht, wie der relative Einfluss auf die Konzentration zunimmt, je kleiner die Konzentrationen werden.

Der Grund für diesen Effekt liegt in der Bildung von Kondensat auf der Gegenelektrode, denn eine Reinigung der Gegenelektrode vor jeder Abfunkung hat diesen Effekt beseitigt. Es wäre abwegig, hier von einem echten Memory-Effekt zu sprechen, da er nicht von der Zusammensetzung der Probe abhängt, wie aus späteren Versuchen geschlossen werden kann. Es wird einer weiteren Veröffentlichung vorbehalten sein, auf die in diesem Zusammenhang gemachten Beobachtungen einzugehen.

3. Untersuchungen des Einflusses der Gegenelektroden

Hochspannungsanregung in Stickstoffatmosphäre

Wenn es um Spurenbestimmungen geht, wird man erwarten, dass Art und Reinheit der Gegenelektrode von Bedeutung sind. Besonders zu berücksichtigen ist hier allerdings der Charakter der elektrischen Entladung. Es liegt auf der Hand, dass man bei oszillierenden Entladungen und "point to plane" Technik nur reine Gegenelektroden entweder aus demselben Matrixelement odereinem quasi "neutralen" Element verwenden darf. Bezogen auf die Graphitgegenelektrode, die z.B. bei der Hochspannungsanregung in Stickstoffatmosphäre gebraucht wird, ergeben sich folgende Bedingungen:

1. Homogene Verteilung der Verunreinigungen möglichst unterhalb der Nachweisgrenze

2. Kein Auftreten von Ballungszentren von Verunreinigungen [Spots]

3. Möglichkeit der Wiederverwendung nach angemessener Reinigung

Während Punkt 1 und Punkt 2 für den Kenner der Materie keine schwierigen Fälle sind, kann es mit der sogenannten angemessenen Reinigung mehr analytischen Kummer bekommen. Entsprechende Messresultate sind in Tab. 2 zusammengefasst. Sie zeigen gegenüber den späteren Versuchen bedeutend grössere vorgetäuschte Konzentrationserhöhungen an. Diese Art Memory-Effekt kann durch eine geeignete Vorrichtung bei der Elektrodenanspitzung beseitigt werden.

TAB. 2

SCHEINBARE KONZENTRATIONSERHÖHUNG EINER HOCHREINEN AL-PROBE BEI UNGENÜGEND BZW. NICHT GEREINIGTEN GRAPHIT-ELEKTRODEN NACH ABFUNKUNG EINER HOCHLEGIERTEN AL-PROBE MIT OSZ. HOCHSPANNUNGSFUNKEN IN N_2-ATMOSPHÄRE

LINIE	UNGENÜGENDE REINIGUNG Δ PPM	KEINE REINIGUNG Δ PPM	Δ PPM	MEMORY-FAKTOR	%-GEHALT AL-LEGIERUNG
Si 2882	10	88	96	0,034	0,27
Fe 2395	16	81	92	0,023	0,37
Cu 3274	109	456	508	0,026	1,85
Cu 5105	95	803	885	0,046	
Mn 2593	25	130	145	0,063	0,59
Mg 2796	108	390	330	0,013	2,85
Mg 5184	105	1050	1280	0,058	
Zn 3345	174	1080	1290	0,031	5,9
Zn 4810	194	1290	1520	0,069	
Ti 3372	1,3	14	16	0,037	0,04
Cr 2766	8	81	92	0,048	0,18

Unipolare Entladungen in Argonatmosphäre

Der besondere Charakter der Anregung in Argon mit seiner ausgeprägten Empfindlichkeit gegenüber Sauerstoffspuren erfordert die Verwendung einer geschlossenen Funkenkammer, in deren Konstruktion die Gerätehersteller schon viel, aber offenbar noch nicht genug Scharfsinn und Geld gesteckt haben.

Während des Funkens wird Material bis zu wenigen Milligrammen verdampft. Der Dampf wird zum grössten Teil vom Argon fortgespült, er kondensiert aber auch an Stellen, die für die Analyse unerwünschte Effekte verursachen. Eine Aufzählung führt zu folgender Reihenfolge:

1. Bedampfung der probenseitigen Fläche der Eingangsoptik durch Gegenstromdiffusion

2. Bedampfung der übrigen Kammerwände

3. Kondensatbildung auf der Gegenelektrode

4. Belagbildung auf der Probenfläche und der ringförmigen Oeffnung des Probentisches

Obwohl die unter 1 und 2 genannten Erscheinungen und Effekte jetzt ziemlich bekannt sind, müssen dennoch viele Laboratorien noch mit ihnen leben.

Zum dritten Punkt übergehend lag die Annahme nahe, dass das Kondensat auf der Wolfram-Elektrode Ursache für einen Memory-Effekt sein könnte, wie in einer Untersuchung von Prevot irrtümlich angenommen wurde. Die Empfehlung der Gerätehersteller, die Gegenelektrode erst nach X-Abfunkungen zu reinigen, sollte deshalb stets im Hinblick auf die individuellen Konsequenzen überprüft werden.

Von einem etwas ungewöhnlich erscheinenden Weg zur Untersuchung dieses Effektes sei hier berichtet. Die Versuche wurden zwar mit Aluminiumproben durchgeführt, die Ergebnisse dürften sich aber nur graduell von denen anderer Matrizes unterscheiden.

Entsprechend der Standardelektrode aus Wolfram [Ø = 6mm; 90°-Kegel] wurden analog solche aus Aluminium, Kupfer, Messing, nichtrostendem Chrom-Nickel-Stahl und Kohlenstoff in seinen beiden Varianten hergestellt. Alle Elektroden wurden unter gleichen Bedingungen eingesetzt und die absoluten Intensitäten einer sehr reinen Probe [jedes Element $<$10 ppm] gemessen. Die Ueberraschung war perfekt, die Mittelwerte den Intensitäten zeigten keinen Einfluss der Gegenelektrode. Dies bedeutet konkret, dass man eine Kupferbestimmung in Aluminium mit einer Cu-Gegenelektrode und empfindlichen Analysenbedingungen machen kann, ohne irgendeine Korrektur [$>$1 ppm] anbringen zu müssen.

4. Der Einfluss des Probentischrandes auf den Memory-Effekt in der Funkenkammer

Nach diesen Resultaten ist es ziemlich unwahrscheinlich, dass Memory-Effekte bei unipolarer Anregung durch Verdampfung des Kondensats der nicht gereinigten Gegenelektroden verursacht werden können. Ueberlegungen zur Erklärung der zum Teil sehr beträchtlichen Memory-Effekte ergaben folgende Möglichkeiten:

1. Verdampfung und Anregung von kondensierten Belägen von den Kanten der kreisförmigen Probentischöffnung

2. Einführung von Metallstaub von den Kammerwandungen in das Entladungsplasma durch den turbulenten Argonstrom

Da es keine Anzeichen für unvollständiges Fortspülen nichtkondensierten Metalldampfes aus der Funkenkammer gab, konzentrierten sich die Untersuchungen insbesondere auf den ersten Punkt. Aus Erfahrung weiss man, dass die Probentische eine beschränkte Lebensdauer haben. Bei Betrachtung des Randes der Oeffnung des Probentisches fällt auf, dass dort zwei gegensätzliche Prozesse abgelaufen sind. Der eine ist die Belagbildung durch den kondensierten Metalldampf aus der Entladung, dem ein Abbau durch erratische Funkenüberschläge und sporadisch abgeblasene Metallstaubpartikel entgegenwirkt. Wie sich dies auf die Messergebnisse auswirken kann, zeigen die beiden folgenden graphischen Darstellungen 1 und 2.

ABB. 1

SCHNELL ABKLINGENDER MEMORY-EFFEKT BEI Cu IN ALUMINIUM

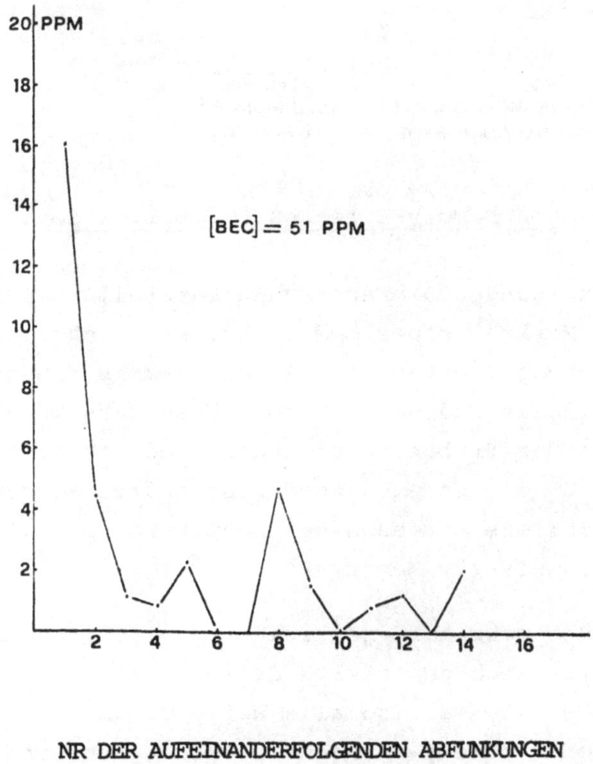

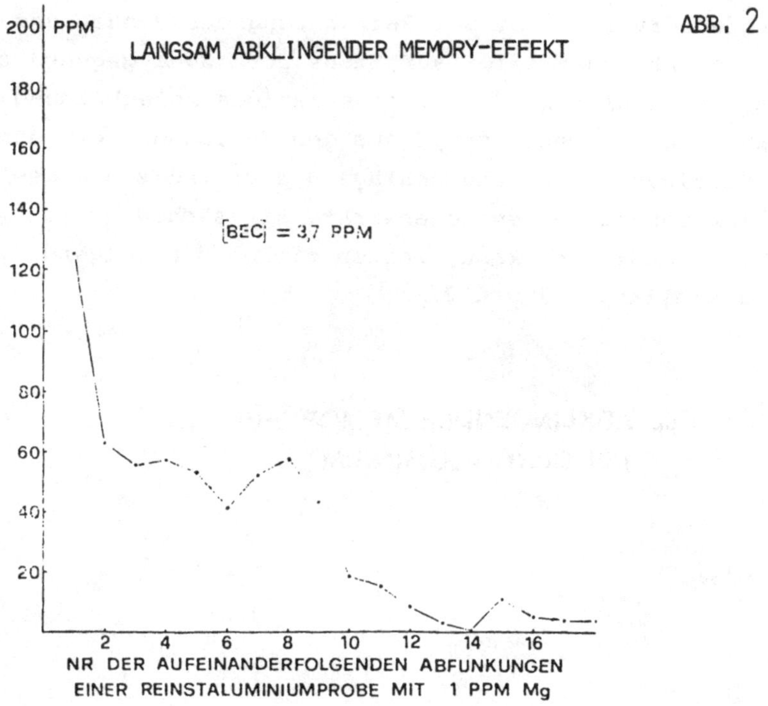

5. Erkennung von Memory-Effekten und Definitionen

Aus den vorangegangenen graphischen Darstellungen lässt sich das typische Merkmal eines Memory-Effektes, nämlich sein abfallender Charakter entnehmen. In der Praxis findet man jedoch nicht immer ideale Bedingungen vor, besonders wenn die aufeinanderfolgenden Proben sehr unterschiedlich sind. In solchen Fällen ist z.B. die Streuung der ersten drei Messungen oder besser die mittlere Streuung der Resultate spezieller Messreihen ein Hinweis für Memory-Effekte.

Dies fällt umso mehr auf, je kleiner die übliche über alle Elemente geometrisch gemittelte Streuung ist. Liegt diese zwischen 0.5 - 1 %, so sind alle Werte grösser 1 - 2 % bei homogenen Proben memory-verdächtig. Macht man eine statistische Analyse der Wertverteilungen, so stellt man starke

Abweichungen von der Gauss-Verteilung fest.

Zur Auswertung weiterer Resultate ist es an dieser Stelle nützlich, das formalistische Rüstzeug durch Einführung einiger Definitionen vorzubereiten. Sie sollen dazu beitragen, die Effekte zu quantifizieren und damit eine Uebersicht über die Grössenordnungen zu geben, die uns in der Praxis begegnen.

Definition des Memory-Quotienten und Memory-Faktors:

Der Memory-Quotient Q_m entspricht dem Verhältnis der Konzentration C_E eines Elementes in der verursachenden Probe zu der scheinbaren Konzentrationserhöhung ΔC in einer nachfolgenden Probe.

Der Memory-Faktor ist der reziproke Wert des Memory-Quotienten.

Das Produkt aus der Konzentration eines Elementes in der verursachenden Probe und dem Memory-Faktor ermöglicht nun die Abschätzung, um wieviel der gefundene Wert einer nachfolgenden Probe zu hoch ausgefallen sein kann.

6. Memory-Effekt bei Matrixwechsel

Es liegt auf der Hand, dass die grösste Wahrscheinlichkeit für das Auftreten von Memory-Effekten bei der Aufeinanderfolge grundverschiedener Proben gegeben ist, d.h. bei einem Matrixelementwechsel mit anschliessender Bestimmung eben dieses Elementes im Spurenbereich. Als Beispiel diente die Bestimmung von Fe, Cr und Ni in Aluminium nach dem Abfunken einer nichtrostenden Stahlprobe. Wie man aus Tab. 3 sieht, liegt der Memory-Quotient in der Grössenordnung 10^4. Es erstaunt deshalb auch nicht, dass nur bei diesen Elementen ein Memory-Effekt beobachtet werden konnte. Da sie ähnliche Eigenschaften haben, stehen die beobachteten scheinbaren Konzentrationserhöhungen in angenähert gleichem Verhältnis wie die Konzentrationen der Elemente in der Stahlprobe.

TAB. 3

MEMORY - EFFEKT BEI EINER REINST-ALUMINIUMPROBE NACH EINER STAHLPROBE (18/8)

ELEMENT	SOLLWERT (PPM)	Δ (PPM) 1.	2.	3.	4. ABFUNKUNG
SI	10	KEIN EFFEKT			
FE 1. VERSUCH	5	13	4.6	7.3	6.6
2. "	5	23	15	11	9.3
CU	2	MAXIMAL 1.5			
MN	< 1	KEIN EFFEKT			
MG	3	KEIN EFFEKT			
CR 1. VERSUCH	< 1	5.2	1.7	2.2	2.7
2. "	< 1	7.7	4.5	3.7	3.7
NI 1. VERSUCH	< 1	2.2	0.8	1	1.2
2. "	< 1	3.0	1.5	1.2	0.8

7. Memory-Effekt bei Legierungstypwechsel mit gleichem Matrixelement

Aus den Erfahrungen beim Matrixelementwechsel lässt sich abschätzen, was beim Uebergang zu Legierungen mit gleichem Basiselement aber unterschiedlichen Legierungspartnern zu erwarten ist. Da die Legierungspartner im Aluminium meist mehr als eine Zehnerpotenz tiefere Konzentrationen als Aluminium aufweisen, besteht die Wahrscheinlichkeit, dass die entsprechenden Memory-Effekte der Elemente Si, Cu, Mg und Zn noch messbar sind. Einige Beispiele sind in den Tabellen 4, 5 und 6 zusammengefasst. Bei näherem Zusehen kann man aus dem Memory-Effekt sogar auf die Konzentrationsverhältnisse in der verursachenden Probe schliessen.

TAB. 4

MEMORY-EFFEKT BEIM WECHSEL VON LEGIERUNG AUF REINST-ALUMINIUM MIT KONTROLLIERTER UNIPOL. HOCHSPANNUNGSENTLADUNG

PROBE	GEGENELEK. REINIGUNG	ANZAHL ABFUNK.	SCHEINBARE KONZENTRATIONSERHÖHUNG Δ PPM Cu	Mg	Zn	Si
Al- Cu 1.6 Mg 2.8 Zn 5.6	-	4				
REINST-Al (112/01)	-	4	3	3	7	
Al- Cu 1.6 Mg 2.8 Zn 5.6	-	1 } x 4*				
REINST-Al (112/01)	-	1	6	4	14	
Al- Cu 1.6 Mg 2.8 Zn 5.6	+	4				
REINST-Al (112/01)	+	4	2	4	0.3	
Al- Cu 1.6 Mg 2.8 Zn 5.6	+	1 } x 4*				
REINST-Al (112/01)	+	1	6	5	2	
Al- Si 12.2	+	4				
REINST-Al (112/01)	+	4				9
Al- Si 12.2	+	1 } x 4*				
REINST-Al (112/01)	+	1				32

* ABWECHSELNDES ABFUNKEN VON LEGIERUNG UND REINSTPROBE

MEMORY-EFFEKT BEIM WECHSEL VON LEGIERUNGEN AUF REINSTALUMINIUM MIT UNIPOLARER MITTELSPANNUNGSENTLADUNG (KEINE REINIGUNG)

TAB. 5

PROBE	ABFUNKUNGEN	KONZENTRATIONSERHÖHUNG PPM Cu	Mg	Zn	Ni	Si
REINST-Al 112	2 x 10					
Al-LEGIERUNG *	2					
REINST-Al 112	2	0.8	2.7	12		
Al-LEG.	2					
REINST-Al 112	2	1.0	3.1	14		
Al-LEG.	2					
REINST-Al 112	2	1.7	4.0	11		
Al-LEG.	2					
REINST-Al 112	2	2.8	6.3	19		
Al-LEG.	2					
REINST-Al 112	2	1.6	5.4	21		
REINST-Al 112	2 x 10	<0.1	<0.1	<1		
Al-LEG. **						
REINST-Al 112		1.3	1.7	<3	1.0	11
Al-LEG.						
REINST-Al 112		2.3	1.9	<3	2.3	18
Al-LEG.						
REINST-Al 112		1.6	0.9	<3	0.8	8
Al-LEG.						
REINST-Al 112		1.3	1.4	<3	1.2	10
Al-LEG.						
REINST-Al 112		2.2	1.4	<3	2.0	15
BEC-WERTE		4.3	1.9	126	19	

* Al- Cu 1.6 Mg 2.8 Zn 5.6

** Al- LEG. Si 12.5 Cu 1.7 Mg 1.4 Ni 1.5

TAB. 6

MEMORY – EFFEKT BEI LEGIERUNGSWECHSEL

KUMULATIONSZAHL			2		2		5				
NR. DER ABFUNKUNG			1.	2.	1.	2.	1.	2.	3.	4.	5.
	KONZ. LEG. %	KONZ. REIN. PPM	KONZENTRATIONSERHÖHUNG (Δ PPM)								
Si	12,5	10	6,9	4,4	11	9	11	9	10	4	4
Cu	1,6	5	0,6	<0,5	5	1	5	1	1	<1	<1
Mg	4,5	3	2,5	1,6	11	3	11	3	4	2	2
Zn	5,6	1	2	<1	18	3	18	3	4	3	1

Nach Auswertung der vielen Messungen, auf die hier im Einzelnen nicht eingegangen werden kann, lassen sich einige Folgerungen ziehen:

1. Der Wechsel zwischen Legierungen mit starkem Konzentrationsgefälle kann zum Auftreten von Memory-Effekten führen.

2. Die entsprechenden Memory-Quotienten haben die Grössenordnung von 10^4, d.h. Legierungselemente mit einigen Gehaltsprozenten können bei der Bestimmung von Spuren im unteren ppm-Bereich spürbare Konzentationserhöhungen vortäuschen.

3. Bei den Memory-Effekten sind Kumulationswirkungen vorhanden, d.h. es gibt Unterschiede, ob nur eine legierte Probe oder eine Serie solcher Proben vorher analysiert worden ist.

4. Die Reinigung der Gegenelektrode hat keinen Einfluss auf die Höhe des Memory-Effektes, wohl aber die Reinigung der kreisförmigen Probentischöffnung.

8. Massnahmen zur Vermeidung des Memory-Effektes in der Funkenkammer

Nachdem Grössenordnung und Ursprung des Memory-Effektes in der Probenkammer ermittelt worden sind, bleibt zu überlegen und zu beweisen, wie man ihn beseitigen kann. Es bieten sich dafür mindestens drei Möglichkeiten an:

1. Verwendung von legierungsspezifischen Probentischen mit schneller und problemloser Auswechslung.

2. Auswechseln von leicht zu reinigenden Einzelteilen wie z.B. Probentischring und Kammerwandung.

3. Erweiterung der Probentischöffnung zur Vermeidung von erratischen Funkenübergängen.

Bei Benutzung der zweiten Möglichkeit wurden mit Ausnahme des Elementes Kupfer gute Resultate erziehlt, wie aus Tab. 7 hervorgeht. Die gelegentlich auftretenden Ausreisser bei Cu lassen sich durch den Kontakt der Probentischrandung mit Werkzeugen zur Reinigung und zum Wechsel der Gegenelektrode erklären. Sie können die Spurenanalyse über längere Zeit negativ beeinflussen, sodass durch geeignete Massnahmen für Abhilfe gesorgt werden muss.

BESEITIGUNG DES MEMORY-EFFEKTES MITTELS GLASKUVETTENWECHSELS BEI UNIPOLARER MITTELSPANNUNGSENTLADUNG

TAB.7

PROBE		Cu		Mg		Zn		Ca	
		DIG	ΔPPM	DIG.	ΔPPM	DIG.	ΔPPM	DIG.	ΔPPM
REINST - Al (112)		21,3		18,8		12,7		30,9	
Al - LEG. *		6 ZWISCHENGESCHALTETE ABFUNKUNGEN							
REINST-Al (112)	1. AUFN.	21,4	<0,1	18,4	<0,1	12,5	<1	30,5	<0,1
	2.	20,7	<0,1	17,5	<0,1	12,6	<1	30,7	<0,1
	3.	21,4	<0,1	19,5	0,2	12,6	<1	30,6	<0,1
	4.	20,7	<0,1	17,5	<0,1	12,3	<1	30,8	<0,1
	5.	21,5	<0,1	20,1	0,4	12,4	<1	30,3	<0,1
	6.	20,8	0,1	17,4	<0,1	12,2	<1	30,6	<0,1
	7.	22,5	0,4	20,2	0,4	12,4	<1	30,5	<0,1
	8.	23,3	0,6	17,5	<0,1	12,6	<1	30,7	<0,1
	9.	20,8	<0,1	17,4	<0,1	12,6	<1	30,6	<0,1
	10.	21,1	<0,1	19,2	0,1	12,5	<1	30,6	<0,1
SOLLWERT		10		3		2		<1	
$\sigma_R(I)$ %		4,0		6,4		1,0		0,45	
EMPFINDLICHKEIT (DIG/PPM)		3,5		3,4		0,1		13	

* Al - Cu 1,6 Mg 2,8 Zn 5,6

Schlussbetrachtung:

Eigene Erfahrungen und die Auswertung eines weltweiten Round-Robintestes über emissionsspektrometrische Spurenanalysen haben eine eingehende Untersuchung zum Memory-Effekt ausgelöst, der die Bestimmung von Spuren ziemlich verunsichern kann. Als Beitrag zu dem komplexen Gesamtproblem konnten die Vorgänge in der Funkenkammer untersucht werden, sodass Grössenordnung und Ursache der Effekte am Beispiel des Aluminiums und seiner Legierungen deutlich geworden sind. Die daraus abgeleiteten Massnahmen haben zur Eliminierung des Effektes geführt, sodass Spurenanalysen selbst unter ungewöhnlichen Bedingungen und Ausnutzung der vollen Leistungsfähigkeit der Spektrometer zuverlässige Resultate ergeben.

Für die sorgfältige Mitarbeit während der Untersuchungen sei Fr. R. Schmutz besonders gedankt.

Emissionsspektralanalyse von Feinsilber mit einer Glimmentladungslampe

H.-M. Lüschow
Degussa AG, Edelmetallwerk Wolfgang, Postfach 1345
6450 Hanau 1

1 Einleitung

Die ersten Berichte über den Einsatz der Grimmschen Lampe, die Anfang der 70-er Jahre erschienen, hatten bereits die Edelmetallanalyse zum Gegenstand: Im National Physical Research Laboratory in Pretoria haben H. Jäger und L. R. P. Butler (1 - 6) die Leistungsfähigkeit der Glimmlampe am Beispiel von Gold und Goldlegierungen untersucht und dabei eine Methode der Konzentrationsberechnung aufgezeigt.

Aus den zahlreichen Veröffentlichungen zum Thema Edelmetallanalytik mit der Glimmlampe, zu denen kürzlich ein Bericht über die Analyse von Silberlegierungen hinzukam (7), könnte man den Schluß ziehen, als sei dieses Anwendungsgebiet bereits vollständig untersucht. Das ist jedoch weder hinsichtlich der Spurenanalyse noch hinsichtlich der Bestimmung hoher Gehalte der Fall.

Als Beispiel für die vielfältigen Einsatzmöglichkeiten im Edelmetallbereich sollen in meinem Referat Erfahrungen bei der Reinheitsanalyse von Silber im Rahmen einer Produktionskontrolle beschrieben werden. Hier kam es darauf an, die bis dahin verwendeten zeitaufwendigen Verfahren, nämlich die spektrografische Analyse bzw. die Atomabsorption durch die direkte Analyse der Metallproben zu ersetzen.

13. Spektrometertagung

2 Die handelsüblichen Reinheitsgrade (8) von Silber und die Bedeutung der Analyse für den Ablauf der Feinsilberproduktion

Die handelsüblichen Silberqualitäten sind in Tabelle 1 zusammengestellt.

Tabelle 1

Handelsübliche Reinheitsgrade von Silber

Bezeichnung	% Ag	Cu g/t	Pb	Bi	u.a. g/t
Feinsilber "good delivery"	99,9	$\leqslant$ 1000	$\leqslant$1000	$\leqslant$1000	*)
Feinsilber(Degussa-Normalqualität)	99,97	$\leqslant$ 300	$\leqslant$10	$\leqslant$10	
Feinsilber(Degussa-Sonderqualität)	99,99	$\leqslant$ 100	$\leqslant$10	$\leqslant$10	
Feinsilber chem. rein	99,995	$\leqslant$ 50			
Feinsilber hochrein	99,999	$\leqslant$ 10			

*) Die Verunreinigungen sind bei dieser Qualität nicht im einzelnen spezifiziert.

Handelsübliches Silber, das als "good delivery"-Silber bezeichnet wird, enthält mindestens 99,9 % Ag, der Rest besteht hauptsächlich aus Cu sowie Pb, Bi und anderen Metallen, darunter auch Au, Pt und Pd. Die nächstbessere Qualität enthält mindestens 99,97 % Ag, $\leqslant$ 300 g/t Cu und $\leqslant$ 40 g/t sonstige Metalle, davon Bi und Pb $\leqslant$ 10 g/t. Für die meisten Verwendungsgebiete ist diese Reinheit ausreichend. Einige elektrotechnische Einsatzgebiete erfordern Feinsilber mit 99,99 % Ag. Auch diese Reinheit kann durch Spektralanalyse mit Glimmanregung sichergestellt werden. Das gilt auch für die Verunreinigungen in chemisch reinem Feinsilber mit 99,995 % Ag.

Man erkennt aus Tabelle 1, daß Cu als Verunreinigung oder Legierungsbestandteil mengenmäßig überwiegt. Als für viele Anwendungen des Silbers schädliche Elemente müssen besonders

Pb-, Bi- und Te-Spuren ermittelt werden. (Bei der Angabe des Silbergehaltes wird üblicherweise nur die Summe der metallischen Verunreinigungen angerechnet, der Sauerstoffgehalt bleibt unberücksichtigt.)

Ohne auf Einzelheiten einzugehen, möchte ich Ihnen als Hintergrund für die folgende Beschreibung der Feinsilberanalyse, (auch zum besseren Verständnis der Probenahme) den Produktionsablauf für Feinsilber vgl. (9, 10) schematisch andeuten:

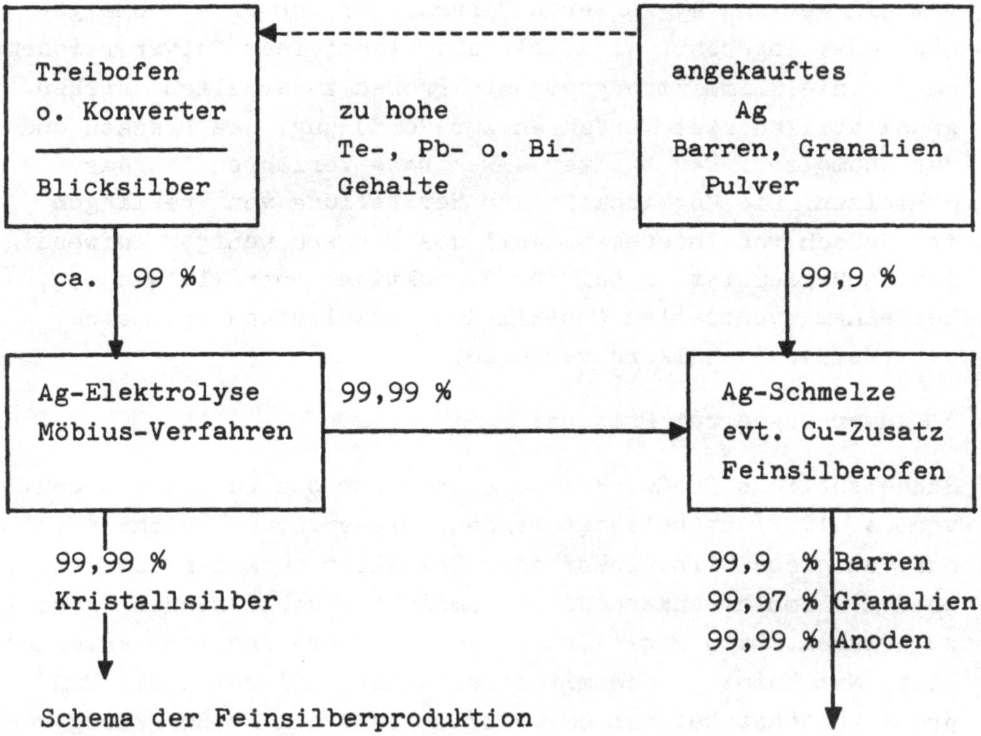

Schema der Feinsilberproduktion

Nach der Vorreinigung des Ag in einem Treibofen oder Konverter erfolgt die Feinreinigung durch Elektrolyse nach dem Möbius-Verfahren, wobei 99,99 %iges Ag gewonnen werden kann. In der Silberschmelze wird dieses 4 N Silber entweder zu Anoden für die Ag-Pulverherstellung oder zu Granalien vergossen.

Außerdem wird 99,97 %iges Ag durch Verschneiden von Elektrolyt-Silber mit angekauftem Rohsilber oder durch Cu-Zusatz erschmolzen und zu Barren oder Granalien vergossen. Bei allen Verfahrensschritten des Schemas erfolgt eine Probenahme für die Spektralanalyse.

3 Probenahme und Probenvorbereitung

Wie im schematischen Produktionsablauf angedeutet, fällt das zu analysierende Feinsilber in vielfältigen Formen an, die vom einige zehn kg schweren Barren, der zur Probenahme gesägt oder angebohrt wird, bis zum staubfeinen Pulver reichen. Um für die Glimmlampe geeignete Proben zu erhalten, stehen grundsätzlich zwei Verfahren zur Verfügung, das Pressen und das Schmelzen. Das breiter anwendbare Verfahren ist das Schmelzen. Die Möglichkeit der Herstellung von Preßlingen ist jedoch von Interesse, weil das Pressen weniger aufwendig ist. Außerdem ist es bei der Produktionskontrolle wichtig, bei einem eventuellen Ausfall des Schmelzofens über eine alternative Technik zu verfügen.

3 1 Anmerkungen zum Pressen:

Handelsübliche Preßwerkzeuge können nur bis zu einem Druck von ca. 10 t/cm^2 belastet werden. Dieser Druck reicht nicht aus, um grobe Silberspäne oder Granalien zu einer kompakten, an der Glimmlampenkathode vakuumdicht abschließenden Probe zu pressen. Dazu wären Drücke von 20 t/cm^2 und mehr erforderlich. Man kommt jedoch mit einem Kunstgriff zum Ziel: Man preßt zunächst bei nur ca. 5 t/cm^2 in einem Preßwerkzeug von 25 mm Innendurchmesser einen "Rohpreßling". Dieser wird in einem zweiten Schritt zwischen gehärteten planparallelen Stahlplatten mit einem Druck von 12 bis 15 t/cm^2 nachgepreßt. Da der Silberzylinder jetzt seitlich keinen Widerstand mehr hat, kann die Probe nach der Seite auseinanderfließen, so daß ihre Einzelbestandteile vakuumdicht miteinander verschweißt werden.

Sphärisch regelmäßig geformte Silbergranalien, wie sie in der Produktion anfallen, lassen sich jedoch selbst in diesem zweistufigen Preßverfahren nicht zu einer kompakten Probe pressen. Der in der Oberflächenschicht vorhandene Sauerstoff verleiht den Granalien eine zu große Härte. Will man trotzdem für die Spektralanalyse statt des Schmelzens einen Preßling herstellen, so muß die Probenahme im Betrieb dieVoraussetzungen dazu schaffen. Dies geschieht durch das Eingießen einer Schöpfprobe aus der Silberschmelze in Wasser. Man erhält auf diese Weise große, unregelmäßig geformte, wie der Hüttenmann sagt "spratzig" gegossene Granalien, die sich ohne Schwierigkeit zu einer dichten Probe verpressen lassen. Es wäre natürlich ein leichtes, aus der Silberschmelze direkt eine Ronde für die Spektralanalyse zu gießen. Die Erfahrung hat jedoch gezeigt, daß der geschilderte Weg sicherer vor dem Einschleppen von Verunreinigungen im Betrieb, vor allem von bleihaltigem Flugstaub ist (vgl. (11)), der wegen der Nachbarschaft von Einrichtungen für den Bleiprozeß nicht ausgeschlossen werden kann.

32 Anmerkungen zum Schmelzen als Probenvorbereitung:

Die Herstellung der Gießlinge erfolgt in einem HF-Induktionsofen mit Schleudereinrichtung der Fa. Philips-MBLE. Obwohl das Schmelzen dabei unter Argon stattfindet, muß man mit merklichen Verlusten an Blei rechnen, wenn man die Späne und Granalien oder das Silberpulver ohne Vorsichtsmaßnahme einschmilzt. Dafür sind zwei Vorgänge denkbar:

Infolge des einige 100 g/t betragenden Sauerstoffgehaltes in dem flüssigen Silber kann sich das Blei als Oxid an der Oberfläche ansammeln, außerdem kann es zur Bildung von Bleisilikat mit SiO_2-Bestandteilen des Tiegels kommen.

Durch Kontrollanalysen mit der AAS konnte sichergestellt werden, daß Pb-Verluste beim Schmelzen durch den Zusatz von Spektralkohle vermieden werden. Die Kohle, von der ca. 1 g vor dem Einbringen von ca. 60 g Silber in den Tiegel gegeben wird, wirkt nicht nur reduzierend, sondern vermindert auch den Kontakt der Schmelze mit dem Tiegelmaterial.

Wenn mit Kohlezusatz geschmolzen wird, treten auch dann keine Pb-Verluste auf, wenn die Schmelze - aus Versehen - weit über den Schmelzpunkt von Silber erhitzt wird.

Obwohl im Silber als wesentliche Verunreinigung Kupfer zu bestimmen ist, kann man beim Ausschleudern der Schmelze Kokillen aus Kupfer verwenden, wenn diese mit einer Kokillenschlichte bestrichen sind.

Tabelle 2 faßt die Möglichkeiten der Probenvorbereitung für die Glimmlampe zusammen.

Es muß noch eine Eigenart des in nadelförmigen Kristallen vorliegenden Elektrolytsilbers erwähnt werden. Diese Kristalle ließen sich zwar problemlos bei geringem Druck verpressen, trotzdem muß man für die Bestimmung des Au-Gehaltes eine Schmelzprobe herstellen. Das Gold liegt nämlich im E-Silber nicht gelöst vor, sondern ist in kleinen aus dem Anodenschlamm stammenden Partikeln unter den Silberkristallen verteilt. Das Einschmelzen unter Argon hat auch den Vorteil, daß der hohe Sauerstoff- und Feuchtigkeitsgehalt des E-Silbers beseitigt wird.

Aus Tabelle 2 ist ersichtlich, daß zwar nicht für alle, jedoch für die am häufigsten zu analysierenden Probenarten, nämlich für Barrenspäne und Granalien das Pressen als Alternative zum Schmelzen herangezogen werden kann. Die abschliessende Behandlung der Probenoberfläche ist für Preßlinge und (abgedrehte) Schmelzproben identisch und besteht im nassen Anschleifen mit SiC-Papier der Körnung 180.

Tabelle 2

Probenvorbereitung Roh- und Feinsilber

Probenart	Nach der Probenahme vorliegend als	Präparation	Besonderheiten
Barren	Bohrspäne, Sägespäne	Preßling oder Schmelzprobe	-
Anodenplatten	Bohrspäne, Sägespäne	Preßling oder Schmelzprobe	-
Granalien	sphärisch regelmäßig	Schmelzprobe	nicht preßbar
	unregelmäßig	Preßling oder Schmelzprobe	
Elektrolytsilber	nadelförm. Kristalle	Schmelzprobe	Au inhomogen
Pulver	Pulver	Schmelzprobe	hoher Oxidgehalt

4 Das Spektrometer und die Meßbedingungen

4.1 Das Spektrometer

Wir verwenden die Glimmlampe der Fa. RSV Präzisionsmeßgeräte GmbH, bei dem Spektrometer handelt es sich um ein 2 m-Gitterspektrometer vom Typ Analymat. Seine Kenndaten sind:

Tabelle 3

Kenndaten des RSV-Spektrometers Analymat 2502

Gittergröße	: 110 x 110 mm
Gitterteilung	: 2000 Str./mm
theoret. Auflösungsvermögen	: 200000
Spektralbereich	: 200 - 465 nm
rezipr. Lineardispension in 1. Ord.	: 0,22 nm/mm
Spektrumlänge	: 2500 mm

Die Konzentrationsberechnung erfolgt mit dem Hewlett-Packard Rechner 21 MX.

4.2 Die Meßbedingungen

Die Meßbedingungen waren:

Tabelle 4

Meßbedingungen für die Feinsilberanalyse

Spannung	: ~ 1000 V	konst. Leistung
Strom	: ~ 160 mA	160 Watt
Argondruck	: ~ 10 mbar	
Vorbrennzeit	: 30 sec	
Integrationszeit	: 20 sec	
Brennfleckdurchmesser	: 8 mm	

Anmerkung zu den Meßbedingungen

Die Gründe, aus denen wir die Arbeitsweise mit konstanter

elektr. Leistung gewählt haben, sind:

1. Die geringere Beeinflussung der Meßwerte durch kleine Druckschwankungen gegenüber dem Arbeiten mit konstanter Spannung. Diese Tatsache folgt aus der Betrachtung der Strom-Spannungs-Charakteristiken der Glimmlampe mit dem Argondruck als Parameter. (Vgl. Literaturverzeichnis (17))

2. Die Bestimmung von Verunreinigungen im Silber erfolgt im Wechsel mit der Bestimmung von Hauptbestandteilen in Legierungen, da die Silberanalyse nur eines von mehreren Meßprogrammen darstellt. Beim Arbeiten mit konstanter Leistung genügt für den Programmwechsel ein einfaches Umschalten der Leistung. Beim Arbeiten mit konstanter Spannung müßte man beim Übergang von der Spurenanalyse auf die Bestimmung hoher Gehalte je nach dem Legierungssystem auch den Argondruck auf einen anderen Wert einstellen. Da der Argondruck sich nicht exakt reproduzierbar vorgeben läßt, hätte das zur Folge, daß nach jedem Programmwechsel neu geeicht werden müßte. Das ist beim Arbeiten mit konstanter Leistung und bei für alle Programme gleichem Gasdruck nicht erforderlich.

4.3 Probenabbau und Lampenreinigung

Ag gehört zu den Elementen mit der höchsten Zerstäubungsrate in der Glimmlampe. Unter den angegebenen Bedingungen beträgt die Abbaurate 17,7 mg/min. (Der Wert ist etwa dreimal so hoch wie für Reinkupfer, das eine Abbaurate von 6,4 mg/min hat). Es ist daher nicht verwunderlich, daß die Reinigung der Lampe mit Problemen verbunden ist. Es besteht die Gefahr, daß der mit Druckluft betriebene Fräser in dem mit schmierendem Silber belegten Anodenrohr steckenbleibt, außerdem können sich beim Herausbewegen des Fräsers Kurzschluß verursachende Ränder an der Stirnseite der Anode bilden. Als am besten geeignet erwiesen sich HSS-Spiralbohrer der Fa. Hartner, Typ W (für weiche langspanende Werkstoffe). Je mehr die Lampenreinigung durch die Menge und Weichheit des im Anodenzylinder abgelagerten Probenmaterials erschwert wird, desto wichtiger ist eine exakte Justiermöglichkeit für den Fräser. Bei den älteren kommerziellen Glimmlampen ist die Reinigungsautomatik an der Kathodenplatte befestigt. Eine exakte Reproduzierung der Fräserposition nach einer Abnahme der Reinigungsautomatik ist infolge dieser ungünstigen Konstruktion unmöglich. Eine Verbesserung brachte hier die Anbringung von zwei Führungsstiften an der Kathodenplatte.

5 Auswerteverfahren und Eichung

Die Konzentrationsberechnung aus den Intensitätswerten der Glimmlampe erfolgt im allgemeinen nach Prinzipien der internen Standardisierung. Die Standardisierung kann nach Jäger und Butler (1) über die Berechnung einer relativen Abbaurate $S = \sum a_i I_i$ und die Korrektur der Rohintensitäten I_i nach $I_{ikor} = \frac{a_i I_i \cdot 100}{S}$ geschehen. (Mit $a_i = \frac{I_i}{C_i}$ für eine Eichprobe.)

Eine zweite, äquivalente Möglichkeit besteht in der Auswahl eines Hauptbestandteiles der Probe als "Matrix" und der Betrachtung von Intensitätsverhältnissen I_i/I_{Matrix} in Abhängigkeit von den zugehörigen Konzentrationsverhältnissen C_i/C_{Matrix}. (Vgl. (12)(13)). Durch eine Normierung auf 100 % gelangt man bei beiden Verfahren schließlich zu den gesuchten Konzentrationen.

Eine interne Standardisierung ist meist bei der Analyse von Legierungen notwendig. Nicht so bei der Spurenanalyse von Reinmetallen, wie z.B. Silber. Da hier die Abbaurate konstant bleibt, genügt es, die linear von den Konzentrationen abhängigen unkorrigierten Intensitäten über eine Ausgleichsrechnung zu verwenden. Im Spurenbereich bedeutet dieses Vorgehen nicht nur eine Vereinfachung, es ist auch genauer als die interne Standardisierung. Hierauf haben bereits Butler und Mitarbeiter am Beispiel der Reinheitsanalyse von Gold hingewiesen (6).

Da uns nur das kommerzielle Routine-Rechenprogramm der Fa. RSV zur Verfügung stand, das nach dem Prinzip der Abbauratennormierung nach Jäger und Butler arbeitet, wurde die Silberreinheitsanalyse und die Analyse von Legierungen mit demselben Rechenverfahren durchgeführt. Die im Spurenbereich geringere Genauigkeit dieses Verfahrens gegenüber der Eichung mit den Rohintensitäten konnte in Kauf genommen werden.

Für die Eichung des Feinsilbers genügen zwei Proben: erstens eine (durch Reduktion von Silbernitrat und Einschmelzen unter Argon hergestellt) Nullprobe, für die alle Verunreinigungen unter 1 g/t liegen, und zweitens eine synthetische Probe mit an der oberen Grenze liegenden Werten der zu bestimmenden Elemente. Das Arbeiten mit nur zwei Eichproben erlaubt jederzeit eine schnelle Nacheichung.

Es stelltesich die Frage, ob in dem uns vorgegebenen Rechenverfahren nach Jäger der Einfluß von Meßwertschwankungen des Matrixelementes Silber dadurch ausgeschaltet werden konnte, daß man die Multiplierhochspannung für Ag gerade so hoch wählt, daß für dieses Element immer derselbe Wert von 10 V (d. h. der Sättigungsgrenzwert) in die Rechnung eingeht. Scheinbar kann man dadurch ohne Eingriff in das Rechenprogramm den Übergang vom Jägerschen Verfahren zu dem für die Spurenanalyse besser geeigneten Regressionsverfahren mit den Rohintensitäten vollziehen. Das Ergebnis eines solchen Versuches faßt Tabelle 5 für Cu und Pb im Feinsilber zusammen.

Bei der Berechnung der Konzentrationswerte in Tabelle 5 für Fall a. (normale Anwendung des Jägerschen Verfahrens) und b. (Vorgabe von I_{Ag} = const = 10 V) wurde von identischen Meßdaten ausgegangen. Dazu wurde ein programmierbarer Tischrechner, nicht der Rechner des Spektrometers verwendet.

Der Vergleich der Ergebnisse zeigt:

1.) Die Vorgabe konstanter Meßwerte (Fall b) für das Matrixelement Silber ergibt für Cu und Pb systematisch etwas zu niedrige Werte. Die Abweichungen werden mit steigender Konzentration größer.

2.) Für Probe 5 sind die Ergebnisse einer Doppelmessung angegeben. Vergleicht man die beiden Meßwerte, so erkennt man im Fall a den Einfluß der Meßwertschwankung des Matrixelementes auf die Werte für Cu und Pb, im Fall b die gute Reproduzierbarkeit, wenn das Matrixelement nicht mehr in die Berechnung eingeht.

Die systematischen Fehler bei Vorgabe von I_{Matrix} = const erklären sich bei der Zweipunkteichung durch die Betrachtung der Formel für die Steigung B_i der Eichgerade. (Siehe Tabelle 5 unten). Wegen $I_{11} > I_{21}$ ergibt sich $B_i > B_i'$ und daraus auch $c > c'$.

Bei Annäherung der Konzentrationen an die Werte der oberen Eichprobe müssen die systematischen Abweichungen gegen Null gehen.

Als Fazit ergibt sich: Es bringt keinen Vorteil, das Jägersche Rechenverfahren mit der Vorgabe von I_{Matrix} = const (durch entsprechende Einstellung der Multiplierhochspannung) für die Spurenanalyse zu modifizieren. Der dann entstehende systematische Fehler kann von gleicher Größenordnung sein wie die Streuung der Analysenwerte, die von Meßwertschwankungen des Matrixelementes herrührt.

Tabelle 5

Anwendung des Jägerschen Verfahrens

a) Normalfall mit $I_{Ag} \ll 10$ V (Hochspannungsstufe 1)

b) Vorgabe von I_{Ag} = const = 10 V (Hochspannungsstufe 3)

Probe	a) Cu g/t	a) Pb g/t	a) Ag %	b) Cu g/t	b) Pb g/t	b) Ag %
E 1	56	7,4	99,9 937	54	7,2	99,9 939
E 2	121	14,6	864	119	14,3	867
E 3	163	37	800	156	35	809
E 5	337	116	547	332,7	114,2	553
E 5	344	118	538	333,1	114,2	553
E 6	485	215	300	460	204,2	336
E 7	646	173	181	625	167	208

$$B_i = \frac{C_{1i} - C_{2i}}{I_{1i} - I_{2i} \quad \dfrac{I_{11} \cdot C_{21}}{I_{21} \cdot C_{11}}}$$

(exakte Formel)

$$B_i = \frac{C_{1i} - C_{2i}}{I_{1i} - I_{2i} \quad \dfrac{C_{21}}{C_{11}}}$$

($I_{11} = I_{21}$ vorgegeben)

6 Ergebnisse

61 Die Reproduzierbarkeit

Die Reproduzierbarkeit der Messung für die 7 wichtigsten Elemente läßt sich an einem typischen Beispiel mit Tabelle 6 beschreiben (Anzahl der Messungen = 10):

Tabelle 6
Reproduzierbarkeit der Silberanalyse

Element		Cu	Pb	Bi	Au	Pd	Pt	Te
$\bar{c}$	g/t	361	129	23	26	59	11	30
s	g/t	4,9	2,4	1,5	0,2	2,3	0,9	2,0
V	%	1,3	1,9	6,4	0,9	3,9	7,9	6,5

Die für die Glimmlampe zu erwartende gute Reproduzierbarkeit bestätigt sich also auch bei der Silberanalyse.

62 Die Richtigkeit

Die Richtigkeit der Silberanalyse wurde an einer Reihe von geschmolzenen Proben überprüft, deren zugewogene Zusätze durch Atomabsorption kontrolliert wurden waren. Eine Gegenüberstellung der zugesetzten Cu- und Pb-Konzentrationen mit den nach dem Jägerschen Auswerteverfahren erhaltenen Ergebnisse zeigt Tabelle 7.

Wenn hier von der Kontrolle der Glimmlampenanalysenwerte durch Atomabsorption die Rede ist, so soll damit nicht der Eindruck entstehen, als handelte es sich um eine einfache AAS-Analyse, etwa nach Abtrennung des Silbers als AgCl. Alle Elemente im Feinsilber - mit Ausnahme von Cu - lassen sich mit der hier geforderten Genauigkeit nur nach speziellen Anreichungsverfahren durch AAS bestimmen, auf die an dieser Stelle nicht eingegangen werden kann (14). Parallelanalysen durch spektrografische Aufnahmen des zum Silbernitrat umgewandelten Metalls bei Anregung mit dem Wechselstrombogen (15) weisen nach unserer Erfahrung gegenüber der AAS eine geringere Genauigkeit auf.

Tabelle 7

Parallelanalysen für Cu und Pb

	Cu g/t			Pb g/t		
Nr.	Sollwert	gefunden	Differenz	Sollwert	gefunden	Differenz
1	60	55	- 5	8	8	0
2	121	121	0	14	15	+ 1
3	164	163	- 1	34	37	+ 3
4	231	228	- 3	62	66	+ 4
5	349	340	- 9	115	118	+ 3
6	471	485	+ 14	216	215	- 1
7	644	648	+ 4	172	173	+ 1
8	2.120	2.020	- 100	57	59	+ 2
obere Eichprobe	2.400	-	-	420	-	-

Entsprechende Parallelanalysen wurden auch für die übrigen Elemente durchgeführt.

Anmerkungen zu nachstehender Tabelle 8

Bei den verwendeten Spektrallinien handelt es sich um die üblicherweise in der Spurenanalyse gebräuchlichen Hauptnachweis-linien. Die Nachweisgrenzen wurden aus der dreifachen Standardabweichung des Untergrundes berechnet.

Hinsichtlich Empfindlichkeit und Störungsunanfälligkeit verhält sich die angegebene Cu-Linie hervorragend. Die Linie 283,3 nm ist nach unserer Erfahrung für die Pb-Spurenbestimmung besser geeignet als die Linie bei 405,8 nm. Die Pt-Linie 265,9 nm hat die ungewöhnliche Eigenschaft, daß sie vom Spurenbereich bis in den hohen Prozentbereich verwendet werden kann, da sie keine Selbstabsorption zeigt. Das trifft für die Pd-Linie 340,5 nm nicht zu. Die Eisenlinie 259,9 nm hat einen hohen Untergrund und eine für die Feinsilberanalyse eigentlich zu hohe Nachweisgrenze. Sie müßte durch eine günstigere Linie ersetzt werden.

Ein besonderes Problem besteht bei der Bi-Bestimmung. Die Bi-Linie 306,7 nm liegt im Bereich von OH-Banden, die von ca. 306 bis 315 nm auftreten können. Diese OH-Banden (vgl. 16) sind in den bekannten Atomlinientabellen nicht aufgeführt und auch in den bisher erschienenen Erfahrungsberichten über die Glimmlampe nicht erwähnt. (Eine Ausnahme bildet der kurze Hinweis in der Dissertation von El Alfy (17).)

Die OH-Banden können bei der Feinsilberanalyse dann auftreten , wenn hoch sauerstoffhaltige Proben, z.B. Silberpulver oder feinkristallines Elektrolytsilber als Preßlinge eingesetzt werden oder wenn Lufteinbrüche in die Apparatur erfolgen, z. B. durch Haarrisse oder Porositäten der Probe.

Systematische Fehler bei der Bi-Bestimmung lassen sich folglich nur durch eine sorgfältige Probenvorbereitung vermeiden. Wichtig ist auch, daß die Glimmlampe in den Pausen zwischen den Analysen bei immer laufender Pumpe mit einer Probe verschlossen wird. Man kann auf diese Weise die in der Tabelle angegebene Nachweisgrenze für Bi erreichen. Prüfenswert wäre hier die Eignung einer etwas schwächeren Bi-Linie, z.B. der 298,9 nm, die nicht von OH-Linien gestört ist, oder aber der Einbau eines zusätzlichen Meßkanals für eine Linie aus der OH-Bande, um den Untergrund unter der empfindlichsten Bi-Linie berechnen zu können.

Tabelle 8
Feinsilberspurenanalyse

Element	Linie nm	$c_{äq}$ Untergr. g/t	$\underline{c}$ g/t
Cu	327,4 I	9	<1
Pb	283,3 I	42	<1
Bi	306,7 I	21	2
Au	267,5 I	7	<1
Pt	265,9 I	28	<1
Pd	340,5 I	320	7
Te	238,6 I	250	8
Ni	349,3 I	21	<1
Fe	259,9 II	310	13
Ag	214,5 II		

Literaturverzeichnis

1. Jäger, H. und Butler, L. R. P.: The glow discharge-source applied to the analysis of Gold
Proc. CSI XVI, S. 204, Heidelberg (1971)
2. Jäger, H.: The use of a glow-discharge lamp as a light source in the spectrometric analysis of gold
Anal. Chim. Acta, 58, 57 - 64 (1972)
3. Jäger, H.: Spectrometric determination of the fineness of gold
Anal. Chim. Acta, 60, 303 - 308 (1972)
4. Jäger, H.: Further investigations of the spectrometric analysis of raw gold by glow discharge excitation
Anal. Chim. Acta, 71, 43 - 51 (1974)
5. Butler, L. R. P.: Analyse von Ag, Au und Pt mit der Glimmlampe
RSV-Colloquium, Herrsching (März 1977)
6. Butler, L. R. P. et al.: A study of internal standardization in the analysis of fine gold with the glow-discharge source

Anal. Chim. Acta, 104, 11 - 19 (1979)

7. Ferreira, N. P. und Butler, L. R. P.: Emission spectrometric analysis of silver using a glow-discharge source Analyst 103, 607 - 612 (1978)

8. Edelmetall-Taschenbuch, Degussa, Frankfurt am Main (1967)

9. Dähne, W. und Krone, E.: Recycling von Edelmetallen Chemiker Zeitung 101, 421 - 425 (1977)

10. Cornelius, G.: Aufarbeitung von sekundären Rohstoffen zur Rückgewinnung von Gold und Silber Erzmetall 32, 467 - 506 (1979)

11. Lüschow, H.-M.: Probenahme von Edelmetallen 9. Metallurgisches Seminar 1979, Tagungsband "Probenahme", Heft 36 der GDMB-Schriftenreihe, Verlag Chemie (1980)

12. Ko, J. B. und Laqua, K.: Ein Beitrag zur Analyse von Kupfer-Nickel-Legierungen mit Hilfe einer Glimmentladungs-lampe nach Grimm 12. Spektrometertagung, Salzburg 1978, (Kurzreferate S. 65)

13. Spectrochemical Computation in "Methods for Emission Spectrochemical Analysis" herausgegeben vom ASTM-Committee-EZ, S. 129 - 130 (1971)

14. Lüschow, H.-M.: Beitrag zur Bestimmung von Edelmetallspuren in Feinsilber und Silbersalzen durch Atomabsorption (in Vorbereitung)

15. Diehl, W.: Die quantitative Bestimmung der Verunreinigungen in Ag, Au, Pd, Pt und Rh mit einem 3,4 m-Gitterspektrographen Metall 23, 587 (1969)

16. Herzberg, G.: Molecular spectra and Molecular Structure, Band 1: Spectra of Diatomic Molecules. Van Nostrand Company (1955)

17. El Alfy, S.: Untersuchungen über Nachweisvermögen, Genauigkeit und Richtigkeit spektrochemischer Analysenverfahren für nichtmetallische pulverförmige Proben mit einer Glimmentladungslampe als Anregungsquelle Dissertation Dortmund (1978)

EINIGE GRUNDSÄTZLICHE BETRACHTUNGEN UND ORIENTIERENDE VERSUCHE ZUR OBERFLÄCHENANALYSE MIT HILFE DER GLIMMENTLADUNGSLAMPE NACH GRIMM

A. Quentmeier und K. Laqua
Institut für Spektrochemie und angewandte Spektroskopie,
Bunsen-Kirchhoff-Straße 11, D-4600 Dortmund 1

1. Einleitung

In der Glimmentladung unter vermindertem Druck wird das Probenmaterial durch Kathodenzerstäubung Schicht für Schicht abgetragen. Dies ermöglicht es, Oberflächen und oberflächennahe Schichten elektrisch leitender Proben mit den Methoden der optischen Emissionsspektralanalyse zu untersuchen und so die Zusammensetzung der Probe in Abhängigkeit von der Schichttiefe zu ermitteln.

Dies wird von verschiedenen Arbeitsgruppen seit einer Reihe von Jahren hauptsächlich für qualitative Untersuchungen der Diffusions- und Korrosionsvorgänge an Metalloberflächen sowie zur Kontrolle von Veredelungsprozessen (Passivierung, Galvanisierung) genutzt /1-10/.

Die Anwendung der Glimmentladungsverfahren in der Oberflächenanalytik ist aus folgenden Gründen interessant:

Im Vergleich zu den typischen Oberflächenverfahren Auger, Esca, Sims etc. ist der erforderliche instrumentelle Aufwand gering. So können die für andere analytische Aufgaben vorhandenen Einrichtungen (Glimmlampe, Spektralapparat, Meßelektronik) ohne Schwierigkeiten für die Oberflächenuntersuchungen angepaßt werden.

13. Spektrometertagung

Bei den „typischen" Oberflächenverfahren ist die Tiefenauflösung hoch, in günstigen Fällen können Bruchteile einer Monolage erfaßt werden.
Ein derartiges Auflösungsvermögen ist mit Glimmentladungen nicht erreichbar.

Die Schichten, die die Oberflächeneigenschaften der Metalle bestimmen, sind jedoch mit einigen 10 nm bis zu mehreren µm zumeist so dick, daß sie mit der bei Glimmentladungen üblichen Sputterrate analysiert werden können.

Da Abbau und Anregung der Probenatome in der Glimmentladung gleichzeitig erfolgen, kann in kurzer Zeit und ohne weitere Hilfsmittel ein lückenloses Tiefenprofil der Elementverteilung gewonnen werden.

Die quantitative Analyse wirft eine Reihe von Fragen auf, die bisher kaum beantwortet worden sind.

Im folgenden werden daher einige grundsätzliche Betrachtungen und orientierende Versuche vorgestellt mit dem Ziel, die Problematik einer quantitativen Oberflächenanalyse mit Hilfe der Glimmentladungslampe aufzuzeigen.

2. Instrumentierung

Der schematische Aufbau der benutzten Glimmlampe sowie die Strahlführung sind in Abb. 1 wiedergegeben.

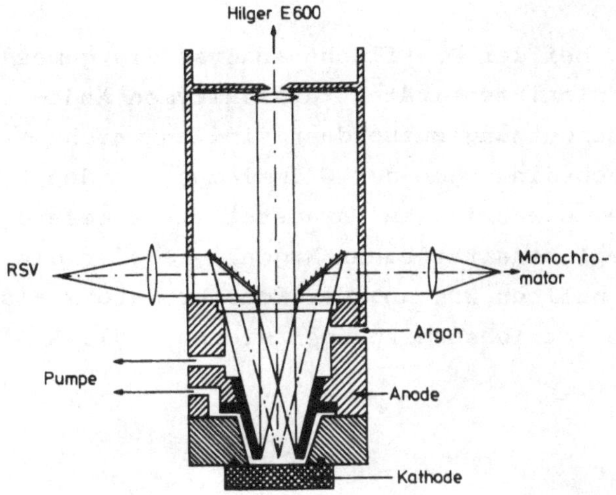

Schematischer Aufbau der Glimmlampe und Strahlführung

Abb. 1

Aus vorhandenen Geräten wurde die Versuchseinrichtung in folgender Weise zusammengestellt /11/:

ein RSV-Gitterspektrometer (SPN-500) erfaßt den Spektralbereich des nahen UV (220-400 nm); ein Vakuum-Polychromator (Hilger E-600) mit einem nutzbaren Spektralbereich von 177-310 nm wurde um einen zusätzlichen Meßkanal für die Kohlenstoff-Linie C-165,7 nm erweitert.
Ein 0,5 m-Gittermonochromator ergänzt die Ausrüstung.

Die Linienintensitäten werden simultan in 24 Meßkanälen gemessen. Ihre Meßwerte werden von einem Mikrocomputer gespeichert und als Datensatz oder in Form eines Schreiberdiagramms ausgegeben.

Die Glimmlampe kann wahlweise mit U-, I- oder P = const. betrieben werden. Die elektrische Versorgung ist so ausgelegt, daß nach dem Einschalten die Sollwerte für Spannung, Strom oder Leistung schnell erreicht werden und dadurch die rasche Einstellung eines Abbaugleichgewichts in der Glimmlampe unterstützt wird. Dies ist wichtig, da die Messungen mit Integrationszeiten bis zu 0,1 s unmittelbar mit dem Einschalten der Glimmlampe beginnen.

Um sicherzustellen, daß bei der Oberflächenanalyse die gemessenen Änderungen der Linienintensitäten tatsächlichen Änderungen der Probenzusammensetzung zuzuordnen sind und nicht etwa instabilen Betriebsbedingungen der Glimmlampe, werden zusätzlich zwei der drei elektrischen Parameter mitgemessen. Darüber hinaus kann die Intensität einer Argonlinie oder die Gesamtstrahlung in der nullten Ordnung des Monochromators als Kontrolle für konstante Betriebsbedingungen dienen, vgl. Abb. 2.

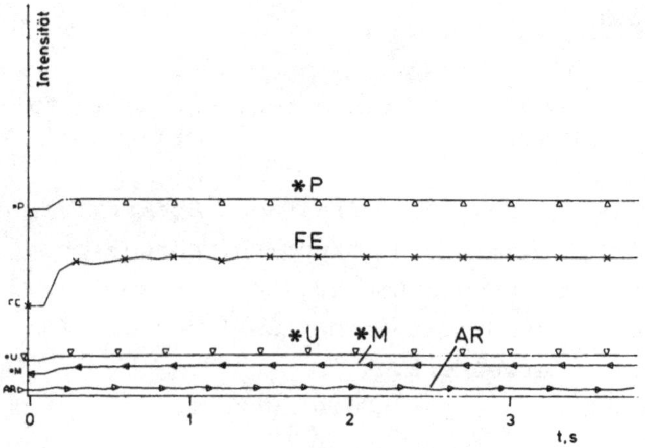

Kontrollparameter

Abb. 2

(Es bedeuten *U, *P: Meßwerte von Spannung und Leistung, *M: die Gesamtstrahlungsintensität in nullter Ordnung. Fe und Ar stellen die Intensitäten der entsprechenden Nachweislinien für Eisen und Argon dar.)

3. Beispiele für qualitative Oberflächenanalysen

Die Zuordnung von Meßwerten zu Konzentrationen bei der Glimmlampenanalyse ist aus folgendem Grund schwierig: auch bei gleichen Konzentrationen der Analysenelemente im Inneren und an der Oberfläche der Probe ändern sich anfänglich die Intensitäten der Linien, bis nach einigen Sekunden ein Gleichgewichtszustand erreicht ist.
Dies zeigt Abb. 3 für eine frisch abgedrehte Reineisenprobe.

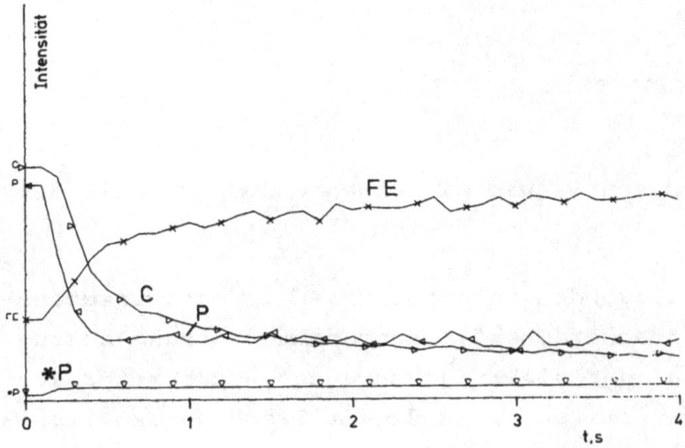

Einbrennkurve für Reineisen

Abb. 3

(In den Abbildungen 2-5 ist aus Gründen der Übersichtlichkeit nur jeder dritte Meßpunkt mit einem Symbol gekennzeichnet.)

Ist die Zusammensetzung der Oberfläche und der oberflächennahen Schichten verschieden von der im Inneren der Probe, so ändern sich hierdurch die Intensitäten zusätzlich.

Abb. 4 gibt zum Vergleich den Intensitätsverlauf für Fe, C und P bei einem Stahlblech mit einer etwa 100 nm dicken Kohlenstoff-Schicht wieder.

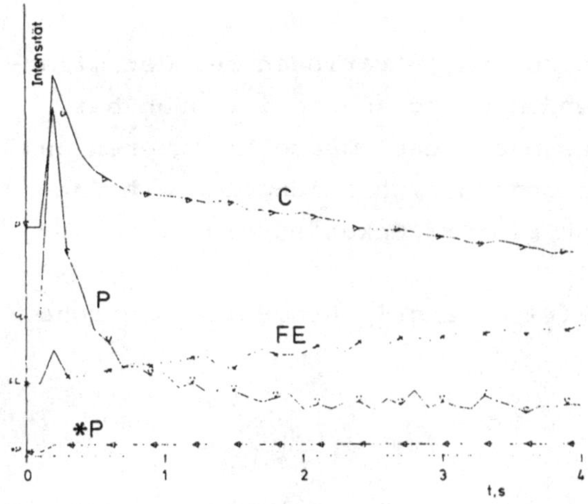

Stahl mit 100 nm dicker C-Schicht

Abb. 4

Hier ist deutlich zu sehen, wie mit abnehmendem C-Gehalt der Fe-Anteil anwächst.

Für die ersten grundlegenden Untersuchungen ist es wünschenswert, von Proben einfacher Oberflächenzusammensetzung auszugehen, um den Einfluß der elektrischen Betriebsparameter auf den Signalverlauf zu ermitteln. Zu diesem Zweck wurden Stahlbleche mit geeigneten Elementen bedampft.
Abb. 5 zeigt das Beispiel einer Cu-Aufdampfschicht von etwa 40 nm Dicke.

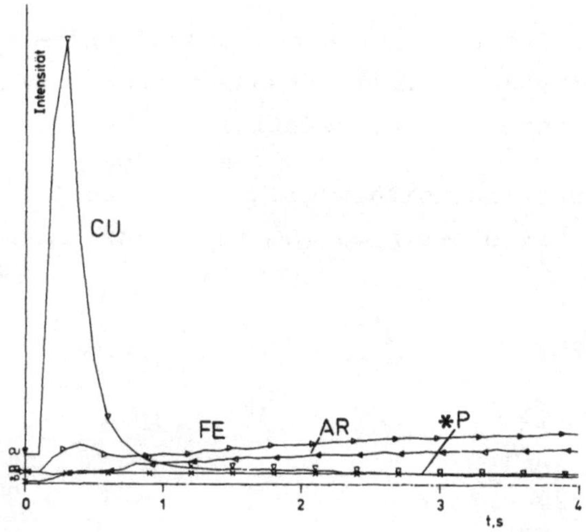

Stahl mit aufgedampfter Cu-Schicht

Abb. 5

Da die Zerstäubungsrate sowohl von der Leistung als auch vom Gasdruck in der Glimmlampe abhängt, kann der Probenabbau und somit der zeitliche Verlauf der Intensität variiert werden.

So gibt Abb. 6 den Einfluß der elektrischen Leistung, Abb. 7 die Abhängigkeit vom Gasdruck wieder.

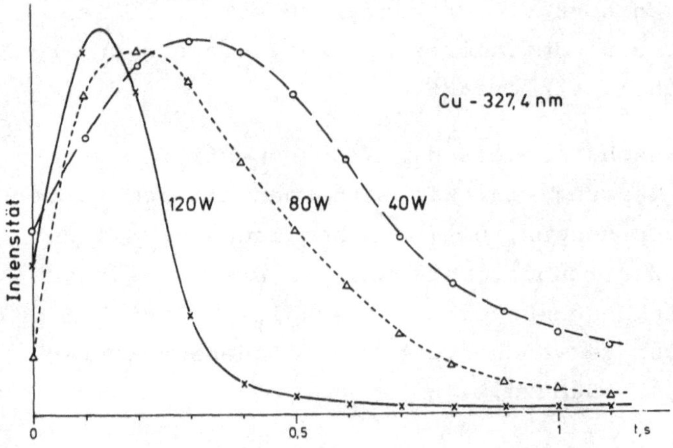

Einfluß der elektrischen Leistung (40, 80, 120 W) am Beispiel einer aufgedampften Cu-Schicht

Abb. 6

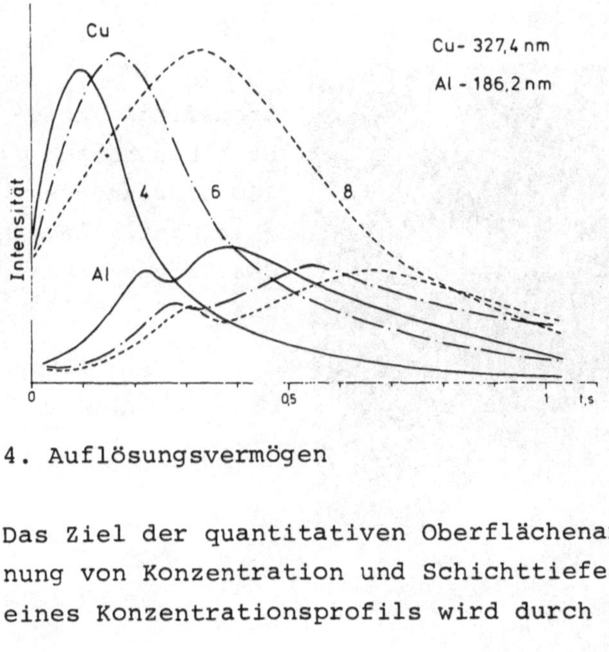

Einfluß des Argon-Gasdrucks (4, 6, 8 mbar) am Beispiel einer aufgedampften Cu-Al-Schicht

Abb. 7

4. Auflösungsvermögen

Das Ziel der quantitativen Oberflächenanalyse ist die Zuordnung von Konzentration und Schichttiefe. Die Tiefenauflösung eines Konzentrationsprofils wird durch folgende Einflüsse begrenzt:

a) Der Materialabbau in der Glimmlampe erfolgt nicht streng parallel zur ursprünglichen Oberfläche wie Querschnittsbilder des Brennflecks zeigen. Vielmehr ist der Brennfleck mit zunehmender Brenndauer je nach Lampenkonstruktion und Betriebsbedingungen konkav oder konvex gekrümmt, so daß die Messung nicht eine definierte Schicht, sondern unterschiedliche Schichttiefen erfaßt.

b) Die mechanische Beschaffenheit der Probenoberfläche geht ebenfalls in die Messung ein. Wie Aufnahmen mit dem Rasterelektronenmikroskop zeigen, bleiben Oberflächenstrukturen bei der üblichen Zerstäubungsrate und bei Brenndauern von einigen wenigen Sekunden unverändert erhalten. Erst bei größerer Brenndauer verwaschen die Oberflächenstrukturen infolge Kathodenzerstäubung.

Abb. 8 zeigt einen Brennfleck (dunkle Bildhälfte) in V2-Stahl nach 100 s Brenndauer.

Brennfleck in V2-Stahlblech nach 100 s Brenndauer (Die Kantenlänge des Bildes beträgt 750 µm)

Abb. 8

c) Nach Brenndauern von mehreren Minuten bildet sich durch Probenabbau und teilweise Wiederanlagerung von Probenmaterial eine deutliche Strukturierung der Oberfläche aus, die zusätzlich die Auflösung eines Tiefenprofils begrenzt. (Die Wiederablagerungsrate kann nach Literaturangaben bis zu 20% der Abbaurate betragen.)

Abb. 9 gibt am Beispiel von V2-Stahl einen Brennfleck nach 300 s Brenndauer wieder.

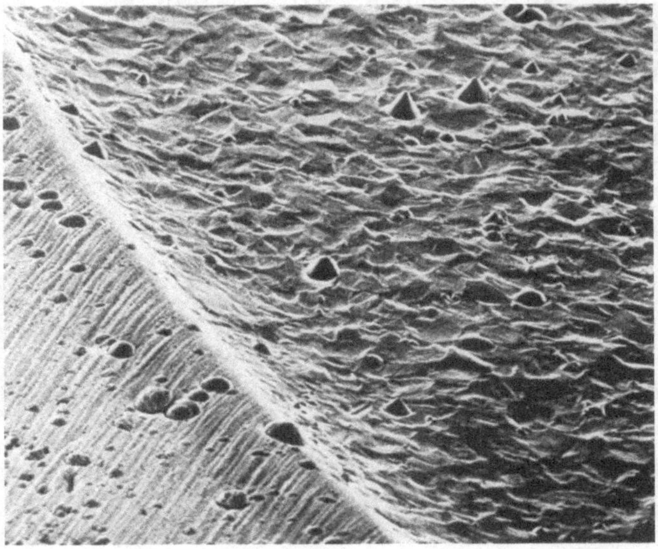

Brennfleck in V2-Stahlblech nach 300 s Brenndauer (Die Kantenlänge des Bildes beträgt 600 μm)

Abb. 9

d) Neben der Rauhigkeit der Probenoberfläche begrenzt die Photoelektronenstatistik der zur Messung benutzten Photovervielfacherröhren die Auflösung eines Konzentrationsprofils. Zu kleinen Integrationszeiten hin, d.h. bei geringem Probenabbau, verringert sich die Zahl der Photoelektronen am Photovervielfacher soweit, daß sich ein Nutzsignal nicht mehr signifikant vom Rauschen des spektralen Untergrundes oder des Dunkelstromes abhebt.

Tab. 1 gibt für einige Elemente die aus einer Messung an

Stahlproben erhaltenen Anzahlen der Signal-, Untergrund- bzw. Dunkelstrom-Elektronen für 1 s Integrationszeit wieder.

N_L, N_U, N_D: Anzahl der Signal- bzw. Untergrund- bzw. Dunkelstromelektronen an der Photokathode eines Photovervielfachers bei 1 s Integrationszeit.
C_U: zugehörige Eichkonstante (Untergrundäquivalentkonzentration). Relative Standardabweichung s_r berechnet aus N_L, N_U, N_D.

Element/ Linie, nm	c, %	c_U, %	N_L, s^{-1}	N_U, s^{-1}	N_D, s^{-1}	$s_r(I_L/I_U)$
Fe-272,36	93,09	-	46 500	-	300	-
Cu-327,39	0,73	0,01	42 320	780	500	0,06
Mn-257,61	1,00	0,11	4 020	444	635	0,11
Ni-225,39	1,69	0,21	910	62	770	0,72
Cr-206,54	1,22	0,59	1 150	500	300	0,09
S -180,73	0,053	0,01	1 290	280	12	0,08
P -178,28	0,066	0,06	300	290	10	0,10
C -165,70	1,06	0,20	125 500	28 610	890	0,01

Tab.

Mit C_U ist diejenige Konzentration bezeichnet, bei der die Intensitäten von Nachweislinie und spektralem Untergrund gleich sind.
Wie die nach /12/ errechneten Standardabweichungen im Linie-Untergrund-Verhältnis der Intensitäten zeigen, ist eine Verkürzung der Meßzeit auf 0,1 s, d.h. eine Vergrößerung der Standardabweichung um einen Faktor 3, für die aufgeführten Elemente und bei den vorliegenden Konzentrationen tragbar, mit Ausnahme von Ni.

Da die Glimmlampe bei einer elektrischen Leistung von 100 W an Stahlproben etwa 1,2 mg $\cdot$ min^{-1} abbaut (der Brennfleck wandert dabei mit einer Geschwindigkeit von etwa 3,5 µm $\cdot$ min^{-1} in das Probeninnere hinein), ist die kleinste Schichtdicke, die bei einer Integrationszeit von 0,1 s zu einem auswertbaren Meßsignal führt, im vorliegenden Beispiel etwa 5 nm.

Soll die Auflösung des Konzentrationsprofils weiter verbessert werden, sind leistungsfähigere Spektralapparate mit höherem Strahlungsleitwert sowie Photovervielfacher mit ausgesucht kleinem Dunkelstrom und mit hoher Quantenausbeute zu verwenden.

5. Probleme der quantitativen Oberflächenanalyse

Die mit der Schichtdicke wechselnde Zusammensetzung der Probe beeinflußt die Abbaurate und möglicherweise auch die Anregungsbedingungen in der Glimmlampe. Aus diesem Grunde wird es im allgemeinen unmöglich sein, absolute Intensitäten auszuwerten.

Wie Abb. 10 am Beispiel von Fe und Mn im Stahlblech zeigt, kann es in der Probenoberfläche zur Anreicherung oder Verarmung einzelner Elemente kommen, so daß im Einzelfall die Linienintensität des Hauptbestandteils (hier: Fe) nicht ohne weiteres als Referenzsignal geeignet ist.

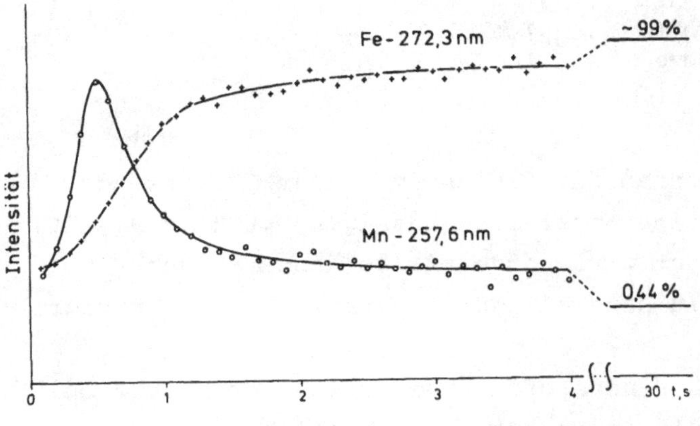

Anschluß der Meßwerte der Oberflächenanalyse an die Werte der Durchschnittsanalyse (Probe: Stahlblech; Lampenleistung 50 W)

Abb. 10

Möglicherweise bietet die vollständige Analyse der Probe einen Ausweg, die für die Oberflächenanalyse erhaltenen Meßwerte an diejenigen Werte anzuschließen, die sich im Abbaugleichgewicht für das Probeninnere ergeben. Um die Richtigkeit der Meßmethode zu prüfen, sind Eichproben erforderlich. Deren Zusammensetzung kann durch elektrolytisches oder chemisches Abtragen der Oberfläche mit anschließender Lösungsanalyse (mittels ICP oder AAS) oder durch andere Verfahren der Oberflächenanalytik ermittelt werden.

Im Vergleich zu diesen ist die Oberflächenanalyse mit Hilfe der Glimmlampe instrumentell einfach, da man auf die Erfahrungen der optischen Emissionsspektralanalyse zurückgreifen kann.
So sind praktisch sämtliche Elemente uneingeschränkt einer Analyse zugänglich, auch die für Oberflächenuntersuchungen wichtigen Nichtmetalle und Gase (vgl. Tab. 2).

Oberflächenanalyse mit der Glimmlampe:
Nachweislinien weniger gebräuchlicher
Elemente in nm

S	180,7	
P	177,5	
C	156,1 ,	165,7
N	149,2 ,	411,0
Cl	134,7 ,	479,5
O	130,6 ,	777,2
H	121,5 ,	656,3

Tab. 2

Zu deren Nachweis können die Linien im Vakuum-UV verwendet werden, sofern mit einer dort durchlässigen Optik (z.B. LiF, MgF_2, CaF_2) gearbeitet wird, andernfalls kann man unter Umständen auf Linien im langwelligen Spektralbereich zurückgreifen.
Für den Nachweis von Sauerstoff anhand seines Tripletts bei 777 nm bieten sich die im Langwelligen empfindlichen Si-Photodioden an. Chlor kann im Sichtbaren trotz der hohen Anregungsenergie von etwa 16 eV (allerdings nur bei höheren Konzentrationen) bestimmt werden, wenn die Glimmlampe anstelle von Argon mit Neon oder mit einem Ar-He-Gemisch betrieben wird.

Literatur

1. Boumans, P.W.J.M: CSI XVI, Heidelberg, Preprints 2, 193 (1971).

2. Belle, C.J., Johnson, J.D.: Appl. Spectroscopy 27, 118 (1973).

3. Greene, J.E., Whelan, J.M.: J. Appl. Phys. 44, 2509 (1973).

4. Greene, J.E., Sequeda-Osorio, F., Streetman, B.G., Noonan, J.R., Kirkpatrick, C.G.: Appl. Phys. Letters 25, 435 (1974).

5. Schneider, H., Schumann, H.: Kernforschungszentrum Karlsruhe, Report KFK 2009 (1974).

6. Waitlevertch, M.E., Hurwitz, J.K.: Appl. Spectroscopy 30, 510 (1976).

7. Hartung : RSV-Colloquium, Herrsching/Ammersee (1977).

8. Berneron, R.: CSI XVIII, Grenoble, Preprints 1, 263 (1975).

9. Berneron, R.: Spectrochim. Acta 33 B, 665 (1978).

10. Berneron, R.: Charbonnier, J.C.: Anal. Proc. 488 (1980)

11. Kruger, R.A., Bombelka, R.M., Laqua, K.: Spectrochim. Acta 35 B, 589 (1980).

12. Zworykin, V.K., Ramberg, E.G.: Photoelectricity and its Application, Wiley, New York, 1949.

BERICHT ÜBER EINIGE ERFAHRUNGEN MIT VERSCHIEDENEN TYPEN VON GLIMMLAMPEN

J.B. Ko und K. Laqua
Institut für Spektrochemie und angewandte Spektroskopie,
Bunsen-Kirchhoff-Straße 11, D-4600 Dortmund 1

STICHWORTE: ENTLADUNGEN IN VERMINDERTEM DRUCK, GLIMMENTLADUNGSLAMPE NACH GRIMM, MAGNETFELD-GLIMMENTLADUNGEN, MAGNETFELD-GLIMMENTLADUNGEN MIT HILFSSPANNUNG, GLIMMENTLADUNGSLAMPE MIT NACHANREGUNG

KONSTRUKTIONSMERKMALE, ENTLADUNGSPARAMETER, ZERSTÄUBUNGSRATE, REPRODUZIERBARKEIT, LINIENINTENSITÄT UND UNTERGRUND, NACHWEISGRENZE, GENAUIGKEIT UND RICHTIGKEIT (EICHUNG UND ANALYTISCHE ANWENDUNGEN), HANDHABUNG, SCHLUSSBETRACHTUNG, ANHANG

13. Spektrometertagung

Einleitung

Die Glimmentladungslampe nach Grimm (1) wurde in den vergangenen Jahren in vielen Laboratorien als Anregungsquelle zur spektrochemischen Analyse angewendet. Über die physikalischen und analytischen Eigenschaften ist in einer Reihe von Arbeiten berichtet worden. Demnach machen die hohe Genauigkeit und die hohe Richtigkeit Glimmlampenverfahren anderen bekannten Verfahren wie z.B. mit Funkenentladungen in Edelgas-Atmosphäre und vielleicht sogar Röntgenfluoreszenzverfahren überlegen bzw. vergleichbar. Weitere Vorteile sind ein größerer erfaßbarer Konzentrationsbereich und eine einfache Eichung. Diese Eigenschaften sind besonders nützlich bei sehr unterschiedlichen, wechselnden Analysenaufgaben. Das Nachweisvermögen ist jedoch trotz der geringen spektralen Strahldichte des Untergrundes nicht höher als das von nachweisstarken Funkenentladungen, da auch die Strahldichte der Nachweislinien deutlich geringer ist als bei anderen Entladungen.

In der jüngeren Vergangenheit sind neue Konstruktionen mit angeblich verbesserten Eigenschaften, insbesondere hinsichtlich der Erhöhung des Nachweisvermögens, beschrieben worden. Mit dieser Arbeit wurde ein Versuch unternommen, die Betriebsweisen und Leistungen dieser Glimmlampen durch analytische Untersuchungen an einigen Legierungen zu ermitteln und zu vergleichen. Zum Schluß werden einige Bemerkungen über die praktische Anwendung hinzugefügt. Vier Typen von Lampen standen für die Untersuchungen zur Verfügung: Die ursprüngliche RSV-Glimmentladungslampe nach Grimm (GL), die Magnetfeld-Glimmentladungslampe nach Grimm (MFGL), die Magnetfeld-Glimmentladungslampe mit Hilfsspannung (MFT) und die Glimmentladungslampe mit Nachanregung durch zusätzliche Elektronenstrahlquelle ("Globoost"-Lampe). Als Vergleichskriterien für die analytischen Anwendungen sollen Zerstäubungsrate, Reproduzierbarkeit, Linienintensität, das Intensitätsverhältnis von Linien und Untergrund, Nachweisvermögen, Genauigkeit und Richtigkeit dienen.

Konstruktionsmerkmale

Das Prinzip und die Konstruktionsmerkmale von Magnet-Glimmentladungen und Magnetfeld-Glimmentladungen mit Hilfsspannung wurden von Grimm bei der 12. Spektrometertagung in Salzburg ausführlich erläutert und einige Anwendungsbeispiele anhand der Analyse von Nickel-Legierungen dargestellt. Bei diesen Lampen ersetzt ein starker zylinderförmiger Permanentmagnet das herkömmliche Anodenrohr. Durch die Einflüsse des Magnetfeldes bewegen sich die Elektronen spiralförmig entlang den elektrischen Feldlinien. Dadurch soll hauptsächlich die Verweilzeit der Elektronen im Entladungsraum verlängert und damit die Wahrscheinlichkeit der Teilchenzusammenstöße zur Anregung vergrößert werden. Dies soll bei den Magnetfeld-Entladungen mit einer positiven Hilfsspannung gegenüber der Anode in noch stärkerem Maße der Fall sein. In Abb. 1 wird eine MFT dargestellt. Ohne die Hilfsspannung wäre sie eine MFGL.

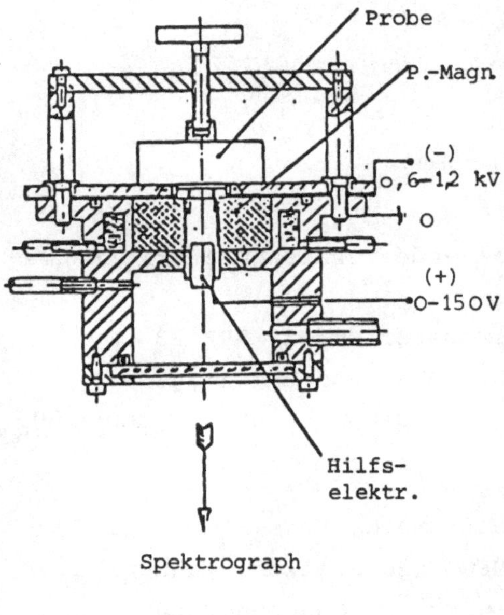

Abb. 1. MFT

Die in Australien entwickelte Glimmentladungslampe (2) mit Nachanregung durch Elektronen, die von einer zusätzlich angeschlossenen, probenunabhängigen Kathode emittiert werden, soll ein linienarmes Spektrum liefern, da die Anregung der Probenatome hauptsächlich durch die Elektronen niedriger Energie erfolgt, Elektronenübergänge mit niedrigeren Anregungsenergien z.B. der Resonanzlinien werden bevorzugt, so daß sich die Intensitäten der Resonanzlinien erhöhen. Der Materialabbau erfolgt auch bei dieser Lampe durch Kathodenzerstäubung wie bei der RSV-Lampe nach Grimm. Abb. 2 zeigt diese Lampe.

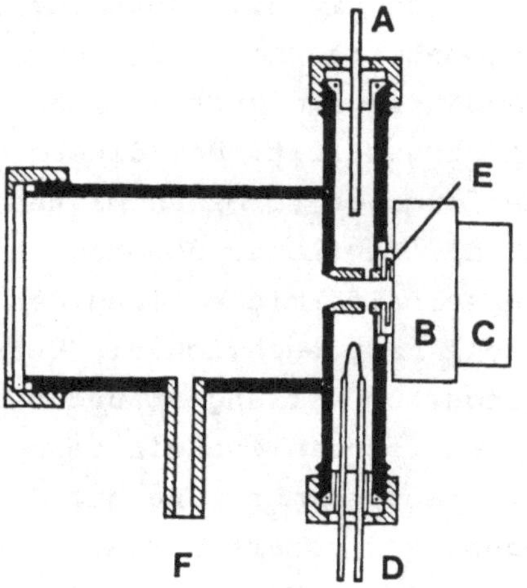

Abb. 2. Globoostlampe
A: Anode, B: Probe als Kathode, C: Kühlung, D: Elektronen-Quelle, E: Entladungs-Begrenzungsplatte, F: Gaseintritt

Experimentelles

Für die Untersuchungen wurden folgende Gerätekombinationen benutzt:

1. Einmeter Sequenz-Vakuum-Spektrometer Modell ARL 33 000 (Paschen-Runge-Aufstellung)/GL, MFGL und MFT (Eigenbau) / Elektrische Versorgung mit Strom I, Brennspannung U_B oder Leistung P stabilisiert,

2. 0,75 m Simultan-Vielkanal-Spektrometer Modell OBLF ES 750 (Paschen-Runge-Aufstellung)/MFGL (Hersteller: Vakuumschmelze GmbH) / Elektrische Versorgung mit Spannungsstabilisierung (Hersteller: OBLF GmbH)

3. Quarzspektrograph Modell Fuess 110 M / Globoost (Hersteller: Fa. Labtest) / Elektrische Versorgung mit Strom-, Spannungs- und Leistungsstabilisierung (Fa. Labtest).

Argon dient als Arbeitsgas für alle Untersuchungen, sein Druck p wird über ein Nadelventil eingestellt.

Ergebnisse

A. Zerstäubungsrate

In der Tabelle 1 sind die Daten hierzu, ermittelt durch Wiegen vor und nach Abglimmen eines Kupfer-Preßlings (3), zusammengestellt.

Tabelle 1: Zerstäubungsrate S für verschiedene Lampen und bei verschiedenen Betriebsbedingungen (I_t bedeutet der zur zusätzlichen Elektrode fließende Strom, U_t deren Spannung gegenüber der Anode)

	P (W)	U_B (V)	I (mA)	U_t (V)	I_t (mA)	p (Pa)	S $(mg \cdot min^{-1})$
GL	103	1150	90			750	2,4
MFGL	100	1000	100			370	5,6
	57	760	75			370	2,7
MFT	57	765	74	20	60	370	2,7
	57	640	92	80	240	380	3,5

Betrachtet man die Werte in der ersten und zweiten Reihe, ist die Abbaurate mit der MFGL bei fast gleicher Leistung von jeweils 100 bzw. 103 über zweimal größer als die mit der GL. Die Einschaltung der Triode mit 20 V und 60 mA bringt keine feststellbare Vergrößerung der Abbaurate, wobei die Leistung von der MFGL bzw. die primäre Leistung von der MFT jeweils ca. 57 W beträgt. Bei dem Betrieb mit U_t = 80 V und I_t = 240 mA ist dagegen die Abbaurate S etwa 1,3fach höher. Alle Lampen waren beim Abglimmen leistungsstabilisiert. Die zusätzliche Entladungsstrecke läßt sich zur Zeit aus apparativen Gründen nur strom- oder spannungsstabilisiert betreiben.

Noch ein Wort über die abgetragenen Oberflächen: Bei der GL erfolgt die Abtragung des Materials im wesentlichen plan-parallel Schicht für Schicht, manchmal auch schwach konkav. Bei der MFGL und bei der MFT hängt die erzeugte Oberflächenform stark von der Form des probenseitigen Polschuhs des Magneten ab, der den Feldverlauf und damit den Dichteverlauf der zerstäubten Teilchen bestimmt. Während für die Oberflächenanalyse möglichst planparallel zur ursprünglichen Oberfläche abgebaut werden soll, spielt die Gestalt der Oberfläche bei einer Volumen- oder Durchschnittsanalyse keine große Rolle.

B. Reproduzierbarkeit

Als Maß für die Reproduzierbarkeit wurden relative Standardabweichungen s_r aus wiederholten Messungen bestimmt. Für niedrig-legierte Stähle und die MFGL sind die Ergebnisse in den Tabellen 2a und 2b zusammengestellt. Die Werte in der Tabelle 2a und in der Tabelle 2b wurden durch jeweils fünf bzw. zehnmaliges Abglimmen auf jedesmal neu geschliffener Oberfläche gewonnen. In der Tabelle 3 sind die von einer Al-ZnMgCu-Probe mit MFGL und GL erzielten Ergebnissen vergleichend gegenüber gestellt. Tabelle 4 zeigt Ergebnisse für eine Aluminiumprobe im Konzentrationsbereich von 1-300 µg/g, erhalten mit GL und MFGL. Darin bedeutet I_N/I_U das Intensitätsverhältnis von Linie und Untergrund. Der Untergrund wurde mit einer Probe von Reinst-Aluminium gemessen.

Tabelle 2a: Relative Standardabweichung $s_r(^I x/I_R)$ der Meßwerte bei der Analyse von Stählen mit einer MFGL.

Elem.	Analys.-, Bezugs-Linie λ (nm)	AAJ-USS c	AAJ-USS s_r	CCS-USS c	CCS-USS s_r	402-BAS c	402-BAS s_r	1167-NBS c	1167-NBS s_r
Fe	271,4	97,2	0,003	99,5	0,009	96,3	0,019	97,5	0,003
C	165,7/271,4	0,104	0,017	0,046	0,010	1,29	0,007	0,11	0,020
Mn	403,5/271,4	0,444	0,015	0,32	0,003	0,19	0,013	0,275	0,003
P	178,3/271,4	0,100	0,010	0,006	0,007	0,006	0,007	0,033	0,009
S	180,7/271,4	0,026	0,016	0,016	0,011	0,023	0,003	0,01	0,004
Si	288,1/271,4	0,542	0,019	0,010	0,007	0,27	0,007	0,26	0,005
Al	309,3/271,4		0,006	0,069	0,008	0,025	0,010	0,16	0,003

Elem. Analys.-, Bezugs-Linie; Probenbezeichnung, Konzentration c[%] und relative Standardabweichung s_r

Tabelle 2b: Reproduzierbarkeit der Probe 402-BAS (Konzentration siehe Tabelle 2a)

Element	Fe	C	Mn	P	S	Si	Al
λ (nm)	372,0	165,7/372,0	403,5/372,0	178,3/372,0	180,7/372,0	288,1/382,0	309,3/372,0
Digits	20515	6367	1266	153	585	1630	1251
s_r	0,019	0,008	0,012	0,010	0,007	0,010	0,012

Tabelle 3: Zur Reproduzierbarkeit einer Al-ZnMgCu-Leg. Relative Standardabweichungen s_r für eine Reihe von Elementen bei Bestimmung mit einer GL bzw. MFGL

		G L			M F G L		
Elem.	Konzentr. c (%)	λ (nm)		s_r	λ (nm)		s_r
Si	0,20	I	251,6	0,012	I	288,1	0,011
Fe	0,24	I	372,0	0,015	I	372,0	0,013
Cu	0,99	I	327,4	0,011	I	327,4	0,012
Mn	0,20	I	403,5	0,009	I	403,5	0,007
Mg	2,06	II	279,1	0,010	I	383,8	0,008
Zn	4,5	I	213,8	0,008	I	481,0	0,007
Ti	0,016	II	336,1	0,016	I	365,3	0,008
Cr	0,05	I	359,3	0,012	I	425,4	0,013
Al	91,7	I	236,7	0,013	I	309,3	0,013

Meßeinrichtung und Meßbedingungen zu Tabelle 3

		G L	M F G L
Gerätekombination	:	1	2
Anzahl der Messungen	:	10	10
Leistung (W)	:	150, stabil.	∿ 63
Spannung (V)	:	∿1080	900, stabil.
Stromstärke (mA)	:	∿ 140	∿ 70
Druck (Pa)	:	∿ 550	∿300
Vorglimmzeit (sec)	:	40	30
Meßdauer (sec)	:	10	10

Tabelle 4: Intensitätsverhältnis von Analysenlinie zu Untergrund und relative Standardabweichungen $s_r(^{I}N/_{I_U})$ bei der Bestimmung einiger Elemente in Aluminium

	Konz.	G L			M F G L		
Elem.	c[%]	λ(nm)	I_N/I_U	s_r	λ(nm)	I_N/I_U	s_r
Si	0,020	251,6	3,2	0,017	288,1	2,5	0,015
Fe	0,03	372,0	2,4	0,012	372,0	2,7	0,016
Cu	0,009	327,4	2,1	0,015	327,4	2,2	0,013
Mn	0,008	403,5	1,4	0,011	403,5	2,1	0,010
Mg	0,011	383,8	1,5	0,007	383,8	1,4	0,009
Zn	0,008	213,8	1,2	0,010	481,0	1,1	0,010
Ti	0,009	336,1	1,6	0,014	365,3	2,0	0,015
Cr	0,009	359,3	2,2	0,010	425,4	2,6	0,012

Nach diesen Resultaten und aufgrund zahlreicher anderer Meßergebnisse ist die Reproduzierbarkeit bei beiden Typen, Gl wie MFGL vergleichbar. Wahrscheinlich kann die Wiederholbarkeit verbessert werden, wenn ein teilweise automatisch gesteuertes Lampensystem, besonders für die Gasversorgung und Reinigung benutzt wird. Auch eine bessere Stabilität von Strom und Spannung sollte sich vorteilhaft auswirken. Über die Reproduzierbarkeit von Analysen mit einer Globoostlampe kann noch nichts ausgesagt werden. Bei dieser Lampe bestanden Schwierigkeiten, die Nachanregung reproduzierbar in Betrieb zu nehmen. Unlängst durchgeführte Verbesserung des Geräteherstellers scheinen nunmehr aber diese Schwierigkeit beseitigt zu haben. Für die Reproduzierbarkeit mit einer MFT wurden noch nicht viele Messungen durchgeführt, jedoch sind die bisherigen Ergebnisse mit denen von GL und MFGL vergleichbar.

C. Intensität und Untergrund

In der Tabelle 5 sind die Brutto-Intensitäten von drei Hauptkomponenten einer Cu-Ni-Mn-Legierung mit MFGL und MFT verglichen. Die Intensität mit MFGL wurde auf 1 normiert.

Tabelle 5: Vergleich der Intensitäten von einer Probe einer Cu-Ni-Mn-Legierung mit MFGL und MFT

Element	λ (nm)	Massen-%	Intensität	
		c	MFGL	MFT
Cu	327,3	42	1	3,4
Ni	361,9	44	1	3,1
Mn	403,5	14	1	3,7

Meßeinrichtung : Kombination 1

Versuchsbedingungen : MFGL 800 V stabil., ∿ 60 mA, ∿330 Pa
MFT 800 V stabil., ∿ 75 mA, ∿330 Pa
80 V stabil., ∿240 mA

Strahlungsempfänger : Photovervielfacher: EMI 9750 QD
Betriebsspannung : ca. 750 V

In der Tabelle 6 sind Versuchsergebnisse von verschiedenen Lampen bei der Analyse einer reinen Kupfer-Probe zusammengestellt. Der Untergrund wurde mit einer Probe von Reinst-Kupfer gemessen. Zu den Betriebsparametern von MFGL und MFT ist noch zu sagen, daß die MFGL im allgemeinen mit niedrigerer Leistung bzw. niedrigerem Druck betrieben wird, um die thermische Belastbarkeit nicht zu überschreiten.

Tabelle 6: Das Verhältnis von Linienintensität zu Untergrund bei Kupfer-Proben mit verschiedenen Typen von Glimmlampen

Probe I : Reinst-Kupfer

Probe II : c_{Ni}: 54 µg/g, c_{Fe}: 67 µg/g

Meßapparat : Kombination 1

Meßbedingungen:

GL 150 W stabil., ∿1000 V, ∿150 mA, ∿540 Pa

MFGL ∿52 W, 800 V stabil., ∿65 mA, ∿300 Pa

MFT ∿72 W, 800 V stabil., ∿90 mA ∿300 Pa
80 V stabil., ∿300 mA

Vorglimmzeit: 20 s, Meßdauer: 10 s

	Linie Ni I 361,9 nm					Linie Fe I 372,0 nm		
	GL	MFGL	MFT	$\frac{I_{MFT}}{I_{MFGL}}$	$\frac{I_{MFT}}{I_{GL}}$	MFGL	MFT	$\frac{I_{MFT}}{I_{MFGL}}$
I_B	57	89	276	3,1	4,8	223	537	2,4
I_U	30	53	153	2,9	5,1	69	181	2,6
I_N	27	36	180	5,0	6,7	154	356	2,3
I_N/I_U	0,9	0,7	1,2			2,2	2,0	
I_N/c	0,5	0,7	3,6			2,3	5,3	
BEC-Werte	60	74	42			31	27	

Nach veröffentlichten vorläufigen Messungen von Quentmeier und Waechter wird bei der "Globoost"-Lampe durch die Zusatzanregung das Nachweisvermögen bis um den Faktor drei verbessert (Kombination 3).

D. Eichung und analytische Anwendung

Im folgenden werden einige Beispiele für die analytischen Möglichkeiten dieser neuen Lampen als Anregungsquelle beschrieben. Zuerst wird die Kohlenstoff-Bestimmung in "niedrig-legierten" Stählen sehr verschiedener Herkunft behandelt. In der Abbildung 3 ist die Analysenkurve ermittelt aus den Proben 401-410 der Firma BAS, dargestellt. Jede Probe wurde dreimal mit jeweils neuer Oberfläche abgeglimmt. Die Reststreuung der Eichfunktion in log-log Darstellung beträgt ca. 0,0265. Die Erwartungsfehler, mit denen zu rechnen ist, systematische wie zufällige bei der Analyse unbekannter Proben nach dreimaligem Abglimmen, ergeben in der geometrischen Mitte der Ana-

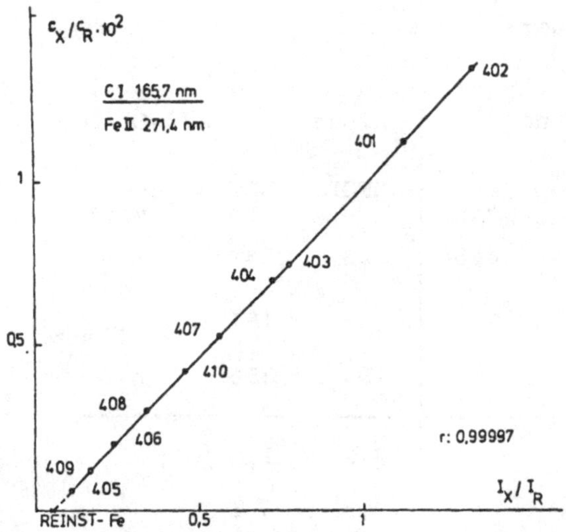

Abb. 3: C-Bestimmung in niedrig-legierten Stählen mit Hilfe von Magnetfeld-Glimmentladungen (MFGL)

lysenfunktion 0,045 relativ, am Rand, etwa bei gleicher Konzentration wie Probe 405 0,052 relativ. Für den Korrelationskoeffizienten wurde r = 0,9969 ermittelt. Diese Ergebnisse sind etwas besser als die früheren mit GL (4), jedoch kann man sie als fast gleich betrachten. Alle Korrelationskoeffizienten sind für lineare Darstellung der Eichfunktion errechnet worden. Als weiteres analytisches Beispiel zeigt Abb. 4 die Analysenkurve für die Mn-Bestimmung in niedrig-legierten Stählen. Bei der Bestimmung von Schwefel, Phosphor und Kupfer waren zumindest in niedrig-legierten Stählen keine Matrixeffekte zu bemerken. Dagegen konnte keine Analysenkurve für die Chrom-Bestimmung aufgestellt werden, wie aus Tabelle 8 entnommen werden kann. Bei früheren Arbeiten (4) wurde festgestellt, daß die Analysenkurve entsprechend den Eigenschaften der Proben aufspaltet. Da auch noch andere Ursachen vorliegen können, sind zur Klärung dieser Frage weitere Untersuchungen nötig.

In weiteren Abbildungen werden drei Analysenkurven für AlZnMgCu-Legierungen und zwei für Blei dargestellt. Zur Analyse von Al-Legierungen: bei der Cr-Bestimmung sind die Ergebnisse mit den MFGL besser als die mit der GL. Andererseits ergab sich bei der Cu-Bestimmung mit der GL eine bessere Korrelation. Daraus können aber noch keine endgültigen Schlüsse gezogen werden, da unterschiedliche Gerätekombinationen (1 für die GL, 2 für die MFGL) und auch verschiedene Linien benutzt wurden.

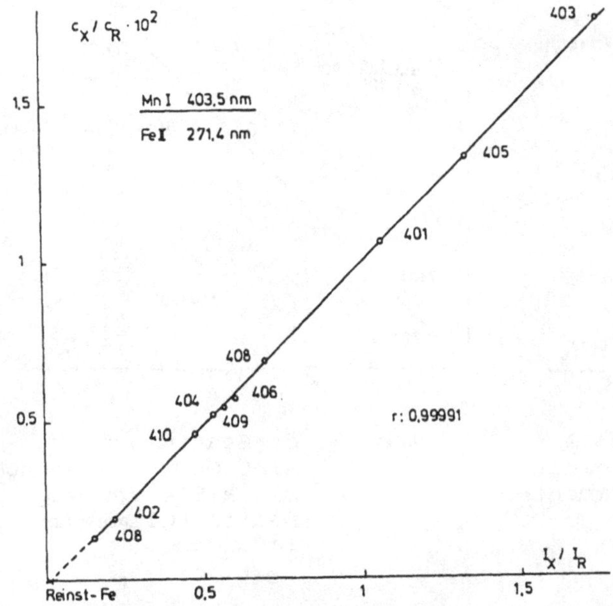

Abb. 4: Mn-Bestimmung in niedriglegierten Stählen mit Hilfe von Magnetfeld-Glimmentladungen (MFGL)

Auch waren die Betriebsparameter (siehe Tab. 3) aus den vorher erwähnten Gründen verschieden.

Im Vergleich zu früheren Messungen mit der GL ergab die Untersuchung vieler weiterer Proben von sehr unterschiedlichen Aluminium-Legierungen mit der MFGL fast gleiche analytische Leistungen von MFGL und GL.

Zur Analyse von Blei: bisher sind von Glimmentladungslampen für die Ana-

Tabelle 8: Meßwerte bei der Bestimmung mit einer MFGL; Linie Cr I 425,4

Probe	Massen-%	Digits	Probe	Massen-%	Digits
407	3,00	1038	404	0,68	723
406	2,12	449	403	0,42	1094
410	1,72	1812	408	0,090	630
409	1,22	506			

lyse von Blei und Blei-Legierungen nicht bekannt geworden, obwohl auch hier vieles für diese Anregungsquelle spricht, z.B. die Abwesenheit von Memory-Effekten. Bekanntlich muß man bei den oft benutzten Funkenentladungen in Edelgasatmosphäre sorgfältig eine Verschmutzung der Funkenkammer ver-

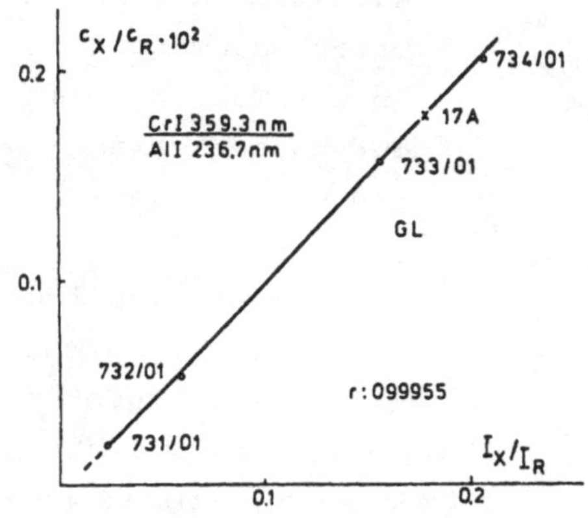

Abb. 5: Cr-Bestimmung in Al-ZnMgCu-Legierung mit Hilfe einer Glimmentladungslampe.

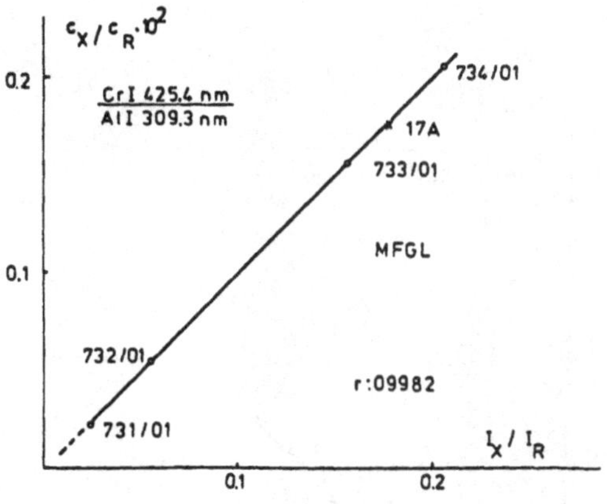

Abb. 6: Cr-Bestimmung in Al-ZnMgCu-Legierung mit Hilfe von Magnetfeld-Glimmentladungen.

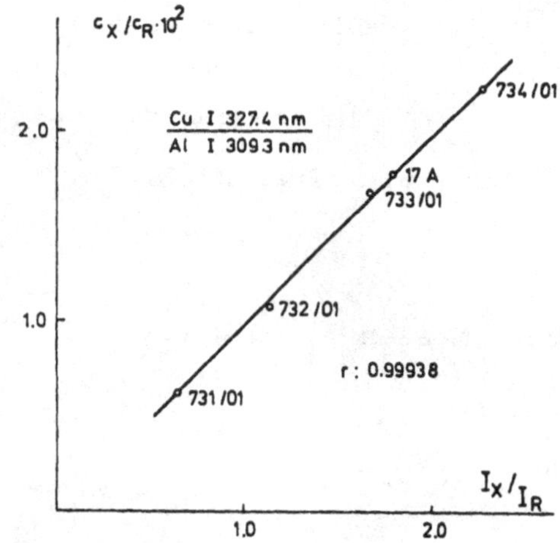

Cu-Bestimmung in Al-Zn-Mg-Cu-Legierung mit Hilfe von Magnetfeld-Glimmentladungen.

meiden, um Spuren-Bestimmungen bei wechselnden Legierungstypen zuverlässig durchführen zu können. Wir hatten schon vor längerer Zeit Untersuchungen über die Eichfähigkeit des Pb-Sb-Binärsystems mit 13 abgestuften Konzentrationen im Bereich von 0-100 Massen-% durchgeführt. Bis zum Verhältnis von ca. 0,8 von Blei zu Antimon gab es eine linear verlaufende Eichfunktion mit hoher Korrelation. Nun wurde ein Verfahren für die Spuren-Bestimmung ausgearbeitet.
Die Proben wurden dankenswerterweise von der Fa. Metallurgie

Hoboken-Overpelt zur Verfügung gestellt. Soweit bekannt, sind in diesen Hochofen-Proben neben anderen Spuren die Elemente Ni, Te, In, Ca, Tl enthalten. Analysenkurven für zwei Elemente sind in Abb. 8 und 9 graphisch dargestellt. Sie zeigen, daß man mit Glimmlampenverfahren derartige Proben genau und richtig analysieren kann, wie z.B. der hohe Korrelationskoeffizient für die Thallium-Bestimmung als Beispiel zeigt. Die NWG läßt sich bei Benutzung eines kommerziellen Spektrometers zu etwa 0,6 µg/g abschätzen. Die Reproduzierbarkeiten bei den untersuchten fünf Elementen können durch relative Standardabweichungen von 0,006-0,015 beschrieben werden. Die Betriebsbedingungen waren: stabilisierte Dauerleistung von 45 W bei etwa 700 V, 65 mA, 350 Pa; Vorglimmzeit: 15 s, Meßdauer: 10 s. Thermische Einwirkungen, z.B. Anschmelzen der Oberfläche wurden nicht beobachtet.

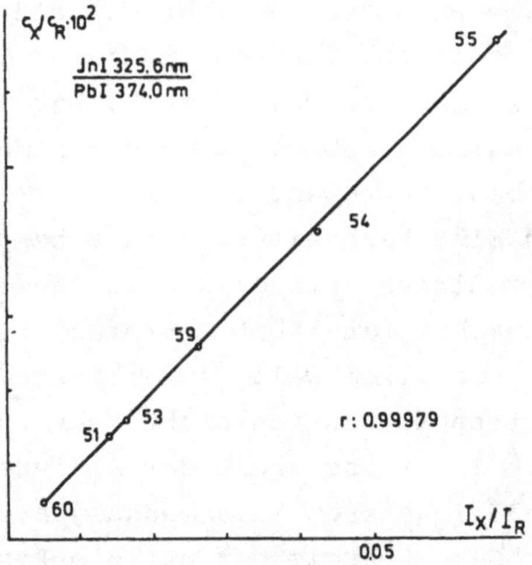

In-Bestimmung in Blei mit Hilfe einer Glimmentladungslampe als Aregungsquelle

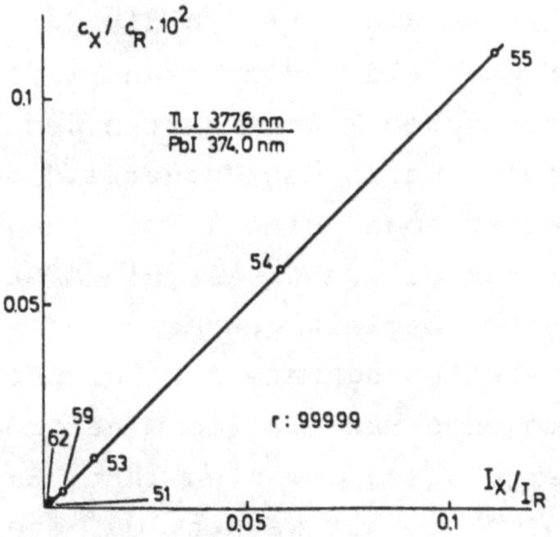

Tl-Bestimmung in Blei mit Hilfe einer Glimmentladungs-Lampe als Anregungsquelle

E. Handhabung

Die MFGL und die MFT benötigen nur eine Pumpe, die GL hingegen zwei. Dagegen ist die Reinigung bei der MFGL und MFT viel schwieriger. Besteht das abgebaute Material aus ferromagnetischen Teilchen, so bleiben diese vom Magnet angezogen an der Innenwand des Anodenrohrs sitzen und sind nur schwer zu entfernen. Nach einer privaten Mitteilung von Grimm ist inzwischen eine automatische Reinigungsvorrichtung entwickelt worden.

In der Liste im Anhang sind erprobte Analysenlinien und ihre Konzentrationsbereiche für die Analyse von niedrig-legierten Stählen zusammengestellt.

Schlußfolgerung

Es wurde über einige Erfahrungen bei gleicher elektrischer Leistung mit neuen Typen von Glimmlampen berichtet. In der MFGL wird mehr Material abgebaut. Dieser Vorteil wird jedoch durch die beschränkte elektrische Belastbarkeit der Magnetfeld-Glimmlampe unter Umständen ausgeglichen. Die Abbaurate der MFT ist noch größer als die der MFGL, nämlich ca. 1,3fach. Das Magnetfeld hat starken Einfluß auf den Abbau, je nach den magnetischen Eigenschaften der Proben. Sehr wahrscheinlich erfolgt durch das Magnetfeld auch eine Verbreiterung oder bewirkt sogar eine Aufspaltung der Linien infolge des Zeeman-Effektes. Daher ist die MFGL zunächst für nicht-ferromagnetische Legierungen erwägenswert, vor allem weil eine höhere Zerstäubungsrate für Durchschnittsanalysen von nicht sehr homogenen Materialien eine größere Zuverlässigkeit der Analysenergebnisse erwarten läßt. Es soll in diesem Zusammenhang auch noch erwähnt werden, daß die größere Energie der auf die Probe aufprallenden Atome (bzw. Ionen) des Arbeitsgases (niedrigerer Druck) das Erreichen eines Abbaugleichgewichtes bei grobkristallinen Proben beschleunigt. Nach dem bisherigen Verlauf unserer Untersuchungen ist die Intensitätsausbeute mit der MFT am günstigsten. Dies bedeutet bei gleicher Reproduzierbarkeit ein höheres Nachweisvermögen oder eine höhere Meßgenauigkeit in den Fällen, in denen das Rauschen der Signalquanten die maßgebende Rauschquelle des Verfahrens ist.

Anhang

Siehe nächste Seite.

Wir danken der Fa. OBLF, Witten, daß sie uns die Gerätekombination 2 zur Verfügung gestellt hat.

Literatur

1. Grimm, W., Spectrochim. Acta 23B, 443 (1968); Naturwiss. 54, 568 (1972).
2. Gough, D.S., Hannford, P., Walsch, A., Spectrochim. Acta 28B, 197 (1973),
   Lowe, R.M., Spectrochim. Acta 31B, 257 (1976),
   Gough, D.S., Sullivan, J.V., Analyst 103, 887 (1978).
3. El Alfy, S., Dissertation, Universität Dortmund, 1978.
4. Kruger, R.A., Bombelka, R.M., Laqua, K., Spectrochim. Acta 35B, 581 (1980), 35B, 589 (1980).

Spektrallinien für die Analyse in "niedrig-legierten" Stählen mit Glimmentladungslampenverfahren

Element	Linie/Wellen-länge (nm)		Konzentrationsbereich (g/g)100
C	I	156,14	0,01 - 1,5
	I	165,70	0,01 - 1,5
Mn	I	403,45	0,01 - 2
P	I	178,28	0,001 - 0,3
S	I	180,73	0,001 - 0,3
Si	I	288,16	0,001 - 1
Cu	I	327,40	0,001 - 1
Ni	I	349,30	0,001 - 4
Cr	I	425,43	0,001 - 3
Mo	I	386,41	0,001 - 1,5
Sn	I	326,23	0,001 - 0,1
Al	I	396,15	0,001 - 1
V	I	437,92	0,001 - 1
Ti	I	365,35	0,001 - 1
Cd	I	346,62	0,001 - 1
	I	228,80	0,001 - 1
B	I	208,96	0,0001- 0,05
Co	I	345,35	0,0001- 1
As	I	200,33	0,001 - 0,5
Sb	I	259,806	0,0001- 0,05
Pb	I	405,78	0,001 - 0,05
W	I	400,88	0,001 - 2
Zr	I	360,12	0,001 - 1
Ce	II	422,26	0,001 - 0,1
Ta	I	301,25	0,001 - 1
	II	164,13	0,001 - 1

KAPITEL 2

ELEKTRONISCHE DATENVERARBEITUNG UND AUTOMATION

ERFAHRUNG MIT ZWEI NEUARTIGEN GERAETEN ZUM HALBAUTOMATISCHEN AUFLOESEN BZW. AUFSCHLIESSEN VON ANALYSENPROBEN ZUR INSTRUMENTALANALYSE

A. Wagner, J. Petin, J. Hein und Fr. Bentz

ARBED Zentrallabor Esch-Belval
in Esch/Alzette, Luxemburg

Einleitung

In den modernen Industrielaboratorien und insbesondere auch in den Laboratorien der Eisenhüttenindustrie wird heutzutage ein Grossteil der zu analysierenden Proben nach instrumentalen Verfahren analysiert. Diese Entwicklung hat zur Folge, dass es nicht mehr wirtschaftlich vertretbar ist ein und denselben Chemiker mit der gesamten Durchführung einer Analyse von der Probenauflösung bis zu den fertigen Ergebnissen zu betrauen. Eine Arbeitsteilung drängt sich auf.

Schmitz, Thiemann und Koenig haben in einer Veröffentlichung 1973 das Konzept einer modernen Labororganisation unter dem Begriff "Analysenfabrik" beschrieben (1). Bei diesem Konzept sind

- Probenvorbereitung (Auflösung oder Aufschluss)
- Instrumentalanalyse sowie
- Sicherung und Auswertung der Ergebnisse

getrennt und werden von verschiedenen Gruppen von Mitarbeitern durchgeführt.

Wir sind in unserem Hause dabei dieses Konzept zu realisieren, eine Aufgabe die sich über mehrere Jahre erstreckt.

Bei dieser Arbeitsweise liegt die Verantwortung für ein Analysenergebnis nicht mehr bei einer Einzelperson sondern ist auf eine Gruppe von Mitarbeitern verteilt. Es muss also dafür Sorge getragen werden durch geeignete Geräte und Arbeitsprozeduren die Verfahren zu standardisieren um Fehlresultate durch menschliches Versagen möglichst auszuschliessen.

13. Spektrometertagung

Bei modernen Analysengeräten wie Roentgenfluoreszenzspektrometer, Emissionsspektrometer, Atomabsorptionsspektrometer und kontinuierlichen Durchflussanalysatoren, kann man durch geeignete Arbeitsprozeduren diese Auflage erfüllen. Dasgleiche gilt für die Sicherung, Auswertung und Ausgabe der Ergebnisse, wo durch den Einsatz von Minicomputern ein hoher Stand an Zuverlässigkeit erreichbar ist.

Nur bei der Probenvorbereitung fehlt es noch weitgehend an geeigneten Hilfsmitteln und man ist vielfach noch auf die Handfertigkeit und Zuverlässigkeit der einzelnen Mitarbeiter angewiesen.

Geräte welche die in den Eisenhüttenlaboratorien anfallenden Proben automatisch abwiegen, aufschliessen und/oder in Lösung bringen sind unseres Wissens nicht auf dem Markt. Eigenentwicklungen in dieser Richtung sind sehr aufwendig und wirtschaftlich meistens nicht vertretbar.

Man kann jedoch unter Nutzung der auf dem Markt erhältlichen Geräte schon einiges tun.

Der Wiegevorgang kann durch Anschluss der Waage an einem Minikomputer einfacher und sicherer gestaltet werden.

Die weiteren Probenvorbereitungsschritte wie
- Lösen der Probe mit Säuren
- Aufschluss der Probe mit einem Borat
- Aufschluss der Probe gefolgt vom Lösen der aufgeschlossenen Probe

können nach Einwaage der Analysensubstanz und Zugabe der Aufschlussmittel mechanisiert werden und dadurch exakt reproduzierbar und dynamisch gestaltet werden.

Es soll hier über unsere Erfahrungen mit zwei solcher Teilautomaten berichtet werden. Es handelt sich um einerseits den sogenannten Nassveraschungsautomaten nach Knapp der das Lösen der Probe mit Säure mechanisiert und andererseits um das Aufschlussgerät Perl'X der Firma SOLED das den Aufschluss der Probe mittels Borat mechanisiert.

Was den kombinierten Vorgang Aufschluss und anschliessendes Lösen der Probe betrifft, möchten wir darauf hinweisen, dass der C.R.M. in Lüttich, das Forschungsinstitut der belgisch-luxemburgischen Stahlindustrie augenblicklich dabei ist den Prototyp eines solchen Gerätes den ein Hersteller zur Verfügung gestellt hat, in Zusammenarbeit mit dem Hersteller an die Bedürfnisse eines Industrielabors anzupassen (2).

Der Nassveraschungsautomat V A O nach Knapp

Beschreibung des Gerätes

Bei diesem Gerät handelt es sich um ein mechanisiertes System das von Knapp am Institut für allgemeine Chemie, Mikro- und Radiochemie der technischen Hochschule in Graz zur Durchführung nasschemischer Aufschlussmethoden organischer Stoffe entwickelt wurde (3).

Das Gerät ist ausführlich in der Literatur beschrieben.

Versuchsergebnisse

Das Gerät wird hauptsächlich eingesetzt zum Lösen von Stahlproben für die Emissionsspektrometrie mit ICP Anregung und für die spektralphotometrische Analyse mittels Durchflussanalysatoren.

Lösen von Stahlspänen für die Emissionsspektrometrie mit ICP Anregung

o,4 g Späne werden mit 2o ml eines Säuregemischs (39o ml HNO_3 1,4o + 13 ml HCl 1,19 pro 1) versetzt.
Zeitintervall 3 Minuten
Heizblocktemperatur 8o°C
Eintauchtiefen 5/4/2/2/o

Anschliessend werden die Proben abgekühlt, mit 2o ml deionisiertem Wasser aufgefüllt und von Hand gemischt. Die Proben werden danach direkt in die zur Messung dienenden Gefässe filtriert.
Diese Bedingungen ergeben eine Auflösungszeit von 15 Minuten und einen Stundendurchsatz von 80 Proben nach einer Wartezeit von 15 Minuten.

Wir haben das Verfahren angewendet auf unlegierte und niedrig legierte Stähle bis zu folgenden Gehalten an Legierungselementen:

C 1 %; Mn 1,5 %; P o,o7 %; S o,o5 %; Si 1 %; sauerlösliches Al o,15 %; Cu 1 %; Cr o,3; Ni 1 %; V o,5 %; Mo o,5 %; Co o,2 %; As o,1 %.

Bild 1 zeigt für eine Stahlprobe die einerseits lo mal aus der gleichen Lösung und andererseits aus lo Lösungen der gleichen Probe je einmal gemessen wurde, die gefundene Standardabweichung für beide Messreihen wobei die Gesamtstandardabweichung den Messfehler, den Lösungsfehler und den Wägefehler sowie die Heterogenität der Probe. Es sei hervorgehoben, dass es sich hier um eine beliebige Stahlprobe aus der laufenden Produktion und nicht um eine Standardprobe handelt. Das Lösen von Stahlspänen für die spektralphotometrische Durchflussanalyse von P und Mn sei hier als Beispiel für einen sehr langsam verlaufenden Auflösungsvorgang aufgeführt.

o,75 g Späne werden in 15o ml Kolben eingewogen und mit 25 ml eines Säuregemisches (765 ml $HClO_4$ 1,67 + 16o ml HNO_3 1,4 + 75 ml H_2O) versetzt.

Zeitintervall	12 Minuten
Heizblocktemperatur	32o^{o} C
Eintauchtiefen	o/o/o/1/3/

Die gelösten Proben werden mit lo ml HBr 1,5o versetzt und ein zweites Mal unter gleichen Bedingungen über das Gerät geführt. Anschliessend wird mit 9o ml desionisiertem Wasser verdünnt und gemischt. Anschliessend wird P und Mn mittels Durchflussanalysatoren bestimmt.

Die eben angegebenen Bedingungen ergeben eine Gesamtlösungszeit, einschliesslich As Austreibung, von 2 Stunden und einen Durchsatz von 4o Proben pro Schicht, wobei ausser der Einwaage und der Zugabe der Säuren der gesamte Vorgang automatisch und ohne Aufsicht erfolgt.

Unser Labor arbeitet seit über einem Jahr sehr zufriedenstellend mit zwei Geräten die täglich im Einsatz sind.

Der Aufschlussautomat PERL'X

Es handelt sich um ein Gerät das vom "Institut de Recherche de la

Sidérurgie Française" (IRSID) im Rahmen eines Forschungsauftrages des EGKS entwickelt wurde. Hersteller ist die Firma SOLED. Der Vertrieb erfolgt über das Verkaufsnetz der Firma PHILIPS.

Das Gerät besteht aus
- einem Hochfrequenzofen
- einem Platintiegel
- einer Vorrichtung zum Schwingen des Tiegels
- einem Deckel
- einer Giesschale
- einer Abkühlvorrichtung mit Pressluft.

Das Gemisch von Probe und Aufschlussmittel wird in den Platintiegel gegeben, durch Hochfrequenz erhitzt und zur Schmelze gebracht. Während des gesamten Schmelzvorgangs wird der Tiegel durch eine Schwingbewegung um eine horizontale Axe die durch die Mitte des Tiegels geht, bewegt. Nach Beendigung des Schmelvorgangs, wird der Tiegel durch eine Kippbewegung in eine Platinschale entleert die ihrerseits während des Schmelzvorgangs über eine Hochfrequenzspule erhitzt wurde. Anschliessend wird die Probe mit Pressluft abgekühlt. Der gesamte Vorgang ist für die üblichen oxydischen Materialien in weniger als 4 Minuten beendet.

Der Ablauf wird über eine elektronische Logik programmiert.

Mit dieser Logik kann man folgende Parameter programmieren
- Temperatur der Giesschale
- Schwingfrequenz
- Giessgeschwindigkeit
- Generatorleistung
- Luftmenge zur Abkühlung der Probe
- Heizdauer bei vertikalem Tiegel
- Heizdauer unter Schwingbewegung
- Standzeit vor dem Ausgiessen
- Giesszeit
- Abkühldauer
- Schwing- und Giesswinkel

Anwendung des Gerätes und analytische Ergebnisse

Die 4 in den ARBED Laboratorien installierten Geräte werden laufend im 3 Schichtenbetrieb für den Aufschluss oxydischer Stoffe mit Na- und Li-Borat eingesetzt zur anschliessenden R.F.A. Analyse. Unter anderem werden Erze, Sinter, Hochofen- und Stahlwerkschlacken, Kalk, Dolomit, feuerfeste Materialien, Staube usw. auf diese Art und Weise analysiert.

Die Bilder 2 + 3 zeigen Reproduzierbarkeiten die wir an einigen Standardproben ermittelt haben.

σ 1 ist der Wert der Standardabweichung von lo Messungen an der gleichen Schmelze während σ 2 den Wert der Standardabweichung von lo Messungen an lo verschiedenen Schmelzen ein und derselben Probe angibt.

Die guten Ergebnisse mit oxydischen Proben haben dazu verleitet eine Methode zum schnellen Aufschluss von Ferrolegierungen für die Röntgenfluoreszenzanalyse mit Hilfe dieses Gerätes zu entwickeln.

Die bekannten Methoden zur Probenvorbereitung von Ferrolegierungen für die R F A - Analyse kann man in 3 Gruppen unterteilen

- Vermahlen und Verpressen der Probe unter streng standardisierten Bedingungen
- Aufschmelzen und Verdünnen der Probe mit Eisen
- Schmelzaufschluss mit einem Borat nach Oxydation der Ferrolegierung

Es gibt eine umfangreiche Literatur über all diese Verfahren, die sich trotzdem nur teilweise durchgesetzt haben und es ist durchaus noch üblich bei kommerziellen Austauschanalysen die Werte nasschemisch zu bestimmen.

Die in der Literatur beschriebenen Methoden zur Probenvorbereitung über Schmelzaufschluss sind alle relativ zeitraubend, da bei der Oxydation der Ferrolegierungen jeder Kontakt von Metall mit dem Platintiegel verhindert werden muss um die Zerstörung des Tiegels zu vermeiden. Ausserdem wird bei diesen Methoden der Tiegel vielfach von Hand geschwenkt, so dass die Güte der Probe von der Handfertigkeit des Laboranten abhängt.

Bei dem Verfahren das wir entwickelt haben, ist es uns gelungen die Schmelzzeit inklusive Oxydation auf lo Minuten zu reduzieren.

o,2 g Probegut mit einer Körnung unter o,1 mm werden mit 3 g Aufschlussmittel bestehend aus 1,5 g $NaKCO_3$, o,5 g KNO_3 und 1 g $Li_2B_4O_7$ vermischt und in den Platintiegel gegeben. Die Mischung wird bei vertikal stehenden Tiegel während ca. 4 Minuten bei einem Generatorstrom von o,2A was einer Temperatur von ungefähr 5oo^o C entspricht, erhitzt. Die einsetzende Reaktion verläuft ohne Spritzen und ist nach ungefähr 4 Minuten beendet. Anschliessend werden weitere 4g $Li_2B_4O_9$ der Schmelze zugefügt und der Generatorstrom auf o,4A erhöht, was ungefähr 1ooo^o C entspricht. Der Tiegel geht nach Beendigung der Oxydation in die Schwingbewegung über. Nach weiteren 3,5 Minuten entleert der Tiegel sich in das Platinschälchen. Die Probe erstarrt und wird während einer Minute mit Pressluft abgekühlt und ist anschliessend zur Messung bereit.

Wir haben das Verfahren auf sämtliche Ferrolegierungen die in unserem Hause untersucht werden, angewandt und zwar
Fe-Mn, Fe-Si-Mn, Fe-P, Fe-Ti, Fe-Mo, Fe-Nb,Fe-W, Fe-V, Fe-Cr, Fe-Si.

Für einige Ferrolegierungen haben wir die Arbeitsvorschrift leicht abgewandelt.

- Bei Fe-Si wurde die Einwaage von KNO_3 auf o,75 g erhöht um eine vollständige Oxydation zu gewährleisten.
- Bei Fe-Cr und Fe-Mn haben wir anfangs leichte Verluste durch Verdampfen festgestellt. Um diesen Fehler zu vermeiden, überschichten wir das Gemisch Probe+Aufschlussmittel mit ungefähr der Hälfte der 4g $Li_2B_4O_7$ und verringern den Generatorstrom für die Oxydationsphase auf o,15A.

Bei der Arbeitsvorschrift wie wir sie angegeben haben, erfolgt kein lokaler Angriff der Ferrolegierung auf den Tiegel und der Verlust an Platin beträgt ungefähr 2 mg pro Schmelze. Die Tiegelhaltbarkeit ist bei Ferrolegierungen die gleiche wie bei oxydischen Proben (4oo-5oo Schmelzen).

Wir haben das Verfahren ausserdem auf Stahlspäne und Späne von Kupferlegierungen mit dem gleichen Erfolg angewandt. Nur wenn der Nickelgehalt im Stahl 12 % übersteigt, wird die Probe nicht mehr oxydiert.

Die röntgenographischen Messungen wurden mit einem ARL 72 000 Gerät durchgeführt. Die Reproduzierbarkeit der Proben ist die gleiche wie bei oxydischen Proben. So beträgt bei einer Fe-Si Probe mit einem Si-Gehalt von 75 % und einem Al-Gehalt von 1,39 % die Standardabweichung bei lo Messungen der gleichen Schmelze o,14 % für Si und o,o45 % für Al während die entsprechenden Werte für Messungen an lo verschiedenen Schmelzen dergleichen Probe o,17 % und o,o49 % betragen.

Bild 4 zeigt die gefundenen Werte für eine Reihe von Ferrolegierungen.

Die Standardabweichungen zwischen attestierten Werten und denen über die Regressionsgraden errechneten wurden für die Hauptelemente der verschiedenen Ferrolegierungen wie folgt ermittelt.

Fe-Si	Si :	o,13 %
Fe-Mn	Mn :	o,1o %
Fe-Cr	Cr :	o,o8 %
Fe-Ti	Ti :	o,o9 %
Fe-Mo	Mo :	o,o9 %
Fe-V	V :	o,13 %
Fe-W	W :	o,11 %

Bei Doppelbestimmung an doppelt erschmolzenen Proben und Bezug auf eine Standardprobe ähnlicher Zusammensetzung ist das Verfahren ausreichend genau um auch Analysen für kommerzielle Zwecke zu erstellen.

Schlussfolgerung

Es wurde gezeigt, dass es mit im Handel erhältlichen Geräten möglich ist die Probenvorbereitung für die Instrumentalanalyse weitgehend zu mechanisieren. Die von uns seit einem Jahr mit Erfolg eingesetzten Geräte sind preiswert, einfach im Aufbau und der Bedienung und dadurch praktisch störungsfrei.

Der erreichte Effekt ist doppelt

- grössere Genauigkeit durch konstante Arbeitsbedingungen

- grössere Wirtschaftlichkeit durch dynamischen Ablauf und Verringerung der manuellen Operationen, was eine Ueberlappung mit anderen Tätigkeiten des Analytikers ermöglicht.

Referenzen

1. SCHMITZ KH., THIEMANN E., KOENIG P. CAC/Conf. Proc/115/73

2. HANCART J. Private Mitteilung

3. KNAPP G. Z. Anal. Chem. 274, 271-273 (1975)

A R B E D
Labor. Central

ANALYSE VON UN-LEGIERTEM STAHL

Probenvorbereitung: Lösen der Proben mit einem Gemisch von HNO_3 und HCl mittels des Naßveraschungsautomaten VAO nach KNAPP

Analyse: Simultanes Emissions-Spektrometer ARL 34 000 B/C mit ICP Anregung

REPRODUZIERBARKEIT DER ANALYSE

	Mn	P	Si	Al	As	Cu	Cr	Ni
Gehalt in %	0,81	0,122	0,259	0,026	0,071	0,304	0,482	0,487
Standardabweichung Messung σ 1	0,004	0,0015	0,0010	0,0004	0,0007	0,0037	0,0013	0,004
Gesamt σ 2	0,007	0,0030	0,0035	0,0016	0,0014	0,0038	0,0040	0,007

Bild 1

A R B E D
Labor. Central

Röntgenfluoreszenzanalyse von oxydischen Stoffen nach Aufschluß mit Natrium-tetra-borat mittels des Aufschlußautomaten PERL'X von SOLED

REPRODUZIERBARKEIT DER ANALYSE

Eurostandard 678-1 REICHERZ

	Ca	Fe	Mn	P	Si	Mg	Al
Gehalt in %	3,92	60,75	0,03	1,01	1,73	0,57	0,28
Standardabweichung Messung σ1	0,011	0,054	0,0007	0,028	0,013	0,018	0,008
Gesamt σ2	0,018	0,098	0,0007	0,024	0,012	0,027	0,009

Eurostandard 676-1 IRON-ORE-SINTER

	Ca	Fe	Mn	P	Si	Mg	Al
Gehalt in %	12,78	39,76	0,83	0,59	4,40	1,16	3,40
Standardabweichung Messung σ1	0,028	0,032	0,003	0,004	0,025	0,038	0,040
Gesamt σ2	0,046	0,057	0,005	0,006	0,034	0,034	0,085

Bild 2

ARBED
Labor. Central

Röntgenfluoreszenzanalyse von oxydischen Stoffen nach Aufschluß mit Natrium-tetra-borat mittels des Aufschlußautomaten PERL'X von SOLED

REPRODUZIERBARKEIT DER ANALYSE

B.C.S. No. 315 FIRE BRICK

	CaO	Fe	SiO_2	MgO	Al_2O_3
Gehalt in %	0,34	3,01	51,20	0,57	42,40
Standardabweichung Messung σ_1	0,003	0,013	0,13	0,029	0,19
Gesamt σ_2	0,014	0,046	0,19	0,014	0,21

Bild 3

ARBED-ESCH-BELVAL
LABORATOIRE CENTRAL

ANALYSE VON FERRO-LEGIERUNGEN MITTELS R. X

PROBEN-NR.	SI		MO		MN		CR		V		W	
	CH.	R. X	CH.	R. X	CH.	R. X	CH.	R. X	CH.	R. X	CH.	R. X
BAM 520-1	72.05	72.20										
BCS 305-1	75.00	75.09										
IRSID 501-1	70.30	70.17										
IRSID 523-1	.56	.67	50.65	50.70								
BCS 231-4	.20	.25	70.60	70.00								
EUR 570-1	.200	.22	72.220	72.24								
BAM 1-153	.08	.01	71.74	71.02								
BCS 204-2	1.41	1.42			77.00	76.90						
IRSID 502-1	.70	.82			78.30	78.33						
BAM FE-MN 145	1.03	1.00			81.4	81.30						
BAM 533-1							68.20	68.14				
BCS 203-5							70.70	70.63				
BCS 360							74.60	74.52				
BCS 205-3	.54	.53							54.00	54.00		
EUR 577-1	1.70	1.70							50.10	50.84		
IRSID 511-1	.34	.30							80.70	80.63		
BAM 2/131											70.60	70.73
BCS 242/1											82.00	81.00

BILD 4

ENTWICKLUNG EINES PROGRAMMES ZUR AUTOMATISCHEN DATENERFASSUNG UND - AUSWERTUNG FÜR DIE EMISSIONSSPEKTROMETRIE

M.E. Schaefer
Brown Boveri & Cie, Zentrallabor, Baden, Schweiz

Einleitung

Zu den Aufgaben unseres Spektrallabors bei Brown Boveri gehört die Eingangskontrolle von Stählen. An Stichproben wird bei metallischen Werkstoffen u.a. geprüft, ob die chemische Zusammensetzung den Liefervorschriften entspricht.
Die Prüfung betrifft einerseits Probenabschnitte z.B. von Stangenmaterial, andererseits Halbfabrikate etc., die zerstörungsfrei geprüft werden müssen.

Für die Analyse von Probenabschnitten setzen wir das Sequenzemissionsspektrometer Q 33'000 von ARL ein. Für Halbfabrikate oder Werkstücke verwenden wir ein energiedispersives Röntgenfluoreszenzgerät mit Isotopenanregung (TRACOR NORTHERN NS 880).

Das Q 33'000 ist ein Spektrometer aus dem Jahr 1972 ohne eingebauten Rechner. Wir behalfen uns daher mit einem HP-Tischrechner (Modell 9810), den wir für die Eichung und Auswertung einsetzen.

In den letzten Jahren genügte diese Kombination den zunehmenden Anforderungen nicht mehr.

- Aus Rationalisierungsgründen sollten die Analysenresultate zusammen mit den Sollwerten auf ein vorgegebenes Formular ausgedruckt werden.

- Ausserdem wurde eine Vereinfachung und Vereinheitlichung der Analyse angestrebt.

13. Spektrometertagung

- Weiter sollte es möglich sein, mit Hilfe von Standardprobenanalysen Korrekturen an den Resultaten anzubringen.

- Die Vereinfachung und Rationalisierung der geordneten Ablage der Analysenresultate war ein weiterer wesentlicher Punkt.

Daher mussten wir uns nach einem leistungsfähigeren Rechnersystem umschauen.
Da die Programme, die unseren Vorstellungen entsprachen, nicht auf dem Markt erhältlich waren, entschlossen wir uns, sie selbst zu entwickeln. Dies umso mehr, als bei der normalen Software der Spektrometerhersteller, die Entwicklung eigener Programme nicht möglich ist.

Andererseits ist heute die Software teurer als die Hardware. Daher muss man darauf achten, wenn immer möglich,auf dem Markt vorhandene Softwarekomponenten zu verwenden. Das bedeutet aber auch, dass die gekaufte Software sehr effizient sein muss, damit man Programmierzeit einsparen kann.

Es ist ein Zeichen unserer Zeit, dass sich ein Spektroskopiker vermehrt selbst um das Programmieren und den Einsatz von Rechnern kümmern muss. Dies hat aber den Vorteil, dass dann der Rechner optimal für die eigenen Probleme eingesetzt werden kann. Andererseits ist es heutzutage keine Hexerei mehr, irgend ein Gerät, welches einen Datenausgang hat, an einen Rechner anzuschliessen.

Anforderungen an Programm und Systemsoftware

Die an das Programm gestellte Forderung lautet:
Die Kalibrierung, Messung, inklusive allfällige Korrektur mit einem Standard sowie Protokollerstellung und Speicherung der Analysen muss in einem Arbeitsgang erfolgen.
D.h. also:

- On line Erfassung der Messdaten vom Spektrometer
- Kalibrierung des Spektrometers mit verschiedenen Einstellproben
- Abrufen der entsprechenden vorgeschriebenen Sollwerte
- Messung einer Standardprobe mit gesicherten Analysenwerten zur Ueberprüfung und eventueller Korrektur der Probenmesswerte
- Messung der Proben und Berechnung der Konzentration mit Hilfe von gespeicherten Eichkurven (Regressionspolynome bis 3. Ordnung)
- Schreiben des Analysenprotokolles zusammen mit den vorgeschriebenen Sollwerten
- Speichern der Messwerte sowie aller anderen, dem Protokoll zugeordneten Daten.

Um diese Anforderungen zu erfüllen, benötigt man folgende Rechnerhardwarekomponenten:

- Rechner mit mindestens 18 - 32k Wort Memory
- Bildschirm für den Programmdialog
- Lineprinter oder Schreibmaschinenterminal für die Protokollerstellung

- zwei externe Speichermedien wie Dualfloppy oder Dualdiskdrives
- Interface für das Spektrometer

Von der Systemsoftware werden folgende Eigenschaften verlangt:

- Höhere Programmsprache
- Texteditor zur Eingabe der Vorschriftenfiles
- gutes Filehandling welches u.a. ein rasches Auffinden der gespeicherten Daten erlaubt.

Hardware

Unser System besteht aus folgenden Komponenten:

- Sequenzspektrometer Q 33'000 ARL mit ASCII-Interface
- PDP 11/03 Rechner (DEC) mit 32k Wort RAM Memory
- Dual Floppydrive (Single Density)
- Bildschirmterminal VT 52
- Schreibmaschinenterminal "Decwriter LA 36"

Fig. 1

PDP 11/03 Rechner und Spektrometer

Fig. 2

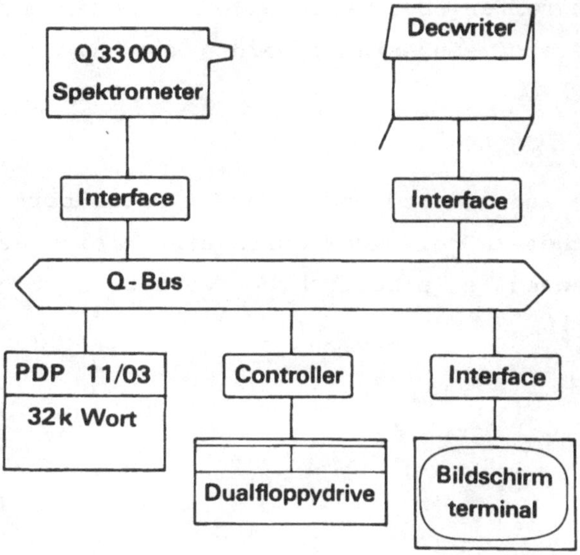

Wissenswertes zum Anschluss Spektrometer-Rechner

Will man ein altes, nichtautomatisches Spektrometer an einen Rechner anschliessen, so geht es in der Regel nur darum, Spektrometerdaten in den Rechner zu übernehmen.

Man muss also wissen, in welcher Form die Daten anfallen. Z.B. gibt es bei den älteren Spektrometern folgende Möglichkeiten:

Die Daten fallen analog an,
" " " digital an im BCD-Code
" " " " " " Zeitmultiplex
" " " " " " ASCII-Code (seriell oder parallel)

Je nach dem Code wird ein entsprechendes Interface im Rechner angeschlossen.
Für den seriellen ASCII-Code, wie in unserem Falle, braucht man das gleiche Interface wie für einen Decwriter.
Sowohl bei analogen wie bei BCD-Daten kann man auf käufliche Interfacekarten zurückgreifen, bei denen alle Parameter wie Pulshöhe und Pulsfolge etc. eingestellt werden können.

Das Abfunken der Probe kann zu Störungen in der Datenübertragung führen. Diese können in der Regel durch eine kleine Aenderung auf der Interfacekarte leicht behoben werden.

Verwendete Systemsoftware

Programmsprache: FORTRAN IV

Das FORTRAN hat den Vorteil, dass es eine saubere Strukturierung des Programmes erlaubt, weil Hauptprogramm und Unterprogramme voneinander unabhängig und getrennt sind.

Betriebssystem: RT-11 (DEC) Version 3, resp. Version 4

Folgende Eigenschaften des RT-11 sind für unsere Anwendung wichtig:

- Vorgegebene Probenbezeichnungen oder Legierungsbezeichnungen können als Filenamen verwendet werden.

- Für das Auffinden und Schreiben von früheren Analysenergebnissen braucht es kein Programm. Es erfolgt einfach durch Abrufen des Filenamens.

- Das Inhaltsverzeichnis einer Diskette (das sog. Directory) lässt sich nach verschiedenen Gesichtspunkten ordnen (z.B. alphabetisch, nach Datum, nach Grösse etc.).

- Kopieren, Löschen oder Umbenennen von einzelnen Files sind problemlos.

- Komplexe Textoperationen können im FORTRAN leicht ausgeführt werden.

Programmaufbau

Das Programm ist aus logisch zusammenhängenden Einheiten (Unterprogramme) modular aufgebaut. Das Hauptprogramm koordiniert nur den Ablauf dieser Unterprogramme. Auf diese Weise können leicht Änderungen an einzelnen Programmteilen vorgenommen werden, ohne daß die anderen Programmeinheiten davon berührt werden.

Alle Parameter wie Eichkurven- und Kalibrierdaten sind für jeden Legierungstyp in separaten Datenfiles abgelegt.

Die neuen Meßwerte der Kalibrierproben werden auch in separaten Kalibrierfiles gespeichert. So stehen sie beim nächsten Programmstart wieder zur Verfügung.

Fig. 3

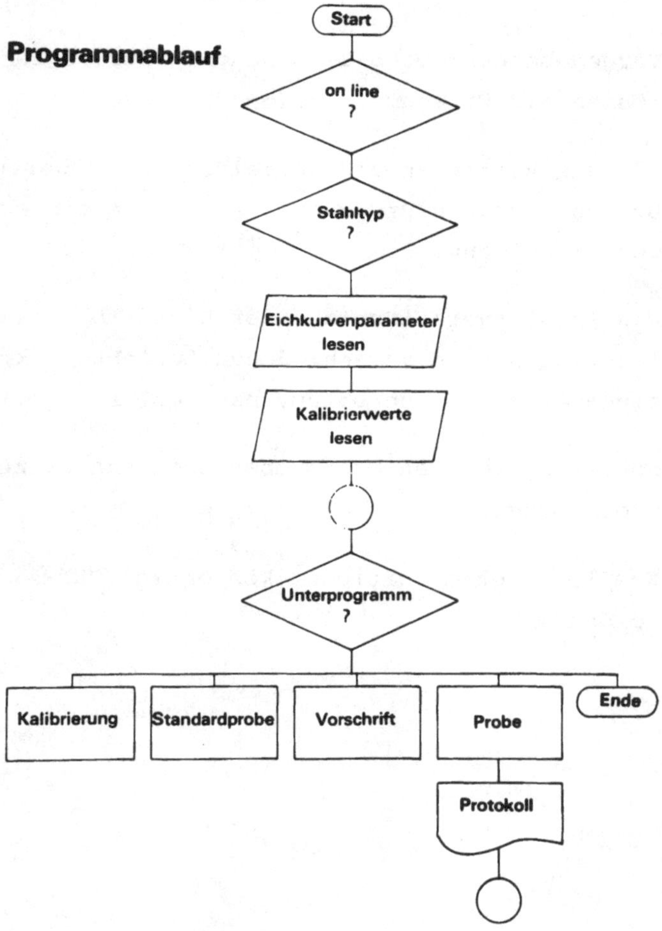

Beispiel für einen Programmablauf

Der Dialog auf dem Bildschirm erfolgt im Klartext, wobei das Programm den Analysenablauf vorgibt.

Fig. 4

Programmdialog auf dem Bildschirm

```
 .R STAHL
 EINGABE ON LINE ?JA
 VISUM ? SF

 NIEDERLEG. MIT CO = 1
 NIEDERLEG. MIT AL = 2
 HOCHLEG. GR II    = 3
 ST 17BSF          = 4
 HOCHLEG. GR III   = 5
 MN-STAHL          = 6
 ST 20/20/4 U. 2   = 7
 OX 21             = 8

EINGABE NUMMER : 6

PROGRAMM NR  6
***************



EINGABE: KALIBRIERUNG,STANDARD,PROBE,VORSCHRIFT ODER ENDE
KAL
KAL FE ?JA

C    SI   MN   CR   NI   P    S
 499  106  177  132  139  420  383


KAL FE ?JA

C    SI   MN   CR   NI   P    S
 437  106  169  131  138  427  381


KAL FE ?JA
```

```
C    SI   MN   CR   NI   P    S
425  107  170  132  134  415  374


KAL FE ?NE
C     422.    499.    437.    425.    446.    0.    0.
SI    105.    106.    106.    107.    106.    0.    0.
MN    166.    177.    169.    170.    171.    0.    0.
CR    133.    132.    131.    132.    132.    0.    0.
NI    141.    139.    138.    134.    138.    0.    0.
P     446.    420.    427.    415.    427.    0.    0.
S     385.    383.    381.    374.    381.    0.    0.
ALLE KOLONNEN VERWENDEN ?NEIN
WELCHE KOLONNE NICHT ?1
GANZE KOLONNE ?JA
C       0.    499.    437.    425.    454.    0.    0.
SI      0.    106.    106.    107.    106.    0.    0.
MN      0.    177.    169.    170.    172.    0.    0.
CR      0.    132.    131.    132.    132.    0.    0.
NI      0.    139.    138.    134.    137.    0.    0.
P       0.    420.    427.    415.    421.    0.    0.
S       0.    383.    381.    374.    379.    0.    0.
ALLE KOLONNEN VERWENDEN ?

ALLE KOLONNEN VERWENDEN ?NEIN
WELCHE KOLONNE NICHT ?1
GANZE KOLONNE ?JA
C       0.    499.    437.    425.    454.    0.    0.
SI      0.    106.    106.    107.    106.    0.    0.
MN      0.    177.    169.    170.    172.    0.    0.
CR      0.    132.    131.    132.    132.    0.    0.
NI      0.    139.    138.    134.    137.    0.    0.
P       0.    420.    427.    415.    421.    0.    0.
S       0.    383.    381.    374.    379.    0.    0.
ALLE KOLONNEN VERWENDEN ?JA
KAL 616   ?JA

C    SI   MN   CR   NI   P    S
5051 2618 5152 4936 1727 2063 1639
```

```
KAL 616    ?JA

C    SI   MN   CR   NI   P    S
5205 2633 5103 4951 1721 2063 1646


KAL 616    ?JA

C    SI   MN   CR   NI   P    S
4983 2681 5127 4983 1682 2069 1662


KAL 616    ?NEIN
C     4943.   5051.   5205.   4983.   5046.      0.      0.
SI    2604.   2618.   2633.   2681.   2634.      0.      0.
MN    5092.   5152.   5103.   5127.   5119.      0.      0.
CR    4772.   4936.   4951.   4983.   4911.      0.      0.
NI    1748.   1727.   1721.   1682.   1720.      0.      0.
P     2045.   2063.   2063.   2069.   2060.      0.      0.
S     1688.   1639.   1646.   1662.   1659.      0.      0.
ALLE KOLONNEN VERWENDEN ?JA



EINGABE: KALIBRIERUNG,STANDARD,PROBE,VORSCHRIFT ODER ENDE
STANDARD
STANDARD NR ? S 305
```

```
C    SI   MN   CR   NI   P    S
6510 2697 5440 5249  894 1743 1676


EL      KORR.WERT   EL/FE     PROZ(EL)

C           6302.   0.66393      0.664
SI          2882.   0.47136      0.471
MN          5072.  19.95180     19.952
CR          4730.   4.50044      4.500
NI           862.   0.21352      0.214
P           1724.   0.07030      0.070
S           1566.   0.00790      0.008

ERGEBNISSE DER 1. - 3. MESSUNG
C               0.664      0.000      0.000
SI              0.471      0.000      0.000
MN             19.952      0.000      0.000
CR              4.500      0.000      0.000
NI              0.214      0.000      0.000
P               0.070      0.000      0.000
S               0.008      0.000      0.000
STANDARD WIEDERHOLEN ?
```

```
EINGABE DER SOLLWERTE
C  ? 0.63
SI ? 0.44
MN ? 19.0
CR ? 4.37
NI ?
P  ? 0.07
S  ? 0.0015

EINGABE: KALIBRIERUNG,STANDARD,PROBE,VORSCHRIFT ODER ENDE
VORSCHRIFT
EINGABE VORSCHRIFTENFILE
DEVICE: DK:RESP DEFAULT
*
```

DEVICE: DK:RESP DEFAULT
*ST930.STA

	C %	Si %	Mn %	Cr %	Ni %
X 40 MnCr 18	0.3	max	17	3	max
	0.6	0.8	19	5	1.0

EINGABE: KALIBRIERUNG, STANDARD, PROBE, VORSCHRIFT ODER ENDE
PROBE

MP-FILENUMMER ?
(EINGABEBEISPIEL : DX1:20000.E)

*

*DX1:5612.H

ANZAHL PROBEN PRO ATTEST ? 1
1 PROBEN RICHTIG ?JA
MP-NUMMER ? 5612 H

C	SI	MN	CR	NI	P	S
6179	3204	5297	5209	1815	1661	1662

EL	KORR.WERT	EL/FE	PROZ(EL)
C	5980.	0.61167	0.612
SI	3419.	0.60345	0.603
MN	4939.	19.01529	19.015
CR	4695.	4.42347	4.423
NI	1724.	0.74446	0.744
P	1639.	0.06287	0.063
S	1553.	0.00768	0.008

WIEDERHOLEN ?NEIN

```
WIEDERHOLEN ?NEIN
X 40 MnCr 18
C %     Si %    Mn %    Cr %    Ni %
0.3     max     17      3       max
0.6     0.8     19      5       1.0
5612 H
 C       SI      MN      CR      NI      P       S
 0.612   0.603  19.015   4.423   0.744   0.063   0.008

WERTE KORRIGIEREN ?JA
WELCHES ELEMENT ? SI
C %     Si %    Mn %    Cr %    Ni %
0.3     max     17      3       max
0.6     0.8     19      5       1.0
5612 H
 C       SI      MN      CR      NI      P       S
 0.612   0.564  19.015   4.423   0.744   0.063   0.008
```

Fig. 5

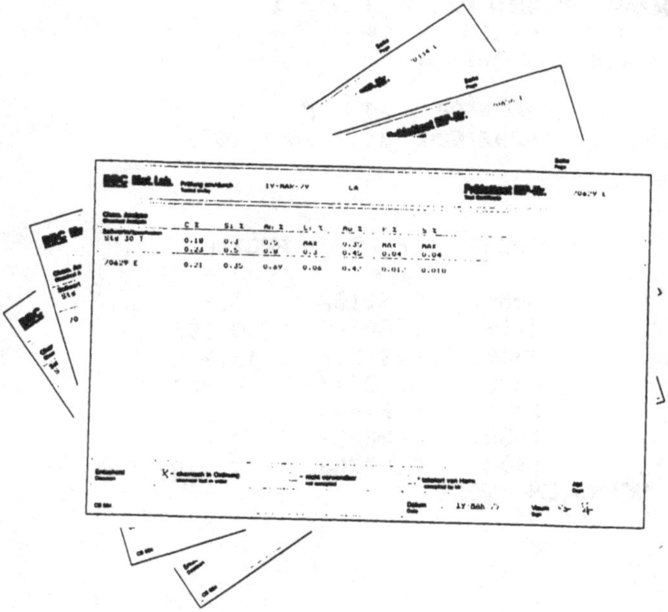

Analysenprotokolle, wie sie vom Rechner auf das
Schreibmaschinenterminal ausgedruckt werden

Fig. 6

Alle Analysen der im Ringordner enthaltenen Protokolle haben auf dieser einen Floppy-Disk Platz.

Erfahrungen

Unser Programm für die Emissionsspektralanalyse hat sich nun seit 2 Jahren im Einsatz bewährt.
Es bringt uns folgende Vorteile:

- Das Abschreiben von Prüfprotokollen entfällt.

- Der Vergleich der Analysenresultate mit der Vorschrift benötigt kein zeitraubendes Nachschlagen im Liefervorschriftenband, da diese schon während der Analyse auf dem Bildschirm erscheinen.

- Die Analysenresultate müssen auch in unserem Labor sichergestellt werden. Dies erfolgt jedoch automatisch mit dem Speichern der Resultate auf Floppy. Die zeitaufwendigen Arbeiten wie Protokolle kopieren, Ordnen und Ablegen sind überflüssig.

- Auf einer Floppy (Single Density) haben alle Analysenresultate (inkl. Vorschrift) Platz, welche auf Formularen einen ganzen Ordner füllen würden (s. Fig. 6).

- Ausserdem enthalten die Analysenfiles alle Ergebnisse der geprüften Elemente, während die Protokolle nur diejenigen Elemente enthalten, welche vorgeschrieben sind.

- Volle Floppys werden zusammen mit einer alphabetisch (resp. nach Nummern) geordneten Directoryliste abgelegt. Auf diese Weise findet man frühere Analysen rasch.

VOLLAUTOMATISCHER SIMULTANBETRIEB MEHRERER ATOMABSORPTIONS-SPEKTROMETER IM ANALYSENAUFTRAGSDIENST EINES FORSCHUNGSZENTRUMS DURCH EINSATZ EINES PROZESSRECHNERS

W. Brunner, H. Heckner, B. Sansoni

Zentralabteilung für Chemische Analysen, Kernforschungsanlage Jülich GmbH., D-517 Jülich 1, Bundesrepublik Deutschland

1. Analysenauftragsdienst

Die Zentralabteilung für Chemische Analysen (ZCH) bearbeitet den Analysenauftragsdienst für die Kernforschungsanlage Jülich GmbH. Nach Maßgabe freier Kapazitäten werden in begrenztem Umfang auch Aufträge auswärtiger Kunden berücksichtigt. Zu analysierende Komponenten sind vor allem Elemente und Radionuklide, daneben auch stabile Isotope durch Funken-Massenspektroskopie, kristalline Phasen durch Röntgendiffraktometrie und nur in Sonderfällen organische Moleküle durch Molekülspektroskopie (1).

Die zu untersuchenden Proben stammen aus einem breiten Spektrum von Arbeitsgebieten der Kernforschung und benachbarter Gebiete. Diese umfassen den Hochtemperaturreaktor mit Grundlagenarbeiten, Brennstoffkreislauf, Kraftwerksentwicklung und nuklearer Prozeßwärme; die Energietechnologie mit Sicherheitsforschung, nuklearer Fernenergie, nichtnuklearer Energieforschung und Systemanalyse; die Kernfusion mit Fusionsreaktortechnologie, Plasmatechnologie und Textor; die Umwelt-, Medizin- und neurobiologische Forschung; die Materialforschung mit Festkörperforschung, Grenzflächen- und Vakuumforschung; die nukleare Grundlagenforschung mit Niederenergiephysik, Radio- und Kernchemie sowie allgemeine anwendungsorientierte Forschung und Technologie mit Datenverar-

13. Spektrometertagung

beitung und Mathematik, Analytischer und Angewandter Chemie, Elektronik und physikalisch-chemischen Methoden.

Das zusammen ergibt eine ungewöhnliche Vielfalt zu untersuchender Probenarten und darin enthaltener Komponenten. Die ZCH hatte in den letzten drei Jahren über 220 verschiedene Materialarten zu untersuchen. Darin wurden 85 von 89 natürlich vorkommenden chemischen Elementen, 144 Radionuklide, 261 von etwa 287 bekannten stabilen Isotopen sowie 152 kristalline Phasen bestimmt. Die Forschungs- und Entwicklungsaufgaben bringen es mit sich, daß häufig sehr kleine Probenserien, oft nur Einzelproben mit selten anzutreffender Zusammensetzung, bei der alle Elementspuren des Periodensystemes zu suchen sind, in Auftrag gegeben werden. Demgegenüber sind die vom Analytiker gewünschten großen Probenserien mit ähnlicher Zusammensetzung seltener. Hier unterscheidet sich der Analysendienst eines großen Forschungszentrums grundlegend von dem der Produktions- und Qualitätskontrolle eines Industriebetriebes. Dort hat man es überwiegend mit einer begrenzten und gut definierten Anzahl von Probenarten mit nur wenig wechselnder Zusammensetzung zu tun. Diese fallen darüber hinaus oft in sehr großen Probenserien, mehr oder weniger kontinuierlich an. Das erlaubt es, mit einer kleineren Anzahl von Analysenmethoden auszukommen. Diese müssen jedoch unbedingt vollautomatisiert sein (1).

2. Automatisierung

Man könnte daraus schließen, daß die Automation eines Analysenverfahrens im Analysenauftragsdienst eines Forschungszentrums der geschilderten Art weniger wichtig wäre als in der Produktions- und Qualitätskontrolle des Industrielaboratoriums. Das ist nur teilweise richtig. Denn hier ist es hauptsächlich der in Anbetracht der vielen einsatzbereit zu haltenden Analysenverfahren starke Mangel an Personalstellen, der zur Automation zwingt, auch wenn anschließend die Auslastung der eingerichteten Verfahren nicht optimal ist. Hinzu kommen die Vorteile einer Verbesserung von Reproduzierbarkeit und Richtigkeit der Analysenergebnisse und die Ausschaltung des persönlichen Fehlers des Bearbeiters, welche die Beschäftigung weniger gut ausgebildeter Hilfskräfte ermöglicht.

Das sei am Beispiel des Laboratoriums für Atomabsorptions-Spektralanalyse der Abteilung Atomspektroskopie in der ZCH verdeutlicht. (Abb. 1). Im vergangenen Jahr 1980 wurden hier 234 Probe mit 7035 Einzelelementbestimmungen von 34 Elementarten, jede vier- bis fünffach wiederholt, ausgeführt. Aufgrund der Kundenanforderungen ließen sich diese Zahlen erheblich erweitern. Begrenzender Faktor ist jedoch ausschließlich die zu geringe verfügbare Personalkapazität. So steht für die Betreuung von zwei, neuerdings drei Atomabsorptions-Spektrometern lediglich ein einziger (!) Techniker zur Verfügung, der nur gelegentlich durch Auszubildende unterstützt wird. Diese helfen jedoch nur wenige Monate mit und müssen vorher eingearbeitet werden. So is es verständlich, daß der Zwang zu weitgehender Automatisierung nicht nur durch große Probenserien diktiert wird. Bei dieser Betrachtungsweise ist die vollständige Auslastung des automatisierten Verfahrens zwar erwünscht, aber nicht grundsätzlich forderbar und zu erreichen (2).

Von der Auftragsstruktur her überwiegen die Analysenaufträge mit wenigen, oft sogar nur einzelnen Proben, in denen ein bis mehrere Elemente zu bestimmen sind. Große Analysenserien mit fünfzig oder hundert Proben und darüber sind viel seltener. Sie werden nach Vollautomatisierung der AAS-Geräte von Seiten des Analytikers jedoch gewünscht.

Das ergibt Rückkopplungen in zweifacher Hinsicht. Einmal wird der Wissenschaftler und Techniker angeregt, seinen Forschungsstil derart zu überdenken, daß er nunmehr bei gleichem Analysenaufwand sehr viel mehr Analysen und damit größere Versuchsserien einplanen kann. Die Leitung der Organisationseinheit

Abb. 1. Laboratorium für Atomabsorptions-Spektralanalyse,ZCH.

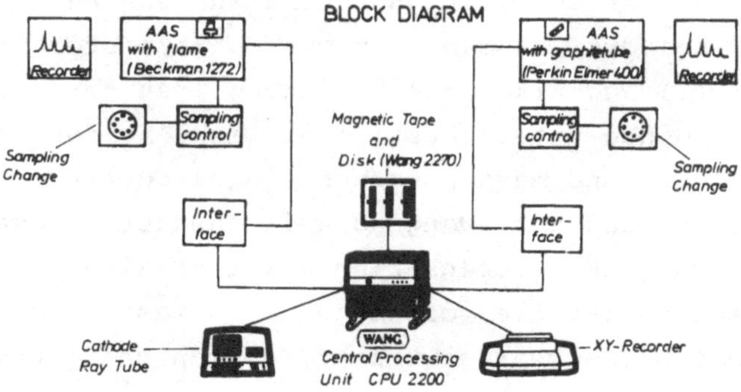

Abb. 2. Automatisierung von zwei handelsüblichen Atomabsorptionsspektrometern mit Hilfe eines Prozessrechners.

wird im Sinne einer rationellen Arbeitsweise dazu veranlaßt, die Ausführung chemischer Analysen noch mehr als bisher zu zentralisieren (1).

Es war Ziel vorliegender Arbeit, im hiesigen Laboratorium für Atomabsorptions-Spektrometrie (AAS) den Betrieb zweier normaler handelsüblicher AAS-Geräte mit Hilfe eines Prozeßrechners und anderer kommerzieller Bauteile aus dem Spektrometer- und Rechnerbereich von der Probenahme bis zum Ausdruck abgabefertigter Analysenprotokolle voll zu automatisieren (Abb. 2). Dabei sollten

- die beiden verschiedenartigen AAS-Geräte (Beckmann 1272-M und Perkin Elmer 400) simultan nebeneinander,
- wahlweise mit Flamme oder Graphitrohr,
- wahlweise mit unterschiedlichen Eichverfahren (Eichkurve und Standard-Addition),
- mit größtmöglichem Probendurchsatz (vorbereitete Lösungen) und
- unter Aufsicht nur eines einzelnen Technikers arbeiten.
- Die Reproduzierbarkeit sollte durch Mehrfachbestimmungen,
- Ausschaltung des persönlichen Fehlers,
- statistische Datenbeurteilung mit arithmetischem Mittel, Standardabweichung und relative Variationskoeffizienten sowie zusätzlich durch
- Ausreißereliminierung mit r-Test nach Nalimov (4) (5),
- die Richtigkeit durch wahlweise Anwendbarkeit beider Eichmethoden sowie
- graphischen Ausdruck der Eichkurven verbessert und ferner
- Schreibkapazität durch Ausdruck eines abgefertigten Analysenprotokolles eingespart werden.

Das beschriebene automatisierte System wurde mit einem AAS-Gerät seit 1976, mit zweien nebeneinander seit 1977 im Analysendienst der ZCH eingesetzt (2) (6). Als Beispiele sind in dieser Arbeit herausgegriffen a) die Bestimmung von Pb, Cd, Zn, Ca in Zahnstein (mit Frau Prof. T. Kobayashi, Tokio, Dental College, (7) b) die Bestimmung von 27 Elementgehalten in 50 biologischen Materialproben wie Fleisch, Lebern und Nieren von Rindern, Reis,

Kartoffeln, Weizenmehl und Trockenmilch (mit Dr. V.K. Panday, BARC, Bombay) (8) sowie c) die Bestimmung von Pb, Cd, Zn in 4%igen Essigsäureeluaten von Keramikgeschirr als Test für dessen Blei- und Schwermetalllässigkeit (mit W. Kracke, GSF, Neuherberg) (9).

3. Experimentelles

3.1 Gerät

Das Atomabsorptionsspektrometer Modell Beckmann 1272-M hat einen Unilam-Brenner (10 cm Schlitz) für Azetylen/Lachgas - sowie Azetylen/Luft-Flamme. Der Probenwechsler Escargot SC 15 (Gilson) wird mit einer dafür angefertigten Kontrolleinheit angeschlossen. Das zweite Gerät ist ein Perkin Elmer 400 mit Graphitrohr HGA 76 und automatischem Dosiergerät AS 1.

Der Prozeßrechner Wang 2200 besteht aus der Zentraleinheit CPU (Central Processing Unit), von der alle anderen Einheiten abhängen. Die CPU hat einen 4096-Speicher (4 K) mit 512 Speicherregistern. Diese können bis auf 32 K ausgebaut werden, falls dies notwendig sein sollte. An die CPU lassen sich maximal 6 Ein- und Ausgabeeinheiten anschließen.

Der Dialog mit der CPU erfolgt durch eine integrierte Einheit, bestehend aus einem Bildschirm CRT (Cathode Ray Tube), einer Magnetbandspeicher- und Plattenstation sowie aus einer kombiniert alphanumerischen und BASICGanzwort-Tastatur zur Eingabe von Daten und Programmen.

Die Diskette Wang 2270 erlaubt eine schnelle Zwischenspeicherung ankommender Analysendaten auch bei Verwendung von mehreren Peripheriegeräten. Der Plattenspeicher kann mit bis zu drei Platten betrieben werden. Jede von ihnen hat 250 K, die on-line zur Verfügung stehen.

Als Ausgabeeinheit dient ein XY-Plotter Teletype. Für dessen Anschluß enthält die CPU ein plot/matrix-ROM. Mit dem Datenplotter können sowohl ankommende Texte und Daten als auch Eichkurven registriert und statistische Diagramme erstellt werden.

3.2 Probenvorbereitung

Bei der Analyse von Proben, wie sie in einem realen Analysendienst anfallen und bei denen einfache wässrige Lösungen die Ausnahme sind, bildet die Probenvorbereitung den aufwendigsten Teil einer Elementbestimmung durch Atomabsorptions-Spektrometrie. Das verstärkt sich noch nach deren Automatisierung, die ja nur den meßtechnischen Teil der Analyse vereinfacht, nicht aber die vorausgehenden chemischen Arbeitsverfahren. Daher ist der geschwindigkeitsbestimmende und personalaufwendigste Schritt ganz ausgeprägt die Probenvorbereitung und nicht die eigentliche Messung (10).

Die verwendete Probenvorbereitung sei nur kurz angedeutet, eine ausführliche Beschreibung folgt in zugehörenden Veröffentlichungen. a) Etwa 0,1 bis 10 mg Zahnstein (Probenahme T. Kobayashi, Tokyo Dental College) wurden in konzentrierter Salpetersäure bei 90°C unter tropfenweiser Zugabe von 30%igem Wasserstoffperoxid gelöst, bis fast zur Trockene eingeengt, mit 0,5 N Salpetersäure aufgenommen und mit Wasser aufgefüllt (7).

b) Etwa 100 bis 1000 g Fleisch, Lebern und Nieren von Rindern, Reis, Kartoffeln, Weizenmehl und Trockenmilch wurden nach der Niedrigtemperatur-Naßveraschung mit .OH-Radikalen aus Fentons Reagenz $H_2O_2Fe^{2+}$ nach (11) (12) in Lösung gebracht und verascht. Fenton's Reagenz ist eine Mischung von 30%igem H_2O_2 mit katalytischen Mengen an Eisen(II)-Salz. Während der Reaktion bilden sich bei erhöhter Temperatur in der wässrigen Lösung .OH-Radikale, die stark oxydierende Wirkung unter sonst milden äußeren Versuchsbedingungen entfalten. Damit lassen sich sogar kg-Einwaagen von Fleisch und anderem biologischem Material unter schonenden Bedingungen naßveraschen (12). Die großen Probenmengen sind an sich für die Elementspurenanalyse nicht notwendig, erlauben jedoch eine optimale Homogenisierung des Ausgangsmateriales.

So kocht man zunächst z.B. 100 g im Mixer zerkleinertes Fleisch mit 1 N Salpetersäure etwa eine Stunde lang und läßt dann nach Zerstörung der Schaumstoffe bei Siedehitze 8 Stunden lang 30%-iges Wasserstoffperoxid mit einer Geschwindigkeit von etwa 60 ml/Stunde zutropfen. Nach Beendigung der Naßveraschung hat man eine klare Lösung mit darauf schwimmendem, nicht veraschtem Fett. Man läßt erkalten und trennt die erstarrten Fettreste ab. In der erhaltenen Aufschlußlösung reichert man die zu bestimmenden Elementspuren wie zum Beispiel Pb oder Zn an einer unspezifischen Ammoniakfällung als Hydroxid/Carbonat-/ oder Phosphatgemisch an und trennt von störenden Alkalien, Erdalkalien oder Resten gelöster organischer Stoffe, die eigentlich verascht sein sollten, ab.

Kleine Probenmengen von 0,1 bis 1 g werden, wenn sie eine große Oberfläche haben, häufig zweckmäßigerweise trocken im Sauerstoffplasma bei ähnlichen Temperaturen verascht. Vollständige Naßveraschung auch des Fettes ermöglicht der Druckaufschluß mit HNO_3/ $HClO_4$ (13).

c) Nach einer einfachen Testvorschrift läßt man das auf Schwermetall-Läßigkeit zu prüfende Keramikgeschirr 24 Stunden mit 4%-iger wässriger Essigsäurelösung im Dunkeln stehen und bestimmt den Schmermetallgehalt des Eluates durch Atomabsorption.

4. Vollautomatischer Analysenablauf

Das in BASIC geschriebene Rechenprogramm (Abb. 3) kann für jedes speziellere Analysenprogramm modifiziert und optimiert werden.

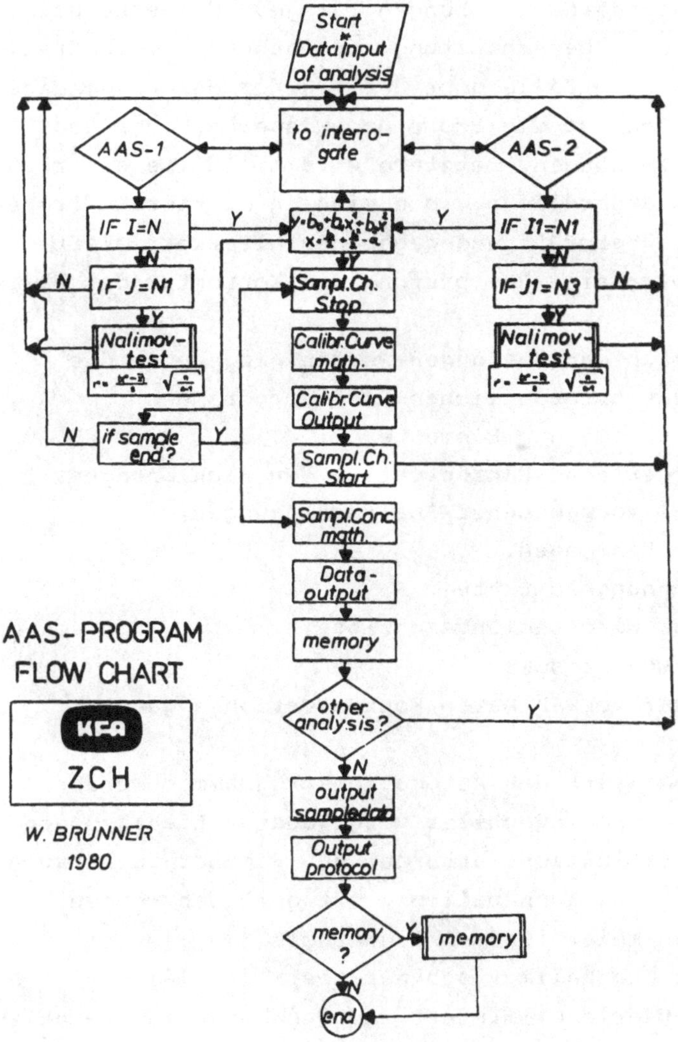

Abb. 3. Flussdiagramm des Rechenprogramms.

Der Prozeßrechner kontrolliert die übermittelten Daten, zeigt zu große Standardabweichungen für jede Wiederholungsserie an und meldet die Überschreitung vorgegebener Konzentrationsbereiche. In letzterem Falle gibt der Rechner den notwendigen Verdünnungsschritt an, um die Probe noch innerhalb der geprüften Eichkurven messen zu können. Letztere wird mit Hilfe einer zwischengeschalteten Standardlösung, die sich in markierten Probenröhrchen befindet, überprüft und gegebenenfalls korrigiert. In gleicher Weise erfolgt eine Überprüfung und Korrektur der Basislinien.

Vor Beginn der Messungen werden eingegeben die
- Art des erforderlichen Rechenprogrammes
- zu bestimmenden Elemente,
- erforderliche Konzentration der Eichlösungen,
- Anzahl vorgegebener Analysenlösungen,
- deren Einwaagen,
- Verdünnungsschritte,
- Anzahl Wiederholungsschritte,
- Analysenart sowie
- Art der vorwählbaren Konzentrationsangabe.

Nach dem Start des Automationsprogrammes werden
- die im Probenwechsler vorgegebenen Eichlösungen gemessen und ihre Extinktionswerte auf den Rechner übertragen.
- Jede Probe kann beliebig oft gemessen werden, in wichtigeren Fällen meist fünfmal wiederholt.
- Durch den Nalimov'schen r-test (5) (14) werden Ausreißer der Fünferserie eliminiert und gegebenenfalls eine zusätzliche Probe gemessen. Das verbessert die Reproduzierbarkeit der Konzentrationsbestimmung erheblich.
- Es werden Mittelwert, Standardabweichung und relativer Variationskoeffizient der gemessenen Konzentration ausgedruckt.
- Nachdem die Eichproben gemessen sind, hält der Probenwechsler an, druckt die Eichwerte zusammen mit den statistischen Daten aus und zeichnet die berechnete Eichkurve (Abb. 4).

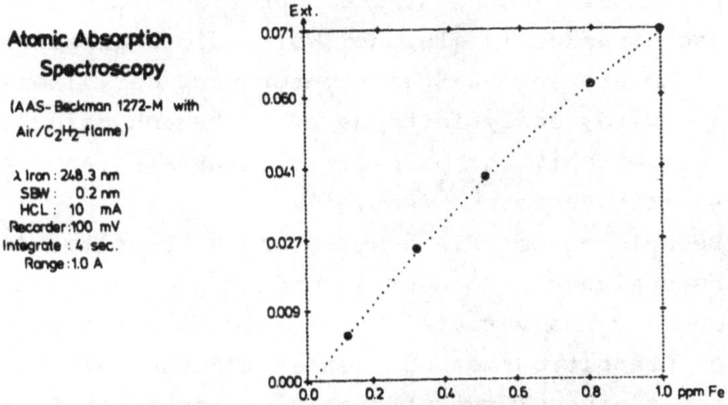

Abb. 4. Eichkurve für die Bestimmung von Eisen in organischem Material.

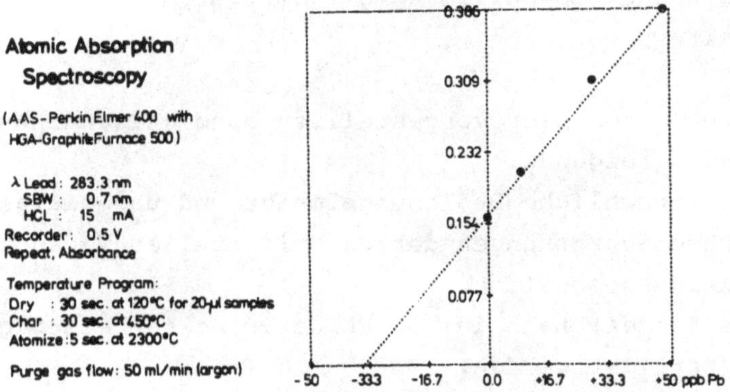

Abb. 5. Bestimmung von Blei in biologischem Material nach dem Zugabeverfahren.

- Nach beendeter Eichung startet der Probenwechsler wieder und mißt nacheinander in gleicher Weise die Analysenproben.
- Während im ersten AAS-Spektrometer nach der Flammenmethode gemessen wird, analysiert das zweite unabhängig davon andere Proben im Graphitrohr nach dem Eichkurven- (Abb. 4) oder Standard-AdditionVerfahren (Abb. 5).
- Nach Beendigung der Flammen-Messungen übernimmt der Rechner die abgespeicherten Meßwerte, ordnet sie den Eich- und Analysenproben zu und verarbeitet sie wie vorher beschrieben.
- Bei der Graphitrohrmethode können außerdem die Veraschungs- und Atomisierungskurven für jeweils immer ein Element gemessen und aufgezeichnet werden.
- Für beide Bestimmungsverfahren in beiden Geräten wird nach Beendigung der Messungen ein abgabefertigtes Analysenprotokoll ausgedruckt. Es ist nach Elementen geordnet. Die Konzentrationen können sowohl in µg/g (ppm), Atom-% oder in Mol/l ausgedruckt werden.

Die <u>Vorteile</u> des hier vorgestellten automatischen Analysenablaufes sind folgende:

1) Durch menschliche Bedienungsfehler und Ungenauigkeiten verursachte Schwankungen der experimentellen Versuchsparameter werden ausgeschaltet.
2) Jedes Element kann in vorwählbarer Weise beliebig oft mehrfach bestimmt werden.
3) Ausreißer werden eliminiert und gegebenenfalls nachgemessen.
4) Durch 1) bis 3) wird die Reproduzierbarkeit der Konzentrationsbestimmung deutlich verbessert, wie die angeführten Beispiele zeigen.
5) Elementbestimmungen können simultan und ohne Mehraufwand an Arbeitskraft nebeneinander sowohl nach der Flammen- als auch Graphitrohrmethode ausgeführt werden, falls dies vorteilhaft ist. Andernfalls lassen sich andere Proben gleichzeitig nach jeweils der anderen Methode analysieren.
6) Zur Aufsicht wird nur mehr ein einzelner Techniker benötigt. Er kann sich, wenn größere Serien vorliegen und diese ange-

laufen sind, auf eine nur gelegentliche Überwachung beschränken und nebenher an der Probenvorbereitung beteiligen.

7) Versuchsweise arbeitete das automatisierte System unter Verwendung eines Zeitschalters selbsttätig und ohne Aufsicht noch mehrere Stunden lang nach Beendigung der offiziellen Arbeitszeit. Aus Sicherheitsgründen wurde gelegentlich der Meßraum kontrolliert. Aus dem gleichen Grunde wird man jedoch auf einen Nachtbetrieb meist verzichtet.

5. Anwendungen

Von den zahlreichen Anwendungen im Analysenauftragsdienst der ZCH seit 1976 bzw. 1977 (1) seien drei im folgenden herausgegriffen und vorgestellt. Über zugehörende Einzelheiten wird in gesonderten Berichten eingegangen.

5.1 Prüfung der Schwermetallabgabe aus Keramikgeschirr (9)

Die nach den Angaben im experimentellen Teil erhaltenen Eluate des

Die nach den Angaben im experimentellen Teil erhaltenen Eluate des zu prüfenden Keramikgeschirres mit 4%iger wässriger Essigsäure wurden durch Flammen-AAS auf ihre Gehalte an Pb, Cd und Zn untersucht.

Eine 7-fach Bestimmung ergab innerhalb von 16 Arbeitsstunden für einen Techniker insgesamt etwa 160 Einzelelementkonzentrationen. Die gefundenen Schwermetallgehalte im Eluat lagen zwischen 0,2 bis 820 ppb Cd; 0,1 bis 18 ppm Pb und 0,02 bis 27,5 ppm Zn.

Die vorliegenden 53 Eluate sind eine vergleichsweise kleine Analysenserie. Man kann mit dem beschriebenen automatisierten AAS-System entweder sehr viel mehr Eluate zeitsparend und rationell hintereinander analysieren, oder zur Erhöhung der Reproduzierbarkeit Mehrfachbestimmungen ausführen. Letzteres wäre in vorliegendem Falle an sich nicht wichtig. Es ist aber die Einsparung an Arbeitsaufwand auch bei der nur mittelgroßen Analysenzahl bemerkenswert.

5.2 Bestimmung von Blei, Cadmium, Zink und Calcium in Zahnstein (7)

Im Tokyo Dental College wurden von Frau Prof. T. Kobayashi Zahnsteinproben von 64 normalen Patienten gesammelt und in der ZCH analysiert. Es handelte sich dabei um 37 Männer und 27 Frauen aus der Innenstadt Tokios sowie aus dessen Vorort Ishikawa.

In den erhaltenen Lösungen wurden Pb, Cd und Zn flammenlos im Graphitrohr, Ca nach der Flammenmethode bestimmt.

Es ergaben sich Gehalte an Pb von 3 bis 130 ppm, für Cd von 0,1 bis 29 ppm, für Zn von 65 bis 2300 ppm und für Ca von 25 bis 35 %.

Bei dieser Analysenserie wurden insgesamt 256 Elementgehalte jeweils als Dreifachbestimmung aus 64 Probenlösungen analysiert. Zur weiteren Verbesserung der Reproduzierbarkeit wurden darüber hinaus von jedem Element jeweils vier solcher Dreifachbestimmungen in getrennten Einwaagen ausgeführt. Insgesamt handelt es sich also um 4300 Einzelelementbestimmungen nach beiden Verfahren. Der Arbeitsaufwand betrug für den einen Techniker nur etwa 28 Stunden. Die langwierigere Probenvorbereitung ist dabei nicht eingerechnet.

Andererseits hätte man mit der eigentlichen Dreifachbestimmung und bei Verzicht auf deren vierfache Wiederholung bei jedem Element sehr viel mehr Zahnsteinproben der gleichen Serie mit dem selben niedrigen Arbeitsaufwand bestimmen können.

Dafür wurden durch die vielfachen Wiederholungen hervorragende Reproduzierbarkeiten von 0,2 - 1,3 % erreicht.

5.3 Bestimmung von 27 Elementen in 50 Proben von biologischem Material (8)

Noch eindrucksvoller und anschaulicher werden die Vorteile des automatisierten Atomabsorptions-Systemes an diesem Beispiel. In insgesamt 50 naßveraschten Proben von Fleisch, Lebern, Nieren von Rindern, Reis, Kartoffeln, Weizenmehl und Trockenmilch wurden die 12 Elemente Ba, Ca, Cs, K, Li, Mg, Mn, Na, Rb, Si, Sr, Zn mit der Flammen (teilweise Injektionsmethode)- sowie die weiteren 18 Elemente Ag, Al, As, Au, Ba, Be, Bi, Cd, Co, Cr, Cu, Fe, Mo, Nb, Ni, Pb, Sb, Si im Graphitrohr bestimmt. Ba und Si wurden nach beiden Verfahren gemessen. Das Ergebnis ist in der Tabelle von Abb. 6 zusammengefaßt.

Dadurch ergaben sich für 50 biologische Proben zusammen etwa 7000 Einzelbestimmungen, die bei der Flammenmethode jeweils fünffach und im Graphitrohr jeweils dreifach wiederholt wurden.

Das verbrauchte Lösungsvolumen betrug für die Summe aller angegebenen Bestimmungen bei der Flammen-Injektionsmethode nur etwa 5 ml und für die flammenlose Methode im Graphitrohr nur etwa 2 ml für alle Bestimmungen zusammen. Das ist eine beachtenswert kleine Probenmenge für eine so große Zahl von Elementen in Mehrfachbestimmungen.

Die reine Arbeitszeit betrug für den einen betreuenden Techniker nur 8 volle Arbeitstage zu je 8 Stunden, also insgesamt 64 Arbeitsstunden. Die Proben waren allerdings vorher aufgeschlossen und so vorbereitet, daß sie nur in die Probenwechsler eingesetzt werden mußten.

	Beef (18 samples)			Liver from cattle (4)		Kidney from cattle (3)		Wheaten flour (3)	
	$\tilde{x}$	$\bar{x}$	Range	$\bar{x}$	Range	$\bar{x}$	Range	$\bar{x}$	Range
1) Content in %:									
Al	0,01	0,006	0,001–0,08	0,03	0,01–0,06	0,05	0,005–0,07	0,1	0,03–0,2
Ca	0,18	0,11	0,04–0,63	0,1	0,05–0,2	0,2	0,1–0,3	0,8	0,3–1,7
Fe	0,05	0,03	<0,01–0,13	0,5	0,2–1	0,2	0,1–0,25	0,1	0,02–0,16
K	11,7	12,7	2,8–24,5	11,5	6–20	8	3–11	6	3–12
Mg	0,8	0,5	0,2–3,0	0,7	0,3–1,4	0,6	0,2–0,8	0,6	0,3–1,1
Na	2,5	1,8	0,6–5,3	10	6–19	6,5	6–7	1,5	0,6–3,4
Si	0,07	0,007	<0,01–0,8	0,06	<0,01–0,1	0,01	<0,001–0,03	0,01	<0,01–0,016
2) Content in µg/g (ppm):									
Ag	0,15	0,1	0,1–0,35	1,1	<0,1–3	<0,1	–	<0,1	–
Au	0,2	0,1	0,1–0,9	<0,1	–	<0,1	–	<0,1	–
As	0,1	0,01	0,01–1	0,2	0,01–0,7	2,0	0,05–3,6	<0,01	–
Ba	1,5	0,25	0,1–9,5	2,5	0,5–4,7	0,6	0,2–1	16	8–32
Be	0,3	0,2	0,1–1,6	0,3	0,1–0,5	0,2	<0,1–0,4	0,1	<0,1–0,3
Bi	<0,5	–	–	<0,5	–	<0,5	–	<0,5	–
Cd	74	55	0,4–250	7	2–13	42	10–62	66	55–75
Co	1,4	1,0	0,2–3,7	15	2–54	1,9	1,6–2,5	0,7	0,4–1,1
Cr	7	5	0,6–27	4,5	1,7–10,8	2,1	0,8–3,0	7	1,4–18
Cs	38	30	11–95	29	17–42	27	13–34	14	10–21
Cu	124	58	8–607	292	37–825	191	36–287	129	59–203
Li	<5	–	–	<5	–	<5	–	<5	–
Mn	6	5	5–10	110	54–178	39	13–53	110	52–225
Mo	<0,1	–	–	30	19–46	14	5–19	5	3–9
Ni	9	4	0,3–76	7	2–16	6,7	1,5–10,5	9	1–24
Pb	6	4	0,1–19	8	3–18	2,0	0,2–5,2	0,5	0,4–0,7
Rb	11	8	0,7–46	5	0,8–10	11	0,5–20	5	2–10
Sb	0,2	0,1	0,1–0,8	0,8	0,1–2,6	1,8	<0,1–3	0,5	<0,1–1,4
Sr	<5	–	–	<5	–	<5	–	<5	–
Zn	859	870	330–2320	1093	530–1880	703	240–990	327	110–750

Abb. 6. Tabelle der Gehalte von 27 Elementen in biologischem Material. Bestimmung nach Naßveraschung mit H_2O_2 / Fe^{2+} durch automatisierte Atomabsorptionsspektrometrie.

Die Konzentrationsangaben beziehen sich auf die Asche, nicht auf das Frischgewicht.

6. Dank

An den Messungen waren Frl. G. Schottek und Frl. E. Dierkes, Auszubildende, beteiligt.

7. Zusammenfassung

Zwei kommerzielle Atomabsorptions-Spektralphotometer, jeweils eines mit Flamme und eines mit Graphitrohr, wurden über einen Prozeßrechner mit Plattenstation, Plotter, Teletype und Bildschirmsichtgerät zu einem voll automatisierten Atomabsorptions-Analysensystem vereinigt. Der Prozeßrechner erlaubt sowohl die vollautomatische Steuerung beider AAS-Geräte simultan nebeneinander als auch die Verarbeitung und statistische Beurteilung der erhaltenen Meßwerte, die zu einem abgabefertigen Analysenprotokoll ausgedruckt werden.

Mit der automatisierten Flammen-AAS konnten aus vorbereiteten Lösungen von 50 verschiedenen biologischen Materialien wie Fleisch, Lebern und Nieren, Reis, Kartoffeln, Weizenmehl und Trockenmilch jeweils 12 Elemente in 5-fach Bestimmungen mit Reproduzierbarkeiten von 0,2 bis 2,5 Rel.-% und simultan dazu 18 Elemente in 3-fach Bestimmungen im Graphitrohr mit Reproduzierbarkeiten von 0,4 bis 3,9 Rel.-% bestimmt werden.

Als weitere Beispiele wurden Blei, Cadmium, Zink und Calcium in Zahnstein sowie Blei, Cadmium und Zink in Eluaten von Keramikgeschirr nach dem neuen Verfahren bestimmt.

Zur Bedienung und Kontrolle des Systems ist nur ein Techniker nötig, der im selben Raum gleichzeitig teilweise an der Probenvorbereitung mitarbeiten kann. Die Arbeitsdauer für die genannten insgesamt etwa 7000 Einzelelementbestimmungen in den biologischen Materialien betrug 8 reine Arbeitstage oder 64 Arbeitsstunden.

Das System kann grundsätzlich auch ohne jede Aufsicht bei nur gelegentlicher Raumkontrolle, zum Beispiel über Nacht, arbeiten. Lediglich aus sicherheitstechnischen Gründen wird dies allerdings meist vermieden. Bei Langzeitmessungen über Nacht mit dem Graphitrohr ist das Problem des Rohrwechselns noch nicht gelöst.

Abbildungen

Abb. 1: Ansicht des Laboratoriums mit zwei vollautomatisierten Meßplätzen für Atomabsorptions-Spektrometrie für die Flammen(links)- und Graphitrohr(rechts hinten)-Methode (ZCH 1978) (2)

Abb. 2: Schema der Automation zweier Atomabsorptions-Spektrometer (2)

Abb. 3: Schema des Rechenprogrammes zur Automation zweier Atomabsorptions-Spektrometer

Abb. 4: Eichkurve

Abb. 5: Standard-Additions-Kurve

Abb. 6: Ergebnis der Bestimmung von 27 Elementen in biologischem Material und Lebensmitteln (mit V.K. Panday) (8)

Literatur

(1) B. Sansoni, Modern Chemical Analysis at a Nuclear Research Centre: analysis of any element and radionuclide in any material, International Symposium of Trace Element Analysis and Technical Development, BARC, Bombay, to be given 16 to 19 February 1981; proceedings.

(2) W. Brunner, Automatisierung und Simultanbetrieb zweier handelsüblicher Atomabsorptions-Spektrometer mit Flamme und elektrothermaler Anregung, JÜL-Spez-46 Bericht, Juli 1979 (ISSN 0343-7639)

(3) W. Brunner, H. Heckner, B. Sansoni, Vortrag, Automation of two Commercial Atomic Absorption Spectrometers via Process Controll Computer and Application to Trace element Analysis in Biological Material, 8th International Microchemical Symposium, 25 - 30 August 1980.

(4) V.V. Nalimov, The Application of Mathematical Statistics to Chemical Analysis, Pergamon Press, Oxford-London-Paris-Frankfurt, 1963

(5) R. Kaiser, G. Gottschalk, Elementare Tests zur Beurteilung von Meßdaten, Bi-Hochschultaschenbücher Nr. 774, Mannheim, 1972

(6) W. Brunner, Vortrag Seminar über Atomabsorptions-Spektrometrie und ihre Anwendungen, Fa. Beckman Instr. München; Dortmund 1977.

(7) T. Kobayashi, B. Sansoni, W. Brunner, to be published

(8) V.K. Panday, B. Sansoni, W. Brunner, to be published

(9) B. Sansoni, W. Kracke, to be published

(10) B. Sansoni, V. Iyengar (and V.K. Panday), Sampling and Sample Preparation Methods for the Analysis of Trace Elements in Biological Material JÜL-Spez Report Nr. 13, May 1978 (ISSN 0343-7639)

(11) B. Sansoni, W. Kracke, Aufschluß und Veraschung organischer Substanzen durch Radikale in wäßriger Lösung, II. Naßveraschung von Nahrungsmitteln und biologischem Material mit H_2O_2/Fe^{2+}, Z. Analyt. Chem. 243 (1968) 209

(12) B. Sansoni, W. Kracke, Schnelle Bestimmung sehr niedriger Alpha- und Beta-Aktivitäten in biologischem Material nach Naßveraschung mit .OH-Radikalen, in: N.N. Rapid Methods for Measuring Radioactivity in the Environment, Proceedings Series, International Atomic Energy Agency, Vienna, 1971; p. 217 - 239

(13) V.K. Panday, B. Sansoni, in (10), Ashing, p. 65 - 78 (134 References)

(14) Die in (15) geäußerte Kritik an der Ausführungsform des Nalimov-Testes nach (5) ist richtig, spielt aber im vorliegenden Fall keine wesentliche Rolle.

(15) H. Streuli, Fehlerhafte Interpretation und Anwendung von Ausreisser-Tests, insbesondere bei Ringversuchen zur Überprüfung analytisch-chemischer Untersuchungsmethoden, Fresenius Z. Anal. Chem. 303 (1980) 406.

RECHNERUNTERSTÜTZTE, REGISTRIERENDE RAUCHGASUNTERSUCHUNGEN AN MÜLLVERBRENNUNGSANLAGEN MIT HILFE EINES IR-ANALYSATORS

W. Dannecker und U. Düwel
Institut für Anorganische und Angewandte Chemie der Universität Hamburg
D-2000 Hamburg 13, Germany

Seit Inkrafttreten des BUNDES-IMMISSIONSSCHUTZ-GESETZES [1] 1974 sind die Betreiber neu errichteter bzw. umgebauter Müllverbrennungsanlagen verpflichtet, die mit dem Rauchgas emittierten Schadstoffkonzentrationen stärker zu begrenzen. Die TECHNISCHE ANLEITUNG ZUR REINHALTUNG DER LUFT [2] (TA Luft) gibt Grenzwerte für Staub- und Schadgaskonzentrationen an, unter deren Beachtung die regionalen Genehmigungsbehörden die Grenzwerte der einzelnen Anlagen festlegen. Für die wegen ihrer emittierten Menge bzw. Toxizität wesentlichen Schadgase Chlorwasserstoff und Fluorwasserstoff beträgt die Grenzkonzentration gemäß TA Luft 100 mg/m^3 (i.N.f.) *) bzw. 5 mg/m^3 (i.N.f.). Teilweise wird auch die Begrenzung der Schwefeldioxidkonzentration auf 100 mg/m^3 (i.N.f.) gefordert.
Die Einhaltung dieser Auflagen kann zur Zeit nur durch Installation sogenannter Rauchgaswäscher erreicht werden. Dadurch trat das aktuelle Problem auf, daß für die vom Gesetzgeber vorgesehene kontinuierliche Aufzeichnung der niedrigen Restschadstoffkonzentrationen kaum geeignete Meßgeräte zur Verfügung standen. An derartige Meßgeräte werden außerordentliche Ansprüche gestellt. Zunächst einmal müssen sie für die Messung der ca. 200° C heißen und außerordentlich korrosiv wirkenden Rauchgase geeignet und beständig sein. Außerdem wird eine kontinuierlich registrierende Messung, eine geringe Einstellzeit,

---

*) Bezogen auf das feuchte Gasvolumen im Normzustand (= i.N.f.)

eine hohe Selektivität und ein geringer Wartungsaufwand verlangt. Die Nachweisgrenze soll z.B. für Chlorwasserstoff nach einschlägigen Richtlinien 4 mg/m^3 (i.N.f.) nicht überschreiten. Eine fortlaufend registrierende Messung läßt im Prinzip kein Anreicherungsverfahren zu. Dadurch wird es schwieriger, die geforderte Nachweisgrenze einzuhalten.

Nach Diskussion und Abwägung verschiedener Meßsysteme schienen uns spektroskopische Verfahren die geforderten Bedingungen am besten zu erfüllen.

Im Rahmen eines Forschungs- und Entwicklungsvorhabens wurden wir vom UMWELTBUNDESAMT/BMFT beauftragt, zwei neuartige Rauchgasanalysatoren, die auf einem spektroskopischen Meßprinzip beruhen, im Hinblick auf ihren Einsatz an Müllverbrennungsanlagen zu untersuchen.

In diesem Rahmen kann hier nur ein Teilaspekt dieser Untersuchungen an einem neuartigen IR-Analysator für Rauchgase, dem MEM 679 der Fa. BODENSEEWERK GEOSYSTEM, Überlingen (siehe Abb. 1) wiedergegeben werden. Insbesondere soll der Einsatz

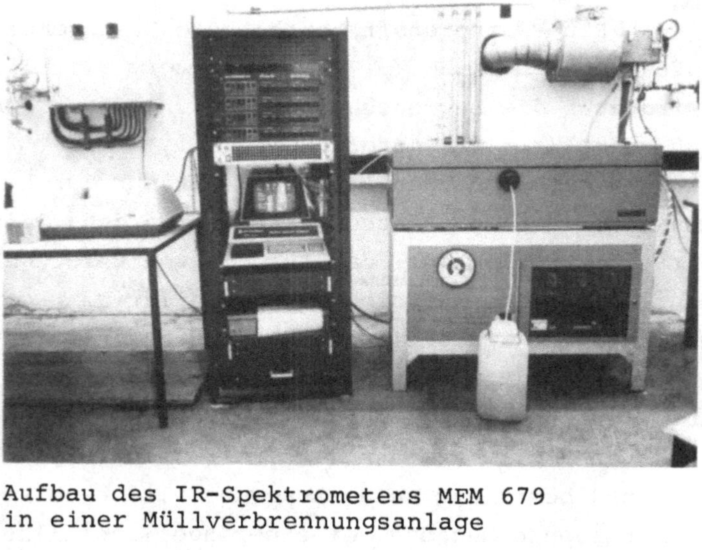

Abb. 1: Aufbau des IR-Spektrometers MEM 679 in einer Müllverbrennungsanlage

eines Rechners zur Eliminierung von spektroskopischen Einflüssen bei Messungen vorgestellt werden.

Für die Durchführung der Untersuchungen war es zunächst notwendig, eine Gasmischstation aufzubauen, mit der es möglich war, nach einem dynamischen Verfahren müllrauchgasähnliche Prüfgase zu erzeugen. Diese konnten auf 200° C thermostatisiert werden und enthielten bis zu 6 Komponenten in verschiedenen, definierten Konzentrationen, darunter auch Wasserdampf bis zu 30 Vol.%. Der Prüfgasstrom betrug ca. 1 m^3/h (i.N.).

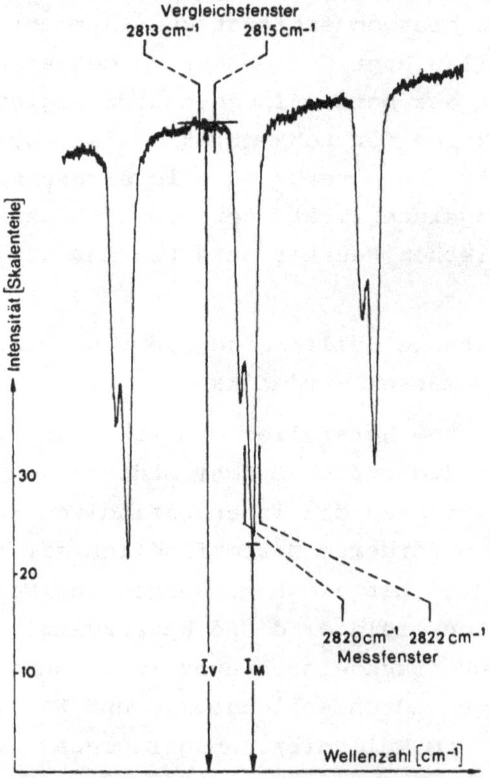

Abb. 2: Teil der Rotations-Schwingungsbande von HCl. Quantitative Messung einer Absorptionslinie nach dem Bifrequenzverfahren

I_M: Strahlungsintensität der Bandenspitze

I_V: Strahlungsintensität des Untergrundes

Extinktion = lg (I_V/I_M)

Das angesprochene IR-Gitterspektrometer arbeitet nach dem dispersiven Verfahren. Die Messungen erfolgen nach dem Bifrequenzprinzip, das in Abb. 2 anhand eines Ausschnittes des Chlorwasserstoff-Rotationsschwingungsspektrums kurz erläutert werden soll.

Für die Messung wurde die günstigste Linie ausgewählt. Mit Hilfe eines Gittermonochromators kann die Wellenlänge der maximalen Absorption dieser Linie eingestellt und die entsprechende Intensität I_M gemessen werden. Die Referenzintensität I_V wird wenige Wellenzahlen hiervon entfernt an einer möglichst absorptionsfreien Wellenlänge des Spektrums gemessen. Der logarithmierte Quotient aus beiden Intensitäten ergibt die Extinktion, die eine Funktion der Konzentration ist. Durch diesen Bezug auf den spektralen Untergrund wird erreicht, daß Schwankungen der Strahlungsintensität oder die nachlassende Durchlässigkeit der optischen Fenster ohne Einfluß auf das Meßsignal bleiben.

Die verwendete spektrale Spaltbreite liegt bei ca. 3 cm^{-1}, so daß sehr selektiv gemessen werden kann.

In einer neuartigen, vom Hersteller entwickelten, beheizten Langwegküvette wird die variable Schichtdicke von 2,5 bis 20 m durch Mehrfachreflexion an den innen befindlichen Spiegeln erzeugt, wodurch die geforderte Meßempfindlichkeit erreicht wird. Untersucht wurden zunächst die Bedingungen zur Messung von Chlorwasserstoff, Schwefeldioxid und Wasserdampf. Dabei standen Querempfindlichkeitsuntersuchungen im Vordergrund. Zu rechnen war mit Störungen durch Kohlendioxid und Wasserdampf, da diese Begleitstoffe im Müllverbrennungsrauchgas in hoher und stark schwankender Konzentration vorkommen, Wasserdampf beispielsweise bis zu 30 Vol%.

Die folgenden Abbildungen zeigen einige Übersichtsspektren. Zunächst das Rotationsschwingungs-Spektrum des Chlorwasserstoffs. Zum Messen verwendet wurde eine Linie bei 2776 cm^{-1} (siehe Abb. 3).

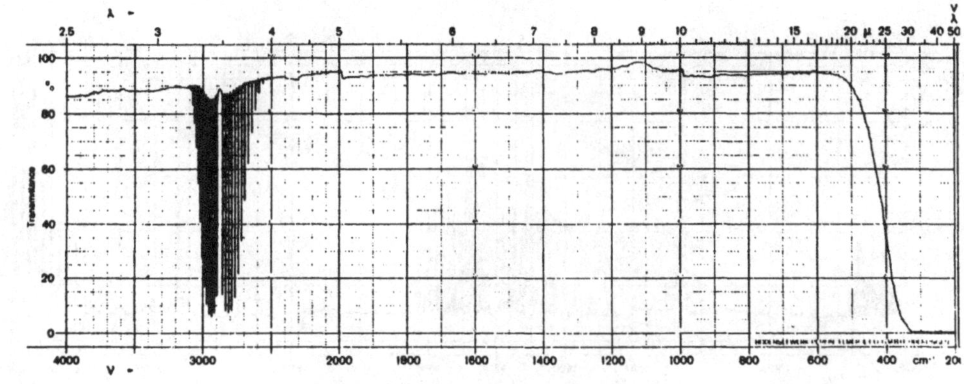

Abb. 3: IR-Gas-Spektrum von HCl in N_2. Schichtdicke 100 mm

Eine Übersicht über die Absorptionen des Schwefeldioxid gibt Abb. 4. Die beiden Banden mit dem größten Extinktionskoeffizienten bei 1332 und 1129 cm^{-1} wurden alternativ für Messungen eingesetzt.

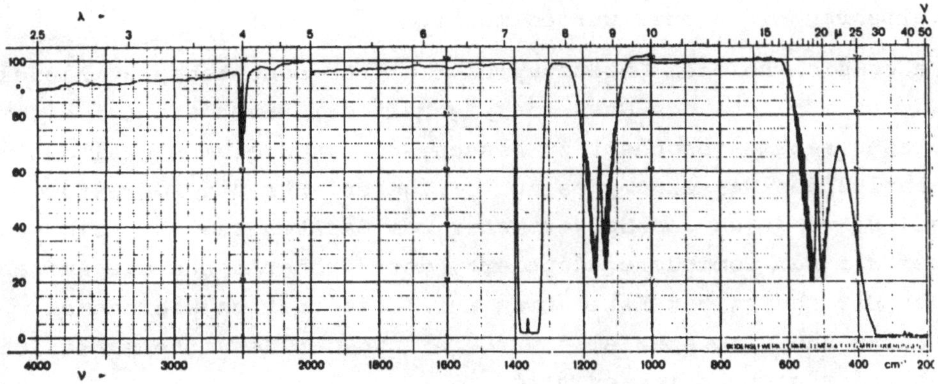

Abb. 4: IR-Gas-Spektrum von SO_2 in N_2. Schichtdicke 100 mm

Ein Spektrum von Raumluft zeigt die typischen Wasserdampfabsorptionen, die in einem erheblichen Teil des IR-Spektrums vorkommen (siehe Abb. 5). Nimmt man Teile des Spektrums bei den zur Messung ausgewählten Schwefeldioxidbanden mit 20 m Schichtdicke und einer hohen Wasserdampfkonzentration auf, so

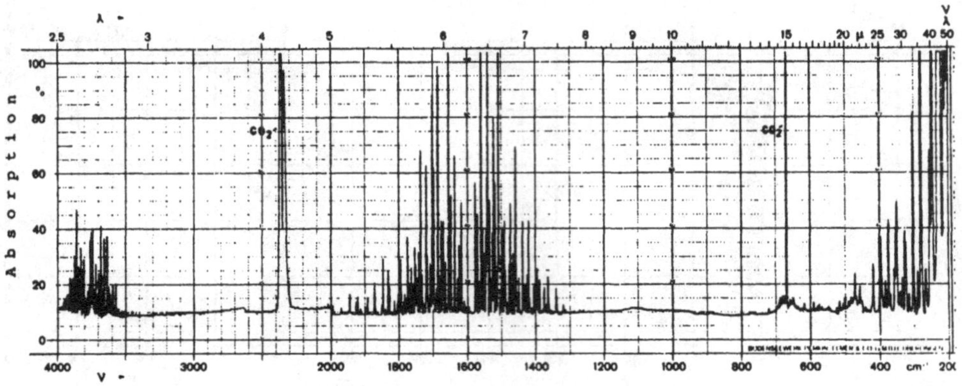

Abb. 5: IR-Spektrum von Raumluft mit den typischen Wasserdampfabsorptionen. Schichtdicke ca. 4,5 m.

ist zu erkennen, daß unter diesen Bedingungen bei 1332 und auch bei 1129 cm^{-1} erhebliche Wasserdampfinterferenzen auftreten. Diese konnten auch durch geschickte Wahl der Meß- und Referenzwellenlängen nicht umgangen werden, so daß ein Kompensationsverfahren eingesetzt werden mußte.

Da es sich bei dem Gerätetyp um ein 4-Komponentengerät handelte, war es möglich, den Wasserdampfgehalt der Rauchgase auf einem dieser Kanäle gesondert zu messen, um mit diesem Signal den Einfluß des Wasserdampfes zu korrigeren. Für die Korrektur selbst wurde an das Spektrometer vom Gerätehersteller ein Rechner der Fa. Commodore adaptiert, der darüberhinaus die Aufgabe der Umrechnung von Extinktion auf Konzentration übernehmen sollte und eine spezielle Aufbereitung der Meßwerte ermöglichte, über die noch berichtet wird.

Da im Rechner nur numerische Informationen verarbeitet werden können, war es notwendig, die Kalibrier- und die zusätzlich anfallenden Korrekturkurven in Form mathematischer Funktionen darzustellen. Dieses wurde mit Hilfe des in der Statistik beschriebenen Verfahrens der linearen bzw. polynomen Regression nach der Methode der kleinsten Fehlerquadrate auf einem Rechner durchgeführt. Eine gute Annäherung konnte mit linearen Systemen bzw. Polynomen 2. bis 4. Ordnung erreicht werden.

Zunächst soll auf die Kalibrierung von SO_2 unter Berücksichtigung des Wasserdampfeinflusses eingegangen werden. Zu Beginn wurde die Wasserdampfquerempfindlichkeit quantitativ festgestellt. Zu diesem Zweck wurde die Küvette des Gerätes mit einem Prüfgasstrom beaufschlagt, der nur Stickstoff und Wasserdampf in definierten Konzentrationen, aber kein Schwefeldioxid enthielt. Zum Einstellen verschiedener, definierter Wasserdampfkonzentrationen konnte so am Meßkanal für Wasserdampf die angezeigte Wasserdampf-Extinktion, am Meßkanal für Schwefeldioxid die durch Wasserdampf scheinbare Schwefeldioxid-Extinktion abgelesen werden. Die so erhaltenen Wertepaare wurden aufgetragen und ergaben einen funktionalen Zusammenhang (siehe Abb. 6), der mit Hilfe der polynomen Regression als mathematische Funktion zur Verarbeitung im Rechner ausgedrückt werden konnte.

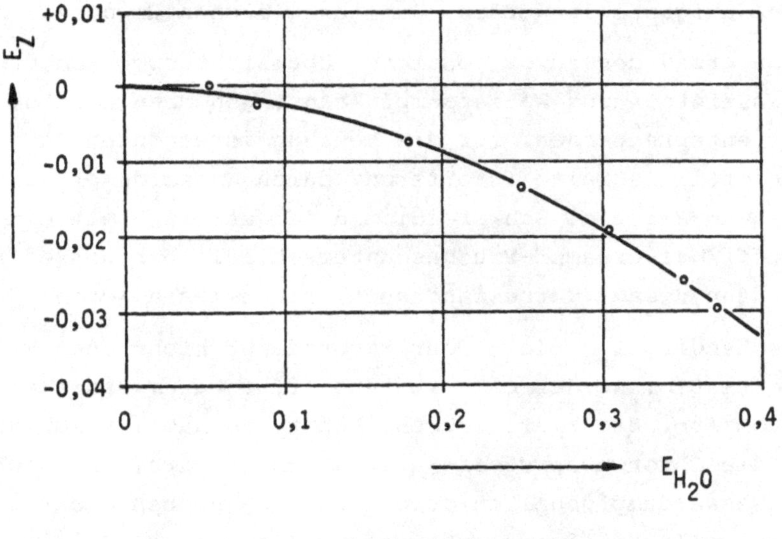

Abb. 6: Abhängigkeit der durch Wasserdampf vorgetäuschten Schwefeldioxid-Extinktion (E_Z) von der gemessenen Wasserdampf-Extinktion (E_{H_2O})
Meßwellenzahl: 1129 cm^{-1},
Referenzwellenzahl: 1248 cm^{-1}, Gastemperatur 160° C
ca. 40 Einzelmeßpunkte, Schichtdicke 10 m,

Auf der Abszisse ist die gemessene Wasserdampf-Extinktion aufgetragen, auf der Ordinate die dazugehörige vorgetäuschte Schwefeldioxid-Extinktion. Mit Hilfe des Rechners war es so möglich, zu jeder gemessenen Wasserdampf-Extinktion die entsprechende scheinbare Schwefeldioxid-Extinktion zu ermitteln und bei der eigentlichen Schwefeldioxidmessung zu berücksichtigen.

Diese Korrektur wurde bereits während der eigentlichen Kalibrierung des Schwefeldioxids mit Prüfgas angewendet. Zur Kontrolle der Korrektur wurde bei unterschiedlichen Wasserdampfgehalten kalibriert. Für den Fall, daß die Kompensation hinreichend genau arbeitet, müssen dann alle Kalibrierpunkte, unabhängig vom Wasserdampf, auf einer Kalibrierkurve liegen. Daß dies sehr gut erfüllt ist, zeigt die resultierende Kalibriergerade in Abb. 7. Im Rahmen der Meßgenauigkeit liegen alle Kalibrierpunkte, die bei drei verschiedenen Wasserdampfgehalten aufgestellt wurden, auf der gleichen Geraden.

Schon aufgrund der zuvor gezeigten Übersichtsspektren von Chlorwasserstoff und Wasserdampf kann angenommen werden, daß bei der entsprechenden, für die Messung verwendeten Chlorwasserstofflinie keine Interferenz durch Wasserdampf auftritt, wie oben am Beispiel Schwefeldioxid dargestellt. Mit einem Stickstoff/Wasserdampf-Prüfgas unterschiedlicher Konzentrationen kann dieser Tatbestand auch nachgewiesen werden.

Überraschenderweise bleibt der Wasserdampf nicht ohne Einfluß auf die Bestimmung des Chlorwasserstoffs. Warum, kann mit Hilfe von Abb. 8 erklärt werden. Führt man nämlich zur Kontrolle die Chlorwasserstoff-Kalibration bei drei unterschiedlichen Wasserdampfgehalten durch, so liegen eben nicht, wie erwartet, alle Kalibrierpunkte auf e i n e r Kalibrierkurve. Wie in Abb. 8 zu erkennen ist (Abszisse = Konzentration, Ordinate = Extinktion), ergeben sich bei drei Wasserdampfgehalten auch drei Kalibrierkurven, die sich im Rahmen der Meßgenauigkeit im Nullpunkt schneiden. Dieses Verhalten ist

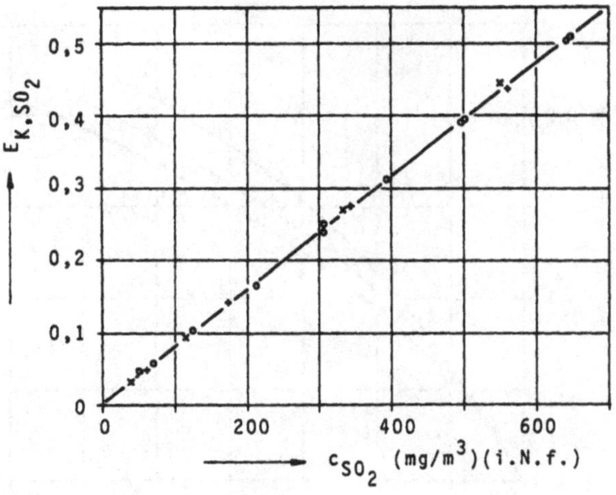

Abb. 7: Kalibrierkurve zur Bestimmung von Schwefeldioxid im Müllverbrennungsabgas
Meßwellenzahl: 1332 cm^{-1}
Referenzwellenzahl: 1248 cm^{-1}
Schichtdicke 10 m, Gastemperatur: 160° C

E_{K,SO_2} = wasserdampfkorrigierte Schwefeldioxid-Extinktion
x = Wasserdampfgehalt 89 g/m^3 (i.N.)
o = Wasserdampfgehalt 171 g/m^3 (i.N.)
+ = Wasserdampfgehalt 304 g/m^3 (i.N.)

ca. 100 Einzelmeßpunkte

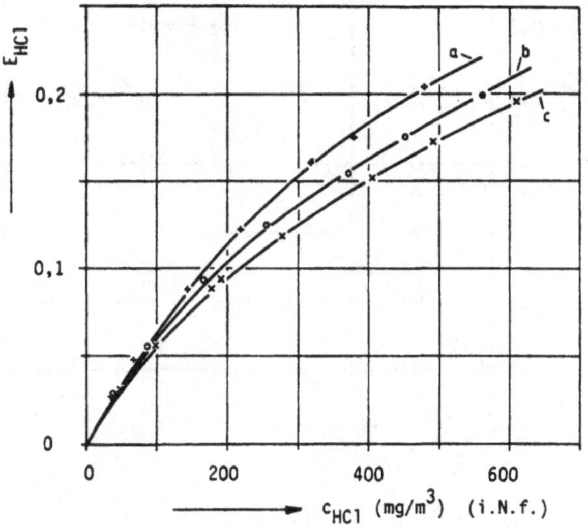

Abb. 8: Kalibrierkurve zur Bestimmung von Chlorwasserstoff im Müllverbrennungsabgas
Meßwellenzahl: 2776 cm^{-1}
Referenzwellenzahl: 2763 cm^{-1}
Schichtdicke 10 m, Gastemperatur: 160° C
a = Wasserdampfgehalt 301 g/m^3 (i.N.)
b = Wasserdampfgehalt 151 g/m^3 (i.N.)
c = Wasserdampfgehalt 80 g/m^3 (i.N.)
ca. 75 Einzelmeßpunkte

überraschend und die Untersuchungen zu diesem Thema sind noch nicht abgeschlossen, da leider vergleichbare Arbeiten unter den hier beschriebenen Versuchsbedingungen, 160° C Gastemperatur, 10 m Schichtdicke, nicht zu erlangen waren.

Es ist aber anzunehmen, daß eine Wechselwirkung zwischen Chlorwasserstoff und Wasserdampf im Gaszustand diesen Effekt hervorruft, der unter dem Stichwort "Druckverbreiterung" bekannt ist. Damit wäre auch erklärt, warum sich ein Wasserdampfeinfluß nur bei Anwesenheit von Chlorwasserstoff zeigt.

Eine Analyse der drei bei unterschiedlichen Wasserdampfgehalten erhaltenen Kalibrierkurven ergab, daß sie durch einen konstanten Faktor ineinander überführbar waren. Dieser Faktor ist unabhängig von der Chlorwasserstoffkonzentration, aber abhängig vom Wasserdampfgehalt. Daraus konnte die Methode zur Korrektur abgeleitet werden. Es wurde eine Funktion erstellt, welche die Abhängigkeit des Korrekturfaktors von der gemessenen Wasserdampfextinktion wiedergibt (siehe Abb. 9).

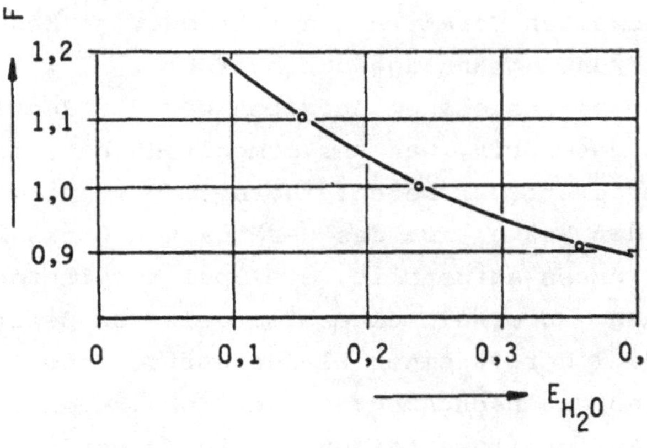

Abb. 9: Abhängigkeit des Chlorwasserstoff-Korrekturfaktors (F) von der gemessenen Wasserdampf-Extinktion (E_{H_2O})
Meßwellenzahl: 2776 cm^{-1}
Referenzwellenzahl: 2763 cm^{-1}
Schichtdicke 10 m, Gastemperatur: 160° C

Mit Hilfe dieses Faktors war es möglich, auch bei unterschiedlichen Wasserdampfgehalten, die gemessenen Chlorwasserstoff-Extinktionen so zu korrigieren, daß für die Umrechnung auf die Konzentration nur eine Kalibrierkurve notwendig war.

Bei der Schadstoffmessung mit Rechnerunterstützung laufen nun folgende Arbeitsschritte ab:

1. Messung der Wasserdampf-Extinktion, Übergabe an den Rechner,
2. Messung der Schadstoff-Extinktion, Übergabe an den Rechner,
3. Aufsuchen des Korrekturwertes bzw. des Korrekturfaktors aus der Wasserdampf-Extinktion mit Hilfe der entsprechenden Korrekturfunktionen,
4. Durchführung der Korrektur,
5. Aufsuchen der Konzentrationswerte aus der korrigierten Extinktion mit Hilfe der Kalibrierfunktionen,
6. Ausgabe der Konzentration.

Mit dem entwickelten Gerät wurden mehrmonatige Messungen an einer Müllverbrennungsanalage durchgeführt.
Trotz der hier beschriebenen Aufgaben war die Rechnerkapazität noch nicht ausgeschöpft, was uns ermöglicht hat, zusätzlich eine verbesserte Art der Datenaufbereitung zu verwirklichen. Hierzu wurde der Meßbereich des Gerätes von 0 bis 200 mg/m^3 (i.N.f.) in Klassen aufgeteilt, die Speicherplätzen im Rechner entsprachen. Innerhalb eines festgelegten Zeitraums wurde die Anzahl der zu einer Klasse auftretenden Meßwerte aufsummiert, so daß nach Ausdruck der Inhalte dieser Speicherplätze eine Häufigkeitsverteilung erstellt werden konnte, wie sie in Abb. 10 dargestellt ist. Auf der Abszisse sind die Konzentrationsklassen im logarithmischen Maßstab aufgetragen, da in diesem Beispiel kleine Konzentrationen überwiegend vorkommen. Die Ordinate gibt die relative Häufigkeit wieder.
Die in Abb. 10 wiedergegebene Häufigkeitsverteilung entspricht dem Normalbetrieb der Müllverbrennungsanlage, bei dem gewisse Chlorwasserstoff-Konzentrationsschwankungen erkennbar sind.
In Abb. 11 ist die Verteilung der Meßwerte bei idealem Betriebszustand der gleichen Anlage wiedergegeben. Die Werte sind nur auf wenige Klassen verteilt, was auf einen störungsfreien Betriebsablauf hinweist. Als drittes Beispiel (Abb. 12) wird eine Verteilung gezeigt, die man bei gestörtem Betriebsablauf erhalten kann.

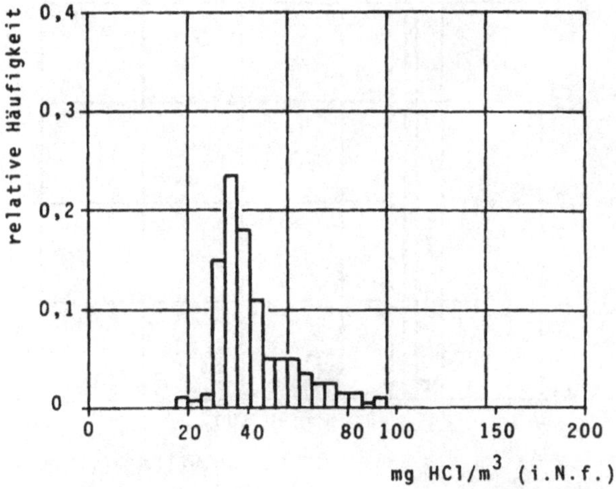

Abb. 10: Häufigkeitsverteilung der Chlorwasserstoff-Konzentration an einer Müllverbrennungsanlage mit Abgasreinigung. 1708 Meßwerte, Meßzeitraum ca. 170 h, normaler Betriebsverlauf, mit Reinigung des Wäschers

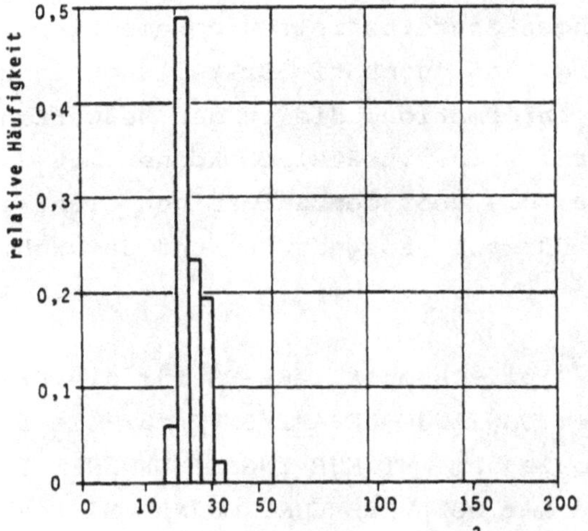

Abb. 11: Häufigkeitsverteilung der Chlorwasserstoff-Konzentration an einer Müllverbrennungsanlage mit Abgasreinigung. 644 Meßwerte, Meßzeitraum 60 h, idealer Betriebsverlauf

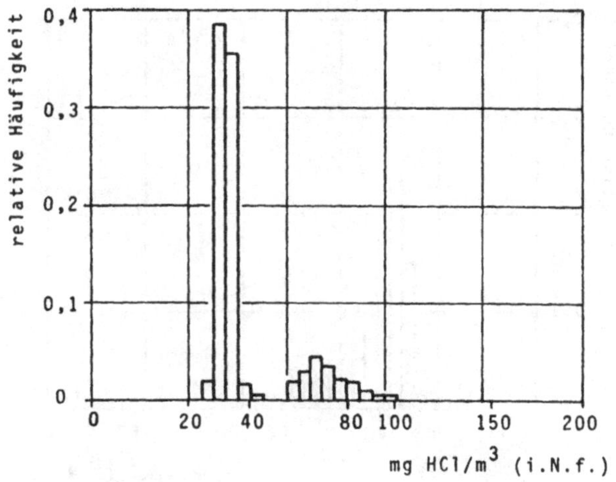

Abb. 12: Häufigkeitsverteilung der Chlorwasserstoff-Konzentration an einer Müllverbrennungsanlage mit Abgasreinigung. 724 Meßwerte, Meßzeitraum ca. 70 h, gestörter Betriebsverlauf, zeitweise Wartungsarbeiten am Wäscher

Die Meßwerte der Überwachungsgeräte werden im allgemeinen heute noch auf sehr langen Schreibstreifen dokumentiert. Wir sind jedoch der Meinung, daß durch die Erstellung von Häufigkeitsverteilungen die Information, die in den Meßwerten enthälten ist, besser genutzt wird. Zusätzlich können mit Hilfe des Rechners Meßwerte, die über dem zulässigen Grenzwert liegen, zusammen mit der Uhrzeit ausgedruckt und dadurch besser dokumentiert werden.

Wir danken Herrn Dipl.-Chem. K. AHLERS für die Erstellung der EDV-Programme, dem UMWELTBUNDESAMT/BMFT für die finanzielle Unterstützung, sowie dem AMT FÜR INGENIEURWESEN III der BAUBEHÖRDE HAMBURG und der MÜLLVERBRENNUNGSANLAGE STAPELFELD GMBH für die Bereitstellung der Anlagen.

Literatur

1. Bundesimmissionsschutzgesetz, Bundesgesetzblatt Nr. 27 (1974).

2. Erste Verwaltungsvorschrift zum Bundesimmissionsschutzgesetz (Technische Anleitung zur Reinhaltung der Luft - TA Luft) Gemeinsames Ministerialblatt Nr. 24 (1974).

3. Dannecker, W. und Düwel, U.: Fortlaufend registrierende Schadgaskonzentrationsmessungen im Rauchgas von Müllverbrennungsanlagen unter Verwendung neuartiger Spektrometer, Forschungsbericht 140 0038 für das BMFT, Universität Hamburg (1980).

ERWEITERUNG DER STEUERUNG UND DATENERFASSUNG EINES KOMMERZIELLEN SPEKTRALPHOTOMETERS FÜR KINETISCHE UNTERSUCHUNGEN DURCH EINEN MIKROPROZESSOR

G. Gauglitz, T. Klink, A. Lorch
Institut für Physikalische und Theoretische Chemie
Auf der Morgenstelle 8, D-7400 Tübingen

Einleitung

Für eine kinetische Analyse von thermischen und photochemischen Reaktionen müssen die Konzentrationen der Reaktionspartner zu möglichst vielen Reaktionszeitpunkten genau bestimmt werden. D. h. es muß laufend während des gesamten Reaktionsverlaufes eine Art Mehrkomponentenanalyse durchgeführt werden. Jedoch nicht - wie allgemein üblich - in einem statischen System, sondern in einem dynamischen. Es ergab sich daher die Aufgabe, eine Anlage zu entwickeln, die es gestattet, entweder bei Routineanalysen an vielen verschiedenen Proben oder bei kinetischen Analysen an einer sich ändernden Probe zu verschiedenen Reaktionszeiten eine Mehrkomponentenanalyse durchzuführen. Für solche Untersuchungen hat sich die UV/VIS-Spektroskopie als besonders geeignet erwiesen. Wir haben daher schon vor vielen Jahren begonnen, Spektrometer für diese Aufgabenstellung zu automatisieren (1, 2). Durch die Entwicklung der Mikroprozessortechnik sind in letzter Zeit allerdings völlig neue Möglichkeiten entstanden.

Konzept der Meßanlage

Bei der Mehrkomponentenanalyse werden exakte Meßwerte bei mehreren Wellenlängen und (bei kinetischen Untersuchungen) zu

13. Spektrometertagung

vielen Reaktionszeitpunkten während des gesamten Reaktionsverlaufes benötigt. An die Steuerung und Programmierung des Spektrometers müssen daher folgende Anforderungen gestellt werden:

a.) Eingabe von Versuchskennung und -beschreibung
b.) Wahl verschiedenartiger Programmabläufe
c.) freie Wahl von Zahl und Lage der Meßwellenlängen
d.) gleichzeitige Registrierung des Gesamtspektrums zum Erkennen von signifikanten Reaktionsschritten (Isosbesten)
e.) Stop an Meßwellenlänge mit einstellbarer Integrationszeit zur Optimierung des Signal/Rausch-Verhältnisses
f.) bei Photoreaktionen das wechselseitige Schließen von Photoverschlüssen im Meß- bzw. Bestrahlungs-Strahlengang zur Vermeidung von Streulichteinfall auf den Photomultiplier
g.) Ausrechnung von dem Reaktionsverlauf angepaßten Wartezeiten vor dem nächsten Registrierzyklus
h.) On-line Datenerfassung und direkte lesbare Protokollierung (Meßwerte und Versuchsparameter)
i.) geeignetes und variables Datenformat für die Speicherung ohne Verlust signifikanter Daten, aber unter Berücksichtigung begrenzter Speicherkapazität.

Folgende Routineprogramme waren vorgesehen:

a.) punktweise Erfassung des Gesamtspektrums (maximal alle 0,1 nm aufgelöst)
b.) Meßwerte bei ca. 10 - 20 ausgewählten Wellenlängen
c.) punktweise Erfassung einzelner Teilbereiche des Spektrums
d.) Registrierung mit und ohne Bestrahlung, d. h. verschiedene Varianten der Photoverschlußsteuerung
e.) Ausgabe des Spektrums parallel auf externen Schreiber
f.) Ansteuerung des Wellenlängenschnellrücklaufes (50 nm/sec)

Es sollten aber bei Bedarf auch weitere Varianten nachträglich programmierbar sein. Außerdem sollten die Daten im Anschluß an den Versuch mit einem Laborrechner ausgewertet und auch graphisch dargestellt werden können. An die neue Anlage mußten auch schon vorhandene ältere Spektrometer und einige andere Meßgeräte angeschlossen werden.

Diese Problemstellungen konnten auch mit modernen, Mikroprozessor gesteuerten kommerziellen Spektrometern nicht gelöst werden, da diese Geräte nicht frei programmierbar sind, und leider von den Herstellern nicht genügend Auskünfte über die Schnittstellen für externe Steuerung und Datenformatierung erhalten werden konnten. Daher wurde ein Spektrometer DMR 10 der Firma Carl Zeiss, Oberkochen, über dessen Steuer- und Datenein- und ausgänge uns ausführliche Beschreibungen zur Verfügung standen, an einen Mikroprozessor TM 990/102 der Firma Texas Instruments gekoppelt. Dieser Mikroprozessor übernimmt die Steuerung des DMR 10 (3) und die Datenerfassung für schon vorhandene Geräte, nämlich ein Zweistrahl-Spektrometer DMR 21 für Absorptions- und Fluoreszenzspektren-Messungen (2), ein Einstrahlgerät PMQ-II (4) und eine Anlage (ZFM4 und PMQ-II) zur Messung der zeitlichen Änderung der Fluoreszenzintensität von Laserfarbstoffen bei Bestrahlung (5). Vom Steuer- und Datenerfassungsprogramm (32K) werden die Meßdaten auf einer dynamischen RAM-Platine zwischengespeichert und über einen DEC-writer (Digital equipment) protokolliert. Sie können blockweise an einen Lochstreifenstanzer, auf eine Bandkasseteneinheit über IEC-Bus oder in einen Tischrechner TEK 4051 (Tektronix, Rhode und Schwarz) direkt über eine V24 (RS 232C) Schnittstelle übergeben werden. Dieser Rechner führt auch die Mehrkomponentenanalyse und sonstige kinetische Auswertungen durch. Außerdem sind graphische Darstellungen möglich.

Abb. 1 stellt schematisch am Programmbeispiel b (s. o.) einen Meßzyklus dar. In einem Einzelspektrum sind die ausgewählten Wellenlängen durch Striche gekennzeichnet. Die CPU des TM 990 steuert den Schrittmotor des Spektrometers bis zur Meßwellenlänge, der Vorschub stoppt, bei Photoreaktionen werden die Photoverschlüsse wechselseitig betätigt und anschließend wird der Meßwert analog integriert. Dadurch werden das S/N-Verhältnis verbessert bzw. eine extrem schnelle und häufige AD-wandlung vermieden (Überlauf der Speicherkapazität). Während die Meßdaten zwischengespeichert werden, wird die nächste

Abb.1

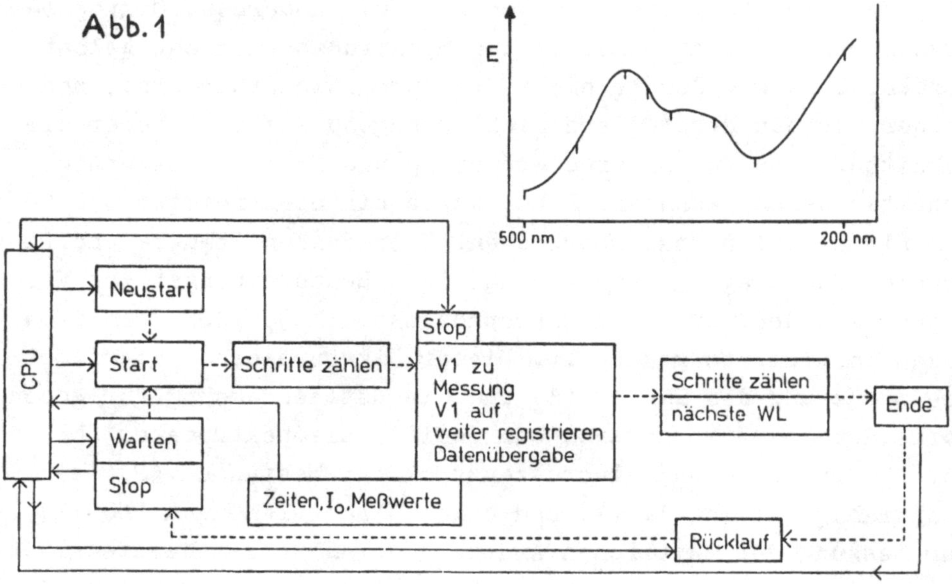

Abb. 2 Reaktionsspektrum Stilben-1 in Wasser

Wellenlänge angesteuert. Am Ende des Spektrums fährt der Wellenlängenvorschub sofort an die langwellige Grenze des Spektrums zurück, um längere kurzwellige Bestrahlung der Probe durch das Meßlicht während des Wartens auf das Registrieren des nächsten Spektrums zu vermeiden. Die Gesamtzahl aller Spektren, aufgenommen nach den einzelnen Reaktionszeiten, wird als Reaktionsspektrum bezeichnet.

Anwendungen bei der Photokinetik

Abb. 2 zeigt ein Reaktionsspektrum des Laserfarbstoffes Stilben-1 in MeOH bei Bestrahlung mit 365 nm. Die durchgezogenen Kurven entsprechen der schnellen Einstellung des trans-cis-photostationären Zustandes, die gestrichelten bzw. gepunkteten Kurven der anschließenden Photozersetzung. Nach der Programmvariante a wurden die Spektren mit 0,5 nm Auflösung im Rechner gespeichert, und die Abb. 2 zeigt das vom Computer gezeichnete Spektrum.

An das Rechnersystem ist über die V24 Schnittstelle auch ein Optischer Vielkanalanalysator (OMA) der Firma PAR angeschlossen (6, 7). Er wurde für folgende Probleme eingesetzt:

1. Aufnahme des Reaktionsspektrums von Laserfarbstoffen während des Pumpblitzes. Abb. 3 gibt ein Beispiel für Stilben-3, gepumpt mit einem N_2-Laser. Die absolute Bestrahlungszeit ist für jedes Spektrum angegeben.
2. Aufnahme des Reaktionsspektrums von stark streuenden Proben in Absorption (8).
3. Aufnahme des Reaktionsspektrums von photoinstabilen Substanzen in Fluoreszenz (7). Während beim konventionellen Gerät die Registrierungszeit mehr als 1 Minute beträgt, ist die Strahlungsbelastung in dem OMA ($<$ 1 Sek) geringer.

Abb.3 OMST3 01 in MeOH(N2-Laser) mit OMA, geruehrt,acc=25, 19.1.79
AOKIS301-Omatestmessung mit Photoreaktion Stilben 3 am laser

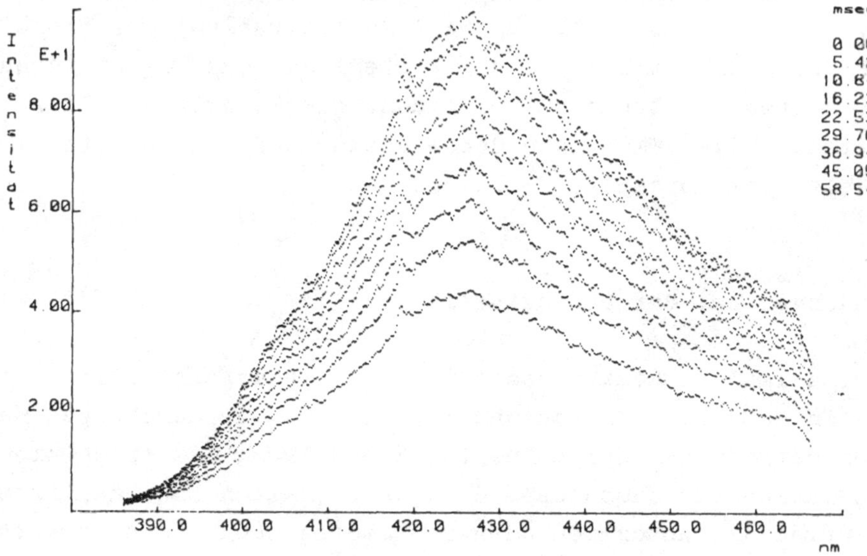

A. Bestimmung von Reaktionskonstanten aus Absorptionsspektren

Aus den Reaktionsspektren können die Reaktionskonstanten ermittelt werden (9). Dazu muß der Reaktionsmechanismus und die Zahl der linear unabhägigen Teilreaktionen bekannt sein. An einer genau untersuchten Testreaktion, der Photofolgereaktion trans-Stilben $\rightleftharpoons$ cis-Stilben $\longrightarrow$ Phenanthren (10, 11), sollen der Ablauf der kinetischen Analyse und die Möglichkeiten der neuen Meßanlage kurz dargestellt werden. Abb. 4 zeigt das Reaktionsspektrum in Absorption für diese Reaktion in perfluoriertem Lösungsmittel (bestrahlt bei 313 nm). Diesen Spektren werden bei charakteristischen Wellenlängen (große Änderung der Extinktion während des Reaktionsverlaufes) die Extinktionen entnommen und jeweils für 2 Wellenlängen (entsprechend gleichen Reakticnszeiten) in einem Diagramm für alle Reaktionszeitpunkte gegeneinander aufgetragen. Erhält man in diesem Extinktions-(E-)Diagramm (9, 12) Geraden, so kann auf nur <u>einen</u> linear unabhängigen Reaktionsteilschritt geschlossen werden. Bei komplizierterem Reaktionsverlauf werden erst gra-

Abb. 4 Reaktionsspektrum Stilben in Flutec

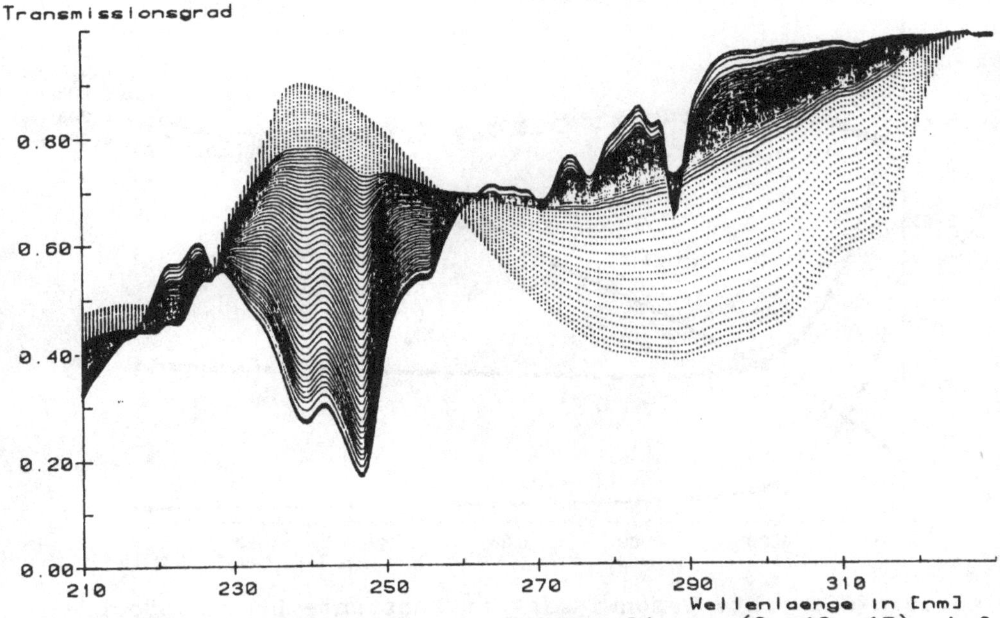

phische Darstellungen höherer Ordnung linear (9, 12, 13). Auf Grund der Zahl der Reaktionsschritte wird ein Modell für den Reaktionsablauf postuliert und das entsprechende Zeitgesetz aufgestellt.

Da die Konzentrationen der einzelnen Reaktionspartner nur über das Lambert-Beer'sche-Gesetz aus den bei mehreren Wellenlängen und vielen Reaktionszeiten gemessenen Extinktionen ermittelt werden können, müssen die Konzentrations-Zeit-Gleichungen in ein Extinktions-Zeit-Differential-Gleichungssystem transformiert werden (9). Dabei werden je nach Zahl der Reaktionsteilschritte auch mehrere Wellenlängen je Gleichung benötigt. Trotzdem ist das Gleichungssystem wegen der vielen Meßpunkte überbestimmt. Die Differentialgleichung wird nach der Methode der "formalen" Integration (9) gelöst, und aus der überbestimmten Gleichung werden je Reaktionsschritt eine Reaktionskonstante mit Standardabweichung ermittelt. Bei Kenntnis der Extinktionskoeffizienten der Reaktionspartner kann aus diesen Konstanten nicht nur eine Produktausbeute,

Abb. 5

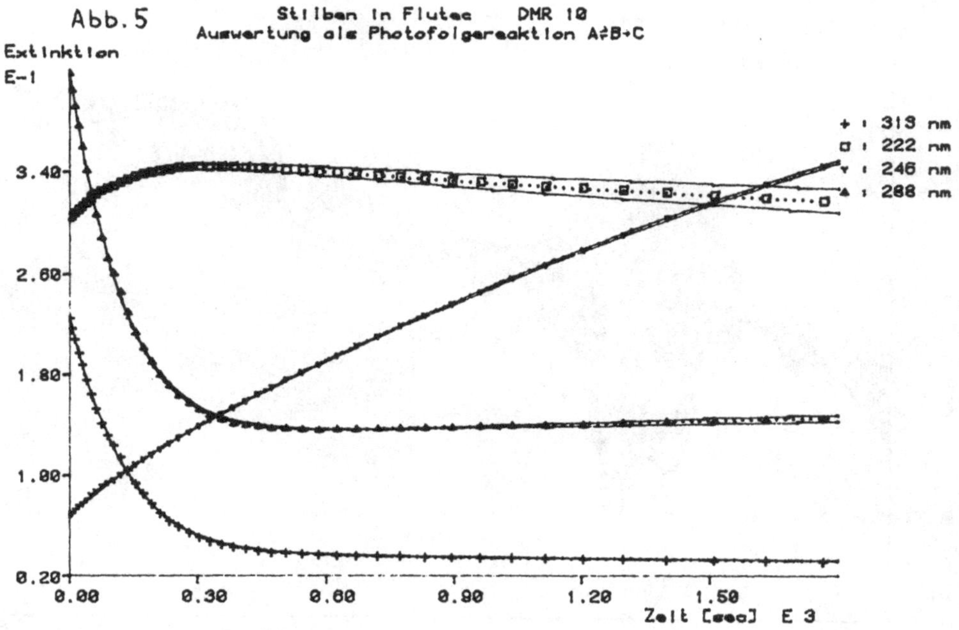

sondern die echte Geschwindigkeitskonstante bzw. photochemische Quantenausbeute für jeden einzelnen Reaktionsschritt erhalten werden. In Abb. 5 ist diese Auswertung dargestellt. Für vier charakteristische Wellenlängen sind die Extinktionen als Symbole zu einzelnen Reaktionszeitpunkten eingezeichnet. Aus Gründen der Übersichtlichkeit wurde nur jeder fünfte Meßwert eingetragen. Nach dem Verfahren von Runge und Kutta (9, 14) werden nun aus den berechneten Mittelwerten der Reaktionskonstanten für den angenommenen Mechanismus theoretische "Meßwerte" zurück-"simuliert" (15), d. h. berechnet (Punkte in Abb. 5). Graphisch lassen sich dann Meßkurve und zurückgerechnete Werte gut vergleichen. Streuungen weisen auf zu geringe Meßgenauigkeit, systematische Abweichungen in Teilbereichen der Kurve dagegen auf einen Fehler im postulierten Mechanismus hin. Im Gegensatz dazu sind die Größen für die Standardabweichungen weniger aussagekräftig, da sie stark von der Zahl der Meßpunkte und vom Mechanismustyp abhängen. Da auch bei diesem graphischen Verfahren einige Mechanismen nur schwer zu unterscheiden sind, folgt ein weiterer Auswertungsschritt (11). Es wird nicht nur mit den Mittelwerten der Reaktionskonstanten zurücksimuliert, sondern auch mit den Grenzwerten, behaftet mit der Standardabweichung (ausgezogene Kurven in Abb. 5). Mit Hilfe dieser letzten Auswertung kann sofort die Fehlerbreite und Güte der Berechnung ermittelt werden. Sie ist - wie Abb. 5 zeigt - für eine Wellenlänge sehr schlecht.

B. Auswertung von Derivativspektren

Können für einen Reaktionsabschnitt nicht genügend Meßwerte erhalten werden, die sich um mehr als die photometrische Genauigkeit des Spektrometers unterscheiden, so treten die bei der einen Wellenlänge für Stilben gezeigten Schwierigkeiten auf. Solche geringen Extinktionsänderungen sind häufig bei Photoisomerisierungen der Fall, wie auch auf Abb. 2 zu erkennen ist. Aus diesem Grunde sollte geprüft werden, ob sich mit der Derivativspektroskopie, die bei gewissen analytischen Untersuchungen Vorteile bringt (16, 17), eine Verbesserung der Ergebnisse erzielen läßt.

Zur Ableitung der Spektren sind optische, elektronische oder mathematische Methoden möglich: Die optischen Verfahren (vor allem Wellenlängenmodulation) weisen zwar ein sehr gutes Signal/Rausch-Verhältnis auf, verursachen aber einen großen apparativen Aufwand und erlauben meist nur die erste Ableitung. Inzwischen finden sich in allen modernen Spektrometern sogenannte elektronische Differenzierglieder, die auch höhere Ableitungen (17) gestatten, jedoch folgende Nachteile aufweisen (11, 18):

a.) Es wird nicht direkt nach der Wellenlänge abgeleitet, sondern indirekt über die Zeitkonstante und den Wellenlängenvorschub.

b.) Daher hängt das Derivativsignal von Geräteparametern, wie Verstärkung, Dämpfung, Vorschubgeschwindigkeit und Spreizung der Wellenlängenskala ab.

c.) Die Voreinstellungen dieser Werte können nicht für das gesamte Reaktionsspektrum optimal sein.

d.) So gewonnene Derivativspektren sind mit anderen Spektrometern praktisch nicht reproduzierbar. Aber auch beim selben Gerät werden jede Wartung oder Neukalibrierung die Spektren verändern.

e.) Jeder Stopp des Wellenlängenvorschubes (Lampenwechsel, Ordnungsfilterwechsel, Meßwellenlänge) verursacht einen Artefakt im Spektrum. Bei der "Digitalisierung" des Gesamtspektrums (Programm a) verschlechtert sich entweder das Signal/Rausch-Verhältnis oder es kommt bei schneller A/D-Wandlung zu Speicherüberlauf.

f.) Es kann nur das Derivativspektrum abgespeichert werden, die nicht manipulierten Orginalmeßdaten gehen verloren. Unterschiede in der Auswertung zweier Experimente können nicht mehr auf unbeabsichtigte Unterschiede bei den kinetischen Parametern zurückgeführt werden, sondern können auch auf die erwähnten Schwierigkeiten bei der Reproduktion von Spektren hinweisen.

Aus diesen Gründen kamen nur die mathematischen Verfahren in Betracht, die es gestatten, ein Absorptionsspektrum mit der gewohnten erforderlichen hohen Genauigkeit aufzunehmen und digital zu speichern. Mit Hilfe des graphischen Displays des Rechners können die optimalen Parameter für die Ableitung aller Spektren des Reaktionsverlaufes ausgewählt werden. Diese <u>unmanipulierten</u> Extinktionswerte stehen für andere Auswertungen weiterhin als Orginalsignale zur Verfügung.

Während die Quotientenbildung $\Delta E/\Delta\lambda$ nur schlechte Ergebnisse liefert, bringen kubische Polynome mit 5, 7 oder 9 Stützpunkten oder sogenannte "SPLAUS"-Algorithmen (19) eine wesentliche Erhöhung der Signaländerung, schmälere Banden (dadurch stoffspezifischer), eine größere Zahl von charakteristischen Wellenlängen und von isoklinen Punkten (dem Analogon zum isosbestischen Punkt) gegenüber dem Absorptionsreaktionsspektrum.

Abb. 6 Derivativ-Reaktionsspektrum Stilben in Flutec

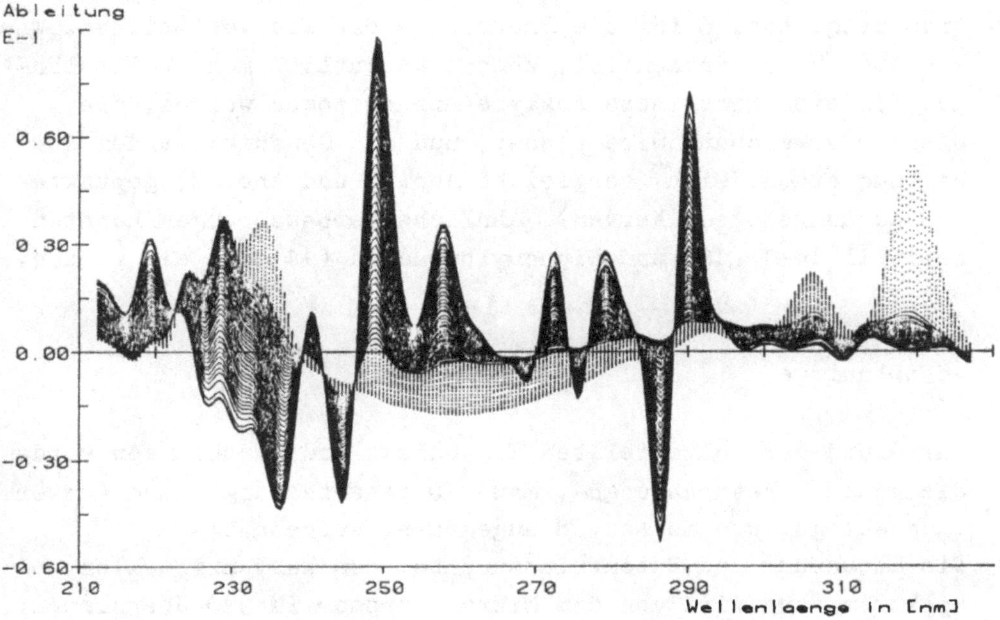

Abb. 7 Stilben in Flutec DMR 10
Auswertung als Photofolgereaktion A B C

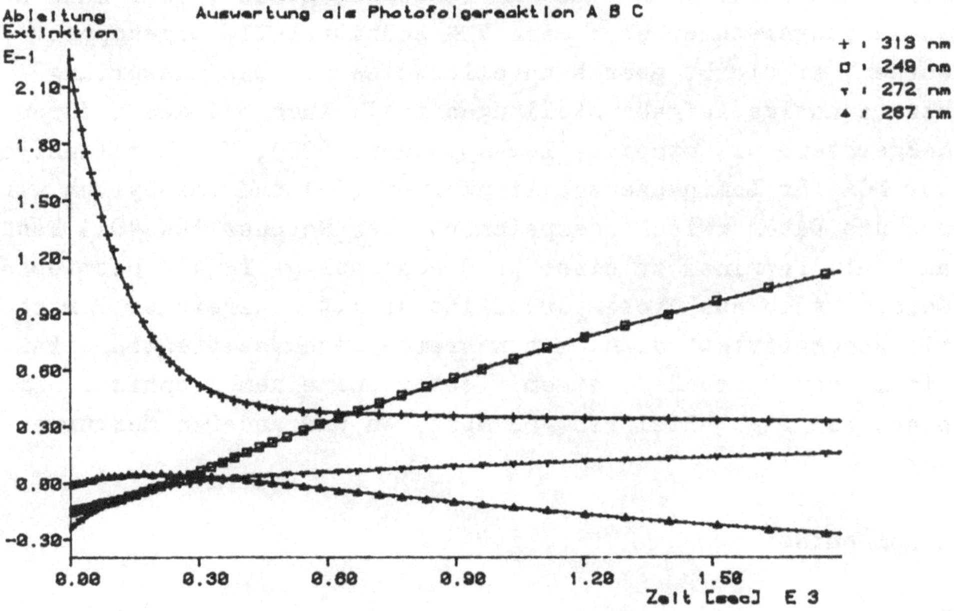

Das bisher unseres Wissens nach erste Derivativreaktionsspektrum zeigt Abb. 6 für die Photofolgereaktion von Stilben. Wie aus Abb. 7 zu ersehen ist, können wesentlich mehr Wellenlängen für eine kinetische Analyse herangezogen werden, die Standardabweichung wird besser, und die Genauigkeit der Auswertung erhöht sich (vergleiche Abb. 5 und Abb. 7, gepunktete und ausgezogene Kurven). Ähnliche Verbesserungen konnten bei Stilben-1 (18) und Diphenylbutadien (11) erzielt werden.

Gesamtanlage

Auf Grund der vorgestellten Ergebnisse und Erfahrungen wurde die gesamte Bestrahlungs-, Meß-, Datenerfassungs- und Auswertungsanlage, wie in Abb. 8 angegeben, aufgebaut:
Die Steuerung und Datenerfassung bei den konventionellen Spektrometern wird von dem Mikroprozessor TM 990 übernommen. Die notwendige Hardware wurde nach unseren Angaben von der Firma MRT-Elektronik, 7061 Kaisersbach, gebaut. Zwar kann der Auswertungsrechner über eine V24 Schnittstelle angekoppelt werden, er bleibt aber sinnvollerweise für die Auswertung bzw. sonstige Aufgabenstellungen frei. Auch bei den anderen Meßgeräten, wie stopped-flow-Apparatur (20), Vielkanalanalysator MCA für Lumineszenzabklingkurven (21) und OMA-System werden die Daten zwischengespeichert. Der Rechner TEK 4051 kann auch als Terminal zu einer Großrechenanlage TR 440 betrieben werden. Auch aus diesem Grund ist er mit zahlreicher Peripherie ausgestattet, d. h. mit mehreren Bandkassetteneinheiten, einem Schnelldrucker, einem Plotter und einem graphischen Tablett zum Digitalisieren von Spektren und anderen Meßkurven*.

Zusammenfassung

Diese Anlage hat sich nicht nur bei Routineanalysen (Bestimmung von Konzentrationen und Extinktionskoeffizienten, Mehr-

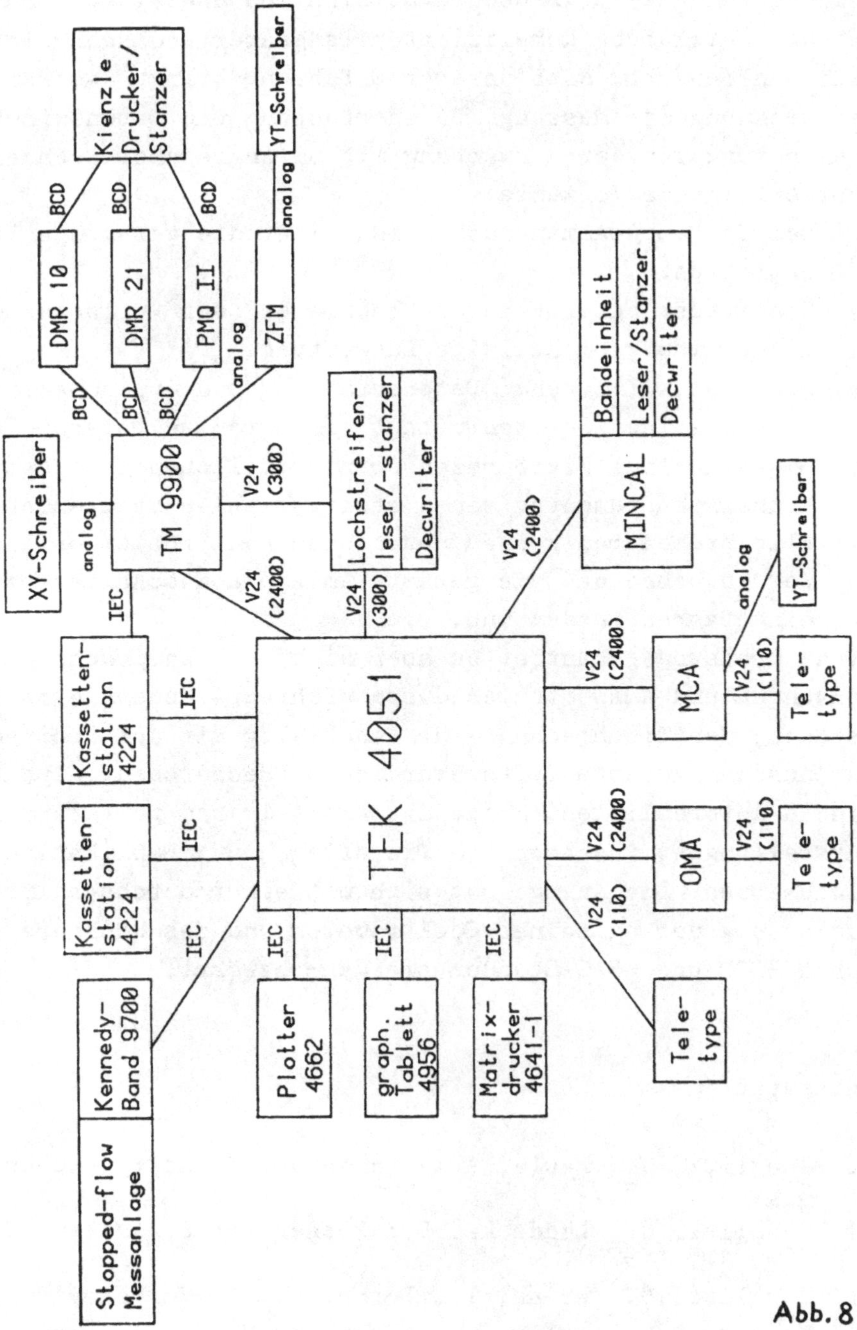

TEK 4051
TM 9900
XY-Schreiber
analog
DMR 10
DMR 21
PMQ II
ZFM
BCD
BCD
BCD
analog
Kienzle Drucker/ Stanzer
BCD
BCD
BCD
YT-Schreiber
analog
Lochstreifen-leser/-stanzer
Decwriter
V24 (300)
V24 (300)
V24 (2400)
IEC
Kassetten-station 4224
IEC
Kassetten-station 4224
IEC
Stopped-flow Messanlage
Kennedy-Band 9700
IEC
Plotter 4662
IEC
graph. Tablett 4956
IEC
Matrix-drucker 4641-1
IEC
MINCAL
Bandeinheit
Leser/Stanzer
Decwriter
V24 (2400)
MCA
V24 (2400)
analog
YT-Schreiber
Tele-type
V24 (110)
OMA
V24 (2400)
Tele-type
V24 (110)
Tele-type
V24 (110)

Abb. 8

komponentenanalyse, Probenidentifikation usw.), sondern auch bei der Aufklärung komplizierter langsamer und schneller Reaktionen bewährt. Nach unserer Erfahrung bringt das Konzept der Trennung der Messung, Datenerfassung und Datenzwischenspeicherung von der Auswertung mit umfangreicher Rechnerperipherie folgende Vorteile:

1. Bei Systemzusammenbrüchen ist nicht die gesamte Anlage betroffen.
2. Die Steuerungsprozeduren blockieren oder verlangsamen nicht eine gleichzeitige Auswertung.
3. Die Protokollierung, Datenerfassung und -Speicherung bei den einzelnen Geräten bringt eine größere Datensicherung.
4. Die einzelnen Mikroprozessoren ermöglichen eine optimale Einzelsteuerung und einen sehr variablen Programmablauf.
5. Alle Prozeduren können neuen Wünschen problemlos angepaßt werden, ohne daß die gesamte Anlage abgeschaltet bzw. neu eingefahren werden muß.

Diese Trennung gestattet es aber nicht nur anspruchsvollere Messungen und Auswertungen durchzuführen, sondern ermöglicht es auch, den Tischrechner für den Dialog mit dem Großrechner, für unseren gesamten Literaturdienst*(Recherchen, alphabetische Autorenlisten, Sonderdruckkartei) und für graphische Darstellungen, insbesondere Diavorlagen und Publikationen, einzusetzen. Die Anlage hat sich mit einer durchschnittlichen Auslastung der einzelnen Spektrometer und des Rechners zwischen 3000 und 6500 Stunden pro Jahr bewährt.

Literatur

1. Gauglitz, G., Reule, A.: Fresenius' Z. Analyt. Chem. 276, 97 (1975).
2. Gauglitz, G., Lüddecke, E.: Fresenius' Z. Analyt. Chem. 280, 105 (1976).
3. Gauglitz, G., Klink, T., Lorch, A.: in Vorbereitung.
4. Mauser, H., Gauglitz, G., Niemann, H.-J.: Z. Phys. Chem. (Frankfurt) 82, 309 (1972).

5. Gauglitz, G.: Z. Phys. Chem. (Wiesbaden) 113, 217 (1978).
6. Talmi, Y.: Anal. Chem. 47, 699A (1975).
7. Friz, E., Gauglitz, G., Lorch, A.: in Vorbereitung.
8. Krabichler, G., Sekanina, R., Gauglitz, G., Oelkrug, D.: Proceedings of the VIII-th IUPAC Symposium on Photochemistry, Seefeld 1980.
9. Mauser, H.: "Formale Kinetik", Bertelsmann Universitätsverlag, Düsseldorf 1974.
10. Mauser, H., Niemann, H.-J., Kretschmer, R.: Z. Naturforsch. 27b, 1349 (1972).
11. Klink, T.: Diplomarbeit, Tübingen 1980.
12. Mauser, H.: Z. Naturforsch. 23b, 1021, 1025 (1968).
13. Daniil, D., Gauglitz, G., Meier, H.: Photochem. Photobiol. 26, 225 (1977).
14. Zurmühl, R.: "Praktische Mathematik", Springer Verlag, Berlin 1965.
15. Niemann, H.-J., Mauser, H.: Z. Phys. Chem. N.F. (Frankfurt) 82, 295 (1972).
16. Cahile, J. E.: Int. Lab. Jan/Feb 1980, 64.
17. Talsky, G., Mayring, L., Kreuzer, M.: Angew. Chem. 90, 840 (1978).
18. Gauglitz, G., Klink, T.: in Vorbereitung.
19. Späth, H.: "Spline-Algorithmen", R. Oldenbourg Verlag, München 1973.
20. Lachmann, G.: Dissertation, Tübingen 1979.
21. Gauglitz, G., Lorch, A., Oelkrug, D.: in Vorbereitung.

---

* In BASIC stehen Auswertungs-, Graphik-, Cross-Assembler (für TM 990)-, Datenerfassungs-, Literaturrecherchen-, -sortier- und -listen-Programme zur Verfügung. Das Mikroprozessorsteuerprogramm wurde mit dem TEK 4051 assembliert. Unter gewissen Voraussetzungen können von allen Programmen Listen oder auch Bandkopien zur Verfügung gestellt werden.

KAPITEL 3

EMISSIONSSPEKTROMETRIE MIT PLASMEN

ATOMSPEKTROMETRISCHE MULTIELEMENTANALYSE MIT EINEM RECHNERGESTEUERTEN ICP SEQUENZ-EMISSIONSSPEKTROMETER

M. Nippus
Kontron GmbH, Abt. Materialanalyse, Oskar-von-Miller-Str. 1
D-8057 Eching, Germany

Einführung

Die Automatisierung von analytischen Verfahren der Emissionsspektroskopie gewinnt in letzter Zeit immer mehr an Bedeutung, was vor allem auf die sprunghafte Entwicklung von leistungsfähigen Mikrocomputern zurückzuführen ist. Es war naheliegend, den Routineablauf der sequentiellen ICP-Atomemissionsanalyse durch eine Rechnersteuerung zu beschleunigen. Das führte KONTRON zur kommerziellen Neuentwicklung eines *A*utomatischen *S*equentiellen *S*pektrometers für die ICP-Analyse, genannt *ASS 80*. Hierbei steht die 80 sowohl für die 80er Jahre als auch für die Rechnerkapazität von 80 k Byte.

Hardware

Die Optik des Systems (Abb. 1) besteht im wesentlichen aus einem Czerny-Turner Monochromator, Brennweite 0,6 m, mit geraden, einstellbaren Spalten und mit einem ebenen holographischen Gitter (G = 2400 Linien/mm, Öffnungsverhältnis f/5,7, lineare Dispersion 0,6 nm/mm). Der freie Spektralbereich ist 200 bis 500 nm. Das Gitter wird über einen Sinusantrieb mechanisch gedreht: Ein stoßgedämpft montierter Schrittmotor bewegt über einen Riemen die Antriebsspindel des Sinusantriebs. Eine solche Schrittmotormechanik entspricht dem bislang üblichen Stand der Technik. Die entscheidende Verbesserung für die exakte Ansteuerung liegt darin, daß ein sog. Winkelkodierer unmittelbar unterhalb des Sinusantriebs starr mit der Gitterachse des Monochromators verbunden ist.

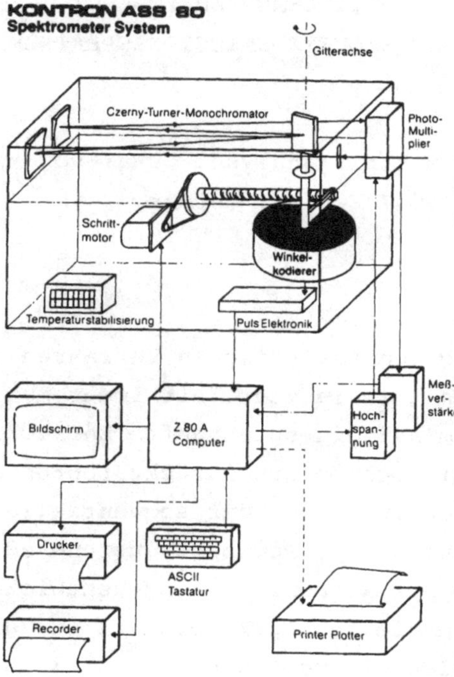

Abb. 1 Blockschema des Computer-gesteuerten Spektrometers *ASS 80*.

Der Winkelkodierer, auch Drehgeber genannt, mißt auf photoelektrische Weise Winkeländerungen mit hoher Auflösung ($2 \cdot 10^{-4}$ grd) und gibt diese Änderungen über eine Pulsformelektronik als Pulsfolge ab (Abb. 2). Eine volle Umdrehung der Gitterachse entspricht 1,8 Millionen Pulsen. Bei einer bestimmten Stellung des Gitters gibt der Winkelkodierer einen Referenzimpuls ab. Eine Änderung der Wellenlänge wird dann einfach aus der Anzahl der Drehgeberpulse bestimmt, die nach Registrierung des Referenzimpulses abgegeben wurden. Es liegt auf der Hand, diese Zählprozedur einem Computer zu überlassen. Der wiederum steuert den Schrittmotor mit Hilfe von Pulsen so lange an, bis die im Experiment gewünschte Wellenlänge mit der aktuellen Zahl der Pulse, d.h. dem

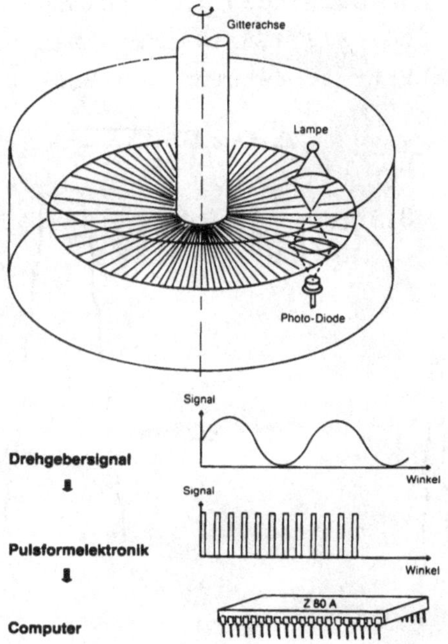

Abb. 2 Winkelkodierer (schematisch) zur genauen Messung der Gitter-Winkelposition

Gitterwinkel und somit der Monochromatorwellenlänge übereinstimmt. Die oben erwähnte Auflösung des Drehgebers von $2 \cdot 10^{-4}$ grd entspricht einer Wellenlängengenauigkeit von $\leq 0{,}003$ nm. Um diese Ist-Wert-Anzeigegenauigkeit voll auszunutzen, ist es erforderlich, die Schrittweite des Schrittmotors noch kleiner als diesen Wert anzusetzen. Bei dem hier beschriebenen System entspricht ein Schrittmotor-Step einer Wellenlänge von 0,0017 nm.

Die oben genannte Genauigkeit der Wellenlängenbestimmung und die damit verbundene Reproduzierbarkeit der Wellenlängenansteuerung ist besser als das optische Auflösungsvermögen H des Monochromators. Der hier eingesetze Monochromator hat bei optimaler Justierung ein Auflösungsvermögen von H = 0,01 nm. Abb. 3a zeigt ein Testspektrum mit den üblichen Hg-Linien bei 313,155/184 nm. Man erkennt deutlich die Zahl von 18 Schrittmotorstufen von Peak zu Peak.

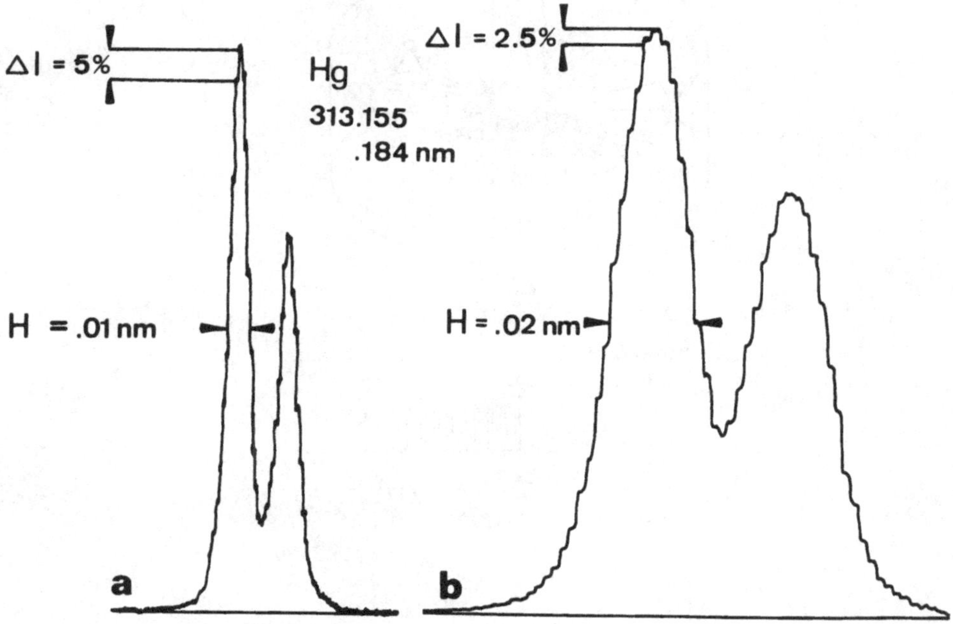

Abb. 3 Optische Auflösung und Ansteuergenauigkeit des Monochromators

Gleichzeitig sieht man auch den Grund für die relativ hohe Anforderung an die Reproduzierbarkeit der Wellenlängenansteuerung: ± 1 Schritt, d.h. ± 0,0017nm, bedeuten einen Intensitätsabfall von max. 5%. Ist dagegen die optische Auflösung schlechter, z.B. H = 0,02nm, dann weicht auch die Peakintensität höchstens um 2,5% ab (Abb. 3b), weil das Intensitätsmaximum flacher geworden ist. Die oben genannten Abweichungen sind Größtfehler, d.h. im Mittel schwankt die Intensität um höchstens ± 2% bei der direkten Ansteuerung der Emissionslinie. Solche Stabilität kann natürlich nur dann erreicht werden, wenn der gesamte Monochromator keine geometrischen Veränderungen aufgrund von thermischen Einflüssen erfährt. Aus diesem Grund wird der durch ein beheiztes Luftzirkulationssystem ständig auf einer Arbeitstemperatur von etwa 35 ± 0,1° C, d.h. über der Raumtemperatur gehalten. Aus der Abb. 1 ist ersichtlich, wie der Computer auf die einzelnen Bausteine der Peripherie zugreift. Die Ausgabe von Daten erfolgt über Bildschirm, Drucker, Analog-Schreiber oder (optional) über einen kombinierten Printer-Plotter auf Thermopapier. Die Hochspannungsversorgung des Photomultipliers ist in 6 Stufen variierbar. Die Signalströme des Multipliers werden im Meßverstärker in Pulsfolgen unterschiedlicher Frequenz umgewandelt, die Pulsfrequenz steigt also linear mit dem Lichtsignal. Als Mikroprozessorzentraleinheit (CPU) dient der bewährte Z 80 A in Verbindung mit einem 80 k Byte RAM, wovon der Bildspeicher 16 k Byte belegt. 2 Disk Drives für Mini-Disketten dienen als Daten- bzw. Programmspeicher. Sie haben eine Kapazität von je 140 k Byte.

Software

Für die ICP-Emisisonsanalyse wurde ein umfangreiches Programmmaterial entwickelt, das die oben genannten Ansteuerungen der Hardware durchführt, die Meßwerte verarbeitet und eine ganze Reihe von Informationen visuell auf Bildschirm und/oder Drucker ausgibt.

Der Rechner ist in den üblichen Sprachen FORTRAN, ASSEMBLER und BASIC frei programmierbar. Für die Anwender des Spektrometersystems wird standardmäßig die gesamte Software von ca. 200 k Byte mitgeliefert. Das ICP Quellenprogramm wurde in FORTRAN und ASSEMBLER geschrieben und in Maschinensprache übersetzt. Bildschirmgraphiken sind daher besonders schnell, d.h. es gibt keinen merklichen Verzug zwischen der Signalregistrierung und deren graphischer Darstellung auf dem Bildschirm. Abb. 4 zeigt schematisch die Programm- und Datenstruktur des *ASS 80*. Programme sind als Kreis, Daten als Blöcke dargestellt. Die Informationen vom Plasma werden über die im letzten Kapitel behandelte Hardware vom Hauptprogramm ICP eingezogen. Dieses Programm steuert den gesamten Meßablauf, d.h. den Monochromator und die Signalaufbereitung vom Photomultiplier. Alle übrigen

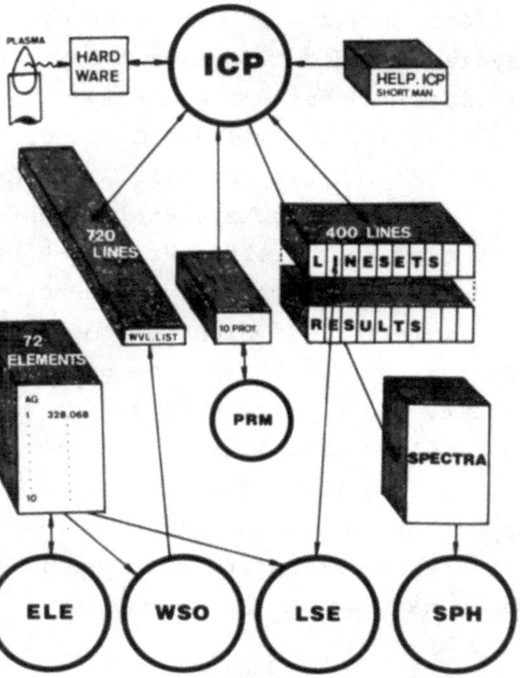

Abb.4 ICP-ASS 80 Software Flußdiagramm

Programme sind Subroutinen und dienen teils der Vorbereitung von automatischen Analysen, teils der Nachverarbeitung von gemessenen und abgespeicherten Daten. Die qualitative Analyse wird durch die Wellenlängenliste WAVELNGT.LST unterstützt. Dieses File entspricht der Element-Linien-Liste ELEMENT.LST, hat jedoch deren Elemtlinien nach steigenden Wellenlängen geordnet, während in der ELEMENT.LST 72 Elemente alphabetisch mit bis zu 10 Linien pro Element gespeichert sind. Änderungen in der Elementliste erfolgen mit Hilfe des Element-Linien-Editors ELE. Anschließend ist das veränderte Elementlinienfile mit dem Wellenlängensortierer WSO neu zu ordnen und abzuspeichern. Der Line-Set-Editor LSE greift auf die Elementliste und auf die Line-Sets zu. Will man automatisch eine Reihe von Elementen hintereinander in einer Probe bestimmen, so stellt man sie mit dem LSE als ein LINESET zusammen, d.h. man wählt das gewünschte Element mit der gewünschten Wellenlänge von der

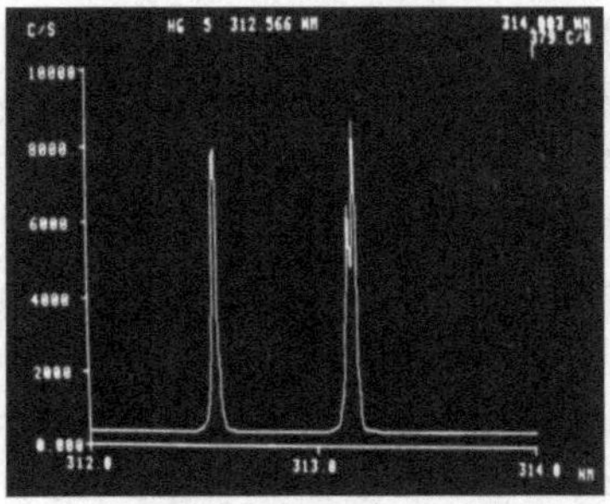

Abb.5 Spektrum

Elementliste und speichert das gesamte Meßgrogramm als LINESET ab. Auf einer Diskette können max. 10 verschiedene LINESETS mit bis zu 40 Linien pro LINESET gespeichert werden. Ein kleines Textditorprogramm, der Protocol-Manager PRM dient zum Festhalten von Parametern, Probennummern, Daten usw. auf sogenanten Protocolfiles. 10 solcher Files können dann während der Analyse mit dem ICP Programm abgerufen und auch ausgedruckt werden. Das ICP Programm vergleicht bei der qualitativen Analyse, d.h. währen eines Scans wie bei Abb. 5, die angesteuerten, unbekannten Peakwellenlängen mit der WAVELNGT.LST und gibt dann bekannt, was das wahrscheinlichste Element ist, zu dem diese Wellenlänge passen könnte. Außerdem gibt es

```
EL NR REC LAMBDA NM    WL-PEAK     WL-BG L     WL-BG H  INT.TIME PK-INTEN.
 BG-INTEN.     STEPS   PK-STD      BG-STD   CO MYG/ML  VO   PR  COMMENTS
            NET INT.  PK-STD %   SIG/NOISE  DET. LIM.

AL  1  2      396.152    396.150     395.650     396.650       10.0       696.2
    364.2           3      1.469        .248       0.000   3    0  O.K.
                332.0         .4      1338.6        .021

BGCORR        0.0  RECALIBRATION  1.000

BLANK SOL 364.2  STD.DEVIATION    .248

CAL. CON.       .500      1.000      2.000      5.000    10.000
INTENSITY      381.8      399.3      434.5      523.7     696.2
```

Abb.6 Gesamtinformation für eine Atomlinie nach Kalibrierung mit 5 Standardlösungen am Beispiel von Aluminium

EL	Elementsymbol
NR	Linien-Nummer in der Elemtnliste
REC	Laufende Nummer im Linien Set
LAMBD NM	Literatur Wellenlänge
WL-PEAK	Instrument Wellenlänge
WL-BG L	Kurzwellige Untergrund Wellenlänge
BL-BG H	Langwellige Untergrund Wellenlänge
INT.TIME	Integrationszeit in Sekunden
PK-INTEN.	Peakintensität in counts/s (c/s)
BG-INTEN.	Untergrundintensität (c/s)
STEPS	Zahl der Integrationsschritte zur Berechnung der Standardabweichung
PK-STD	Standardabweichung der Peakintensität (c/s)
BG-STD	Standardabweichung der Untergrundintensität
CO MYG/ML	Berechnete Konzentration in µg/ml bzw. ppm
VO	Hochspannungscode (1...6)
PR	Protokoll Nummer
COMMENTS	Kommentar zur Linie
NET.INT.	Peak-minus Untergrundintensität (c/s)
PK-STD %	Peak Standardabweichung in Prozent vom Nettosig.
DET.LIM.	Signal-Rauschverhältnis
BGCORR	Untergrundkorrektur nach Rekalibrierung (c/s)
RECALIBRATION	Korrekturfaktor der Eichkurve nach Rekalibr.
BLANK SOL.	"Peak"-Intensität der Nullprobe (c/s)
STD.DEVIATION	Standardabweichung der Nullprobe (c/s)
CAL.CON. INTENSITY	bis zu 5 Paare der Standardkonzentrationen und ihrer Peakintensitäten

Tab.1 Erklärung der Abkürzungen in Abb. 6

eventuelle unmittelbare Nachbarlinien an. Bei der quantitativen Analyse macht man zweckmäßigerweise von einem vorher zusammengestellten LINESET gebrauch. Natürlich ist jede Linie zunächst mit Nullprobe und max. 5 Standardkonzentrationen zu eichen. Das erfolgt ebenfalls im ICP Programm und die Gesamtinformation für eine einzelne Atomlinie sieht danach wie in Abb. 6

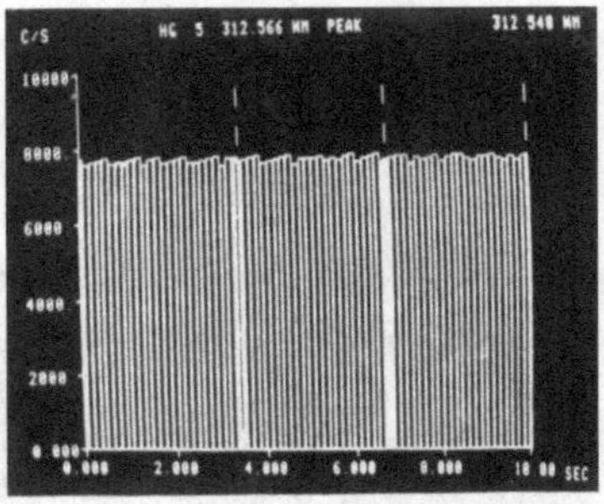

Abb.7 Zeitliche Integration auf Peak

aus. Was die einzelnen Zahlen bzw. Abkürzungen bedeuten, läßt sich der Tab. 1 entnehmen. Solche Linieninformationen können für max. 400 Linien auf einer Datendiskette stehen. Die quantitative Messung erfolgt durch zeitliche Integration des Signals an der Peakwellenlänge des jeweiligen Elements, was wie in Abb. 7 auf dem Bildschirm dargestellt wird. Die auf

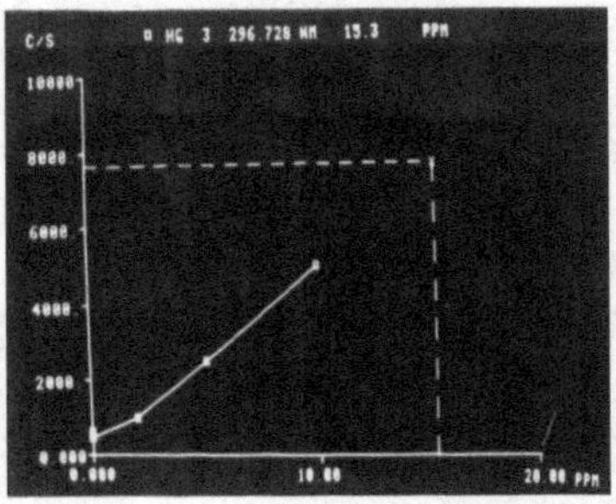

Abb.8 Eichkurve

eine Sekunde nomierte Zählrate wird dann auf der Eichkurve der Elementlinie wie in Abb. 8 eingetragen und die so ermittelte Konzentration in ppm angegeben. Nach jedem automatischen Meßvorgang werden parallel zu den jeweils verwendeten LINESETS sogenannte Resultfiles angelegt, welche die jeweils letzten Ergebnisse enthalten. Spektren, wie etwa in Abb. 6,lassen sich auf Floppy Disk abspeichern und zu jeder späteren Zeit mit dem Spektra-Handler SPH wieder auf dem Bildschirm oder auf einem

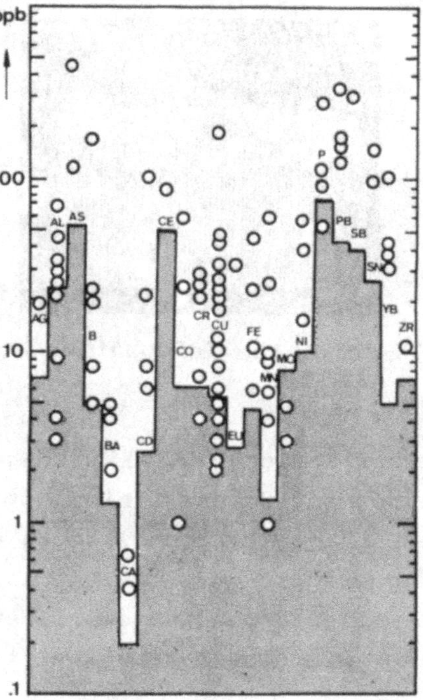

Abb.9 "Alltags"-Nachweisgrenzen des ICP ASS 80

Printer/Plotter darstellen. Das Datenfile HELP.ICP enthält eine kurze Bedienungsanleitung für das ICP Programm.

Ergebnisse

Bei jeder Eichung von Elementlinien werden automatisch die Nachweisgrenzen errechnet, d.h. diejenigen Konzentrationen, die der 3-fachen Standardabweichung des Nullprobensignals oder Untergrundsignals entsprechen. Seit Beginn der ICP-Atomemissionsanalyse vor etwa 10 Jahren wurden von vielen Laboratorien die ICP-Nachweisgrenzen für viele Elemente veröffentlicht. Dabei muß man berücksichtigen, daß eine Unmenge von Parameterndiese Werte beeinflussen. Beim Vergleich der Literaturwerte einerseits und der Werte von kommerziellen Systemen andererseits ist daher nur mit Vorsicht zu genießen. Außerdem sind Literaturwerte ganz sicher erst nach zeitaufwendiger Optimierung aller Parameter für jede einzelne Elementlinie ermittelt worden. Für das hier beschriebene ICP-ASS 80 System wurden die sogenannten "Alltags"-Nachweisgrenzen aller 6 bisher im Betrieb befindlichen Geräte gesammelt. "Alltag" bedeutet mehr oder weniger nur für ein Element optimiert und im Gegensatz zu nahezu allen Literaturtabellen rel. starke Salzgehalte (bis 2 %) und verschiede Aufschluß- und Vorbereitungsmethoden von Standards und Proben. In der Abb. 9 sind die Alltags-Nachweisgrenzen als Meßpunkte für 22 Elemente eingetragen. Die Punkte konnten auch nicht immer mit den sogenannten besten ICP-Linien gemessen werden, da oft wegen Matrix Interferenzen zu schwächeren Linien auszuweichen war. Erstens ist festzustellen, daß die Nachweisgrenzen durchaus über fast 2 Größenordnungen streuen können. Zweitens zeigt der Vergleich mit den besten Werten von Winge, Peterson und Fassel/1/, daß diese zumindest bei den 22 geprüften Elementen der Alltags-Routine im Laborbetrieb ziemlich nahe kommen, manchmal sogar unterboten werden.

Literaturhinweise

/1/ R.K. Winge, V.J. Peterson, V.A. Fassel
Appl. Sepctroscopy 33, 206 (1979)

EINSATZ DER OPTISCHEN EMISSIONSSPEKTRALANALYSE UNTER VERWENDUNG EINES INDUKTIV GEKOPPELTEN PLASMAS FUER ROUTINEANALYSEN IN DER STAHLINDUSTRIE

A. Wagner, J. Petin, J. Majerus
ARBED Zentrallabor Esch-Belval
in Esch/Alzette, Luxemburg

Einleitung

Die angespannte Wirtschaftslage in der Eisen- und Stahlindustrie hat in den letzten Jahren in allen Bereichen zu Restrukturierungs- und Rationalisierungsmassnahmen geführt. Eine der Massnahmen in den luxemburgischen Werken des ARBED-Konzerns war die Zentralisierung der Laborbetriebe die unter anderm dazu führte, dass sämtliche nasschemischen Arbeiten von 5 Werken an einer Stelle zentral durchgeführt werden. Diese Massnahme schaffte die Voraussetzung für den wirtschaftlich sinnvollen Einsatz von grösseren Analysenautomaten.

Ein Mehrkanal optisches Emissionsspektrometer mit einem induktiv gekoppelten Plasma als Anregung ist im Prinzip ein Gerät mit einem grossen Rationalisierungseffekt da es die simultane Analyse der meisten Elemente möglich macht. Nachdem wir seit 1975 die Entwicklung verfolgt hatten und auch Versuchsanalysen bei einzelnen Herstellern durchgeführt hatten, stellten wir uns 1978 die Frage ob die Geräte schon soweit entwickelt waren, dass man sie in der Industrie im Routinebetrieb einsetzen konnte.

Eine grössere Versuchsreihe mit Probenlösungen von Stahl und oxydischen Stoffen mit Geräten von verschiedenen Herstellern führte zu folgenden Ergebnissen

- Analysengeräte sehr unterschiedlicher Konzeption (Generator mit konstanter Frequenz; Generator mit freilaufender Frequenz, Argon-Argon Plasma oder Argon-Stickstoff Plasma) lieferten vergleichbare Ergebnisse.

13. Spektrometertagung

- Trotz des sehr unterschiedlichen Leistungsvermögens von 2-5 KW der verwendeten Generatoren lagen die gewählten Versuchsbedingungen immer so, dass mit Generatorleistungen zwischen 1200 und 1600 Watt gearbeitet wurde.

Auf Grund der Ergebnisse kamen wir zur Ueberzeugung, dass die Entwicklung der Geräte soweit fortgeschritten war, dass ein Einsatz in einem Industrielabor Erfolg versprechend war. Unsere Wahl fiel auf das Gerät das uns zum damaligen Zeitpunkt als System am ausgereiftesten schien. Folgende Vorteile waren ausschlaggebend:

- ein hoher dynamischer Messbereich
- ein auf das ICP abgestimmtes Rechnerprogramm
- einen hohen Automatisierungsgrad durch einen serienmässig vorhandenen automatischen Probenteller mit entsprechendem Rechnerprogramm.
- Verfügbarkeit eines Vakuumgerätes mit von Argon durchspülter Verbindung zwischen Spektrometer und Plasma wodurch der Messbereich bis auf 175 nm erweitert wird und die für uns wichtigen Elemente P, S und As erfasst werden.

Desweiteren war der Hersteller in der Lage einen im gleichen Gehäuse integrierten Monochromator an das Plasma zu koppeln was uns erlaubte die Anzahl der Elemente im Mehrkanalspektrometer auf 27 zu beschränken und seltener gefragte Element mit dem Monochromator zu messen.

2. Beschreibung des Analysensystems

Bei dem Gerät handelt es sich um ein ARL 34 000 B/C Spektrometer mit integriertem Monochromator.

Für eine detaillierte Beschreibung des Gerätes verweisen wir auf die Unterlagen des Herstellers. Wir beschränken uns auf die Angaben die unter Umständen spezifisch für das von uns verwendete Gerät sind.

- Der Monochromator kann sowohl dem Mehrkanalgerät als zusätzlicher Kanal zugeschaltet werden als auch separat mit einem Schreiber als Ausgabegerät arbeiten.

Die installierten Analysenlinien zeigt Bild 1.

- Das Spektrometer hat eine Brennweite von 1 m und das installierte Gitter von 144o Linien pro mm einen Messbereich von 17o bis 6oo nm wobei die Linien unter 26o nm in der zweiten Ordnung gemessen werden.

- Der Monochromator hat eine Brennweite von 1 m und ist mit einem Gitter von 12oo Linien pro mm ausgestattet, wobei ein Messbereich von 2oo bis 88o nm erfasst wird.

- Der verwendete Zerstäuber ist ein pneumatischer konzentrischer Zerstäuber nach Meinhard. Die Probenlösung wird dem Zerstäuber mit Hilfe einer peristaltischen Pumpe zugeführt, die einen Durchsatz von 1 ml pro Minute hat. Der Brenner wird, vom Rechner gesteuert, in vier Schritten von 14 bis 26 mm über der Spule in der Höhe verstellt.

3. Einsatz des Gerätes

Der Einsatzplan des Gerätes war von wirtschaftlichen Ueberlegungen geprägt. Das I C P Spektrometer sollte möglichst schnell einen Teil der Analysen die nasschemisch nach klassischen Methoden sowie unter Einsatz der Atomabsorption oder von Durchflussanalysatoren durchgeführt wurden, übernehmen.

Um eine schnelle Rentabilisierung des Gerätes zu gewährleisten, haben wir uns von folgenden Ueberlegungen leiten lassen:

- Die Aufgaben wo der Gewinn an Zeit und Personal am grössten war, wurden zuerst vom Gerät übernommen.
- Strikte Anwendung der vom Hersteller angegebenen Messparameter. Der Gerätehersteller hat viel Arbeit in diese Probleme investiert und gibt präzise Anweisungen hinsichtlich Einstellung des Generators, Durchflussmenge der verschiedenen Gase, Beobachtungshöhe des Plasmas usw., so dass zumindestens in einer ersten Etappe von weiteren Optimierungsversuchen abgesehen werden konnte.

Da zum Zeitpunkt der Auslieferung des Gerätes ein Labor mit einer Belegschaft von 5 Mann die nasschemisch Analysen von unlegiertem Stahl, hauptsächlich Draht durchführten, geschlossen wurde, war die Analyse von diesen Proben die erste Aufgabe die zu lösen war. Die Installation des Gerätes erfolgte in 3 Wochen von Mitte Februar bis Anfang März 1979. 5 Wochen später, Mitte April war die Analysenmethode von Stahl soweit erprobt und das Personal eingeführt, so dass die Stahlproben sämtlicher Werke (8o-15o pro Tag), die nicht direkt auf festem Material analysiert werden können seit diesem Zeitpunkt mit Hilfe des Plasmaspektrometers untersucht werden und das unter Einsatz von zwei Mitarbeitern.

Es war unausbleiblich, dass durch diesen schnellen Routineeinsatz des Gerätes die Uebernahme weiterer Aufgaben wesentlich verlangsamt wurde.

Folgende Aufgaben wurden durchgeführt:

- Eine Studie über die Analyse von legierten Stählen
- Analyse von Proben auf Kupferbasis
- Analyse von Proben von Zinkbädern zur Ueberwachung der Galvanisierungsanlagen
- Analyse von Proben auf Aluminiumbasis hauptsächlich Granalien zur Desoxydation von Stahl
- Wasseranalysen.

Wie aus dieser Aufzählung zu ersehen ist, handelt es sich hier um säurelösliche oder gelöste Matrixen.

Ferrolegierungen und oxydische Stoffe werden in unserem Hause in den meisten Fällen nach einem Borataufschluss über Röntgenfluoreszensspektrometrie analysiert. Hier bringt die I C P keinen wirtschaftlichen Vorteil abgesehen von Sonderfällen wie Zink und Bleibestimmung in Hüttenstäuben, Uebersichtsanalysen von Proben unbekannter Zusammensetzung, Spurenbestimmungen oder auch Bestimmung von Elementen wie Li-Be-B-Na die wir auf unseren Röntgengeräten nicht erfassen. Diese Aufgaben bleiben noch zu lösen.

Wir haben einige Untersuchungen an oxydischen Stoffen und Ferro-Mangan durchgeführt die zeigen, dass auch hier in vielen Fällen die I C P - Spektrometrie mit Erfolg eingesetzt werden kann.

Versuchsergebnisse

Unlegierte Stähle

Wir verstehen unter unlegierten Stählen solche Stähle die mit einem Gemisch von Salpeter- und Salzsäure in Lösung gebracht werden können.

Ueber die Probenvorbereitung dieser Stähle haben wir getrennt berichtet. Die Messfrequenz ist voll automatisiert mit Hilfe eines Probentellers der 24 Messbecher aufnehmen kann.

Auf den beiden ersten Positionen des Probentellers befinden sich zwei Kalibrierlösungen "Tief" und "Hoch" zum Einkalibrieren des Spektrometers. Auf den Positionen 3 und 24 werden zwei Stähle mit bekannten Gehalten an Legierungselementen zur Kontrolle analysiert.

Folgende Elemente werden bestimmt: Si, Mn, P, Cr, Cu, Ni, Al, As, V, Mo und Co.

Messparameter

Vorspülzeit : 45 Sekunden

Integrationszeit : je 5 Sekunden auf drei verschiedenen Beobachtungshöhen

Mn, P, S 14 mm über dem Brenner

Cr, Si, V, Mo 18 mm über dem Brenner

Cu, Ni, Al, Co 26 mm über dem Brenner

Stundendurchsatz : 4o Proben, Kalibrierung inbegriffen

Da das Argongas befeuchtet wird, gibt es praktisch keine Probleme durch Blockieren des Zerstäubers oder Anbackungen am Brenner.

Bild 2 zeigt :

- Die verwendeten Spektrallinien
- Die Nachweisgrenze
- Den Untergrundequivalenten (BEC)

BESTUCKUNG DES A. R. L. 34000 SPEKTROMETER
MIT ICP ANREGUNG VON ARBED-ESCH-BELVAL

ELEMENT	SPEKTRALLINIE	ELEMENT	SPEKTRALLINIE	ELEMENT	SPEKTRALLINIE
CR	2677.2	NI	3414.7	CA	4226.7
MO	2816.1	CO	3453.5	ZN	2138.5X2
MG	2852.1	P	1782.7X2	SB	2175.8X2
SI	2881.6	S	1807.3X2	PB	2203.5X2
FE	2973.2	MG	3838.2	BI	2230.6X2
SN	3034.1	C	1930.9X2	CD	2265.0X2
V	3110.7	AS	1972.6X2	B	2496.8X2
CA	3158.9	AL	3961.5	MN	2576.1X2
CU	3274.0	W	4006.7	NA	5890.0
TI	3349.4	NB	4058.9		

BILD 1

ARBED-ESCH-BELVAL
LABORATOIRE CENTRAL

ANALYSE VON UNLEGIERTEM STAHL
(10 G/L)

ELEMENT	SPEKTRALLINIE	NACHWEISGRENZE % STAHL BEI 10G/L	KONZENTRATION GLEICH UNTERGRUND % STAHL
SI	2881.6	0.0012	0.051
MN	2576.1X2	0.000064	0.03
P	1782.7X2	0.0013	0.09
CR	2677.2	0.00019	0.01
CU	3274.0	0.00004	0.004
NI	3414.7	0.0001	0.02
AL	3961.5	0.00013	0.014
AS	1972.6X2	0.0015	0.104
V	3110.7	0.00015	0.018
MO	2816.1	0.00016	0.02
CO	3453.5	0.0002	0.028
TI	3349.4	0.000011	0.002

BILD 2

Bild 3 zeigt die gefundenen Werte für eine Reihe internationaler Standardproben.

Legierte Stähle

Als Entscheidungshilfe für den Kauf eines Spektrometers mit I C P Anregung haben wir eine Reihe Messungen an Proben von legierten Stählen für ein deutsches Werk des ARBED-Konzerns durchgeführt.

Die Proben waren in Königswasser gelöst und der Rückstand nach Behandlung mit Perchlorsäure mit einem Gemisch von Natriumcarbonat und Natriumtetraborat aufgeschlossen und zur Lösung gegeben. Wegen des hohen Salzgehaltes musste auf 1 g/l bezogen auf die Probe verdünnt werden.

Bild 4 zeigt die gefundenen Werte.

Wolfram und niobhaltige Stähle können mit diesem Verfahren nicht in Lösung gebracht werden. Ein Versuch mit Flusssäure enthaltenden Probenlösungen endigte mit der erwarteten Zerstörung des Zerstäubers, zeigte aber dass Wolfram und Niob mit gutem Erfolg gemessen werden können.

Kupferlegierung

Kupferlegierungen die in einem Gemisch von Salpeter- und Salzsäure löslich sind werden nach der gleichen Arbeitsweise wie die unlegierten Stähle analysiert.

Bild 5 zeigt die gefundenen Werte für eine Probenreihe.

Zinkproben

Wir bestimmen die Verunreinigungen in den Zinkbädern unserer Galvanisierungsbetriebe.

ANALYSE VON UNLEGIERTEN STAHLEN

PROBEN-NR.	SI		MN		P		AL	
	CHEMIE	ICP	CHEMIE	ICP	CHEMIE	ICP	CHEMIE	ICP
BCS 432	.Ø42	.Ø49	1.1Ø	1.11	.Ø16	.Ø19	.Ø12	.Ø15
BCS 433	.2Ø	.2Ø	.6Ø	.6Ø	.Ø7Ø	.Ø7Ø	.Ø1Ø	.Ø13
BCS 434	.51	.51	1.54	1.54	.Ø56	.Ø59	.Ø24	.Ø22
BCS 435			.37	.38	.Ø25	.Ø25	.ØØ4	.Ø61
1	.27	.27	.8Ø	.8Ø	.Ø16	.Ø16	.Ø3Ø	.Ø31
2	.Ø1	.Ø15	1.16	1.18	.Ø37	.Ø36	.ØØ3	.ØØ4
3	.14	.15	1.18	1.19	.Ø21	.Ø21	.ØØ6	.ØØ9
4	.Ø17	.Ø22	1.44	1.45	.Ø29	.Ø28	.Ø66	.Ø67
5	.24	.24	.68	.68	.Ø17	.Ø17	.Ø19	.Ø19
6	.Ø16	.Ø19	1.Ø1	1.ØØ	.Ø37	.Ø36	.Ø68	.Ø63
7	.ØØ3	.ØØ8	.72	.71	.Ø74	.Ø69		
8	.Ø23	.Ø3Ø	1.Ø3	1.Ø3	.Ø59	.Ø58	.ØØ2	.ØØ4
9	.158	.16Ø	1.Ø7	1.Ø7	.Ø42	.Ø41	.Ø1Ø	.Ø13
1Ø	.26	.26	.81	.81	.122	.121	.Ø26	.Ø26
11	.Ø1	.Ø14	1.27	1.27	.Ø35	.Ø34	.ØØ2	.ØØ5
12	.16	.16	.69	.7Ø	.Ø27	.Ø28	.Ø12	.Ø13
13		.15	1.19	1.18	.Ø43	.Ø44	.ØØ6	.ØØ9
14	.Ø18	.Ø24	1.42	1.4Ø			.Ø57	.Ø55
15	.18	.18	.81	.81			.1Ø3	.Ø95
BCS 4Ø7	.69	.68	.13	.12	.Ø33	.Ø32	.Ø59	.Ø59

BILD 3

ANALYSE VON LEGIERTEN STAHLEN

PROBEN-NR	MN		CR		NI		MO		V		W		CO		CU		SI		TI	
	CH.	ICP	CH.	ICP	CH.	ICP	CH.	ICP	CH.	ICP	CH.	ICP	CH.	ICP	CH.	ICP	CH.	ICP	CH.	ICP
278	.354	.357	5.24	5.29	.19	.19	1.21	1.17	1.Ø3	1.Ø3					.Ø78	.Ø67	.Ø3	.Ø2		
288	.Ø53	.Ø72	.39	.39	.Ø78	.Ø73	.19	.21							.Ø68	.Ø63	1.15	1.12		
B 4Ø5	.27Ø	.264	1.36	1.32	3.77	3.77	.Ø7	.Ø7	.125	.119					.Ø44	.Ø48	.3ØØ	.2Ø3		
A Ø5-Ø8	1.32Ø	1.325	18.2	18.23	1Ø.58	1Ø.47	.ØØ4	.ØØ8	.Ø27	.Ø27			.Ø79	.ØØ2	.Ø28	.Ø28	.3Ø	.38	.1Ø	.17
A Ø9-12	1.24	1.21	19.2	19.2Ø	1Ø.8Ø	1Ø.86	2.64	2.66	.Ø28	.Ø19			.Ø98	.Ø93	.Ø48	.Ø48	.69	.74		
X Ø2-Ø6	.42	.43	16.3	16.34	2.92	3.Ø1	.Ø1Ø	.Ø21					.Ø53	.Ø52	.Ø8	.Ø8	.41	.43		
T 52-68	.Ø4	.Ø3	.Ø4	.Ø8	17.75	17.Ø6	3.Ø7	3.Ø5					11.Ø4	12.ØØ			.Ø4Ø	.Ø17	1.33	1.33
BCS 233	.235	.236			11.22	11.27							23.72	23.Ø4	5.ØØØ	5.Ø8Ø	.34	.29	.7Ø	.7Ø
IRSID 1Ø9	.656	.655	1.44	1.47	.28	.28	.79	.8Ø	.33	.33					.Ø38	.Ø35	.34	.33		
IRSID 111	.37	.37	5.29	5.18	.18	.19	1.47	1.47	.54	.54					.Ø83	.Ø82	.44	.41		
IRSID 2Ø2-1	1.Ø7Ø	1.Ø87	15.98	15.94	9.84	9.54	2.31	2.32	.Ø42	.Ø54					.1Ø3	.158	.27Ø	.33	.539	.551
IRSID 2Ø7	.588	.581	.Ø16	.Ø92	1.744	1.731	.413	.4Ø7							.148	.148	.1Ø9	.191		
611-Ø8	.36	.31	4.Ø9	4.16	.16Ø	.167	.748	.732	1.56	1.57	17.1Ø	17.12	4.Ø4	4.Ø4						
613-32	.29	.29	4.2Ø	4.18	.14	.12	4.Ø3	4.Ø7	1.75	1.74	8.28	8.21	.24	.21	.Ø71	.Ø69				
T Ø83Ø	.38	.36	18.45	18.49	53.Ø	52.8	3.28	3.14			.Ø6	.Ø9	.Ø44	.ØØ4					.73	.77

BILD 4

ANALYSE VON KUPFERLEGIERUNGEN

PROBEN-NR.	ZN		SN		PB		NI		FE		AL		MN		SB		AS		P		SI	
	A.A.	ICP	A.A.	ICP	A.A.	ICP	A.A.	ICP	A.A.	ICP	A.A.	ICP	A.A.	ICP	A.A.	ICP	A.A.	ICP	A.A.	ICP	A.A.	ICP
305			.27	.27	2.24	2.26	.13	.09	.15	.16	.005											
173/2			.70	.715	.35	.40	.56	.54	1.02	1.02	2.22	2.24	.86	.87							.044	.044
300			.34	.35	1.04	1.07	.033		.03	.020	.03	.01	1.30	1.30							.023	.023
102/2									.80	.85			.75	.75								
183/3	3.25	3.22	6.69	6.62	3.40	3.31	1.52	1.50	.020	.039					.25	.25	.15	.140	.031	.0295		
207/2	1.63	1.64	9.74	9.55	.70	.67	.29	.24	.029	.037	.014	.025			.10	.10	.060	.050	.010	.0105	.016	.010
384	.13	.104	9.35	9.43	9.25	9.27	.28	.25							.18	.174	.07	.08	.058	.057		
574			9.80	9.95	.264	.06	.014								.01	.01			.50	.50		
304	.60	.643					4.75	4.91	4.71	4.71	8.02		.51	.51							.19	.19
148	1.37	1.37	7.7	7.68	2.43	2.31	.29	.27	.11	.09					.14	.14						
153	1.23	1.16	7.6	7.28	2.40	2.26	.30	.26	.08	.07					.14	.13						
158	.93	.88	9.4	9.46	3.31	3.18	.40	.37	.08	.07					.14	.14						
184	.93	.91	9.0	8.88	3.64	3.53	.29	.26	.07	.05					.30	.28						
169	.28	.25	7.1	8.95	3.13	3.08	.24	.21	.02	.09					.21	.18						
173	3.56	3.40	6.4	6.10	2.03	1.89	.56	.54	.60	.52					.10	.11						
163	.35	.30	9.8	8.03	8.33	6.37	.36	.34	.30	.07					.10	.47						

BILD 5

BESTIMMUNG VON VERUNREINIGUNGEN IN ZINKBADERN

1 G/100 ML

ELEMENT	KONZENTRATIONS BEREICH P.P.M.	VARIATIONS-KOEFFIZIENT TIEF	VARIATIONS-KOEFFIZIENT HOCH	KONZENTRATION GLEICH UNTERGRUND P.P.M.	NACHWEIS-GRENZE P.P.M.
BI	0-10	0.74	0.67	3.60	0.04
CD	0-10	0.98	0.60	0.18	0.002
AS	0-25	0.52	0.79	2.57	0.04
SB	0-25	0.49	0.03	2.67	0.03
SN	0-25	0.81	0.22	33.24	0.37
FE	0-100	0.81	0.69	46.57	0.54
AL	0-100	0.74	1.10	3.95	0.04
CU	0-100	0.86	1.11	1.62	0.02
PB	0-100	0.34	0.58	8.22	0.02

BILD 6

Bild 6 zeigt die einzelnen Elemente, den erfassten Konzentrationsbereich, den Variationskoeffizienten errechnet aus 21 Messungen der unteren und oberen Eichprobe, die Konzentrationuntergrundequivalente und die Nachweisgrenze (2 σ) in ppm. Die gefundenen Nachweisgrenzen entsprechen in etwa den vom Hersteller angegebenen Werten mit Ausnahme von Bi, wo wir mit 4o p.p.b. besser liegen und Eisen wo wir bedingt durch die auf dem Gerät installierte Eisenlinie bei 28o ppb liegen statt unter lo ppb.

Aluminiumproben

Untersucht wird das im Stahlwerk zur Desoxydation eingesetzte Aluminium. Bild 7 zeigt für die einzelnen Elemente die Variationskoeffizienten der beiden Eichproben, die untergrundequivalente Konzentration und die Nachweisgrenze.

Wasserproben

Untersucht werden Proben der Kühlkreisläufe sowie der Dampkessel. Bild 8 zeigt für die einzelnen Elemente den erfassten Konzentrationsbereich, den Variationskoeffizienten der Eichproben hoch und tief, die untergrundequivalente Konzentration sowie die Nachweisgrenzen.

Da bei der Analyse der Wasserproben aus unseren Kühlkreisläufen der Zerstäuber sich nach und nach zusetzte, versetzen wir die Proben im Verhältnis 1:8 mit verdünnter Salzsäure so dass der HCl Gehalt der Lösung 5 % beträgt.

Oxydische Proben

Wie eingangs erwähnt haben wir einige Orientierungsversuche durchgeführt. o,25 g Probe wurden mit 4 g $Li_2B_4O_7$ aufgeschlossen und mit loo ml HNO_3 1+9 unter Erwärmen in Lösung gebracht. Die Lösung wurde auf 2oo ml mit desionisiertem Wasser aufgefüllt.

BESTIMMUNG VON NEBENELEMENTEN IN ALUMINIUMGRANALIEN
FUR DIE DESOXYDATION VON STAHL

ELEMENT	KONZENTRATIONS BEREICH P.P.M.	VARIATIONS-KOEFFIZIENT TIEF	VARIATIONS-KOEFFIZIENT HOCH	KONZENTRATION GLEICH UNTERGRUND P.P.M.	NACHWEIS-GRENZE P.P.M.
SN	0-5	0.39	0.45	29.32	0.42
TI	0-5	0.51	0.75	0.16	0.0022
PB	0-5	0.64	0.36	2.87	0.04
MN	0-10	1.70	0.64	0.07	0.0020
NI	0-20	0.44	0.77	7.16	0.10
FE	0-20	0.42	0.12	44.39	0.66
CU	0-50	0.40	1.23	1.59	0.02
ZN	0-50	0.82	0.82	0.15	0.0010
MG	0-100	0.54	1.15	0.30	0.0037
SI	0-150	0.31	0.84	3.47	0.05

BILD 7

ANALYSE VON KUHL-UND KESSELWASSER

ELEMENT	KONZENTRATIONS BEREICH P.P.M.	VARIATIONS-KOEFFIZIENT TIEF	VARIATIONS-KOEFFIZIENT HOCH	KONZENTRATION GLEICH UNTERGRUND P.P.M.	NACHWEIS-GRENZE P.P.M.
CA	0-400	0.26	0.41	6.23	0.037
MG	0-20	0.72	0.70	0.24	0.002
NA	0-1500	0.79	1.53	4.25	0.030
K	0-1500	0.38	1.12	9.52	0.049
SI	0-60	0.58	0.47	3.31	0.020
ZN	0-150	0.36	0.63	0.04	0.002
PB	0-60	0.91	0.64	2.44	0.033
CD	0-5	0.92	0.79	0.16	0.002
FE	0-300	0.62	0.38	42.39	0.28
CU	0-20	0.61	0.47	1.41	0.009
NI	0-40	0.62	0.29	6.94	0.048
S	0-400	0.87	0.79	0.74	0.009
P	0-150	1.61	1.52	0.86	0.011

BILD 8

ANALYSE VON OXYDISCHEN STOFFEN

	FE		P		MG		AL		CA		MN		TI		NA		K		SI	
	CH.	ICP	CH.	ICP	CH.	ICP	CH.	ICP	CH.	ICP	CH.	ICP	CH.	ICP	CH.	ICP	CH.	ICP	CH.	ICP
282 BCS	11.6	11.27	.54	.50	6.43		3.98	3.97	23.59	22.21	7.13	7.04	.38	.272					9.11	8.75
314 BCS	0.37	.37			.03	.031	.41	.41	1.29	1.38	.01	.01	.14	.133	.04	.041	.07	.08	44.96	44.10
267 BCS	0.55	.56			.04	.032	.45	.46	1.25	1.28	.12	.125	.10	.11	.04	.035	.11	.10	44.82	
269 BCS	2.32	2.35			.56	.58	17.94	17.94	.16	.20			.08	.08	.27	.30	2.10	2.10	26.58	26.61
309 BCS	1.06	1.00			.10	.09	32.34	32.23	.24	.19			1.15	1.13	.25	.209	.38	.38	15.94	15.89
313 BCS	0.017	.017			.01	.01	.08	.08	.01	.01	.005	.003	.013	.015	.01	.026	.03	.025	46.55	46.35
315 BCS	2.11	2.03			.34	.35	22.44	22.55	.31	.38	.01	.01	.74	.710	.10	.09	.43	.44	23.93	23.77
310 BCS	3.24	3.23			54.64		.53	.57	1.63	1.63			.02	.019	.03	.03	.016	.010	.72	.71
369 BCS	7.26	7.29			32.26		7.78	7.99	.84	.85	.005	.11	.00	.001	.04	.03	.02	.02	1.21	1.22
368 BCS	2.16	.16			12.60		.09	.09	22.01	22.17	.08	.05	.01	.01					.43	.43
367 BCS					4.28	2.67	10.59	10.44	23.16	23.22	.90	.97	.45	.453	.33	.32	.07	.07	16.03	15.88
375 BCS	0.68	.68			.03	.031	10.48	10.81	.64	.63			.23	.227	7.72	7.68	.65	.61	31.36	31.96
376 BCS	0.07	.07			.010	.010	9.37	9.38	.39	.39			.01	.01	2.1	2.11	9.30	9.29	31.36	
LD1-1 IRSID	0.60	.57			5.76		8.55	8.16	25.40	24.63	.982	.96	.371	.358					15.73	15.31
LD2-1 IRSID	0.58	.59	.109	.105	2.07	2.07	8.53	8.53	30.62	31.03	.48	.48	.366	.367					15.16	15.33
LD3-1 IRSID	0.61	.61	.118	.114	2.44	2.45	6.98	6.97	30.93	30.96	.552	.55	.301	.302					17.01	17.03
SD1-1 IRSID	11.52	11.45	7.73	7.56	.88	.89			36.88		1.48	1.43	.152	.175					2.59	2.57
SD2-1 IRSID	14.07	14.01	7.07	7.18	1.12	1.13	.326	.313	34.96	35.29	1.59	1.60	.205	.209					3.10	3.10
SD3-1 IRSID	17.85	17.63	962	.982	1.82	1.32	.477	.473	32.97	32.94	4.60	4.60	.302	.30					5.48	5.49
331 BCS	13.3	13.53	6.65	6.76	.62	.57	.35	.37	35.82	34.99	2.45	2.45	.21	.21					4.10	

BILD 9

Bild 9 zeigt die gefundenen Werte für eine Reihe von internationalen Referenzproben von Schlacken und feuerfesten Materialien.

Schlussfolgerungen

Unsere Erfahrungen haben gezeigt, dass die simultane Analyse von Lösungen mittels optischer Emissionsspektrometrie mit I C P Anregung für Routineanalysen in einem Laboratorium der Stahlindustrie mit Erfolg für viele Aufgaben eingesetzt werden kann. Die Stabilität des Plasmas ist hierbei ausschlaggebend für ein zufriedenstellendes Arbeiten. Es muss dafür Sorge getragen werden, dass alle diesbezüglichen Parameter konstant gehalten werden. Insbesondere ist darauf zu achten, dass der Salzgehalt der Lösungen unter 1 % liegt um Anbackungen am Zerstäuber zu vermeiden.

Um den Rationalisierungseffekt eines solchen Gerätes voll auszunutzen, muss einerseits bei der Probenvorbereitung und andererseits bei der Datenauswertung und Sicherung ein ähnlich hoher Grad an Automatisierung erreicht werden. Das Anwendungsgebiet der Geräte könnte durch Zerstäubersysteme die das Arbeiten mit Lösungen mit hohem Salzgehalt sowie durch flusssäureresistente Zerstäubersysteme und Brenner wesentlich erweitert werden.

DIE OPTIMIERUNG EINES INDUKTIV GEKOPPELTEN HOCHFREQUENZ-PLASMAS FÜR DIE ANALYSE VON ORGANISCHEN LÖSUNGEN

J.A.C. Broekaert, F. Leis und K. Laqua
Institut für Spektrochemie und angewandte Spektroskopie, Postfach 778, D-4600 Dortmund 1, Bundesrepublik Deutschland

Einleitung

Das induktiv gekoppelte Hochfrequenzplasma (ICP) hat sich für die Multielementanalyse von wäßrigen Lösungen bewährt. Eine rezente Übersicht der Möglichkeiten des ICPs für die Analyse von wäßrigen Lösungen ist in (1) wiedergegeben. Das ICP kann auch zur direkten Analyse von industriell wichtigen organischen Lösungen z.B. Ölen, eingesetzt werden (2-4). In der vorliegenden Arbeit wird die Leistungsfähigkeit des ICPs für die Analyse von organischen Lösungen anhand von zwei praktischen analytischen Beispielen gezeigt. Es wurde die Bestimmung von Metallen in industriellen Abwässern, nachdem sie als Komplexe mit Hilfe von organischen Lösungsmitteln extrahiert waren, und die Analyse von Ölen untersucht. Wegen seiner Robustheit erscheint das Argon/Stickstoff-ICP bei hoher Leistung (5) für diese Aufgaben besonders gut geeignet.

Apparatur (Tabelle 1)

In der ICP-Anordnung wurde ein freilaufender Hochfrequenzgenerator mit Leistungsstabilisierung benutzt. Die Spule hat $3^1/2$ Windungen und ist ein Teil des Schwingkreises des Hochfrequenzgenerators. Zur Stabilisierung der Ausgangsleistung wurde das Hochfrequenzstreufeld in der Nähe der Spule als Referenzgröße für eine Regelung gewählt. Nach dieser Maßnahme war

13. Spektrometertagung

Tabelle 1: Instrumentation

ICP	
Hochfrequenz-generator	FS 10 (Kontron-Linn) maximale Ausgangsleistung: 10 kW Frequenz: 27,12 MHz
Brenner	nach Greenfield
Zerstäuber	konzentrischer Glaszerstäuber (Meinhard Ass.)
Zerstäuberkammer	nach Scott
Ausleuchtung	Dreilinsenausleuchtung Beobachtungszone: 4 mm x 4 mm
Spektralapparate	
Spektrograph	3,5 m-Ebert-Spektrograph (RSV) Gitter:a = 1/1180 mm Größe: 100 mm x 100 mm Eintrittsspaltbreite: 30 µm
Monochromator	0,9 m-Czerny-Turner-Monochromator Gitter: a = 1/2400 mm Größe: 90 x 90 mm Eintrittsspaltbreite: 17 µm Austrittsspaltbreite: 25 µm Untergrundmessung mit Hilfe einer Quarz-refraktorplatte vor dem Austrittsspalt. Mikrokomputer: Intel 80/20
Polychromator	1 m-Paschen-Runge-Vakuumspektrometer (Baird, Spectrovac 1000) mit rechnergesteuerter Spaltverschiebung. Gitter: a = 1440 mm Größe: 50 mm x 30 mm Eintrittsspaltbreite: 15 µm Austrittsspaltbreiten: 25-80 µm Rechner: Modcomp II

die relative Standardabweichung bei Messungen der Intensität einer Argonlinie 0,002. Auch konnten dann organische Lösungen ins ICP gebracht werden, ohne die Leistung und Stabilität der ICP-Entladung zu beeinflussen.
Übersichtsanalysen wurden mit Hilfe eines 3,5 m-RSV-Spektro-

graphen durchgeführt. Für sequentielle photoelektrische Messungen stand ein 0,9 m-Monochromator zur Verfügung und simultane Multielementbestimmungen wurden mit Hilfe eines 1 m-Vakuumspektrometers durchgeführt.

Optimierung des Argon/Stickstoff ICP für die Analyse von organischen Lösungen

Die Intensitätsverhältnisse von Linien und Untergrund und damit das Nachweisvermögen des ICPs sind sowohl vom Aerosolgasstrom wie auch von der Beobachtungszone im Plasma abhängig. Bei organischen Lösungen ist für einen Aerosolgasstrom von über 0,5 l/min, wegen einer zu kurzen Verweilzeit in den unteren Plasmazonen und deren dann relativ niedrigen Gastemperatur, die organische Substanz in einer Zone 2-6 mm über der Spule noch nicht vollständig atomisiert. Dementsprechend tritt in dieser Zone, in der die Dichte der Analysensubstanz hoch ist, eine intensive auf Bandenemission beruhende Untergrundstrahlung auf. Um diese herabzusetzen, erwies es sich als günstig, den Zerstäuber mit 0,3 l Argon/mm statt mit 0,5 l Argon/min (3 bar) im Fall von wäßrigen Lösungen zu betreiben. Dann läuft die Dissoziation des organischen Lösungsmittels bereits weitgehend in der innerhalb der Spule gelegenen Zone der ICP-Entladung ab. Aus spektrographischen Übersichtsaufnahmen wurde deutlich, daß für einen Aerosolgasstrom von 0,3 l/min im Fall von organischen Lösungen die Intensitätsverhältnisse von Linien und Untergrund maximal sind bei einer Beobachtungshöhe von 2-6 mm über der Oberkante der Hochfrequenzspule.
Die für die Analyse von organischen Lösungen optimierten ICP-Arbeitsbedingungen sind in Tabelle 2 wiedergegeben.

Tabelle 2: Optimale Arbeitsbedingungen für die Analyse von organischen Lösungen mit Hilfe eines Argon/Stickstoff-ICP

Leistung	3,5-5 kW mit Leistungsstabilisierung
Gasströme	äußerer Gasstrom: 25 l Stickstoff/min mittlerer Gasstrom: 6 l Argon/min Aerosolträgergasstrom: 0,3 l Argon/min bei 3 bar
Ansaugrate	1 ml/min (freies Ansaugen)
Beobachtungshöhe	2-6 mm über der Spule
Integrationszeit	3-5 s (bei photoelektrischen Messungen)

Ergebnisse und Diskussion

A. Die Bestimmung von Metallen in Abwässern nach Extraktion der Ammoniumpyrrolidindithiokarbamatkomplexe der Metalle mit Methylisobutylketon (MIBK).

Die Extraktion der APDTC-Komplexe von Metallen mit MIBK wird in der Atomabsorptionsspektroskopie routinemäßig eingesetzt. Sie ermöglicht es, Spuren von Metallen aus flüssigen Proben quantitativ abzutrennen, so daß eine Matrix-freie Bestimmung durchgeführt werden kann. Diese Extraktionsmethode ist aber besonders wegen der quantitativen Abtrennung einer ganzen Reihe von Metallen (Fe, Cu, Co, Mn, Pb, Cd,---) (6), für ein Multielementanalysenverfahren wie das ICP attraktiv. Vor der Bestimmung mit dem ICP wird in folgender Weise extrahiert: 50 ml Probenlösung werden in einem Scheidetrichter von 250 ml gebracht. Der pH-Wert wird auf 3 eingestellt (durch zufügen einer 0,1%igen NH_4OH- bzw. HNO_3-Lösung). 0,5 g APDTC werden in 10 ml H_2O gelöst und der Probenlösung zugefügt. Es wird zweimal mit 40 ml MIBK extrahiert, die organische Phase wird abgetrennt und das Volumen bis auf 100 ml gebracht.

Wenn die Extrakte mit Hilfe eines 4 kW-Argon/Stickstoff-ICPs analysiert werden, können 0,1 mg/ml-Konzentrationen von Cadmium, Chrom, Eisen, Kobalt, Kupfer, Mangan und Zink z.B. in Abwasserproben nachgewiesen werden. Es wurde festgestellt, daß 20 g/l-Konzentrationen von Natrium-, Calcium- bzw. Magnesiumsalzen das Extraktionsverfahren nicht stören. Dementsprechend können nach Aufschluß des organischen Materials stark belastete Abwässer mit dem Extraktions-ICP-Verfahren analysiert werden.

In Tabelle 3 sind die Analysenergebnisse für ein Galvanikabwasser wiedergegeben. Die relative Standardabweichung des ganzen Extraktions-ICP-Verfahrens lag bei 0,04-0,08. Es wurde nach dem Zugabeverfahren geeicht und die Intensitäten der Analysenlinien wurden sequentiell gemessen. Das Extraktions-ICP-Verfahren ermöglicht es, in Abwässern stark unterschiedlicher Zusammensetzung Multielementbestimmungen mit dem ICP durchzuführen, ohne durch Detergentien oder durch Alkalisalze verursachte Matrixeffekte befürchten zu müssen.

Tabelle 3: Die Bestimmung einiger Metalle in einem Abwasser der galvanischen Industrie mit Hilfe des Extraktions-ICP-Verfahrens

Element	Konzentration (mg/l)
Cadmium	0,28
Eisen	0,62
Kupfer	1,54
Zink	11,4

B. Die Bestimmung von Metallen in Ölen

Die Analyse von Ölen sowohl mit Hilfe eines Argon-ICP bei niedriger Leistung (3) wie auch mit Hilfe des Argon/Stickstoff-ICP bei hoher Leistung (2,4) wurden bereits beschrieben. Bis jetzt aber fehlen systematische Untersuchungen des Nachweisvermögens bei der Analyse von Ölen mit Hilfe des Argon/Stickstoff-ICP und eine quantitative Behandlung der Eichung z.B. bei der Analyse von Ölen unterschiedlicher Viskosität. Neben diesen zwei Problemen wurde in dieser Arbeit auch das Problem der Untergrundkorrektur untersucht.

Die Ölproben wurden wie bereits beschrieben (2-4) 1:10 mit Xylol verdünnt und zur Aerosolerzeugung wurde ein üblicher konzentrischer Glaszerstäuber bei freiem Ansaugen der Probe eingesetzt. Es wurde sowohl mit Ölproben, die durch Lösen der cyclohexylbuttersäuresalze der zu bestimmenden Elemente in verschiedenen Basisölen hergestellt wurden, wie auch mit Conostan Standardölen geeicht.
Die Nachweisgrenze nach Kaiser und Specker (7) wurde bei den photographischen bzw. photoelektrischen Messungen berechnet wie beschrieben in (8).

Die Nachweisgrenzen von Aluminium, Barium, Blei, Eisen, Kupfer, Mangan, Magnesium und Zink liegen im sub-µg/g-Bereich. Die im Falle einer spektrographischen Übersichtsanalyse oft bis zu 5 mal niedrigeren Nachweisgrenzen sind auf die im Vergleich zu einer photoelektrischen Methode höhere praktische Auflösung und auf die bei einer photographischen Methode meistens richtigeren Untergrundmessungen zurückzuführen. Bei der Verwendung von kommerziell erhältlichen Simultanspektrometern lassen sich die höheren Nachweisgrenzen, aufgrund der wegen der Betriebsstabilität breiteren Austrittsspalten und eines oft niedrigen theoretischen Auflösungsvermögens erklären.

Dies setzt voraus, daß Maßnahmen zur Streulichtbeseitigung - wie hier u.a. der Einsatz von Filtern - durchgeführt wurden.

Bei einer sorgfältigen Untergrund- und/oder eventuell Blindwertkorrektur, sind die Eichkurven über mehrere Zehnerpotenzen in der Konzentration linear. Aus Messungen an einem Simultanspektrometer, der durch eine rechnergesteuerte Spaltverschiebung eine sequentielle Messung von Linien- und Untergrundintensitäten an der gleichen Probe ermöglicht, wurde deutlich, daß eine Untergrundmessung an der Analysenprobe selbst zu einer besseren Linearität der Eichkurve - besonders im niedrigen Konzentrationsbereich - führt. Wenn aber ein Blindwert vorhanden ist, wie im Fall von Silizium, dann ist eine Untergrundmessung an einer Blindprobe zu bevorzugen.

Wenn Ölproben 1:10 mit Xylol verdünnt werden, ist es möglich, Öle unterschiedlicher Viskosität mit der gleichen Eichung zu analysieren. Bei den in Tabelle 4 wiedergegebenen Werten wurde mit Proben auf Basis eines C 144 Öls (Viskosität: 1,3-1,65 cSt bei 50°C) geeicht und die Analysenergebnisse für das C 114 Öl (1,13-1,19 cSt) stimmen mit den angegebenen Werten überein.

Tabelle 4: Die Analyse von Ölen unterschiedlicher Viskosität (Proben auf Basis der Cyclohexylbutyraten, Merck p.A.)

	C 114 Konzentration (µg/g)	gefunden bei Eichung mit C 144 Öl: c $\pm$ s(c) (µg/g)
Kupfer	10	10,9 $\pm$ 0,7
Mangan	10	9,6 $\pm$ 0,6
Silizium	4	4,6 $\pm$ 1,0
Zink	10	8,6 $\pm$ 0,5

s(c) ist die Standardabweichung des Erwartungswertes nach linearem Ausgleich der logarithmierten Werte (9) für 5 Eichproben und 6 Messungen der unbekannten Proben.

Schlußfolgerung

Die ICP-Emissionsspektroskopie ist für die Analyse von schwierigen Proben, die z.B. Extraktionsverfahren erfordern, und für die simultane Multielementanalyse von industriell wichtigen organischen Flüssigkeiten sehr geeignet. Hierbei sind sowohl ihre Simultankapazität, die erreichbare Analysengenauigkeit und die hohe Analysenrichtigkeit, und dies auch bei Anwendungen, die einen großen analytischen Meßbereich erfordern, von ausschlaggebender Bedeutung.

Literatur

1. Boumans, P.W.J.M.: Fresenius'Z. Anal.Chem. 299, 337-361 (1979).
2. Greenfield, S., Smith, P.B.: Anal. Chim. Acta 59, 341-348 (1972).
3. Fassel, V.A., Peterson, C.A., Abercrombie, F.N.: Anal. Chem. 48, 516-519 (1976).
4. Ohls, K.: private Mitteilung.
5. Greenfield, S., Jones, I.L., Berry, C.T.: Analyst 89, 713-720 (1964).
6. Koch, O.G., Koch-Dedic, G.A.: Handbuch der Spurenanalyse, Springer Verlag, Berlin 1961.
7. Kaiser, H., Specker, H.: Z. Anal. Chem. 149, 46-66 (1956).
8. Broekaert, J.A.C., Leis, F., Laqua, K.: Spectrochim. Acta, 34B, 73-84 (1979).
9. Nalimov, V.V.: The Application of Mathematical Statistics to chemical Analysis, Pergamon Press, Oxford 1963.

BESTIMMUNG VON PHOSPHOR, BOR UND ARSEN IM STAHL DURCH LÖSUNGS-SPEKTRALANALYSE MITTELS GLEICHSTROMPLASMA UND ECHELLESPEKTROMETER

H. Bosch und K. Lohau, Thyssen AG, Duisburg; K. Laqua, ISAS Dortmund

Für die naßchemische Stahlanalytik bietet die Plasma-Lösungsspektralanalyse zwei wesentliche Vorteile: Sie erlaubt es, die bisher vorwiegend fotometrisch oder volumetrisch erfolgenden Bestimmungen von Phosphor, Bor, Arsen, Cer usf. genau so einfach durchzuführen, wie dies die Atomabsorptionsspektrometrie für die Mehrzahl der anderen Elemente gestattet. Außerdem ist die Plasma-Emissionsspektralanalyse, im Unterschied zur Atomabsorptionsspektrometrie, eine ideale Simultanmethode.

Im folgenden wird über Erfahrungen zur Sequenz- und Simultananalyse mit dem Gerät SpectraSpan III (1), der Kombination eines stabilen Dreielektroden-Argon-Gleichstromplasmas (SpectraJet III) mit einem hochauflösenden Echellespektrometer, berichtet. Die Grundausrüstung erlaubt Einzelelementbestimmungen; Zusatzkassetten mit 2o-Element-Programmen ermöglichen Simultananalysen. Während über allgemeine Erfahrungen mit dieser Gerätekombination hinsichtlich eisenarmer Lösungen schon eine Reihe von Publikationen vorliegt (2 - 4), auch z. B. über Interelementeffekte (5 - 7), ist über die im Rahmen der vorliegenden Arbeit interessierenden eisenreichen Lösungen verhältnismäßig wenig bekannt (8).

13. Spektrometertagung

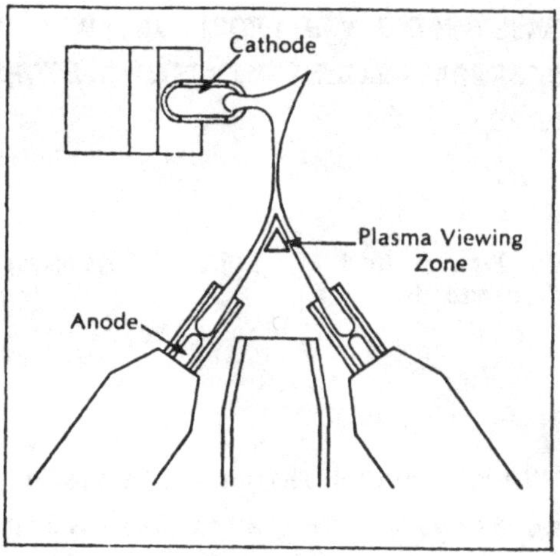

Bild 1: Gleichstromplasma SpectraJet III

1. Grundlagenuntersuchungen

1.1 Der Einstellung der <u>optimalen Beobachtungshöhe</u> am Plasma kommt entscheidende Bedeutung zu. Bild 1 zeigt die Lage der nur etwa 2 mm hohen optimalen Anregungszone kurz unterhalb des Vereinigungspunktes der Anodenplasmakanäle, aus der, entsprechend der Höhe des Eintrittsspaltes, ein Bereich von o,3 mm anvisiert wird. Die optimale Beobachtungshöhe ist von Element zu Element etwas verschieden.

Beim Simultanbetrieb muß deshalb in dieser Hinsicht unter Kompromißbedingungen gearbeitet werden. An der Mehrelementkassette dient ein zentralliegender Spalt dazu, die Einstellung der Beobachtungshöhe zusammen mit der Nachjustierung der Wellenlänge vorzunehmen. An der bei Thyssen für 11 Elemente installierten Mehrelementkassette ist dies der Spalt für die Chromlinie. Bei dieser Chromlinie nimmt auch die optimale Beobachtungshöhe eine mittlere Position ein.

In Bild 2 ist für diese Linie Cr II 2863,33 Å und den zugehörigen Untergrund (Lösung ohne Chrom) der Verlauf der Intensität in Abhängigkeit von der Beobachtungshöhe dar-

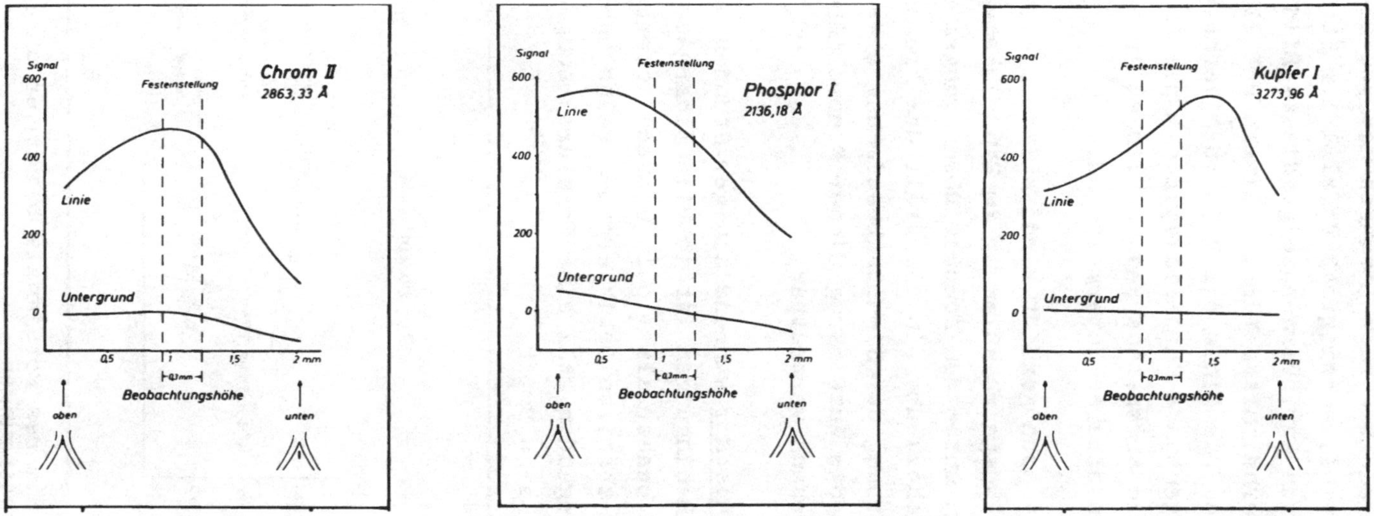

Bild 2: Abhängigkeit der Linienintensität sowie des Untergrundes von der Beobachtungshöhe für Chrom, Phosphor und Kupfer

gestellt. Vorgelegt wurden Lösungen mit 5oo bzw. o ppm Cr, bezogen auf Stahl, wobei gemäß Tafel 1 1 g Stahl in 5o ml Lösung enthalten war. Ferner zeigt dieses Bild die entsprechenden Verhältnisse für die Linien P I 2136,18 Å und Cu I 3273,96 Å. Die Linie B I 2496,78 Å verhält sich ähnlich wie die genannte Chromlinie, die Linie As I 1936,96 Å ähnlich wie die angegebene Phosphorlinie. Arsen weist allerdings einen höheren Untergrund auf.

Wie in Tafel 4 noch gezeigt wird, stimmt die Standardabweichung der Phosphorbestimmung im Einzelelementbetrieb mit derjenigen unter den Kompromißbedingungen des Simultanbetriebs nahezu überein. Im Falle des Arsens ist die Standardabweichung der Simultanbestimmung etwas höher. Insgesamt ist die Auswirkung dieser Kompromißbedingungen klein und durchaus vertretbar.

1.2 Die Meßwertekonstanz während einiger Stunden bei unterschiedlichen Bedingungen ist in Bild 3 dargestellt. An dem thermisch auf besser als ± o,1 °C stabilisierten Gerät mit einer absolut stabilen Optik ergeben reine wäßrige Lösungen, im vorliegenden Fall eine Borsäurelösung ohne Eisenzusatz, fast keine Drift.

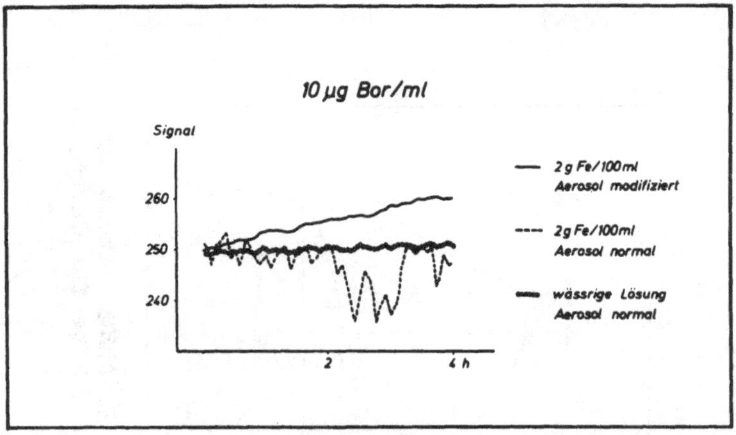

Bild 3: Zeitkonstanz des Borsignals bei unterschiedlichen Versuchsbedingungen

Dagegen können bei einem Eisengehalt von 2 g pro loo ml Lösung Unregelmäßigkeiten auftreten, die hauptsächlich auf Kontaminationen in der Zerstäuberkammer, in der Aerosolausleitung oder an den Korundhülsen um die Anoden zurückzuführen sind. Vermindert man z. B. durch strömungstechnische Maßnahmen vor allem die Abscheidungen an den Korundhülsen um die Anoden, so werden diese Effekte weitgehend eliminiert bzw. einer einfachen linearen Korrektur zugänglich gemacht.

2. Bestimmung von Phosphor und Arsen

2.1 Die generellen Präparations- und Meßbedingungen sind aus Tafel 1 ersichtlich.

Tafel 1: Präparation und Meßbedingungen am SpectraSpan III für Phosphor und Arsen

Lösungen	1 g Stahl/5o ml 2o ml HNO_3 (1 + 1); zur Nachoxidation 1 ml $(NH_4)_2S_2O_8$ ges.
Meßfolge	T_o T_{5oo} Pr.1 Pr.2 .... Pr.8 T_o T_{5oo} [T_{5oo} = Test mit 5oo ppm Pb bzw. As, bezogen auf Stahl]
Meßdauer	Integration 3 x lo sec
Wellenlänge	P I 213,6 nm; As I 193,7 nm
Spaltbreite	Eintritt 25 µm, Austritt 5o µm
Zerstäubung	1,2 ml Lösung in 4 l Ar/min
Plasmagas	3 l Ar/min
Stromstärke/Plasma	7 A
Spannung/Plasma	6o - 7o V

Auf die Gewinnung und Weiterverarbeitung evtl. verbleibender Filtrierrückstände wurde verzichtet, da beim Behandeln nicht- bzw. niedriglegierter Stähle stets eine quantitative Auflösung von Phosphor und Arsen beobachtet wurde. Für die Bezugslösungen wurde spektralreines Eisen der Firma Johnson und Matthey verwendet.

2.2 Bei der Phosphorbestimmung mit Hilfe der Linie P I 2136,18 Å besteht eine schwache Störung durch die Linie Cu 2135,98 Å: 1 % Kupfer täuscht 4o ppm Phosphor vor. Geprüft wurde bis zu einem Gehalt von o,5 % Kupfer, wobei sich ein linearer Zusammenhang ergab. Der Störeinfluß kann allerdings höher werden, wenn die in Abschnitt 1.1 diskutierte Einstellung der Beobachtungshöhe nicht streng reproduzierbar erfolgt. Bei vielen zu prüfenden Stahlqualitäten beträgt der Kupfergehalt maximal o,o2 %; in diesen Fällen kann die Kupferkorrektur entfallen.

Tafel 2 zeigt mit der Sequenzkassette erhaltene Ergebnisse an einer Reihe von Standardproben; in der Tafel sind außerdem die offiziellen Sollwerte sowie Resultate der fotometrischen Ketonmethode (9) angegeben. Die mit einer Kupferkorrektur versehenen Werte des Gleichstromplasma-Verfahrens und die Werte des Ketonverfahrens stimmen in befriedigender Weise überein. Die offiziellen Werte weichen dagegen hiervon z. Teil in stärkerem Maße ab, möglicherweise weil nicht alle verwendeten Methoden dem heutigen Stand der Untersuchungstechnik entsprechen.

Tafel 2: Phosphorgehalte von Standardproben;
Angaben in ppm P (in Klammern: Sollwerte ppm Cu)

Probe AKP	Soll-werte	Keton-verfahren	Plasmaverfahren mit Cu-Korrektur		Cu-Korrektur
			3o sec-Werte	$\bar{x} \pm s$	
44-1	9 (Cu: 43)	9	1o,6 9,4 1o,1	1o,o ± o,6	- o,2
43-1	26 (Cu: 2o)	26	28,2 27,4 27,6	27,7 ± o,4	- o,1
32-2	129 (Cu: 85o)	122	12o,2 121,7 12o,3	12o,7 ± o,8	- 3,4
131-1	572 (Cu: 62o)		551,7 546,o 54o,1	545,9 ± 5,8	- 2,5

2.3 Zur Arsenbestimmung wurden entsprechende Untersuchungen durchgeführt (Tafel 3). Vergleichsbestimmungen erfolten in diesem Fall atomabsorptionsspektrometrisch mit Hilfe der Grafitrohrküvette mit automatischer Probenzufuhr (Gerät Perkin Elmer 5ooo mit HGA 5oo). Auch im Falle des Arsens zeigte sich eine z. T. deutliche Abweichung der offiziellen Werte von den Ergebnissen der beiden anderen Verfahren.

Tafel 3: Arsengehalte von Standardproben (in ppm)

Probe	Soll-werte	Grafitrohr-AAS	Plasmaverfahren	
			3o sec-Werte	$\bar{x} \pm s$
AKP 44-1	lo	lo,o	lo,7 9,o lo,6	lo,1 ± o,9
VDEh RU 5	47	34,o	34,4 33,4 35,6	34,5 ± 1,1
AKP 38-1	64	42,8	42,4 43,5 44,1	43,3 ± o,9
NBS 363	loo	lo3,6	loo,6 97,8 97,9	98,8 ± 1,6
AKP 3o-4	12o	llo,5	lo7,7 lo9,1 lo4,5	lo7,1 ± 2,4
AKP 13o-1	167	159,9	156,1 153,1 154,8	154,7 ± 1,5
AKP 78-1	2oo	179,2	174,3 171,7 176,1	174,o ± 2,2
AKP SiMn 1	3o3	3o4,3	3o7,6 3o2,2 3o3,7	3o4,5 ± 2,8
AKP 18o-1	323	313,8	311,5 31o,o 316,o	312,5 ± 3,1
AKP 178-1	48o	497,8	495,8 481,5 491,5	489,6 ± 7,3
AKP 79-1	513	5o5,6	5o6,9 5o2,o 5o7,1	5o5,3 ± 2,9
NBS 364	52o	478,o	468,1 465,5 462,4	465,3 ± 2,9

2.4 Tafel 4 enthält <u>Genauigkeitsangaben</u> für Phosphor und Arsen zum Vergleich der Sequenz- und der Simultanmethode, bei der neben Phosphor und Arsen 9 weitere Elemente gleichzeitig bestimmt wurden. Wie schon erwähnt ist nur im Falle des Arsens, nicht des Phosphors, eine höhere Standardabweichung des Simultanverfahrens festzustellen.

Tafel 4: Standardabweichungen des Sequenz- und Simultanverfahrens für Phosphor und Arsen; Angaben in ppm

Gehalt	Sequenzkassette			Simultankassette		
	o - 5o	25o	5oo	o - 5o	25o	5oo
P	< 1	3	5	2	4	5
As	1	3	5	3	5	7

3. Neue Borbestimmung in Stahl

3.1 Die Problematik der naßchemischen Borbestimmung in Stahl hängt mit dem Verhalten feinkörniger Bornitridpartikel zusammen. Beim konventionellen Lösen, z. B. in verdünnter Salpetersäure oder Schwefelsäure (sog. Filtriermethode (1o)), bleiben diese Nitride zumindest teilweise ungelöst, können aber so feinteilig sein, daß sie selbst durch ein Membranfilter der Porenweite o,2 µm nicht quantitativ zurückgehalten werden. Die im Filtrat befindlichen feinteiligen Nitride werden bei der nachfolgenden fotometrischen Bestimmung des säurelöslichen Bors (B_{sl}) nicht erfaßt (11). Man erhält deshalb Minderbefunde bei der Berechnung des Gesamt-Bors (B_{ges}) als Summe des säurelöslichen Bors und des nach Aufschluß des Filtrierrückstandes ebenfalls fotometrisch erfaßten säureunlöslichen Bors. Neuerdings wird deshalb das Gesamt-Bor durch intensives Abrauchen mit Schwefelsäure und Phosphorsäure quantitativ gelöst und mit Curcumin fotometrisch bestimmt (12). Diese Methode erfordert allerdings hohe Sorgfalt und eine verhältnismäßig lange Behandlungszeit.

3.2 Das grundsätzlich für die Borbestimmung vorteilhafte Gleichstromplasma (13, 14) ermöglicht es dagegen, mit einer unter üblichen Bedingungen erhaltenen salpetersauren Lösung (siehe Tafel 1) zu arbeiten, wobei nur eine kurze Nachbehandlung mit Ultraschall zur Zerteilung evtl. unzersetzter Carbide erforderlich ist. Das Bor läßt sich in der so gewonnenen, auch suspendiertes Bornitrid enthaltenden Lösung mit Hilfe des Gleichstromplasmas quantitativ bestimmen, wobei eine Standzeit von 3o Minuten noch keinerlei Sedimentation bewirkt.

Tafel 5 zeigt die Ergebnisse.

Tafel 5: Borgehalte von Standardproben (in ppm)

Best.	Methode	TS 2	TS 3	AKP 178/1 Soll: 41±7
B_{ges}	Plasma	lo,o 9,o 9,9 lo,4 11,1 11,1 lo,4 lo,2 $\bar{x}$ lo,3 s o,7	33,9 32,9 33,6 33,5 33,5 34,o 34,9 32,4 33,6 o,7	47,2 46,3 47,3 46,5 48,4 47,8 47,3 46,5 47,2 o,7
B_{ges}	Abrauchmethode Fotometrie (12)	9,8	31,6	46,5
	Aufschlußmethode Fotometrie (15)			44,5 bis 47,o
B_{ges}	Filtriermethode $B_{sl} + B_{sul}$ Fotometrie (lo)	8,7	31,9	42,1
B_{sl}	Fotometrie (lo)	7,3	5,o	23,9

Die Kontrollprobe AKP 178/1 hat auch heute noch den offiziellen Wert 41 ± 7 ppm Bor, der offensichtlich durch Verwendung von zum Teil nicht mehr zeitgemäßen Methoden zustande kam. Bereits vor einigen Jahren wurde in einem Arbeitskreis des VDEh (11) festgestellt, daß der wahrscheinliche Wert an der oberen Grenze des angegebenen Streubereiches liegt. Mit der aufgrund obiger Beschreibung unzureichenden Filtriermethode haben wir gemäß Tafel 5 wiederum nur 42,1 ppm Bor festgestellt, dagegen nach der Abrauchmethode 46,5 ppm. Im Rahmen einer neuen VDEh-Ringuntersuchung ergab ein Direktaufschluß der Stahlspäne mit Kaliumhydrogensulfat und mit anschließender Fotometrie (15) Werte von 44,5 - 47 ppm. Der Plasma-Wert von 47,2 ppm ist also recht gut abgesichert.

Aufschlußreich ist das Verhalten der Thyssen-Probe TS 3. Diese Probe enthält 80 % des Bors in säureunlöslicher Form, das dann in der zu untersuchenden Lösung als suspendiertes Nitrid vorliegt. Da auch in diesem Fall eine quantitative Anregung des Bors festgestellt wurde, dürfte die breite Anwendbarkeit der Plasma-Methode für nicht- und niedriglegierte Stähle sichergestellt sein.

Abschließend sei Herrn Helmut Grygiel für seine ideenreiche Mitarbeit herzlich gedankt.

Schrifttum

1. Plasma Emission Spectrometers for Atomic Analysis, Firmenschrift der Fa. SpectraMetrics (1980).
2. Skogerboe, R. K., Urasa, I.T.: Applied Spectroscopy 32 (6), 527-532 (1978).
3. Bankston, D.C., Humphris, S.E., Thompson, G.: Anal. Chem. 51 (8), 1218-1225 (1979).

4. Decker, R.J.: Spectrochim. Acta 35B, 19-35 (198o).

5. Johnson, G.W., Taylor, H.E., Skogerboe, R.K.: Applied Spectroscopy 33, 451-456 (1979).

6. Johnson, G.W., Taylor, H.E., Skogerboe, R.K.: Applied Spectroscopy 34, 19-24 (198o).

7. Eastwood, D., Hendrick, M.S., Sogliero, G.: Spectrochim. Acta 35B, 421-43o (198o).

8. Reednick, J.: American Laboratory, March (1979).

9. Handbuch für das Eisenhüttenlaboratorium, Bd. 5, C 17.2, Düsseldorf 1972.

lo. Interne Vorschrift der Thyssen AG: Lösen in Schwefelsäure (1 + 9), fotometrische Borbestimmungen in Filtrat und aufgeschlossenem Rückstand neuerdings mit Hilfe von Curcumin gemäß 5., jedoch ohne vorangehendes Abrauchen mit Schwefelsäure-Phosphorsäure.

11. Sitzungsbericht des VDEh-Arbeitskreises III.5 "Borbestimmung" vom 24.3.1976.

12. Die Ermittlung des Borgehaltes von Stahl; direkte fotometrische Bestimmung - Curcumin-Verfahren: Vortrag von D. Thierig, 81. Vollsitzung des Chemikerausschusses des VDEh am 28.6.1974 sowie Handbuch für das Eisenhüttenlaboratorium, Bd. 5, als Ringbuch-Vorschrift im Druck.

13. Ball, J.W., Thompson, J.M., Jenne, E.A.: Analyt. Chim. Acta 98, 67-75 (1978).

14. Burdo, R.A., Snyder, M.L.: Anal. Chem. 51, 15o2-15o8 (1979).

15. Interne Vorschrift der Fried. Krupp AG, Bochum, sowie Berichte des VDEh-ad-hoc-Arbeitskreises "Ueberprüfung des Borgehaltes der AKP 178/1" (198o).

DIE PRAKTISCHE BEHANDLUNG VON STÖREINFLÜSSEN BEI ICP-ATOMEMISSION

Dr.R.M. Bombelka

Applied Research Laboratories GmbH. 4000 Düsseldorf
Königstr. 5

In der Praxis, um mit dem ICP zu richtigen Ergebnissen zu kommen, muß man einige Punkte berücksichtigen. Man weiß, daß eine 10 %-ige salz- oder schwefel-säure-Lösung andere physikalische Eigenschaften als destilliertes Wasser hat; man möchte aber seine Proben, die viel Säure enthalten, ins Plasma zerstäuben und die Linienintensitäten von Eichgeraden ablesen, die mit 1 %-igen Säurelösungen gemacht wurden. Dies führt zu reproduzierbaren, aber unrichtigen Ergebnissen.

Nehmen wir als Beispiel dazu einen klassischen chemischen Störeinfluß, den von Phosphat auf Calcium.

Aufgrund der hohen Gastemperatur (ungefähr 4 500 K) und der langen Verweilzeit im ICP ist diese klassische Störung, die in Quellen mit niedrigen Temperaturen erscheint, im ICP nicht vorhanden: Die Phosphatkomplexe werden aufgebrochen. Wenn man dieses Experiment mit bis 50-Volumprozent

13. Spektrometertagung

Phosphorsäure durchführt, bekommt man mit dem Meinhard-Zerstäuber niedrigere Calcium-Signale bei hohen Säure-Konzentrationen. Erst wenn man ein zusätzliches Element wie Kobalt mitmisst, und die Intensitätsverhältnisse Calcium zu Kobalt als Internem Standard ausrechnet, wird kein Plasmastöreffekt gefunden.

Man kann mit ARL-Software einen Internen Standard benutzen, um für Zerstäuber- und Transport-Effekte zu korrigieren. Natürlich darf das Standardelement in der ursprünglichen Probe nicht enthalten sein. Je nach Art der Probe ist das nicht schwer, nur wird es bis jetzt von sehr wenigen ICP-Anwendern gemacht.
Gerade in Proben, wo ein Element das Hauptelement ist, und alle anderen als Spuren vorliegen, kann es sich lohnen, das Interne-Standard-Verfahren zu benutzen, um den Schritt der genauen Probeneinwaage vor der Überführung in Lösung einzusparen.

Wenn man ein hochauflösendes Spektrometer benutzt, um das Spektrum vom ICP mit nur destilliertem Wasser von 190-800 nm aufzunehmen, und das Meßsystem genügend empfindlich macht, erhält man ein Untergrundsignal, auf dem Tausende von Linien auftreten. Auf diesem Untergrund, verursacht durch die Rekombination von Argon-Ionen mit Elektronen, sind Moleküllinien von NO, N_2, N_2^+, CN, OH, und NH, die relativ eng sind, zu erkennen, und andere, mit etwas größeren Halbwertsbreiten, die von Wasserstoff und Argon, die Starkverbreiterung zeigen. In demselben Spektralbereich treten von jedem der in der Probe zu bestimmenden Elemente meistens zusätzlich einige Hunderte von Linien auf. Und in unserer unbekannten Probe haben wir vielleicht 10 oder 20 Elemente. Schrecklich!

Wieso kann man das ICP überhaupt benutzen, wie kann man trotz alledem mehr oder weniger genaue Analysenergebnisse bekommen? Dazu muß man unbedingt ein gutes Spektrometer haben, das eine hohe Auflösung leistet und eine Optik mit geringem Streulicht enthält.

Um dies zu erreichen, wird im 34 000 ICP ein Gitter mit 1080 Linien pro Millimeter montiert, das mit Hilfe von laser-interferometrischer Steuerung geteilt ist, und man benutzt es in Verbindung mit schmalbandigen (10 bis 20 nm) Metallinterferenzfiltern bis in die 4-te Ordnung, was hohe Dispersion und minimales Streulicht bringt.

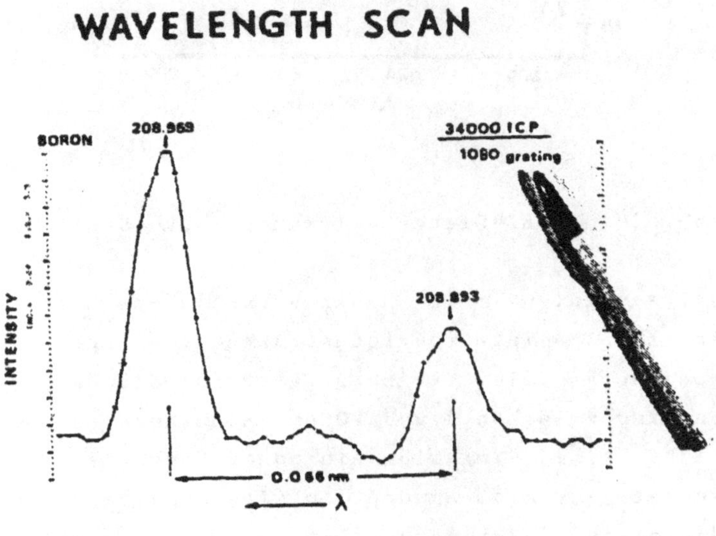

Abb. 1 Die Bor-Dublett bei 209 nm

Sie sehen hier im Abb. 1 die Trennung des Bor-Dubletts bei 209 nm, wo die Linien um 0,066 nm voneinander entfernt liegen. Wenn ein solches Gitter mit Interferenzfiltern benutzt wird, kann man den gesamten Wellenlängenbereich von etwa 170 bis 800 nm mit einem Gitter erfassen (Abb. 2) und noch dazu mit einem hohen Wirkungsgrad über den gesamten Wellenlängenbereich.

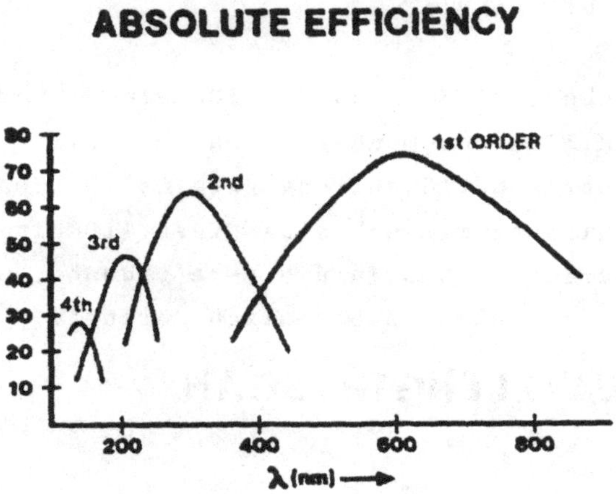

Abb. 2 1080-Gitter -Wirkungsgradkurven

Die Analysenlinien im ICP haben verschiedene Halbwertsbreiten, können eine Hyperfeinstruktur besitzen und auch verschiedene Profile. Typische Werte für die Halbwertsbreiten sind zwischen 2 und 20 pm. Eine hohe Auflösung ermöglicht bei ICP-Emission ein hohes Nachweisvermögen im Gegensatz zur Atom-Absorption mit schmalbandigen Hohlkathodenlampen als Primärquellen, wo es dort nur notwendig ist, eine Analysenlinie von Nachweislinien zu trennen.

Es gibt 3 verschiedene Arten spektraler Störungen, nämlich direkte Überlagerung (links), Überlappung von Linienausläufern (Mitte), und Rekombinationskontinuum (rechts). Alle 3 sind in jeder heissen Lichtquelle zu erwarten, und wenn sie auftreten, müssen sie berücksichtigt werden.

Wir zeigen im Abb. 3 die Zink-Linie bei 213,9 nm, mit Störelementen bei Konzentrationen von 1 000 bis 10 000 mal die Zink-Konzentration. Um genaue Zink-Konzentrationen im Sub-ppm-Bereich zu messen, müssen Korrekturen für die möglichen Störungen durchgeführt werden.

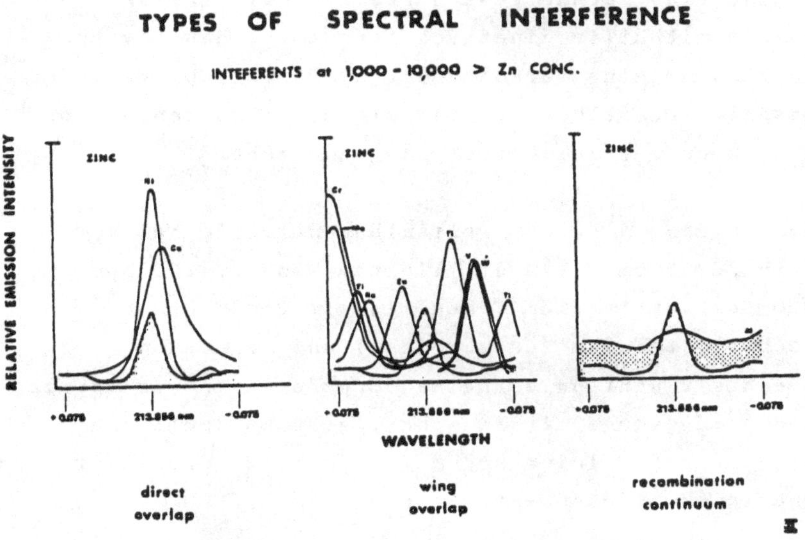

Abb. 3 Die Zn-Linie bei 213,9 nm mit verschiedenen Störelementen.

Man muß zuerst ein bißchen Arbeit leisten. Meine Kollegen in den USA haben für 70 der besten ICP-Analysenlinien die Einflüsse von 66 Elementen, denen der Analytiker am häufigsten in seinen Proben begegnet, untersucht. Für jede der 66 getesteten Begleitelemente wurden Spektren bei 4 Konzentrationen registriert. Man fährt das Spektrum um die ausgesuchte Analysenlinie ab. Das zu bestimmende Element hat etwa 1 ppm, und man setzt jedes Begleitelement nacheinander in Konzentrationen bis zum 10-tausendfachen zu, um spektrale Störungen auf der Linie und neben der Linie auszuwerten. Wir haben diese Information auf den 34000 ICP mit dem SAMI-Zusatz aufgenommen.

SAMI - "Scanning Accessory for Multielement Instrumentation"- ist eine rechnergesteuerte Verschiebung des Primärspalts mit Hilfe eines Schrittmotors; das bewirkt am Polychromator eine Verschiebung des Spektrums um jeden Austrittspalt. Dasselbe kann man mit einem Monochromator erreichen, wenn man das Gitter langsam dreht.

Sie sehen im Abb. 4 solche Wellenlängenprofile bei der Zink-Linie 202,5 nm mit destilliertem Wasser, 100 ppm und 1 000 ppm von Natrium (oben links), Phosphor (oben rechts), Calcium (unten links) und Magnesium (unten rechts). Während es keine Interferenzen von Natrium gibt, und nur geringe mit Phosphor, gibt es deutliche Interferenzen von Calcium und Magnesium, auf Grund der Rekombinationskontinuums-Struktur.

Korrekturen für Untergrund und spektrale Störungen sind also nötig. Die extrem große Matrix-Variationsbreite, die das ICP zuläßt, erlaubt dem Analytiker Proben zu analysieren, in denen Begleitelemente über 6 Größenordnungen variieren können. Die Anwesenheit eines Begleitelements im Bereich von 1:1 Million (etwa von 0,01 bis 10 000 ppm) kann bei Elementen mit einem Selektionsverhältnis von 10^{-6} ein Störsignal von der Größe des Meßsignals erzeugen. Untergrundkorrektur führt zu richtigen Ergebnissen selbst in der Nähe der Nachweisgrenze. Wie macht man dies? Sie können Korrekturen auf der Linie oder neben der Linie, auf beiden Seiten machen.

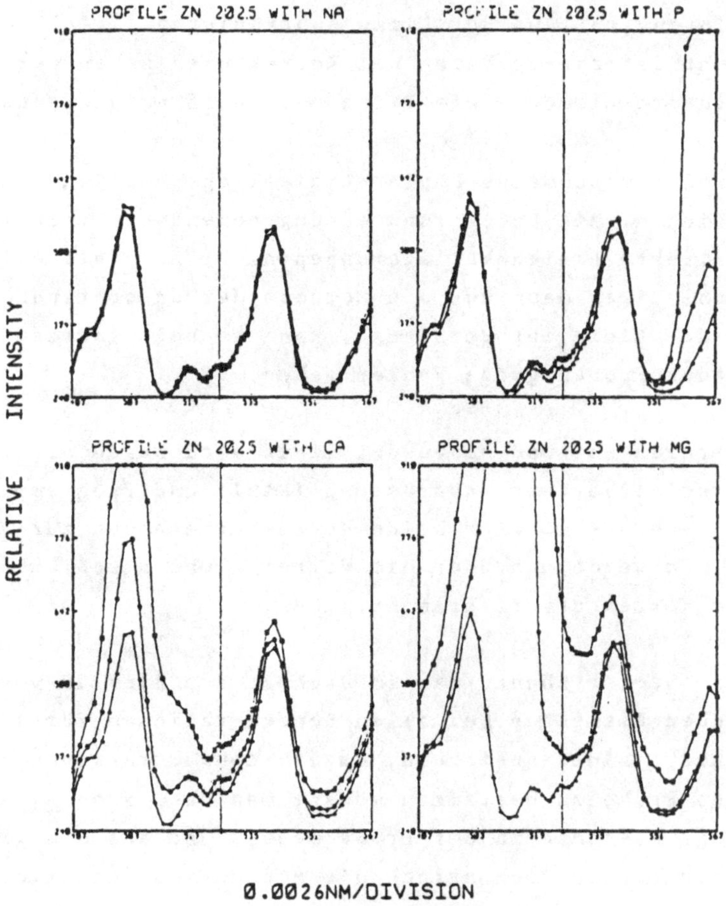

Abb. 4 Die Zn-Linie bei 202,5 nm mit 100 ppm und 1 000 ppm Na, P, Ca und Mg

Bei beiden Zinklinien, 213,9 nm und 202,5 nm, läßt sich der Einfluß des Aluminium-Rekombinationskontinuum leicht durch eine einfache Untergrund Korrektur neben der Linie beheben. Man muß die Linienintensität etwa 0,04 nm neben der Linie erst mit der Probe und danach mit der Blind-

lösung messen und diese Differenz von der gemessenen Zink Intensität auf der Linie subtrahieren.
Vorsicht ist aber geboten bei Korrekturen neben der Linie, wenn andere Elemente wie Titan oder Wolfram anwesend sind.

Eine relativ schwache Kupfer-Linie liegt auf jeder der Zink-Linien. Mit Untergrundmessung neben der Linie lassen sich direkte Linienüberlagerungen nicht korrigieren. Hat der Analytiker dann nur die Methode der Untergrundkorrektur neben der Linie zur Verfügung, kann es bei praktisch vorkommenden Proben große Fehler geben.

Korrekturen auf und neben der Linie sind beide nicht neu. Sie sind altbewährt. Ausrüstung (SAMI) und Programm (ARLEB) der ARL-Geräte stellen beide Korrekturmethoden zur Verfügung. Ich werde nun über die Vorteile und Beschränkungen beider Korrekturverfahren sprechen.

In der Theorie könnte man im Rechner den Einfluß von allen möglichen Elementen bei allen Konzentrationen für jede ICP-brauchbare Linie speichern. Um die Konzentrationen der unbekannten Probe zu bestimmen müsste man dann grob <u>alle</u> vorhandenen Elemente in der Probe messen und aus den groben Konzentrationen rechnerisch die echten Konzentrationen ermitteln. Das verlangt, daß wir einen Polychromator mit gut 80 Linien haben - in der Praxis gar nicht der Fall.
In einem solchen Fall würden wir <u>nur</u> auf der Linie messen. Je mehr Linien wir in der Praxis haben und bereit sind, mit unserem Polychromator zu messen, desto richtiger werden unsere Ergebnisse. Wenn wir eine etwa 500 ppm-Calcium-Konzentration dann messen, wird der Rechner die entsprechende Untergrundkorrektur bei der Zinklinie anbringen, ohne daß wir neben der Linie messen müssen.

Unsere Probleme treten zuerst auf, wenn wir die Calciumlinie nicht mitmessen, oder nicht wissen, daß sie den Zinkuntergrund anhebt. Für die unbekannte Probe ist es also besser, auf einer Seite oder, noch besser, auf beiden Seiten der Zinklinie zu messen, statt nur die Intensität der Zinklinie. Durch Messen des Untergrundes auf beiden Seiten der Linien korrigiert man automatisch für schiefe Untergrundstrukturen. Dies ist also besser, als nur auf einer Seite der Linie zu messen. Durch Spaltverschiebung, Gitterdrehung, oder durch eine Quarzrefraktorplatte im Strahlengang hinter dem Eintritts- oder vor dem Austrittsspalt wie bei anderen Geräten, ist dies möglich. Da es bei den Sequenzgeräten üblich ist, sowieso nicht auf der Linie zu halten und zu messen, sondern über die Linie zu fahren und z.B. bei unserem 35000 ICP die Linienintensität mit einer Gauss-Kurve auf dem Linienprofil zu berechnen, kann man das Gitter weiter drehen lassen und 10 oder 20 Schritte vom Peak auf beiden Seiten den Untergrund bestimmen. Vorher aber muß man sicher sein, daß der Untergrund dort relativ flach ist.

Der Nachteil natürlich ist, daß die Analyse selbst länger dauert;es bringt aber den Vorteil, daß sie richtiger ist. In der Praxis, mit Polychromatoren und Rechnern mit einem Analysenprogramm für Probentypen wie z.B. Stähle, kommt man trotz des sehr linienreichen Spektrums zu richtigen Analysen. Die Nachweisgrenzen, die für Elemente in destilliertem Wasser gelten, sind wahrscheinlich um einen Faktor 5 bis 10 schlechter für einige Elemente, aber bei den Hauptbestandteilen spielt das keine Rolle. In einem solchen linienreichen Spektrum ist Untergrundkorrektur durch Messung auf der Linie besser als neben der Linie, wo die Gefahr besteht, eine Störlinie mitzuerfassen.

Gleichzeitig werden dann mögliche Linienüberlagerungen korrigiert, was natürlich durch Bestimmen neben der Linie nicht möglich ist.Ein Vorteil der Bestimmung des Untergrundes neben der Linie ist, daß sich nichtspezifische Untergrundverschiebungen korrigieren lassen, was bei der Messung auf der Linie nur möglich ist, wenn die Probenmatrix konstant bleibt.

Zum Schluß einige Worte über Ionisationsstöreffekte, die auch im ICP auftreten. Diese gehören eigentlich zur Optimierung des ICP Systems, was außerhalb dieses Vortrags liegt. Als Faustregel gilt: Je höher die Elektronendichte des Systems, desto niedriger die Ionisationsstöreffekte.

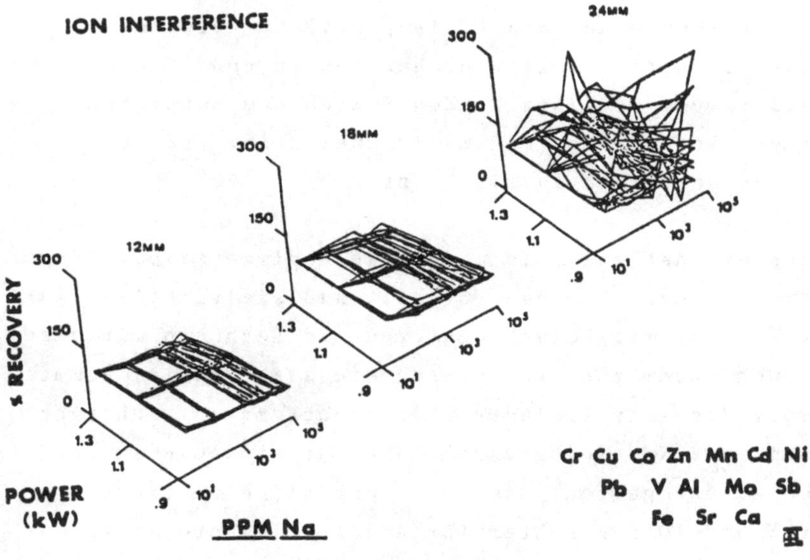

Abb. 5 Ionisationsstöreffekte

Sie sehen im Abb. 5 die Signale von 15 Elementen bei 12 mm, 18 mm und 24 mm über der Spule bei verschiedenen Leistungen und Natriumkonzentrationen bis 10 000 ppm. Da die Elektronendichte fällt, je höher man beobachtet, steigt das Verhältnis Natrium-Ion zu Argon-Ion/Elektron mit der Beobachtungshöhe. Das Bild zeigt praktisch keinen Störeffekt für diese 15 Elemente - außer oberhalb 18 mm, wo die Nachweisgrenzen sowieso schlecht werden. In der Praxis wählt man eine Beobachtungshöhe von etwa 15 mm für alle Elemente, um unter Kompromissbedingungen zu arbeiten.

BESTIMMUNG VON SILIZIUM IN BENZIN MITTELS ATOMEMISSIONS-SPEKTROSKOPIE

K. Gottlieb und M. Malinek

VEBA OEL AG, Postfach 45
4660 Gelsenkirchen-Buer, Bundesrepublik Deutschland

Ziel der vorliegenden Arbeit war die Entwicklung einer Methode zur Bestimmung von organisch gebundenem Silizium in Kohlenwasserstoffen des Siedebereichs 100 °C bis 180 °C, namentlich im Coker-Schwerbenzin.
Si-organische Verbindungen werden als Antischaummittel bei der Destillation von Coker-Benzin zugesetzt. Bei der Verarbeitung von Coker-Schwerbenzin durch "reforming"-Prozesse kommt es zur Blockierung aktiver Stellen des Reforming-Katalysators infolge von SiO-Bindungen. Dadurch wird der Katalysator schnell unwirksam. Benzine mit $>$1 ppm Si verkürzen die Lebensdauer des Katalysators merklich. Die angestrebte Methode sollte es gestatten, noch 0,5 ppm Si nachzuweisen.

Es gibt kein genormtes Verfahren für die Bestimmung von Si in Benzinen. Da auch die analytischen Laboratorien der VEBA OEL AG über keine geeignete Methode verfügten, wurde die Übernahme der Methode des Vertragspartners vereinbart. Diese Methode war eine Abänderung der bekannten Anwendung der Radelektrode für die Bestimmung von Abriebelementen in Schmierölen. Das Meßgut (Coker-Schwerbenzin) wird dabei mit einem reinen Mineralöl verdünnt und mit der Radelektrode abgefunkt.
Mit der Originalvorschrift des Vertragspartners konnten wir jedoch keine zufriedenstellenden Ergebnisse erzielen. Mit Mineralöl unzureichend verdünnte Proben entflammten nach einigen Sekunden beim Abfunken, bei stärkeren Verdünnungen verschlechterte sich die Nachweisgrenze. Etwa gleichzeitig mit unseren

13. Spektrometertagung

Bemühungen zeigte Ohls (1) einen Ausweg. Nach Ohls lassen sich Si-Gehalte in Benzinen von 1 ppm an aufwärts mit der Radelektrode bestimmen, indem die Benzine unverdünnt unter einer Schutzatmosphäre abgefunkt werden. Als Eichsubstanz verwendet die Methode von Ohls, wie auch die Methode unseres Vertragspartners, Octaphenylcyclotetrasiloxan. (Diese Si-organische Verbindung wurde bereits im Jahre 1962 von dem National Bureau of Standards (2) als "öllösliche" Eichsubstanz empfohlen, und zwar zur Bestimmung von anorganisch gebundenem Silizium.)
Wir haben, der Methode nach Ohls folgend und ebenfalls ausgehend von Octaphenylcyclotetrasiloxan, mit dem analytischen Linienpaar Si 288,1 nm und Sb 287,7 nm eine vernünftige Reproduzierbarkeit erreicht sowie auch eine in log-log Koordination lineare Eichkurve im Bereich von 1 - 20 ppm Si.
Soweit als möglich hatten wir uns davon überzeugt, daß das Si des Antischaummittels sich beim Abfunken ähnlich verhielt wie das Si der Eichsubstanz. Ein genauer Vergleich war jedoch unmöglich, da der Si-Gehalt des Antischaummittels nur ungefähr bekannt war. Somit glaubten wir zunächst an die Richtigkeit der Radelektrodenmethode.

Nach einigen Monaten tauchte jedoch ein weiterer Vertragspartner auf, und mit ihm eine zweite Si-Bestimmungsmethode. Bei dieser Methode handelt es sich um eine AAS-Bestimmung von Si nach Aufkonzentrierung durch Abdampfen der Benzinmatrix. Eine größere Gewichtsmenge wird dabei schonend, fast bis zum Trocknen eingeengt, der Rückstand mit einem kleinen Volumen Xylol aufgenommen und das Si in dieser Xylol-Lösung mittels AAS bestimmt. Die Basislinie wird für reines Xylol eingestellt, als Eichsubstanz wird der Entschäumer selbst verwendet. Als Nachweisgrenze der Methode wurde 0,1 ppm Si für eine Einwaage von 100 g angegeben (3). Für synthetische Gemische, bei denen das Si-haltige Antischaummittel als Eichstandard verwendet wurde, war diese Methode ohne Schwierigkeiten nachvollziehbar. In echten Proben ist es uns aber niemals gelungen 0,1 ppm Si nachzuweisen, und zwar auch dann nicht, wenn die Radelektro-

denmethode noch mehrere ppm Si ergab.
Daraufhin untersuchten wir die Möglichkeit Silizium auch per AAS in den Originalproben direkt zu bestimmen, zumindest für höhere Si-Gehalte. Überraschenderweise fand die AAS-Methode jetzt immer mehr Si als die Radelektrodenmethode. Typische Werte: Direkte AAS 5 ppm, Radelektrode 1 - 2 ppm, AAS nach Einengen $<$ 0,1 ppm.
Diese Diskrepanzen führten zu der Schlußfolgerung, daß Silizium in wirklichen Proben nicht mehr in der Form einer hochmolekularen Verbindung vorliegt, sondern als flüchtige Si-organische Verbindung, die beim Einengen des Benzins durch Verdampfen mehr oder weniger verloren geht.

Tabelle I: Die geprüften Silizium-organischen Verbindungen

Name	Formel	Molmasse g/Mol	Siedepunkt °C	Reinheitsgrad	Lieferant
Hexamethyldisiloxan	$(CH_3)_3SiOSi(CH_3)_3$	162,3	99,5	99 %	Merck
Diethoxydimethylsilan	$(CH_3)_2Si(OC_2H_5)_2$	148,2	112	?	Serva
Triethoxymethylsilan	$CH_3Si(OC_2H_5)_3$	178,2	142	"purum"	Fluka
Octamethylcyclotetrasiloxan	$[(CH_3)_2SiO]_4$	296,4	175	98 %	Fluka
Butoxydimethylsilan	$(CH_3)_2Si(OC_4H_9)_2$	204,2	187	"purum"	Goldschmidt
Octaphenylcyclotetrasiloxan	$C_{48}H_{40}O_4Si_4$	792,9	200	99 %	Merck

Um den Zusammenhang zwischen Siedepunkt und Meßsignal etwas genauer zu erfassen, wurden die in Tabelle I zusammengestellten Si-Verbindungen beschafft. Sie sind so ausgewählt, daß sie den Siedebereich eines Schwerbenzins möglichst regelmäßig bedecken. Mit diesen 5 Si-organischen Verbindungen haben wir in einer Schwerbenzinmatrix Standards angesetzt, die alle somit 5 µg Si/ml enthielten. Diese Standards haben wir mittels AAS (Abb. 1) OES/ICP (Abb. 2) und OES/Radelektrode untersucht.
In der Tabelle II sind die AAS-Meßsignale, bezogen auf das

Meßsignal des Octaphenylcyclotetrasiloxans angegeben.

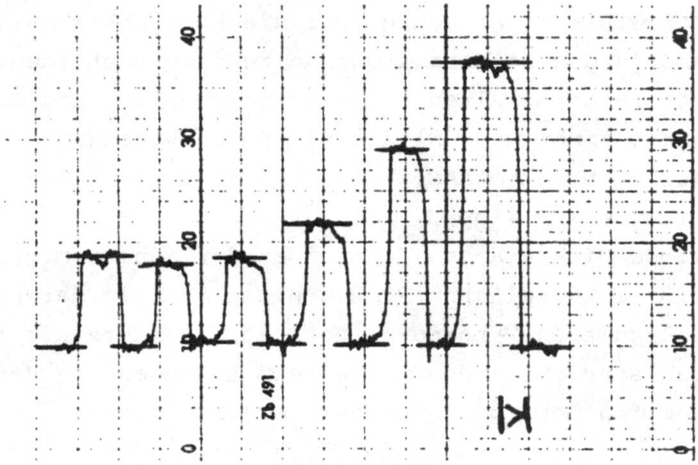

Abb. 1: AAS-Meßsignale (5 mal gespreizte Extinktionsskala) für 5 µg/ml Schwerbenzin. Von links nach rechts: Octaphenylcyclotetrasiloxan, Butoxydimethylsilan, Octamethylcyclotetrasiloxan, Triethoxymethylsilan, Hexamethyldisiloxan

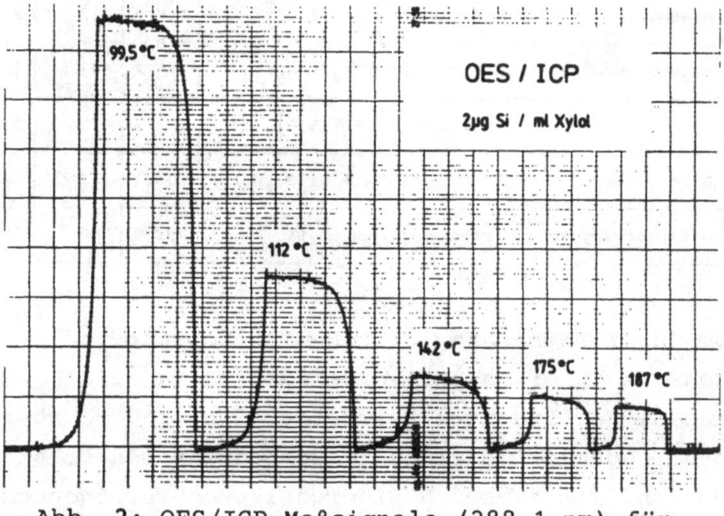

Abb. 2: OES/ICP-Meßsignale (288,1 nm) für 2 µg Si/ml Xylol. Die Temperaturangabe entspricht dem Siedepunkt der jeweiligen Si-organischen Verbindung (s. Text zu Abb. 1)

Tabelle III: OES/ICP-Meßsignal für 2 µg Si/ml Xylol;
λ_{Si} = 288,1 nm

Si liegt vor als	Siede-punkt °C	Rel. Meß-signal	Rel. Standard-abw. %
Hexamethyldisiloxan	99,5	8,66	0,46
Diethoxydimethylsilan	112	3,50	0,39
Triethoxymethylsilan	142	1,49	0,41
Octamethylcyclotetrasiloxan	175	1,07	0,56
Butoxidimethylsilan	187	0,88	0,49
Octaphenylcyclotetrasiloxan	>200	1,00	0,46
Conostan-Si	?	1,00	0,40

Auch in der Atomemission mittels Radelektrode entspricht die Zusammensetzung des Dampfes, der in die Entladung gelangt, nicht der des Meßgutes. Die jeweils mit 16 µg/ml dotierten Schwerbenzine zeigen dieses deutlich (Tabelle IV), wobei Si jeweils in Form einer der 5 untersuchten Si-organischen Verbindungen vorliegt.

Tabelle IV: OES/Radelektrode-Meßsignal für 16 µg Si/ml Cokerbenzin
(Meßsignal = Quotient aus den Intensitäten von Si 288,1 nm und Sb 287,7 nm)

Si liegt vor als	Siede-punkt °C	Mitt-leres Meß-signal*	Rel. Standard-abweichung %
Hexamethyldisiloxan	99,5	-	-
Diethoxydimethylsilan	112	-	-
Triethoxymethylsilan	142	0,02	7,0
Octamethylcyclotetrasiloxan	175	0,09	6,1
Butoxydimethylsilan	182	0,41	5,4
Octaphenylcyclotetrasiloxan	> 200	1,00	4,3

* Mittelwert aus jeweils 4 Messungen. Die Werte sind auf das Meßsignal für Octaphenylcyclotetrasiloxan bezogen.

<u>Tabelle II:</u> AAS-Meßsignale für 5 µg Si/ml Schwerbenzin (Meßsignal = Skalenteile)

Si liegt vor als	Siedepunkt °C	Mittleres Meßsignal*	Rel. Standardabweichung %
Hexamethyldisiloxan	99,5	3,14	2,1
Diethoxydimethylsilan	112	2,22	3,6
Triethoxymethylsilan	142	1,36	3,6
Octamethylcyclotetrasiloxan	175	0,99	4,9
Butoxydimethylsilan	187	0,90	4,4
Octaphenylcyclotetrasiloxan	> 200	1,00	3,5

* Durchschnitt aus 5 Messungen, bezogen auf das Meßsignal von Octaphenylcyclotetrasiloxan

In der Nebelkammer des AAS-Spektrophotometers kommt es offensichtlich zu einer Anreicherung an flüchtigen Si-Verbindungen. Was in die Acetylen-Lachgasflamme des AAS-Brenners gelangt, hat nicht die Zusammensetzung der angesaugten Flüssigkeit, sondern ist hinsichtlich Si um so stärker angereichert, je höher der Dampfdruck der Si-organischen Verbindung ist.
Ein OES/ICP-Spektrophotometer hat im wesentlichen das gleiche Zerstäubersystem wie das AAS-Spektrophotometer. Deshalb überrascht es nicht, daß das ICP-Meßsignal der 5 untersuchten Si-organischen Verbindungen ein der AAS ähnliches Bild bietet (Tabelle III). Auch wenn in diesem Fall kein exakter Vergleich gemacht werden darf, da als Matrix Xylol an Stelle von Schwerbenzin verwendet wurde, resultiert doch, daß eine Si-Konzentration von 2 µg/ml in Abhängigkeit vom Dampfdruck der Si-organischen Verbindung stark unterschiedliche Meßsignale ergibt.

Auf dem Wege in die Entladung (Weg = halbe Umdrehung der Radelektrode), verdampfen die Komponenten des Meßgutes in der Reihenfolge ihrer Siedepunkte; je flüchtiger die Si-organische Verbindung, umso niedriger das Meßsignal. Wenn etwa die fragliche Si-organische Verbindung, in der das Si vorliegt, den Siedepunkt in der Mitte des Siedebereiches des Schwerbenzins hat, so findet man mit der Radelektrodenmethode nur ein Fünfzigstel des wahren Si-Gehaltes (bei Eichung mit Octaphenylcyclotetrasiloxan).

Es wäre natürlich möglich, mit einer Si-organischen Verbindung vergleichbarer Siedelage zu eichen. Jedoch zeigt die Siedeanalyse einer echten Probe, daß die Verteilung des Siliziums sich über den ganzen Siedebereich des Benzins erstreckt (Tabelle V).

Tabelle V: AAS-Meßsignale in Siedefraktionen des Coker-Schwerbenzins

Siedebereich °C	Ausbeute %	Meßsignal*	Ansaugrate ml/min
100	18,5	27,0	8,0
100 - 130	27,4	27,0	7,4
130 - 160	25,9	35,0	6,5
160 - 180	24,4	26,0	5,7
Rückstand	3,7	-	-

* Skalenteile 5 mal gespreizt

Zu Beginn der Entwicklung von Plasmaanregungsquellen sind Vorrichtungen beschrieben, die keine Nebelkammer enthielten, u. a. den Argon-stabilisierten Gleichstrombogen nach Margoshes und Scribner (4), (5). Die Vorrichtung wurde vor etwa 15 Jahren auch kommerziell angeboten und für die Borbestimmung in Benzinen benutzt (6). Im Laufe der Zeit wurde diese Vorrichtung jedoch durch bessere Gleichstrom-Lichtquellen verdrängt. Wir waren deswegen genötigt, die Lichtquelle selbst zu bauen. Als Vorlage diente die Variante nach Owen (7). Sie ist in der

Originalliteratur am ausführlichsten dokumentiert. Die Vorrichtung wurde von uns geringfügig modifiziert. Die Kathode ist nicht aus Wolfram sondern aus Graphit gefertigt; als Anode wird der untere Graphitring verwendet. Als Zerstäuber diente ein Zerstäuber-Knallgasbrenner der Fa. Beckman.

Tabelle VI:

Versuchsbedingungen für Bestimmung Si in Cokerbenzinen mit Plasmajet	
Spektrograph	RSV 2 m Gitterspektrograph
Gitter	600 Striche/mm, blaze Winkel für 500 nm
Spektralordnung	2te
Reciproke Lineardispersion	0,42 nm/mm
Spaltbreite	20 µm
Spalthöhe	1,6 mm
Gitterwinkeleinstellung	500 nm 1. Ordnung Plattenmitte
Spaltausleuchtung	3-Linsen-System mit Zwischenabbildung
Zwischenblendeöffnung	3,2 mm (Kathode vollständig ausgeblendet)
Anregungsgerät	RSV GTT 20, Zündung mit FES-7
Polarität	untere Ringelektrode + Stabelektrode -
Strom	18 A
Vorfunkzeit	5 s
Belichtungszeit	40 s
Plasma-Argon	2 x 800 Teilchen (ca. 18 l/min)
Aerosol-Argon	40 - 60 Teilchen (2,8 ml Meßgut/min) (ca. 2 l/min)
Platte	KODAK SA-1
Entwickler	Eastman D-19
Fixierbad	Eastman F-5
Analytisches Linienpaar	Si 251,611 - Fe 252,285

Tabelle VII: OES/Plasmajet-Meßsignal für 5 µg Si/ml; ("absolute" Intensität für λ_{Si} = 251,6 nm)

Si liegt vor als	Siede-punkt °C	Mitt-leres Meß-signal*	Rel. Standard-abweichung %
Hexamethyldisiloxan	99,5	0,85	4,4
Diethoxydimethylsilan	112	0,96	3,2
Triethoxymethylsilan	142	1,03	5,3
Octamethylcyclotetrasiloxan	175	0,91	5,4
Butoxydimethylsilan	182	0,92	4,2
Octaphenylcyclotetrasiloxan	$>$200	1,00	3,6

* Mittelwert aus jeweils 10 Einzelmessungen, bezogen auf das Signal von Octaphenylcyclotetrasiloxan.

Die Lichtquelle wurde unter den in Tabelle VI angegebenen Bedingungen betrieben. Die Reproduzierbarkeit der mit dieser Lichtquelle erreichbaren Ergebnisse (Tabelle VII) entspricht zwar nicht der, die wir z. B. von der ICP gewohnt sind, dafür ist aber die Abhängigkeit des Meßsignals vom Siedepunkt der Eichsubstanz wie erhofft wesentlich kleiner (Abb. 3). Die zu beobachtenden Abweichungen können noch dadurch verursacht sein, daß die verwendeten Si-organischen Verbindungen nicht analytisch rein sind.

Die Nachweisgrenze der Methode, definiert als das Silizium-Äquivalent der 3 $\sqrt{2}$-fachen Streuung des Untergrundes liegt bei 0,4 ppm. Die Reproduzierbarkeit beträgt im Bereich 1 - 30 ppm 4,4 % relativ und die Eichung verläuft in log-log-Koordination linear (Abb. 4), aber mit einer Steigung $<$ 1.

Abb. 3: Meßsignale als Funktion der Siedepunkte für verschiedene analytische Verfahren.

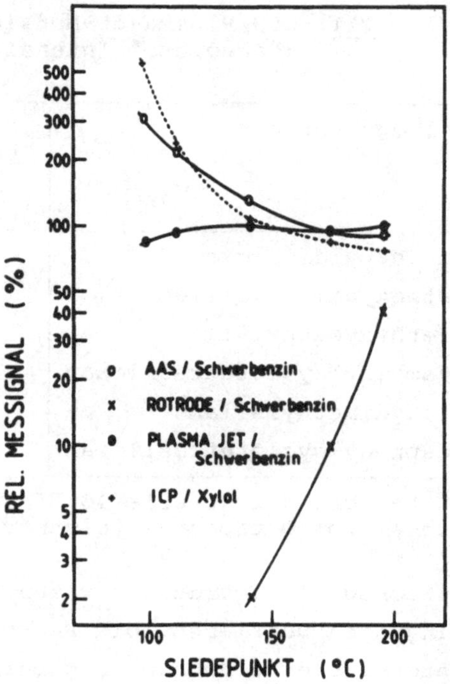

Abb. 4: Eichung Si mittels OES/Plasmajet

Die Intensitäten des analytischen Linienpaares sind bezüglich des Untergrundes korrigiert. Die Umwandlung der Meßwerte auf die relativen Intensitäten erfolgte nach Boumans (8).

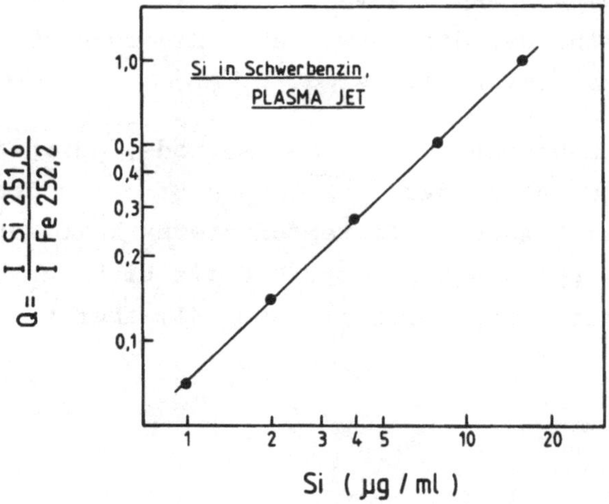

In der Praxis verwenden wir für die quantitative Analyse ein Additionsverfahren. Die Probe (Coker-Leicht- oder Coker-Schwerbenzin, Coker-Naphtha oder Coker-Gasöl) wird gemäß Tab. VIII aufbereitet. Das angewandte Aufstockverfahren entspricht nicht der z. B. aus der AAS bekannten Delta-Eichung, sondern ist eine weniger bekannte Modifizierung (9), weswegen sie hier kurz beschrieben werden soll.

Tabelle VIII:

Aufstockung µg Si/ml	Probe ml	Xylol ml	Si-Standardlösung* ml	Fe-Standardlösung** ml	$Q = \frac{Si\ 251,6}{Fe\ 252,3}$
0	10	3	0	1	0,255
5	10	2	1	1	0,564
15	10	0	3	1	1,14

* 1 g Conostan-Si in 100 ml Xylol
** 10 g Conostan-Fe in 50 ml Xylol

Es wird die Gültigkeit nachfolgender Gleichungen angenommen.

$$\ln Q_o = a + b \cdot \ln C_o \qquad (1)$$

$$\ln Q_1 = a + b \cdot \ln (C_o + C_1) \qquad (2)$$

$$\ln Q_2 = a + b \cdot \ln (C_o + C_2) \qquad (3)$$

Die Aufstockungen werden so gewählt, daß:

$2\ C_o \leq C_1 \leq 10\ C_o$;

$(C_o + C_2)$ soll möglichst groß sein, sich aber noch im linearen Bereich der Eichkurve bewegen.

Nach Eliminierung von a und b und Umstellung erhält man die

folgende Gleichung

$$\frac{\ln \frac{Q_2}{Q_1}}{\ln \frac{Q_1}{Q_o}} = \frac{\ln \frac{C_o + C_2}{C_o + C_1}}{\ln \frac{C_o + C_1}{C_o}} \qquad (4)$$

deren linke Seite nur bekannte Größen enthält und sich unmittelbar berechnen läßt. Auf der rechten Seite wird dazu C solange systematisch variiert, bis die beiden Seiten auf eine vorgegebene Dezimalstellenzahl einander gleich sind. Für die 3 Meßwertepaare aus der Tabelle VIII erhält man 3,6 µg Si/ml (Abb. 5). Mit dem linearen Aufstockverfahren hätte man 4,4 µg Si/ml gefunden.

<u>Abb. 5:</u> Berechnung der Si-Konzentration durch Iteration nach (9)

Von oben nach unten: Linke Seite der Gleichung (4); Iterationswerte für C_o; die mit dem letzten Wert für C_o berechnete rechte Seite der Gleichung (4); Anzahl der Iterationen; vorgegebene Abweichung ΔC_o

```
 .8865426167

          4.
        3.7
        3.61
       3.608
       3.6078
       3.6078
      3.607792
     3.6077915
     3.6077915
   3.607791495
   3.607791494

 .8865426167
          60.
 .0000000001
```

Zum Abschluß möchten wir betonen, daß wir mit unserem Beitrag nicht etwa eine Rückkehr zu einer Lichtquelle vorschlagen wollen, die den neuen Gleichstromplasma-Lichtquellen sicherlich unterlegen ist (10). Vielmehr wollten wir darauf aufmerksam machen, daß mit systematischen Fehlern zu rechnen ist, wenn das zu bestimmende Element in Proben vorliegt, die unter Meßbedingungen einen Dampfdruck aufweisen, der so hoch ist, daß es in der Nebelkammer zu einer das Ergebnis verfälschenden "Entmischung" kommt. Die heute verbreiteten Anregungsquellen arbeiten aber alle mit einer vorgeschalteten Nebelkammer.

Literatur

1. K. Ohls: "COMPENDIUM 77/78" S. 194 - 208 Ergänzungsband der Zeitschrift Erdöl und Kohle, Erdgas, Petrochemie
2. Analytical Standards for Trace Elements in Petroleum Products, NBS Monograph 54 (1962)
3. Silicones in Petroleum Distillates by Atomic Absorption Spectrophotometry, UOP Method 787 - 78
4. M. Margoshes, B. F. Scribner: The Plasma Jet as a Spectroscopic Source. Spectrochim. Acta 15, 138 (1959)
5. M. Margoshes, B. F. Scribner: Journal of Research of the NMS - A: Physics and Chemistry, Vol. 67 A (6), Nov. - Dez. 1963, S. 561 - 568
6. M. S. Vigler, J.J. Failoni: Use of Stabilized Plasma Arc Excitation in Determining the Element Boron in Gasolines, App. Spectry., 19, 57 (1965)
7. L. E. Owen: Stable Plasma Jet for Excitation of Solutions App. Spectry., 15, 150 (1961)
8. P. W. J. M. Boumans: Preprints SVI CSI (Heidelberg 1971) S. 248, Hilger, London
9. C. E. A.: Elêments Practique de Spectrographie d'Emission, S. 58. Edition Eyrolles, Paris 1979
10. C. D. Keirs, T. J. Vickers: App. Spectry. 31 (4) 273 (1977)

DER EINSATZ EINES INDUKTIV-GEKOPPELTEN PLASMAS (ICP) IN EINEM KOMBINIERTEN ATOM-ABSORPTIONS- UND ATOM-EMISSIONS-SPEKTROPHOTOMETER ZUR BESTIMMUNG VON PHOSPHOR UND SCHWEFEL IN STAHL

W. Schrader
Bodenseewerk Perkin-Elmer & Co GmbH, 7770 Überlingen

Einleitung

In den letzten 15 Jahren hat sich aufgrund ihrer Elementselektivität, ihrer ausgezeichneten Empfindlichkeit, der relativ geringen Anschaffungskosten und der einfachen Handhabung die Atom-Absorption zur bedeutendsten Analysenmethode für die quantitative Bestimmung der Metalle und Halbmetalle entwickelt. Die Entwicklung von Plasmen als Anregungsquelle eröffnet neue Wege für die Analyse von Lösungen mit Hilfe der Atom-Emission. Größte Bedeutung kommt hierbei dem induktiv-gekoppelten Plasma (ICP) zu. Atom-Absorption und Atom-Emission mit dem ICP haben jeweils ihre bevorzugten Einsatzgebiete. Am Beispiel der Phosphor- und Schwefel-Bestimmung im Stahl soll der Einsatz eines kombinierten Atom-Absorptions- und Atom-Emissions-Spektrophotometer dargestellt werden. [1]

1. Das ICP-5000-System

Das ICP-5000-System ist ein neues Konzept in der Atom-Spektroskopie. Während herkömmliche ICP-Spektrometer ausschließlich in der Atom-Emission eingesetzt werden können, bietet das ICP-5000 die Möglichkeit der Messung sowohl in Atom-Emission als auch in Atom-Absorption. In Atom-Emission wird ein ICP als Anregungs-Quelle benutzt, in Atom-Absorption können die Flammentechnik, die elektrothermische Atomisierung, die Hydrid-Technik und die Kaltdampf-Technik eingesetzt werden. Dabei erfolgt

13. Spektrometertagung

die Umschaltung des Systems von ICP-Atom-Emission in AAS durch einfaches Drehen eines Knopfes, da das ICP rechts an das Spektrophotometer Modell 5000 angekoppelt ist und somit der Probenraum des Spektrophotometers mit dem jeweiligen Zubehör für die AAS ausgerüstet werden kann. Dieses System bietet dem Analytiker eine bisher nicht gekannte Flexibilität in der Auswahl der für sein Analysenproblem zu verwendenden Analysentechnik in der Atomspektroskopie. (Abb.1)

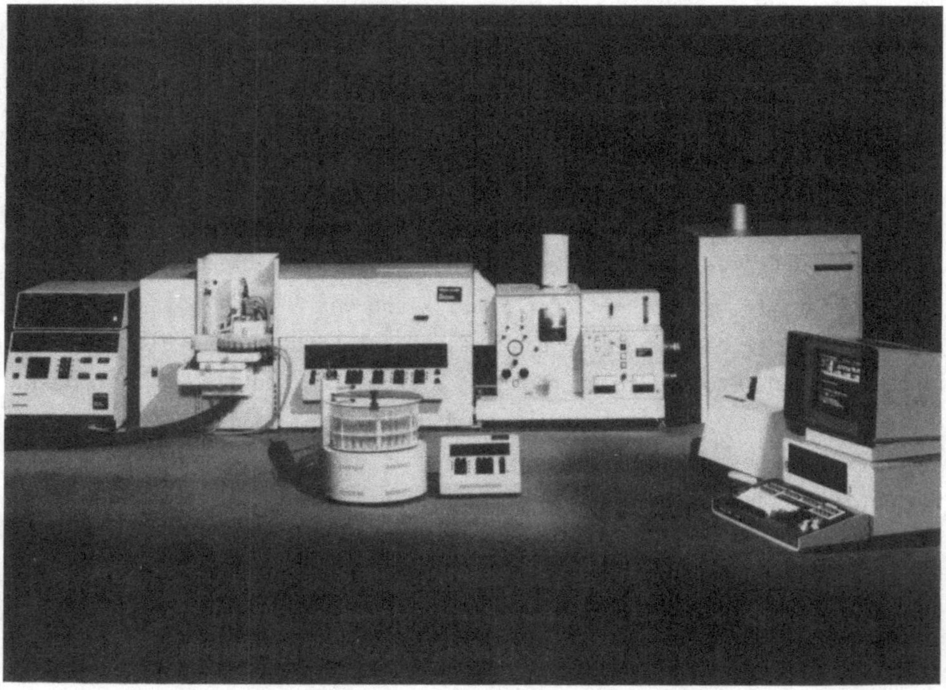

Abb. 1 ICP-5000 System der Firma PERKIN-ELMER

Die Hauptkomponenten dieses Systems sind das Modell 5000 Spektrophotometer, die Plasma-Brennereinheit mit Gasversorgung und Hochfrequenz-Generator, das optische Interface, das Atom-Spektroskopie-Datensystem mit Software, der Drucker PR-80 und der automatische Probengeber AS-50. Als Komponenten für die AAS kommen hinzu der Brenner mit Gasversorgung, die Graphitrohrküvette mit automatischem Probengeber und das Quecksilber-Hydrid-System. Der automatische Probengeber AS-50 kann auch für die Flammen-AAS eingesetzt werden. (Abb.2)

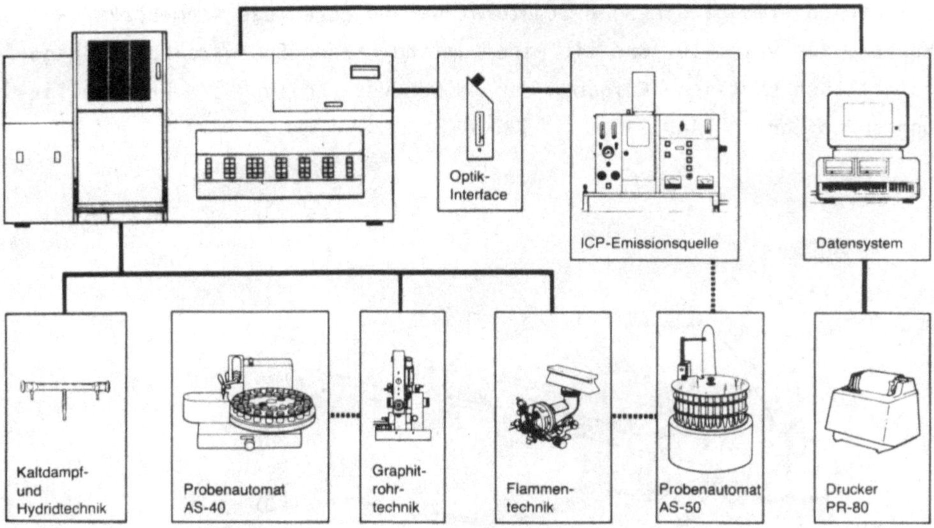

Abb. 2 Schematische Darstellung der Betriebsmöglichkeiten des ICP/5000-Systems

Mit einem voll ausgerüsteten System lassen sich bis zu 20 Elemente sequentiell in Atom-Emission mit dem ICP und bis zu 6 Elemente sequentiell in Atom-Absorption mit der Flamme oder der Graphitrohrküvette bestimmen.

Der Monochromator in Czerny-Turner-Aufstellung hat eine Brennweite von 408 mm. Der Spektralbereich von 175 - 900 nm wird durch 2 Gitter abgedeckt, die jeweils in der 1. Ordnung eingesetzt werden. Die Gitterumschaltung erfolgt bei 460 nm. Als UV-Gitter wird ein geblaztes holographisches Gitter mit 2880 Linien/mm einer Fläche von 84 x 84 mm und einer Blazewellenlänge von 210 nm, als VIS-Gitter ein geritztes Gitter mit 1440 Linien/mm einer Fläche von 84 x 84 mm und einer Blazewellenlänge von 580 nm eingesetzt. Die reziproke Lineardispersion beträgt 0,65 nm/mm im UV und 1,3 nm/mm im VIS-Bereich. Die Wellenlängen-Einstellung erfolgt durch mikrocomputer-gesteuerten Schrittmotorantrieb. Im ICP-Betrieb erfolgt die Schrittmotorsteuerung durch das Atom-Spektroskopie-Datensystem 10, das mit einem umfangreichen Software-Paket ausgestattet auch sämtliche Aufgaben der Meßwertverarbeitung und Protokollierung durchführt. (Abb.3)

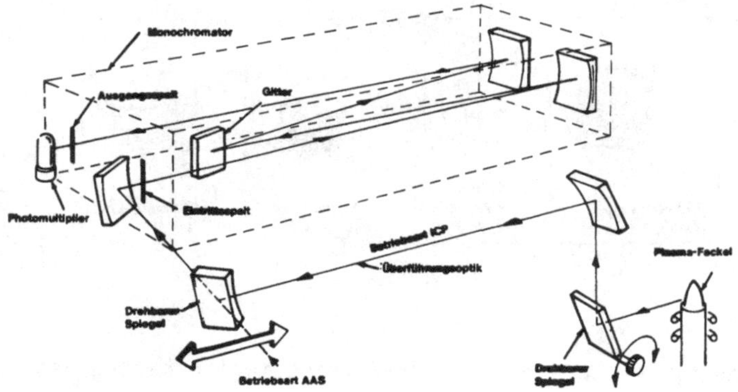

Abb.3 Optikschema ICP/5000-System (stark vereinfacht)

Da unterhalb 190 nm Sauerstoff-Absorption auftritt, kann der Monochromator für Messungen im Wellenlängenbereich von 175 - 190 nm mit einem Inertgas gespült werden. Dieser Wellenlängenbereich weist erheblich weniger Linien störender Elemente wie z.B. Eisen auf. Er eignet sich deshalb besonders für die Bestimmung von Elementen wie Phosphor, Schwefel, Bor, Jod und anderen die in diesem Wellenlängenbereich intensive Linien besitzen. (Abb.4)

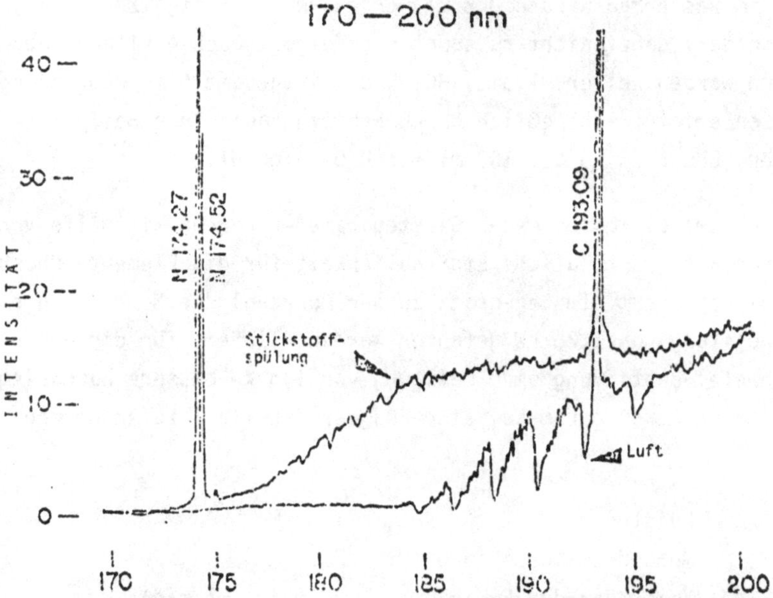

Abb. 4 Einfluß der Stickstoffspülung des Monochromators auf die Lichtdurchlässigkeit im Bereich von 170 - 200 nm

Als Plasma wird ein Argon-Argon Plasma eingesetzt. Der zur Versorgung der Plasma-Fackel dienende HF-Generator arbeitet bei einer quarzstabilisierten Frequenz von 27,12 MHz. Die an die Fackel abgegebene HF-Leistung ist einstellbar bis max. 2,5 kW. Darüber hinaus verfügt das ICP-5000-System über eine vollautomatische Impedanz-Abstimmung. Die Zerstäubung der Probe erfolgt mit einem Meinhard-Zerstäuber.

2. Bestimmung von Phosphor und Schwefel in Stahl

Phosphor und Schwefel liegen in Stahl in Bindungsformen vor, aus denen unter reduzierenden Bedingungen leichtflüchtige Verbindungen entstehen. Aus diesem Grunde wurde ein spezieller Säureaufschluß entwickelt. Dabei werden 1 g Stahl mit 2 ml H_2O und 0,5 ml $HClO_4$ (70 %ig) versetzt. Unter Kühlen im Wasserbad werden 0,2 ml Mengen HNO_3 (65 %ig) zugegeben. Die Reaktion darf dabei nicht zu spontan erfolgen. Nach Abklingen der ersten Reaktion werden weitere 1,5 ml $HClO_4$ und insgesamt 5 ml HNO_3 zugegeben. Das Lösen erfolgt schließlich durch Erhitzen auf einer Heizplatte. Die erhaltene Lösung wird auf 100 ml mit H_2O aufgefüllt.

Die am Plasma einzustellenden Geräteparameter wurden mit Hilfe von Eichstandards auf größtmögliche Empfindlichkeit für die Elemente Phosphor und Schwefel optimiert. Im Gegensatz zu der Mehrzahl der Metalle, die bei einer Leistung von 1,25 kW gefahren werden, liefert für die Phosphor- und Schwefel-Bestimmung eine Leistung von 1,5 kW bessere Nachweisgrenzen. Die weiteren Geräteparameter sind aus der Tabelle 1 zu entnehmen.

Leistung	:	1,5 kW
Monochromatorspülung	:	Fast
Zerstäuberdruck	:	20 (= 1 ml/min)
Peristaltische Pumpe	:	900
Plasma Gas	:	20 l/min
Hilfsgas	:	0
Beobachtungshöhe	:	15 mm über HF-Spule

Tabelle 1: Auswahl der Geräteparameter am Plasma

Wegen der in der ICP-Atom-Emission auftretenden großen Vielzahl von Linien ist die Auswahl der Analysen-Linie für die Richtigkeit des Ergebnisses von entscheidender Bedeutung. Die Auswahl der Linien kann oft anhand von Spektren-Atlanten erfolgen. Die Angaben über die Linien-Intensität in diesen Atlanten bezieht sich jedoch oft auf Funken- oder Bogen-Anregung. [2] [3] In diesen Fällen sind die Intensitäts-Angaben nicht auf das Plasma übertragbar und es ist ratsam, von den Hauptbestandteilen der zu untersuchenden Probe in dem Spektralbereich der Analysenlinie ein Spektrum zu fahren, um zu prüfen, daß von den Hauptbestandteilen keine Linienkoinzidenz zu erwarten ist. Das ICP-5000-System bietet die Möglichkeit sowohl am Schreiber als auch am Bildschirm des Rechners Spektren darzustellen.

Am Beispiel der Schwefelbestimmung soll eine solche Linienoptimierung dargestellt werden. Zunächst wurde eine Aufzeichnung einer 2 ppm Schwefel-Lösung im Wellenlängenbereich von 174 - 183 nm gemacht. In diesem Wellenlängenbereich liegen die Schwefel-Linien 180,73 nm und 182,04 nm. (Abb.5)

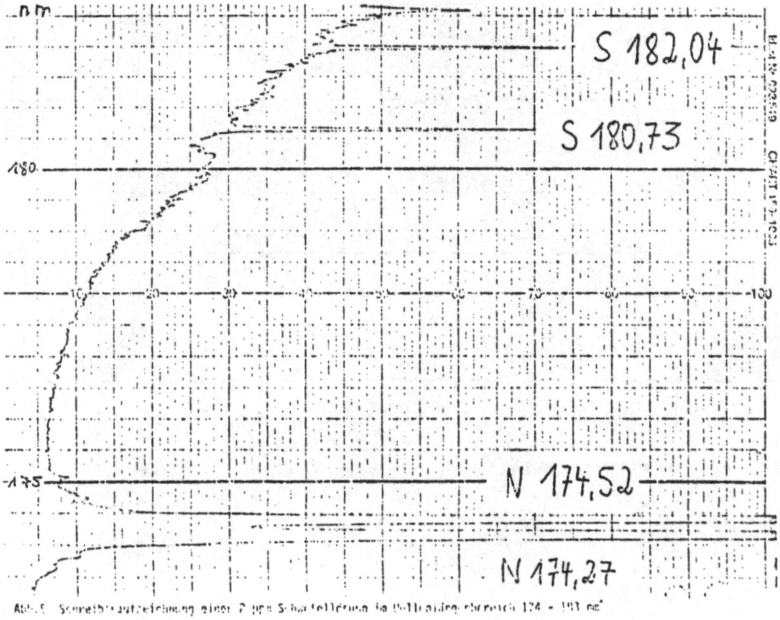

Abb.5 Schreiberaufzeichnung einer 2 ppm Schwefellösung im Wellenlängenbereich 174 - 183 nm

Vergleicht man dieses Spektrum mit dem Spektrum einer 1 %igen Eisenlösung, so zeigt sich eine Störung der Schwefel-Linie 180,73 nm durch eine Eisenlinie. Aus diesem Grunde wurde für die Schwefelbestimmung die Analysen-Linie 182,04 nm ausgewählt. Im nächsten Schritt wurden im Wellenlängenbereich um 182,04 nm die Spektren von 1000 ppm-Lösungen der Hauptbestandteile des Stahls registriert. Bei 1 g Stahleinwaage entspricht dies einer Konzentration von 10 % des Elements in dem Stahl. Am Beispiel der Elemente Nickel und Chrom in Abb.6 wird deutlich, daß diese Elemente zwar neben der Schwefel-Linie eine starke Linie aufweisen, eine Trennung der Schwefel-Linie von diesen Linien jedoch möglich ist. Sie stören also die Schwefel-Bestimmung nicht.

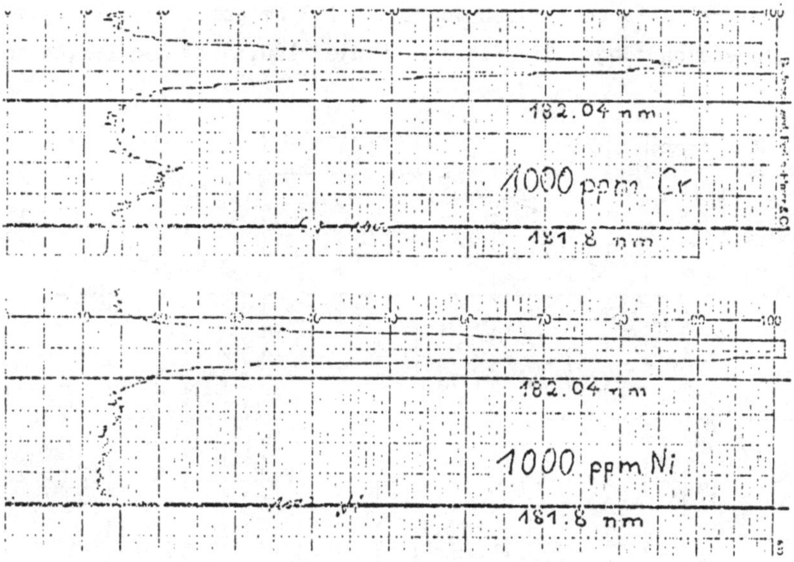

Abb.6 Schreiberaufzeichnung einer 1000 ppm Cr und 1000 ppm Ni-Lösung um die Schwefellinie 182,04 nm

Registriert man nun verschiedene Analysenkontrollproben im Wellenlängenbereich um 182 nm, so sieht man, daß sich die Schwefellinie gut isolieren läßt. (Abb.7)

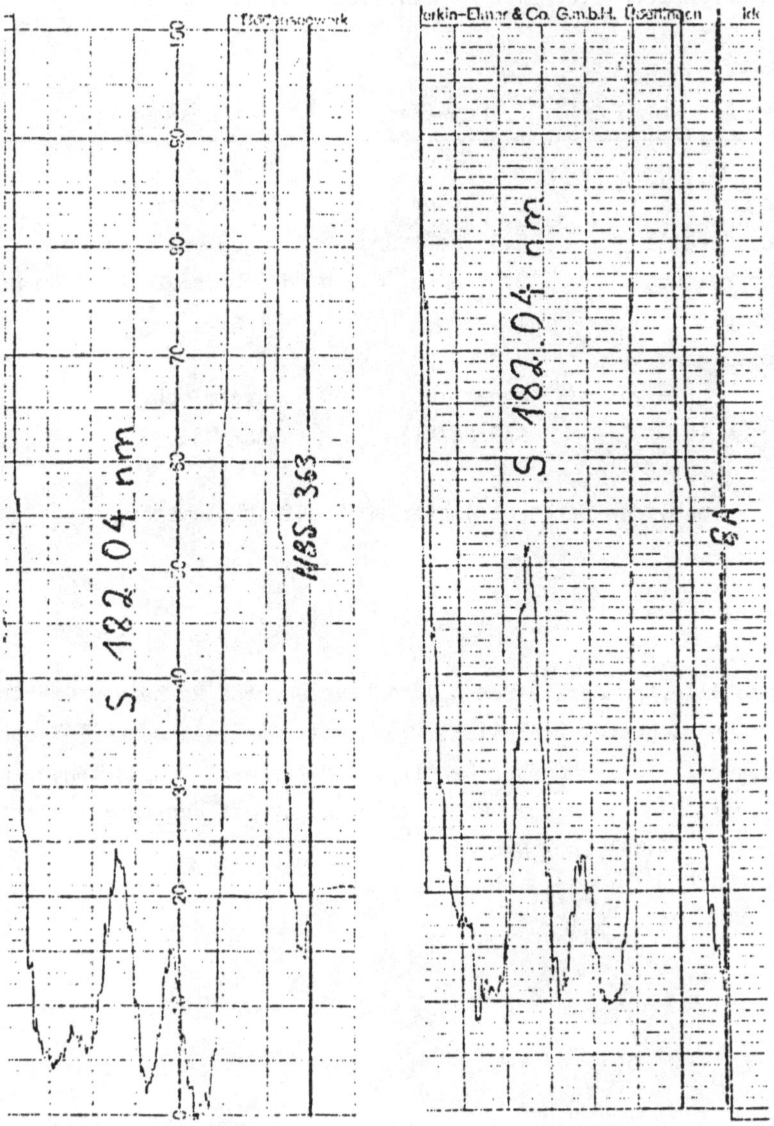

Abb.7 Schreiberaufzeichnung der Analysenkontrollproben NBS 363 und 8 A im Wellenlängenbereich um die Schwefellinie 182.04 nm

In gleicher Weise wurde auch für die Auswahl der Phosphor-Linien vorgegangen. Als störungsfreie Linie wurde die Linie bei 178,29 nm ausgewählt. Anhand der aufgezeichneten Spektren können auch die Untergrundkorrektur-Intervalle links und rechts von der Linie optimal gewählt werden. Die optimierten Geräteparameter sind in Tabelle 2 zusammengefaßt.

	Schwefel	Phosphor
Wellenlänge	182,04 nm	178,29 nm
Spektrale Bandbreite	0,03 nm 1.Ordnung	0,03 nm 1. Ordnung
Untergrundkorrektur	0,05 nm L 0,1 nm H	0,05 nm L 0,05 nm H
Integrationszeit	1 s	1 s
Wiederholmessungen	3	3
Meßart	dynamisch	dynamisch
Standard	AKP 8a/812	AKP S10/3

Tabelle 2: Auswahl der Geräteparameter am Spektrophotometer

Mit den so optimierten Geräte-Bedingungen wurden eine Reihe von Stählen auf Phosphor und Schwefel analysiert. Von jeder Analysenkontroll-Probe wurde der Schwefel- und Phosphor-Gehalt als Mittelwert von 3 Einwaagen ä 1 g ermittelt. Die gefundenen Werte stimmen gut mit den spezifizierten Werten überein. (Tabellen 3 und 4)

Stahl	spezifizierter Wert (%)	gefunden (%)
AKP 8a / 812	0,052	Standard
AKP 9a / 1472	0,0199 (± 0,0007)	0,0197
AKP 1 CrAl 1a/326	0,0044 (± 0,0009)	0,0035
Euro AKP 178/1 1657	0,0153 (± 0,0010)	0,0181
BCS 459	0,052	0,051
BCS 460	0,009	0,0091
NBS 363	0,009 (± 0,001)	0,0094
NBS 365	0,0056 (± 0,0003)	0,0056

Tabelle 3: Analysenergebnisse der Schwefelbestimmung im Stahl

Stahl	spezifizierter Wert (%)	gefunden (%)
AKP 8a/812	0,0526 (± 0,0018)	0,051
AKP 9a/1472	0,0051 (± 0,0003)	0,0052
AKP S10/3	0,057 (± 0,002)	Standard
AKP MnCrV1/738	0,0092 (± 0,0011)	0,0081
AKP 2-Cr/60	0,0207 (± 0,0012)	0,0185
AKP 1-CrAl 1a/326	0,0075 (± 0,0010)	0,0076
Euro AKP 178/1 1657	0,0112 (± 0,0008)	0,0112
BCS 459	0,049	0,050
BCS 460	0,040	0,042
NBS 363	0,029 (± 0,005)	0,024
NBS 365	0,0025 (± 0,005)	0,0027
AKP 428/1	0,077	0,079

Tabelle 4: Analysenergebnisse der Phosphorbestimmung im Stahl

Schrifttum

1 B.Welz: Chemie-Technik 4, 161-170 (1980)

2 R.K. Winge, V.J. Peterson and V.A. Fassel: Applied Spectroscopy 3, 206-219 (1979)

3 M.L. Parsons, A. Forster and D. Anderson: Plenum Press, New York 1980

ICP - EMISSIONSSPEKTROMETRIE - EIN FERTIGES ANALYSENPRINZIP ?

K. Ohls

Hoesch Hüttenwerke AG
Postfach 902 - D 4600 Dortmund 1

Es liegen etwa 20 Jahre der Entwicklung und Anwendung von Plasmen (Flammen) in der analytischen Chemie hinter uns, so daß es angebracht erscheint, nach einem kurzen Rückblick den heutigen Stand der Methode kritisch zu betrachten.

Entsprehend dem Sinn dieser Tagung soll das Gespräch zwischen Geräteherstellern und Anwendern gesucht werden. Da leider die Diskussion der Vorträge und damit jedes Wechselgespräch aus mehreren Gründen nicht mehr stattfinden, ist dies, was ich heute sagen will, eine Zusammenfassung von Diskussionsfragen und Antworten zum Thema: Einsatz der ICP-Emissionsspektrometrie.

Ich sehe dies als Anwender natürlich subjektiv und die Antworten beruhen nur auf der eigenen Erfahrung. Ein wesentlicher Punkt, der mich hierzu bewogen hat, ist meine Meinung, daß nach den euphorischen Anfängen mit der „neuen" ICP - Methode jetzt doch die systematische Erarbeitung von Grundlagen und Verfahren die Überhand gewinnen sollte.

Zunächst ist daran zu erinnern, daß bereits am 1. Juni 1962 auf der 59. Vollsitzung des VDEh-Chemikerausschusses in Düsseldorf mit dem Vortrag von
J. van Calker und W. Tappe
"Die Anwendung hochfrequenter Plasmaflammen als spektrochemische Lichtquelle" (1)
die Grundlagen für Plasmen mit Argon, N_2 und Luft beschrieben worden sind.

13. Spektrometertagung

Neben der Münsteraner Schule führten dann vor allem die Arbeiten der Münchner, z.B.
U. Jecht und W. Kessler
"Beobachtungen und Untersuchungen an HF-Plasmaflammen" (2)
zur Entwicklung des kapazitiv gekoppelten Plasmas (CMP) in Deutschland, das im allgemeinen Bereich der Routineanalyse nicht den Durchbruch schaffte.

Daran war auch die praktisch im gleichen Zeitraum beschriebene Entwicklung des induktiv gekoppelten Plasmas (ICP) durch S. Greenfield (3) und V.A. Fassel (4) beteiligt. Die englische und amerikanische Variante sind prinzipiell gleichartig; sie unterscheiden sich nur durch verschieden hohe Leistung, Gasdurchsatzmengen und dadurch bedingte Stabilität.

Der Vorteil des ICP ist die sich ausbildende toroidale Flammenform, die ein vollständiges Einbringen des Proben-Aerosols möglich macht. Das mit Argon als Kühl- und Plasmagas betriebene Plasma nach Fassel wird mit einer Generatorausgangsleistung von ~1,5 kW betrieben. Die apparativen Bedingungen von Fassel et al. (5) haben sich bis heute kaum verändert; sie sind auch von der Mehrzahl der Hersteller übernommen worden.

Veröffentlichte Analysenverfahren für Problemelemente, wie z.B. die Seltenen Erden, und auch die damals schon extrem guten Nachweisgrenzen, wie z.B. aus eisenhaltiger Lösung (6), führten bereits 1974 zum ersten Einsatz dieser Methode in unserem Laboratorium. Das war etwa 10 Jahre nach den ersten Publikationen aus England und USA. Der ursprüngliche Start erfolgte bei uns mit dem Fassel-Plasma. Bereits ein Jahr später konnten wir den Greenfield-Typ testen, der häufig unterschätzt wird.

Es sind oft Zufälle, die eine Entwicklung in einer bestimmten Richtung vorantreiben. Ist dann erst Geld in diese Richtung investiert, so wird meistens - auch gegen Sachargumente - hieran festgehalten. Dieses Problem kennen wir in der Industrie zwar auch, doch es fällt uns leichter, verschiedene Geräte oder Geräteteile zu kombinieren. Erfahrungsgemäß haben von Herstellern zusammengestellte Meßsysteme neben Vorteilen auch Schwachstellen. Unser Ziel ist es, möglichst viele Vorteile zusammenzubringen. Hierauf wird bei der Beschreibung unserer Apparatursysteme noch eingegangen.

Die Plasmaflamme von Greenfield hat bei einer mittleren Spulenleistung von 3 kW eine längere Hochtemperatur- oder Anregungszone, wodurch längere Verweilzeiten für das Proben-Aerosol bewirkt werden. Dies wiederum bewirkt bei bestimmten Analysenlinien, daß sich ihr Signal/Untergrund-Verhältnis mit steigender Leistung verbessern kann. Ferner ist es nachweisstärker. Gegenüber allen Hantierungen zeigt sich dieses Plasma, das auch noch bei Leistungen von ~10 kW brennen kann, stabiler. Es lassen sich sehr verschiedene Stoffe - Lösungen und Gase - einbringen, ohne daß die Flamme stirbt.

APPARATESYSTEME

Im wesentlichen besteht ein ICP-Apparatesystem aus

Generator,
Gasversorgung,
Brenner/Zerstäuber-System und dem
Detektor,

wobei die Impedanzanpassung und deren Regelung dem Generator sowie die Datenverarbeitung und Ausgabe dem Detektor zugeordnet sind.

Die erste Anlage, die 1974 in unserem Laboratorium lief, bestand aus einem Henry-Generator (27,12 MHz, quarzstabilisiert, ≤ 2 kW) einem Labtest-Spektrometer (V 25) und einer nach Fassel's Angaben selbstgebauten Brenner/Zerstäuber-Einheit.

An der Generatoren-Konzeption kann der Anwender nichts ändern. Es ist jedoch zu empfehlen, sich mit der HF-Technik zu befassen.

Der Henry-Generator bereitete uns anfänglich große Schwierigkeiten in bezug auf die erforderliche 8-Stunden-Stabilität. Wir haben daher - und um auch mit höheren Leistungen arbeiten zu können - die Entwicklung eines deutschen Generators (kürzere Service-Wege) angeregt. Dabei entstand der Linn-Generator, ein freilaufender Typ mit Spulenleistungen von maximal 4,5 oder 7 oder sogar 10 kW.

Aus der Zusammenstellung von häufig benutzten Generator-Typen (Tabelle 1), die nicht vollständig sein kann, ist zu erkennen, daß überwiegend mit dem Fassel-ICP-Typ (max. 2 kW) gearbeitet wird. Die Herstellerprospekten entnommenen Daten sind leider nicht vollständiger. Zweifellos haben die Versorgungssysteme durch Rückkoppelungen geregelt mehr Stabilität gewonnen, denn wir alle haben uns mit der HF-Technik beschäftigt.

HERSTELLER LIEFERANT	FREQUENZ [MHz]	QUARZ-STABIL.	FREI-LAUF.	MAX. LEISTUNG [kW]	LEISTUNGS-STABILITÄT [%]	RESTWELLIGKEIT [%]
ARL (Henry)	27,12	×		2	±0,3	<2
ISA (Plasma Therm)	27,12	×		1,5 : 5		<1
JARREL/ASH	27,12	×		2	±5	
KONTRON (Linn)	27,12±0,11		×	2 : 10	<±2	<±1,5
PHILIPS	50±1		×	2		

Tabelle 1: Generatoren

Welchen Generator man empfehlen soll, richtet sich nach dem Anwendungsfall. Wer ein feststehendes Programm zu absolvieren hat, benötigt nicht unbedingt ein variables System.

Variabler ist selbstverständlich ein Generator, der nicht nur bis 1,7 kW (max. 2 kW) stabil arbeitet.

Bestens bewährt haben sich in der Praxis nur getrennte Gasversorgungsanlagen. Der Einfluß der Gasmengendosierung wird häufig vergessen. Dabei ist vor allem die Dosierung des Trägergases exakt zu gewährleisten - über Stunden gesehen. Da sehr unterschiedliche Drücke anliegen und die Gasmengen zwischen 1 l/min und 30 l/min variieren, ist ein getrenntes System eigentlich selbstverständlich.

Es wird immer wieder versucht, durch Tricks, z.B. Veränderung des Brenners oder Zerstäubersystems, alle analytischen Probleme mit einer einzigen Methode - dem Argon/Argon-Plasma mit niedriger Leistung - zu lösen. Dies ist vom merkantilen Standpunkt aus zu verstehen, verlagert jedoch die Schwierigkeiten auf den durchführenden Anwender. Eine einzige Methode, die für alle möglichen oder wichtigen Elemente aus unterschiedlichen Matrices optimal arbeitet, gibt es nicht.

Die vielen Versuche, die Brennerform zu verändern, zeigen für den Anwender die Unfertigkeit der ICP-Methode.

Die beiden Grundformen in der Beschreibung von Greenfield und Fassel haben sich bisher bestens bewährt.

Es ist für diese Analytik typisch, daß mit einem Vorteil für ein Problem immer ein Nachteil für ein anderes auftreten kann.

Entsprechendes gilt auch für die Zerstäuberkammern. Die von R.H. Scott & Fassel (7) konzipierte Kammer hat sich bisher am besten bewährt in bezug auf Tröpfchenabscheidung und Reproduzierbarkeit des Untergrund-Meßwertes.

Ein Unterschied zwischen Fassel- und Greenfield-Plasma ist die Möglichkeit, beim Vorliegen wässeriger Analysenlösungen nur mit einem einzigen Argon-Gasstrom für Kühlung und Plasma auszukommen. Das Kühlgas versorgt auch das Plasma, eine Gasdosierung wird eingespart.

Durch den Analyten stark beeinflußbar ist die Aerosolerzeugung. Die gebräuchlichen Zerstäubertypen sind der konzentrische Glaszerstäuber (Ringspaltzerstäuber) und der Kniezerstäuber (Cross-flow).

Langzeitstabil bei Lösungen mit unterschiedlichen Salzgehalten arbeitet der Cross-flow-Typ. Mit einem Trick (wasserhaltigem Aerosolgas) können auch mit dem konzentrischen Ringspaltzerstäuber höhere Salzgehalte bewältigt werden.

Jede Änderung der Effektivität dieser Zerstäuber führt direkt zu unterschiedlichen Meßwerten, sei es durch die eingebrachte Probenmasse oder verschiedenen Streulichtanteil (Tröpfchen). Die Arbeitsweise - Druck und Gasmenge - haben Einfluß auf die Intensitäts-Höhenverteilung der Elemente im Plasma.

Dichte, Viskosität und Oberflächenspannung können zu veränderter Lösungsaufnahme führen und müssen beim Kalibrieren somit berücksicht werden.

Die Entwicklung des GMK-Zerstäubers (8) ist ganz auf hohe Salzgehalte ausgerichtet. Die Analysenlösung tropft auf die Spitze der Trägergascapillare, die V-förmig eingeschliffen ist.

Aus Fort Saskatchewan (Alberta, Canada) kommt der MAK-Zerstäuber (9) der Elemente des Cross-flow-Typs enthält, aber bei höherem Druck arbeiten kann.

Beide Entwicklungen zeigen, daß hier noch viel getan werden kann. Es ist auch noch nicht eindeutig geklärt, ob die Verwendung einer Lösungspumpe unbedingt notwendig ist oder zu signifikanten Verbesserungen führt. Viele Zerstäubertypen arbeiten nur mit einer Pumpe. Wir verwenden für Routineanalysen sowohl beim konzentrischen Glas- als auch beim Crossflow-Zerstäuber keine Pumpe.

Nicht zu beeinflussen - außer beim Kauf - ist vom Anwender der Aufbau optischer Detektoren (Spektrometer).

In einer nicht vollständigen Zusammenstellung (Tabelle 2) sind gebräuchliche Sequenz- und Simultangeräte aufgeführt.

HERSTELLER LIEFERANT TYP	BRENNWEITE [m]	GITTER [Str/mm] h=holo.	LINEARDISPERSION [nm/mm]	AUFLÖSUNG [nm]	AUFLÖSUNGSVERMÖGEN	WELLENLÄNGENBEREICH [nm]
$ARL_{34\,000}$	1	1080	0,9 I 0,5 II 0,3 III 0,2 IV		43 200 86 400 129 000 172 800	340 - 820 I 170 - 410 II 170 - 270 III 170 - 200 IV
$ARL_{35\,000}$	1	1200		0,03		190 - 880
$ISA_{(JY)}$	1	2400 h	0,4	0,02		190 - 750
	1,5	2400 h	0,3		150 000	190 - 800
JARREL/ASH	0,75	2400h	0,5	0,04		190 - 500
$KONTRON_{(JY)}$	0,6	2400h	0,6	0,02	50 000	200-600
LABTEST (V25)	1	2160	0,5		108 000	160 - 430
	1	1200	0,8	0,01		185-1250
	0,75	1800	0,7 I 0,4 II	- 0,02		300-820 I 170-300 II
	0,35	1180	2	0,1		200-700
$PHILIPS_{8210}$	1,5	1200	0,6			190-700

Tabelle 2: Monochromatoren - Spektrometer

Auf die Widersprüche der Herstellerangaben in Prospekten für Kunden möchte ich hier nicht eingehen, obwohl dies eigentlich angebracht wäre.

Es kristallisieren sich einige Charakteristika heraus, die offensichtlich Vorteile bieten und deshalb am häufigsten auftreten:

1. Die Verwendung holographisch hergestellter Gitter mit 2400 Strichen/mm
2. eine Lineardispersion von 0,5 nm/mm
3. eine Auflösung von mindestens 0,02 nm
4. ein Wellenlängenbereich von 190 - 500 nm.

Die ICP-Anregung hat es bewirkt, daß bei den Herstellern auch wieder eine Entwicklung auf diesem Gebiet der optischen Detektoren eingesetzt hat. Bei der Emissionsspektrometrie von Metallen ist man in den letzten Jahren nicht darauf gekommen, auch das Messen in 2. oder höherer Ordnung zu versuchen, wenn das Echelle-Spektrometerprinzip einmal außer Acht bleibt.

Die Entwicklung von Echelle-Detektoren für das ICP stagniert leider zur Zeit.

Bei simultan messenden Versionen normaler Spektrometer führt gerade die Installation zahlreicher Spiegel und Sekundärspalte zu geometrischen Problemen. Dies wird oft übersehen, wenn von der Anzahl möglicher Elemente gesprochen wird. Je nach Anwendungsfall können die Zahlen stark differieren.

Wir arbeiten zur Zeit mit zwei ICP-Apparatesystemen:

1. Einem simultan messenden, das aus der ursprünglichen Version hervorgegangen ist, mit der Möglichkeit beide Generatoren auszutauschen (Bild 1). Diese Anlage ist dadurch variabel, daß 37 Elemente (+ 2 doppelte [Al, B] + 1 Argonlinie) praktisch alle analytischen Fragestellungen überdecken und auch - wenn erforderlich - die Leistung auf 3 - 4 kW gebracht werden kann.

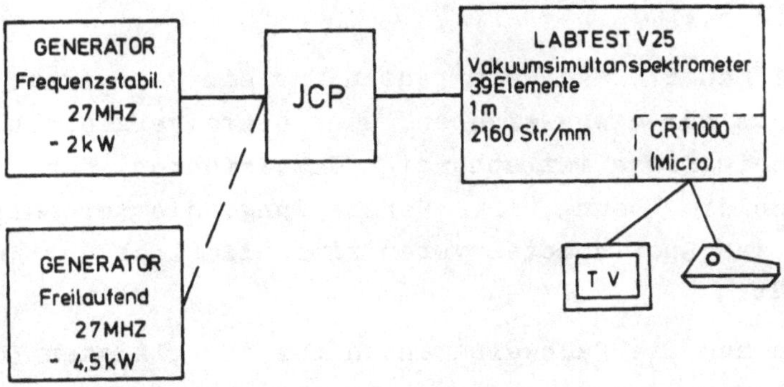

Bild 1: Simultananalysen-Apparatesystem

2. Einem kombinierten System aus sequentiellem Monochromator und Simultangerät mit 19 Elementkanälen (Bild 2).

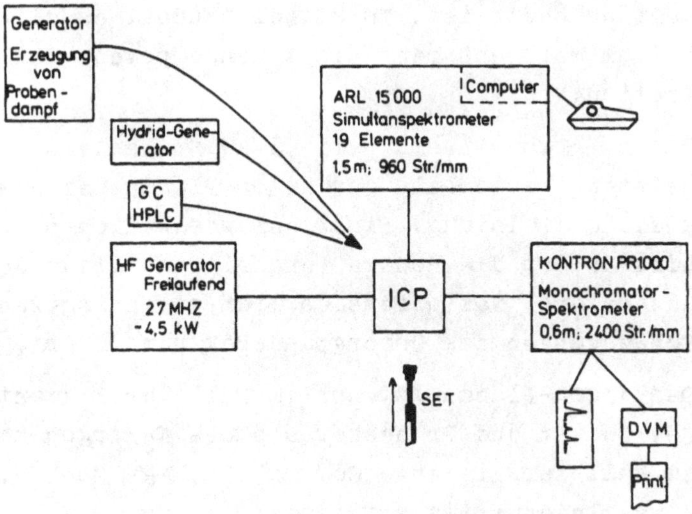

Bild 2: Kombiniertes System mit Sequenz- und Simultanspektrometer

Die Linienauswahl - besonders der 39 Positionen in einem Spektrometer - erforderte langwierige Studien mit den auftretenden Matrices.

Ermittelt man die Nachweisgrenzen für ein Verfahren, so läßt sich daraus nur etwas ersehen, wenn diese vergleichbar sind. Die Nachweisgrenze ist abhängig vom Verfahren, d.h. ihr Wert wird durch die Lösung, ihre Herstellung, die Aerosolproduktion und das Spektrometersystem einschließlich der Anregung beeinflußt.

Wir haben nun die Nachweisgrenzen für die gleichen Lösungen an dem gleichen Spektromter ermittelt, wobei für das Argon-Plasma ein frequenzstabilisierter Generator (max. 2 kW) und für das N_2/Argon-Plasma ein freilaufender Generator (max. 4,5 kW) sowohl bei 1,5 als auch bei 3,0 kW Spulenleistung verwendet wurden (Tabelle 3).

Aus der Zusammenstellung der Nachweisgrenzen ist eindeutig zu ersehen, daß bei der Meßung auf 39 Elementlinien:

1. Das N_2/Argon-Plasma mit 3,0 kW Spulenleistung das weitaus beste ist. Im Mittel handelt es sich hierbei um meistens mehr als 1 Zehnerpotenz der Konzentration.

2. Das N_2/Argon-Plasma bei 1,5 kW Spulenleistung ist meistens besser als das Argon-Plasma bei etwa gleicher Leistung. Einer der wesentlichen Gründe hierfür ist die höhere Langzeitstabilität des Generators, was offensichtlich zu geringeren Schwankungen des Untergrundspektrums führt.

3. Das Argon-Plasma ist nur im Fall der Elemente Hg, Fe, Cu, Sr und Pr besser als das N_2/Argon sowie im Fall der Elemente Cd, Ba, Ta, Mg, Mo, Ti, Zr etwa gleichwertig mit diesem Plasma.

ELEMENT		LINE [nm]	DETECTION LIMITS [ug/L] ARGON 1.5 kW	N_2/ARGON 1.5 kW	N_2/ARGON 3.0 kW
Sn	II	189.99	100	50	7
Hg	II	194.23	0.5	4	7
Se	I	196.03	50	8	1
As	I	197.26	100	10	10
Nb	II	202.93	100	7	4
Sb	I	206.84	100	7	4
B_1	I	208.96	10	8	4
Zn	I	213.86	5	30	1
Pb	II	220.35	500	10	5
Bi	I	223.06	50	8	5
Ag	I	224.64	200	20	6
Cd	I	228.80	3	8	4
Ni	II	231.60	10	4	6
Ba	II	233.53	5	3	4
Te	I	238.58	100		
Ta	II	240.06	10	10	9
B_2	I	249.67	30	20	7
P	I	253.56	1000	10	6
Mn	II	257.61	1	0.8	0.3
Fe	II	259.94	2	10	4
Mg	II	279.55	0.5	4	0.5
Mo	II	281.62	10	20	9
Si	I	288.16	10	10	3
Al_1	I	308.21	20	10	6
V	II	310.23	5	4	2
Cu	I	324.75	0.5	3	3
Ti	II	334.94	0.5	8	0.7
Zr	II	343.82	5	4	4
Co	I	345.35	20	9	4
Ca	II	393.37	5	0.2	0.4
La	II	394.91	20	20	3
Al_2	I	396.15	20	9	4
W	I	400.88	50	7	2
Nd	II	405.99	20	5	8
Sr	II	407.77	0.05	0.9	0.2
Ce	II	418.66	30	7	3
Pr	II	422.35	0.1	5	2
Cr	I	425.43	100	5	10

Tabelle 3: NACHWEISGRENZEN

Hier ist zu bedenken, daß 1,5 kW Leistung für das N_2/Argon-Plasma im großen Brenner nicht zu einer optimalen Flammenform führen, die Beobachtungshöhe aber nicht geändert wurde. Dies mußte einfach bei höherer Leistung besser werden.

Die Änderung der Beobachtungshöhe (spektralen Abbildung) ist eine Verfahrensänderung!

Die ICP-Plasmen sind somit hervorragend für Analysen von mittleren und kleinen Gehalten geeignet.

Für die Analyse von Spurengehalten sollte man zweckmäßigerweise dann das nachweisstärkste Verfahren benutzen - eben das mit dem N_2/Argon-Plasma bei 3,0 kW als Anregung.

ANALYSENMETHODEN

Die ICP-Emissionsspektrometrie ist als Analysenmethode grundsätzlich nicht geeignet, in einem einzigen Verfahren hohe und niedrigste Konzentrationen nebeneinander zu bestimmen. Wir haben zunächst zwei nahezu universielle Verfahren entwickelt, deren Begrenzung kurz erläutert werden soll:

Für unlegierte Stähle oder auch in der Lösungssäure auflösbare Metalle gilt:

1 g Späne werden in 30 ml Mischsäure gelöst, bis zum Rauchen erhitzt und mit H_2O auf 100 ml aufgefüllt.

Mischsäure:	2 Teile	HCl	(ρ = 1,19)
	+ 2 "	$HClO_4$	(ρ = 1,67)
	+ 1 Teil	HNO_3	(ρ = 1,4)
	+ 1 "	H_2O	

Rückstand: Ein auftretender Niederschlag kann mit Natriumtetraborat (1:10) aufgeschlossen, in HCl gelöst und hinzugefügt werden.

W kommt nur in so geringen Gehalten in die Lösung, daß mit Linienkoincidenzen nicht zu rechnen ist.

B kann nach einem Aufschluß nicht bestimmt werden.

S und P sind nur bei Verwendung eines Vakuumspektrometers bestimmbar, wenn Eisen als Matrix vorliegt.

Bereits bei Legierungen mit 1 % Chrom, Molybdän usw. - geschweige denn bei höheren Gehalten - ist dieses Verfahren nicht mehr brauchbar. Die Blindlösung muß geändert werden, wobei an bestimmten Stellen des Spektralbereiches völlig andere Meßwerte auftreten. Linienkoincidenzen sind möglich und müssen korrigiert werden.

Selbstverständlich ist die Erstellung einer möglichst exakten Blindwertlösung hier Voraussetzung.

Dieses Verfahren läßt sich leicht für legierte Stähle und Legierungen modifizieren: Es muß so stark verdünnt werden, bis die Linienbeeinflussungen nicht mehr auftreten. Dann entfällt jedoch im allgemeinen die Spurenanalyse.

Entspechend existiert ein Verfahren für oxidische Stoffe (Erze, Schlacken, Feuerfestmaterialien, Rückstände, Stäube usw.):

0,1 g Substanz werden mit 1 g Natriumtetraborat und 0,2 g Natriumnitrat im Pt-Tiegel bei etwa 1200°C aufgeschlossen und in 20 ml Säuregemisch gelöst sowie auf 100 ml aufgefüllt.

Säuregemisch: 400 ml HCl (ρ = 1,19)
+ 40 g Citronensäure
auf 1000 ml mit H_2O
auffüllen.

Damit hat sich die Lösungskonzentration gegenüber dem Stahlverfahren nicht wesentlich verändert. Die Probesubstanz ist allerdings nicht um den Faktor 1:100 sondern bereits 1:1000 verdünnt worden.

Dieses Verfahren ist anwendbar auf alle Oxide, die sich in dieser Art und Weise aufschließen lassen und die den Nachbau einer Blindlösung zulassen, um vor allem die gleichen Verhältnisse bei der Aerosolerzeugung zwischen Blind- und Analysenlösung sicherzustellen.

Für analytische Aufgaben müssen also erst brauchbare Verfahren mit der ICP-Methode entwickelt werden. Hierbei sind einige Regeln zu beachten:

1. Die Matrix ist bekannt. Die auftretenden Beeinflussungen können exakt erkannt, gemessen und korrigiert oder kompensiert werden.

2. Die Matrix ist unbekannt. Dann ist eine neue, externe oder interne Matrix aufzubauen. Extern wäre z.B. das Aufschlussmittel bei Oxiden. Intern wäre z.B. der Zusatz von Eisenionen zu einer Lösung eines legierten Stahles.
   In jedem Fall wird weiter verdünnt und die Spurenanalyse beschränkt.

Wie wichtig die Messung der Veränderung des Untergrundes durch die Matrix ist, wurde von G.F. Larson (10) am Beispiel einer Calcium-Matrix gezeigt.

Komplizierter ist der Einfluß organischer Lösungsmittel, wodurch die Untersuchung von Extraktionslösungen behindert wird. Es treten unterschiedliche Beeinflussungen der Intensität von Atom- und Ionenlinien auf (Bild 3), wie hier nur für die Ionenlinie Ni 231,6 nm gezeigt werden soll.

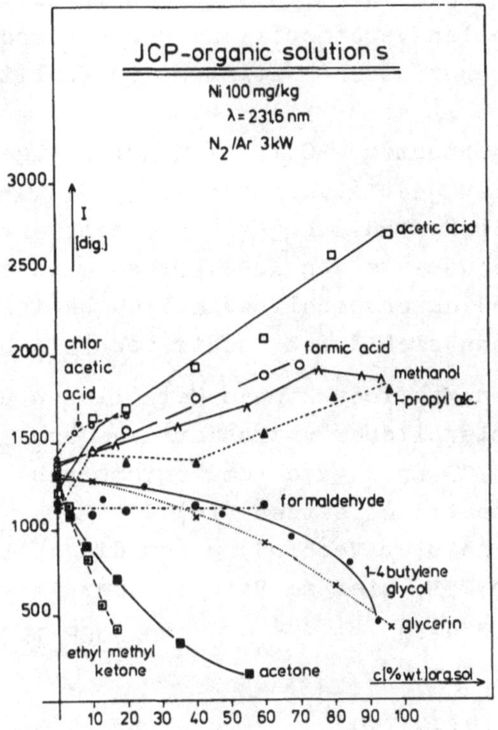

Bild 3: Einfluß organischer Lösungsmittel auf die Intensität der Ionenlinie Ni 231,60 nm

ANWENDUNGEN

Grundsätzlich ist die ICP-Methode eine Lösungsanalyse! Um nun endlich auch die Spurenanalyse ausführen zu können, ist bei uns der Einsatz des N_2/Argon-Plasmas 3,0 kW obligatorisch.

Die bekannten Lösungsverfahren sollen hier nicht wiederholt betrachtet werden. Es ist allgemein schon üblich, z.B. die Matrix extraktiv abzutrennen und mit der Injektionstechnik kleine Volumina direkt zu analysieren (11).

Schnell wurden auch die Möglichkeiten entdeckt, die Hydrid-Generation heranzuziehen. Gerade hierbei werden gerne all die Elemente aufgezählt, die Hydride bilden können. Aus reinen Lösungen ist vieles möglich.

Leider verführt die ICP-Methode wegen ihrer Aktualität oft zur allzuschnellen Veröffentlichung von Vorschriften, z.B. als Vorschrift zur Arsen-Bestimmung in Qualitätsstahl:
2 g lösen in 20 mL konz. $HCl + HNO_3$ (2:1), auf 100 mL auffüllen, 25 mL abnehmen, 10 mL 12 M HCl zufügen, wieder auf 100 mL auffüllen und Bildung von AsH_3 (12).
Eine systematische Prüfung des Verfahrens ergab zahlreiche Störungen der Ausbeute von AsH_3. Diese wird z.B. durch Kupfer geringfügig und durch Cobalt erheblich beeinflußt (13). Diese Störungen lassen sich durch Zusatz von EDTA beseitigen.

Aus unbekannten Matrices können Metallionen mit Hilfe organischer Komplexbildner extrahiert werden. Im Spurenbereich läßt sich das ICP nach gaschromatographischer Trennung als selektiver Detektor einsetzen (14).
Bei kurzer, geheizter Verbindung ist dieser Detektor empfindlicher als ein FID, hier am Beispiel des Zinkdithiocarbaminatkomplexes gezeigt (Bild 4).

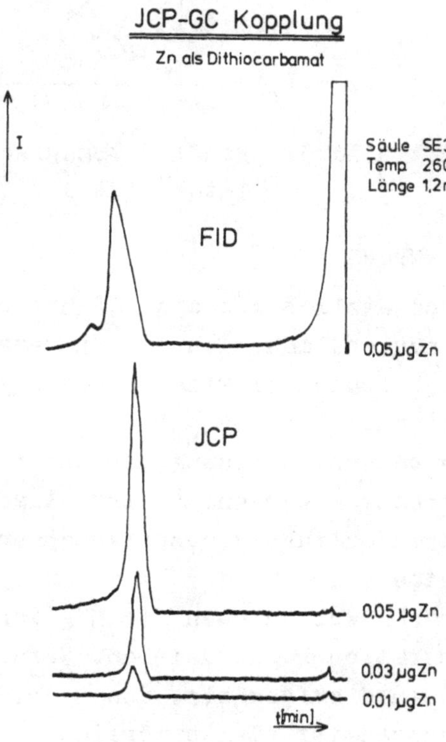

Bild 4: Vergleich von Flammenionisationsdetektor und ICP am Beispiel der Gaschromatographie von Zinkdithiocarbaminat

Da wir immer wieder zur kompakten Probe zurückfinden, auch um jegliche Verdünnung zu umgehen, haben wir eine Methode für kleine Probemassen im direkten Einsatz (SET) entwickelt. Diese werden mit einem speziellen Graphittiegel direkt in die Plasmaflamme (N_2/Argon, 3 kW) eingeführt, induktiv erhitzt und die Substanz durch den Tiegeldeckel in die heiße Flammenregion eingeblasen (15).

Nickelstähle lassen sich z.B. durch 5 mg-Einwaage auf ihren Ni-Gehalt prüfen - auch Mineralöl kann direkt, z.B. auf Bor analysiert werden (15).

Was ich hier andeuten wollte ist: Zahlreiche Applikationen, apparative Varianten und vor allem die Spurenanalyse und dazu notwendige Verfahren sind gerade im Entstehen.

Vieles ist durch Einsatz des ICP heute schon möglich, doch von "FERTIG" kann noch keine Rede sein.

Literatur

1. van Calker, J., Tappe, W.: Arch. Eisenhüttenwes. 34, 679 (1963)
2. Jecht, U., Kessler, W: Fresenius Z. Anal. Chem. 198, 27 (1963)
3. Greenfield, S.: Proc. Soc. Anal. Chem. 2, 111 (1965)
4. Wendt, R.H., Fassel, V.A.: Anal. Chem. 37, 920 (1965)
5. Larson, G.F., Fassel, V.A., Scott, R.H., Kniseley, R.N.: Anal. Chem. 47, 238 (1975)
6. Butler, C.C., Kniseley, R.N., Fassel, V.A.: Anal. Chem. 47, 825 (1975)
7. Scott, R.H., Fassel, V.A., Kniseley, R.N., Nixon, D.E.: Anal. Chem. 46, 75 (1974)
8. Giess, K.C., McKinnon, P.J., Knight, T.V.: Bericht Fa. Labtest, Australien 1980
9. Meddings, B., Anderson, H., Kaiser, H.: Internat. Winter Conference San Juan 1980
10. Larson, G.F., Fassel, V.A.: Appl. Spectroscopy 33, 592 (1979)

11. Wittmann, A., Hancart, J., Hughes, H., Ohls, K.: Internat. Winter Conference San Juan 1980

12. Broekaert, J.A.C., Leis, F.: Fresenius Z. Anal. Chem. 300, 22 (1980)

13. Sommer, D., Ohls, K.: Fresenius Z. Anal. Chem. (in Druck)

14. Sommer, D., Ohls, K.: Fresenius Z. Anal. Chem. 295, 337 (1979)

15. Sommer, D., Ohls, K.: Fresenius Z. Anal. Chem. (in Druck)

DC-PLASMA-EMISSIONSSPEKTROMETER MIT ECHELLE-MONOCHROMATOR EINE ALTERNATIVE ZU AAS UND ICP?

M. Bühring, H.-P. Buban

1) Allgemeine Einleitung

Durch die Entwicklung der Plasmaanregung, die sich durch geringere Matrixeffekte und höhere Anregungsenergie auszeichnet, ist in den letzten Jahren die Emissionsspektroskopie vorallem auch durch die Möglichkeit der simultanen Bestimmung gegenüber der AAS wieder in den Vordergrund getreten.

Im folgenden möchte ich Ihnen ein Analysensystem vorstellen, das weltweit verbreitet ist (über 400 Anwender) und sich durch zwei Komponenten von allen anderen Plasmaemissionssystemen unterscheidet. Diese beiden Komponenten sind ein spezielles Gleichstrombogenplasma zur Anregung und ein Echelle-Spektrometer, das über einen Antrieb gescant werden kann. Beide Komponenten sind patentiert und daher nur von der Firma Spectra-Metrics zu erhalten.

Im ersten Teil möchte ich Ihnen den Aufbau und die Funktion des SpectraSpan IIIB Systems erklären und danach im zweiten Teil auf einige spezielle Anwendungsbeispiele eingehen, um Ihnen die besondere Leistungsfähigkeit und Überlegenheit dieses Systems für bestimmte Anwendungsbereiche zu zeigen.

13. Spektrometertagung

DAS DREIELEKTRODEN-GLEICHSTROM-ARGONPLASMA, KURZ DCP GENANNT

Das DCP besteht aus zwei Graphitanoden und einer Wolframkathode in der Anordnung eines umgekehrten Ypsilons. Die Elektroden liegen etwas zurückgesetzt in keramischen Hülsen und werden durch diese mit Argon umspült. Zum Zünden werden die Elektroden pneumatisch aus den Hülsen gefahren, die Kathode wird abgesenkt und nach Kurzschluß mit der hinteren Anode wird der Lichtbogen auseinander gezogen. Die zweite Anode zündet von alleine nach.

Die Aerosolzufuhr erfolgt durch das Probenrohr in die Anregungszone der Quelle und ist völlig getrennt von Gasversorgung und Erzeugung des Plasmas.

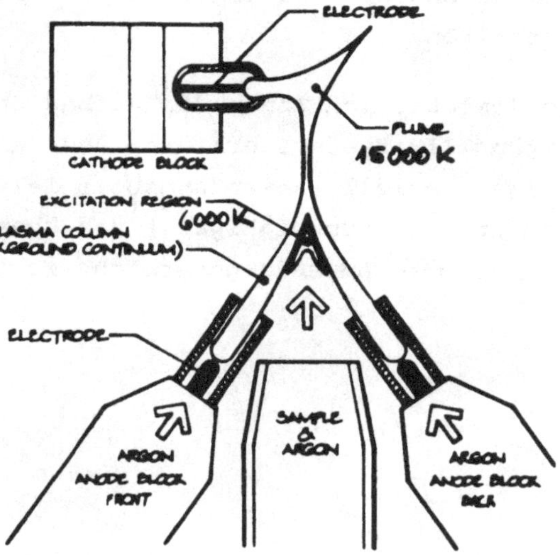

Das Gleichstromargonplasma dieses SpectraJet III vereinigt die Vorteile eines stromführenden und stromfreien Plasmas, da das Plasma selbst stromführend, dadurch energetisch sehr stabil ist und zudem durch die spezielle geometrische Anordnung der Elektroden im Anodenteil den üblichen Schwankungen eines Bogens nicht unterliegt. Die Anregungszone, die zwischen den beiden Anoden liegt ist jedoch stromfrei.

Die Temperatur des Plasmas beträgt 15000K, die der Anregungszone 6000K. Da die Anregung rein thermisch außerhalb des Plasmas stattfindet, erhalten wir ein untergrundärmeres Spektrum als bei ICP. Zudem macht sich eine eventuelle Störung der metastabilen Argonzustände des Plasmas durch die Analysenprobe in der Anregungszone nicht bemerkbar.

Anregungsbanden von Argon und Stickstoff treten im Probenspektrum nicht auf, so daß der gesamte Spektralbereich von 190 - 800nm für die Analyse ungestört zur Verfügung steht. Dies macht sich bei der Analyse komplexer Emissionsspektren positiv bemerkbar.

Die Besonderheiten im Aufbau und Betrieb der DC-Plasmaquelle ermöglichen die Verarbeitung von Lösungen mit hohen Salzgehalten, hohen Feststoffgehalten (bis 20%), sowie störungsfreies Arbeiten in organischer Matrix einschließlich organischer Lösungsmittel. Die Effektivität des Zerstäubersystems ist mit 25 % sehr hoch und ermöglicht sparsamen Probeneinsatz.

Die gesamte DC-Quelle ist auf einem x-y-Tisch montiert, um den Emissionspunkt optimal auf den Eintrittsspalt abbilden zu können. Die geringe Größe des Emissionspunktes erleichtert im Simultanbetrieb eine für alle Elemente günstige Einstellung.

2. Der Echelle-Monochromator

Das Echelle-Spektrometer ist sowohl als Monochromator als auch als Polychromator anzusehen. Als dispersive Elemente werden ein Echelle-Gitter mit 79 Linien/mm und ein 30°-Prisma verwendet. Die Brennweite beträgt 75cm, Öffnungsverhältnis f/13. Die Auflösung von 0,0015nm bei 200nm entspricht der Leistungsfähigkeit eines konventionellen Monochromators mit mehr als 3m Brennweite.

Das Echelle-Gitter gibt im Gegensatz zu anderen Gittern alle Ordnungen mit nahezu gleicher Intensität wieder.

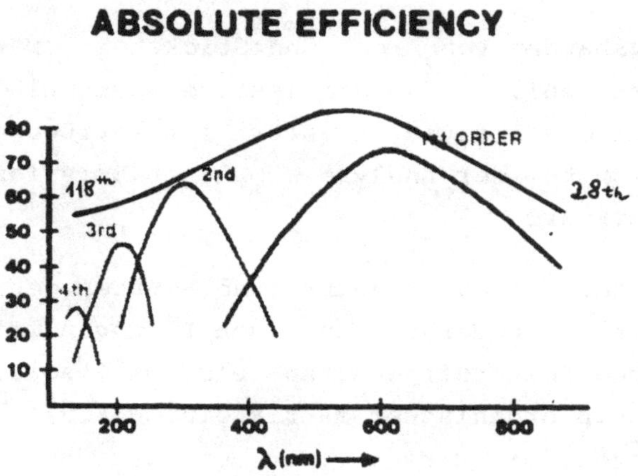

Das aufs Gitter fallende Licht wird in Lichtstrahlen zerlegt, bei denen unterschiedliche Wellenlängen verschiedener Ordnungen übereinander liegen. Diese werden anschließend durch das Prisma in zweiter Dimension aufgespalten. Die Ordnungen sind gegeneinander versetzt, da die Blazewellenlänge eine Funktion der Ordnung ist.

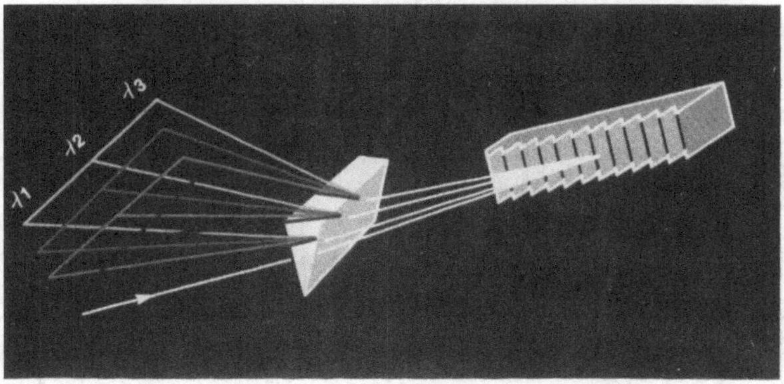

Einer der vom Gitter reflektierten Lichtstrahlen besteht aus den Blazewellenlängen aller Ordnungen und besitzt somit die maximale Intensität. Nach Durchgang dieses Lichtstrahls durch das Prisma liegen die Blazewellen im Spektrum aufgefächert übereinander. Das Echelle-Spektrometer arbeitet in einem Bereich um die Blazewellenlängen herum, so daß eine Wellenlänge links in einer Ordnung und dann wieder rechts in der nächst niedrigeren Ordnung auftritt. Diese Auswahl führt trotz der sehr hohen Auflösung zu guten Intensitäten.

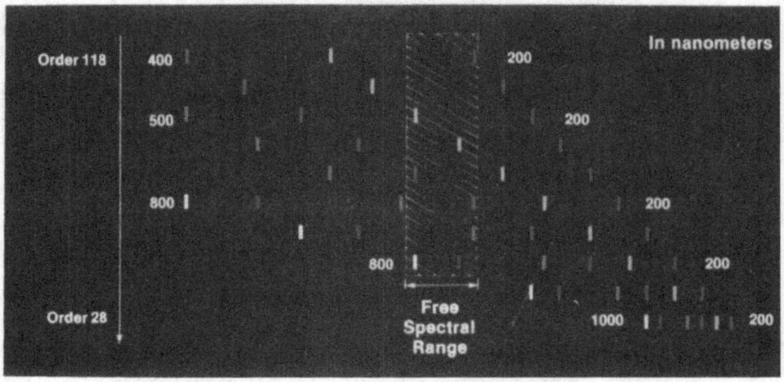

Als Beispiel für diese Auflösung ein Scan über zwei Eisenlinien, im Vergleich bei verschiedenen Auflösungen. Sie lassen sich mit keinem anderen kommerziellen Emissionsgerät trennen.

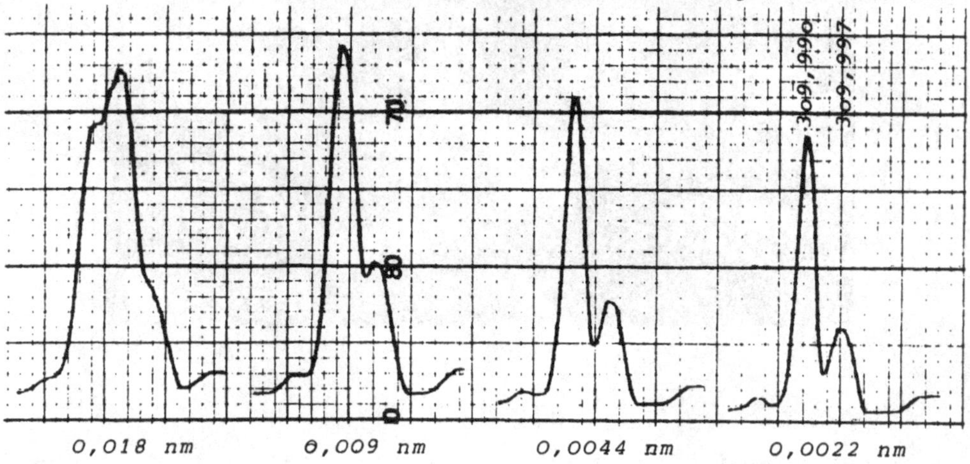

3. Detektion

Die flächenhafte Aufspaltung des Emissionsspektrums bietet uns die Möglichkeit einer sehr flexiblen Detektion.

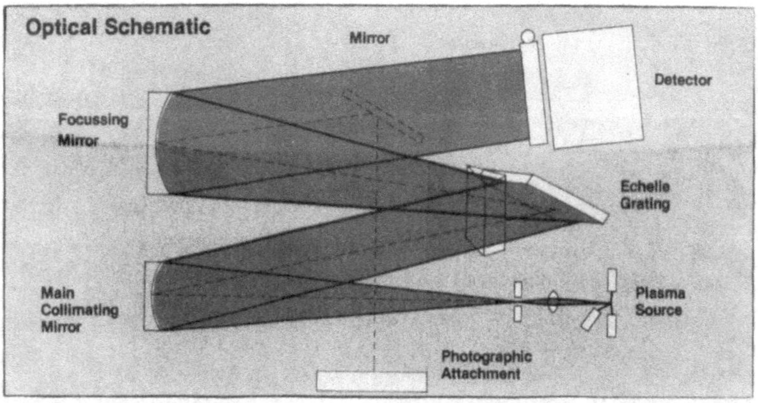

Am Ausgang des Echelle-Spektrometers liegt das gesamte Spektrum einer Analysensubstanz auf einer Fläche von 10 x 12 cm vor. Ein auswechselbares Kassettensystem, das sich zwischen Spektrometer und PMT-Gehäuse befindet, bietet nun die Möglichkeit der simultanen als auch sequentiellen Bestimmung einer Probe.

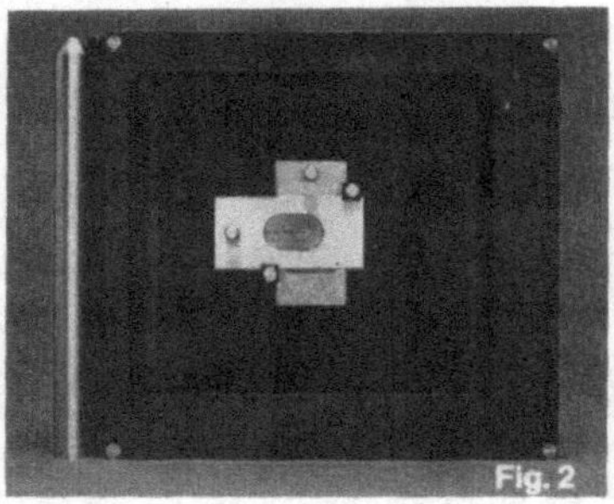
Fig. 2

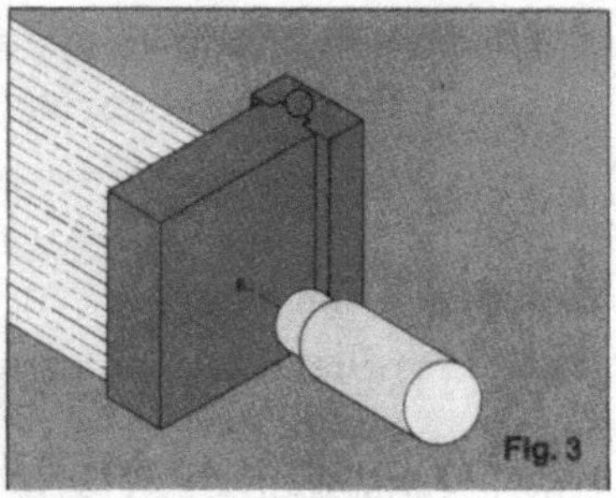
Fig. 3

Bei der Simultanbestimmung ist der Polychromator auf die Ausgangsfläche zentriert und die dahinter sitzende Kassette enthält auf ihrer Vorderseite die Austrittsspalte an den geometrischen Orten der entsprechenden Emissionslinien. Im Inneren der Kassette befindet sich hinter jedem Spalt eine Umlenkoptik, welche das Licht auf einen PMT lenkt, die fest angeordnet sind. Dadurch können mehrere unterschiedliche Kassetten mit dem gleichen Gerät benutzt werden. Auf Grund der Größe der Fokalfläche ist man auf 20 PMT's beschränkt und somit auf die simultane Bestimmung von 20 Elementen pro Kassette. Als PMT's werden selektierte Hammamatsu-PMT's mit 1/2" Endfenster benutzt.

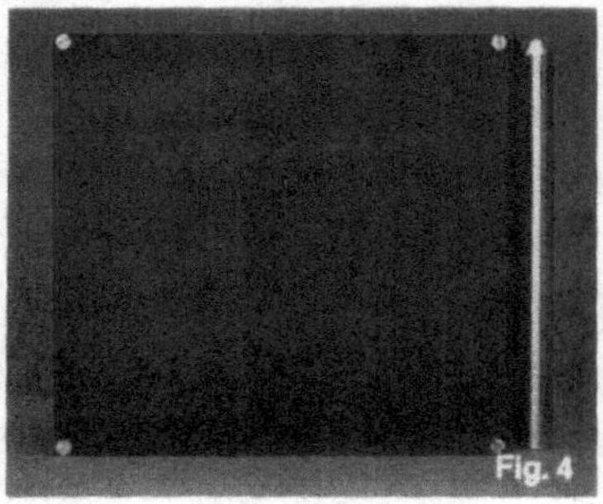
Fig. 4

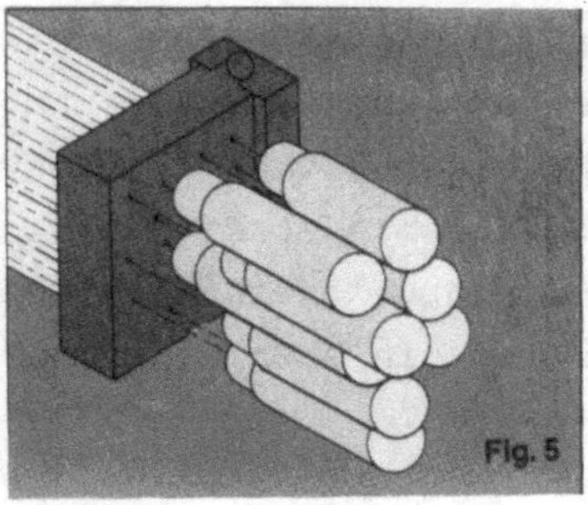
Fig. 5

Der Wechsel einer Kassette dauert etwa 1 Minute. Für den Sequenzbetrieb steht eine spezielle Kassette mit variablem Spalt in der Mitte zur Verfügung. Durch Schwenken der Prisma-Gitterkombination kann mit Hilfe des Antriebs jede gewünschte Analysenlinie auf diesen Austrittsspalt eingestellt werden. Spektrum und Antrieb sind linearisiert.

Dieser Aufbau hat den Vorteil, daß für sequentielle und simultane Messungen ein Spektrum gleicher Art mit gleichen Linien, Intensitäten und vor allem gleicher Auflösung vorliegt.

Diese Auswahl der Linien für die Simultankassette kann nach unterschiedlichen Gesichtspunkten erfolgen.

Zum einen kann man sich die Linien einfach nach der Anzahl der benötigten Elemente auf einer Kassette zusammenstellen.

In manchen Anwendungen erscheint es jedoch sinnvoll, Kassetten für Elemente in bestimmter Matrix zu erstellen, um so einzelne Analysenprogramme zur Verfügung zu haben.

4. Untergrundkorrektur

Stark wechselne Matrix, besonders im Alkali und Erdalkaligehalt beeinträchtigen auch bei der Plasmaemission die Richtigkeit der Messungen durch Erhöhung oder Erniedrigung der Nettosignalintensitäten. Ist bei der industriellen Routinekontrolle vorallem die Reproduzierbarkeit ausschlaggebend, so muß in der Forschung und besonders in der Umweltanalytik die absolute Richtigkeit der Messung gewährleistet sein. Die Untergrundkorrektur bietet die Möglichkeit, die Matrixeinflüsse noch weiter zurückzudrängen. Bei der Auswahl der analytischen Linien ist sie ebenfalls sehr hilfreich und kann viel Zeit sparen helfen.

Im SpectraSpan IIIB wird das gesamte Echelle-Spektrum mittels einer Quarz-Refraktorplatte (hinter dem Eintrittsspalt) um 400µ nach rechts und links verschoben. Ein Schrittmotor führt diesen Vorgang in 32 gleichen Schritten aus. Bei 200nm ergibt dies eine Schrittweite von 0,015A und einen Bereich von 0,48A. Bei einem 25µ Austrittsspalt wird das Spektrum mit jedem Schritt genau um die Breite des Spaltes verschoben. Zunächst kann mit der DBC über diesen Bereich gescant werden. Das Ergebnis kann analog über einen Schreiber oder digital über den Datendrucker erhalten werden.

Für die Korrektur des Untergrundes stehen sechs Programme zur Verfügung. Im Simultanbetrieb müssen die Korrekturpunkte für alle Elemente gleich sein. Jedoch kann für jedes Element eines der sechs Programme frei gewählt werden. Diese dynamische Untergrundkompensation erfolgt ebenfalls simultan.

5. Computer

Das gesamte System wird durch einen Mikroprozessor und mehrere E-Proms gesteuert. Ein Rechner ist für den Betrieb des Gerätes nicht erforderlich. Für Datenverarbeitung und Untergrundkompensation ist eine Datenstation mit Software für Untergrund, Matrix- und Datenbehandlung erhältlich. Zudem läßt sich das Gerät über eine eingebaute RS 232C-Schnittstelle (ASC II) an jede Großrechenanlage anschließen. Der eingebaute Mikroprozessor stellt automatisch die Verstärkung ein, kalibriert das Gerät, berechnet die Konzentration und führt die gewünschte Untergrundkorrektur durch. Der Mikroprozessor überwacht den Meßvorgang und zeigt automatisch Bedienungsfehler und Meßbereichsüberschreitungen an. Zudem ist ein Testprogramm zur Überprüfung der Elektronik eingebaut.

Die Kalibrierung im simultanen Betrieb erfolgt aus einer Lösung gleichzeitig. Es steht für jedes Element eine eigene Kanalprozessorkarte zur Verfügung.

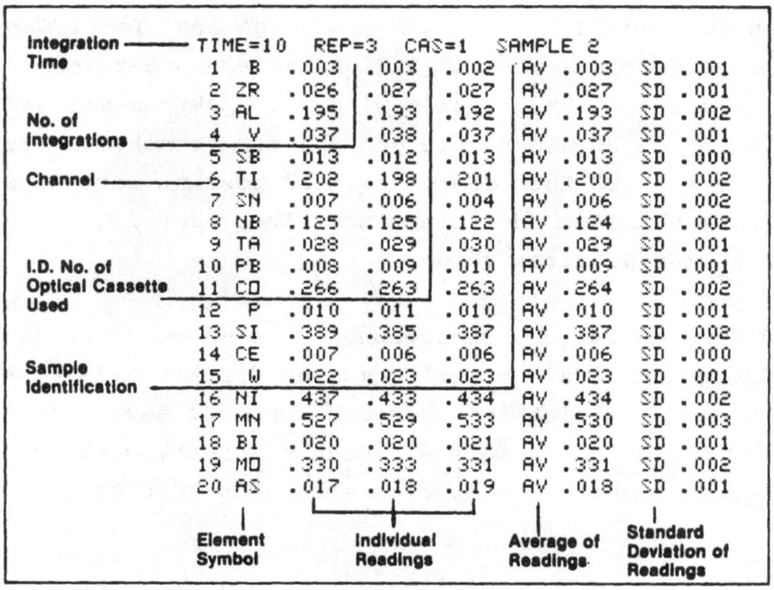
TIME=10 REP=3 CAS=1 SAMPLE 2

1	B	.003	.003	.002	AV .003	SD .001
2	ZR	.026	.027	.027	AV .027	SD .001
3	AL	.195	.193	.192	AV .193	SD .002
4	V	.037	.038	.037	AV .037	SD .001
5	SB	.013	.012	.013	AV .013	SD .000
6	TI	.202	.198	.201	AV .200	SD .002
7	SN	.007	.006	.004	AV .006	SD .002
8	NB	.125	.125	.122	AV .124	SD .002
9	TA	.028	.029	.030	AV .029	SD .001
10	PB	.008	.009	.010	AV .009	SD .001
11	CD	.266	.263	.263	AV .264	SD .002
12	P	.010	.011	.010	AV .010	SD .001
13	SI	.389	.385	.387	AV .387	SD .002
14	CE	.007	.006	.006	AV .006	SD .000
15	W	.022	.023	.023	AV .023	SD .001
16	NI	.437	.433	.434	AV .434	SD .002
17	MN	.527	.529	.533	AV .530	SD .003
18	BI	.020	.020	.021	AV .020	SD .001
19	MO	.330	.333	.331	AV .331	SD .002
20	AS	.017	.018	.019	AV .018	SD .001

ANWENDUNGSTEIL

1. Ölanalyse

Eine schon recht bekannte Anwendung des SpectraSpan III-Systems ist die Analyse von Abriebmetallen in Flugzeugturbinenölen. Im europäischen Bereich der NATO sind hierzu 12 Geräte im Einsatz. Das Jetturbinenöl wird direkt über die peristaltische Pumpe ins Plasma gegeben. Nur bei Ölen mit Additivs wird zum Ausgleich der unterschiedlichen Viskosität von frischem und gebrauchtem Öl mit Kerosin 1:4 oder 1:10 verdünnt. Alle Feststoffe mit Teilchengrößen bis 30µ werden vollständig angeregt. Als Standards dienen Standardöle mit metallorganischen Zusätzen (z.B. Conostan).

Um Memoryeffekte zu vermeiden, wird vor den Messungen eine Vorlaufzeit von ca. 45 Sekunden eingehalten. Diese Ergebnisse der folgenden Tabelle wurden mit 1:10 Verdünnung der Öle erhalten.

TABLE : I

RECOMMENDED ANALYTICAL LINES AND EXCEPTED PERFORMANCES

Element	analytical line	BEC (ppm) (1)	Detection limit in Oil (2)	Rel. prec. at 5 ppm level (%) (3)
Al	3082	1	.025	2
Ni	2316	2.5	.05	3
Fe	2599	.5	.015	2
Cr	2677	.45	.015	2
Mg	2795	.06	.01	2
Cu	3247	.13	.01	2
Ag	3280	.26	.015	2
Ti	3349	.8	.02	2

(1) Background equivalent concentration.

(2) As twice the standard deviation calculated from 9 repeat analysis on the blanck.

(3) From 9 repeat analysis on the ppm standard solution.

2. Bestimmung von Neodym in Yttriumoxid

Die Anwendung ist ein gutes Beispiel für die Stabilität der DC-Quelle. Durch den Linienreichtum der Yttriummatrix bedingt, liegt das Lichtsignal des Low-Standards sehr hoch. Trotzdem kann Neodym in Yttriumoxid im Bereich 50-100 ppb mit 5-20 % Genauigkeit bestimmt werden.

Bei 500 ppb liegt die Standardabweichung bei ca. 1,5 %. Die Soll-Ist-Kurve ist linear bis 100 ppb in Lösung. Für niedrige Werte ist eine Korrektur erforderlich. (Diese Messungen wurden ohne Untergrundkompensation gemacht).

Zum anderen zeigen diese Messungen, daß unsere Angaben der Nachweisgrenzen nicht nur für reines Wasser und hochgezüchtete Forschungsgeräte gelten, sondern auch im Routinebetrieb erreicht werden können. Die Nachweisgrenze für Neodym in Wasser liegt bei 38 ppb (3 Sigma). Dies hier sind 50 ppb in 1%iger Yttriumoxidlösung.

```
ND IN Y BEI 4061,1A                                   5:8:80

SPALTE IN/OUT 25/50X500 MIKRON
PMT 900V

 1 B034 3429 4773 0000 0100 4751 4785 4783

 1 B034 3367 4773 0000 0100 3339 3373 3389

                                  ---50 PPM

TIME=10 REP= 3 SAMPLE=  14
 1  49.4 50.6 49.2 AV 49.8 SD .767


 1 B034 3367 4773 0000 0100 4062 4079 4059

TIME=10 REP= 3 SAMPLE=  19          ---5 PPM
 1  6.22 6.98 6.57 AV 6.59 SD .381


 1 B034 3326 4773 0000 0100 3416 3427 3421
```

3. Natrium in Phenol

Hier zeigt sich die Unempfindlichkeit des DC-Plasmas gegenüber organischen Stoffen. Die gemessenen Lösungen enthielten 10 % Phenol und 25 % Äthanol in Wasser. Bestimmt wurden 125ppb und 25 ppb Natrium, entsprechend 1,25 ppm bzw. 0,25 ppm Natrium im Feststoff. Die Standardabweichung über fünf Meßreihen war bei 125 ppb kleiner als 1 %, bei 25 ppb kleiner als 3 %. Die verwendete Analysenlinie war 589,0nm. Die Nachweisgrenze lag bei 19 ppb im Feststoff, d.h. ca. 2 ppb in Lösung, dies entspricht den Spezifikationen für reines Wasser!

Messablauf

20s Vorlauf(bzw. 30s bei Messungen mit 1,25 ppm Na als Hi-Std).Zwischen den einzelnen Messungen hat sich eine Wasserspülung über 1min als zweckmäßig erwiesen.

Ergebnisse in ppm Na im Feststoff

P2 dotiert mit 1,25 ppm

1.23 1.23 1.23 1.26 1.23 $\hat{n}$ = 1.24 ±0.01

P3 dotiert mit 0,25 ppm

.268 .259 .256 .258 .249 $\hat{n}$ = .258 ±.007

4. Bestimmung von Phosphor in Reinstkupfer

Bei dieser Bestimmung wurden zwei Referenzproben E 101 und E 111 analysiert. Die Proben sind mit ca. 200 ppm bzw. 30 ppm im Feststoff angegeben. Eine Messung des Phosphors bei 231,6nm oder 214,9nm ist in Kupfermatrix natürlich nicht möglich. Die Meßlösungen enthielten 50 000 ppm Kupfer. Der Phosphorgehalt lag bei 10,0 bzw. 1,5 ppm in Lösung. Zur Messung wurden Vorlaufzeiten von 30 sec. eingehalten und mit 3 % HCl zwischengespült.

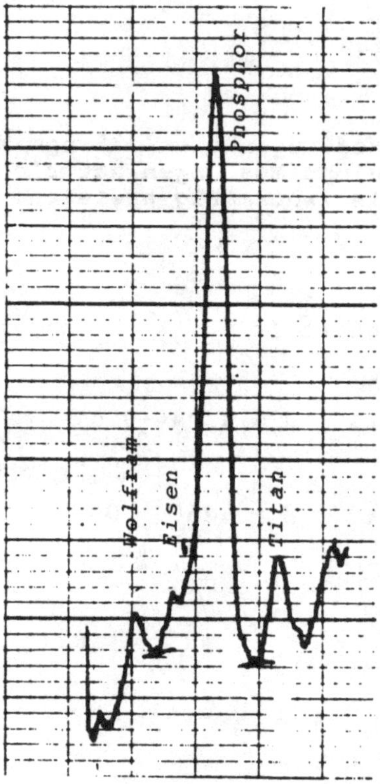

Der Scan mit der dynamischen Untergrundkompensation zeigt, daß selbst im Echelle-Spektrometer die Eisenlinie bei 253,5604 nm nicht aufgelöst wird. Die Proben enthielten je 49 ppm Fe (Herstellerangaben 19 ppm). Dies täuscht 8,8 ppm Phosphor auf der Linie 253,565 vor. Titan braucht nicht berücksichtigt zu werden. In der Tabelle sind die Ergebnisse den Werten aus den Keton-Extraktionsverfahren mit MIBK gegenübergestellt,

Mögliche Linieninterferenzen bei Bestimmung von Phosphor in Reinstkupfer

Analysenlinie (nm)	Element
253,596	Nickel
253,596	Cobalt
253,587	Titan
253,565	Phosphor
253,5645	Mangan
253,5604	Eisen
253,5592	Ruthenium
253,5576	Wolfram

Ergebnisse

Probe ppm Phoshor, SMI

	x_1	x_2	x_3	$\bar{x}$	Standardabweichung
E 101	194	195	196	195	1,0 = 0,5 %
E 111	30	32	28	30	2,0 = 6,0 %

Eine Phosphorbestimmung mit dem Ketonextraktionsverfahren ergab für E 101 196 ppm
für E 111 28 ppm .

welche übrigens eine Zeitaufwendung von 40 min. erfordert. Bei dieser Anwendung verbinden sich optimal die Leistungsfähigkeit des Monochromators und die Möglichkeit, mit einem Gleichstromplasmabrenner 5 % Kupfernitratlösungen zu verarbeiten. Diese Messungen werden derzeit mit der Untergrundkorrektur in unserem Labor weiter optimiert.

5. Bestimmung von Pb, Hg, As, Cd und Cu in Zitronensäure

Die Gehalte der Schwermetalle lagen bei 4 und 2 ppm im Feststoff. Analysiert wurden 50%ige Zitronensäurelösungen. Die Standardabweichungen lagen im Bereich von 1-5%.

Als Auswahl die Quecksilbermessung.

Die Standardabweichung liegt bei 2 %. Die Nachweisgrenze etwa bei 0,3 - 0,4 ppm im Feststoff.

Um noch einmal den Nutzen eines hochauflösenden Monochromators zu unterstreichen, ein Bild der Region um 228,8 nm. As wurde einmal bei 197,2 nm und einmal bei 228,8 nm gemessen. Wie aus den Ergebnissen ersichtlich, stört Cadmium nicht.

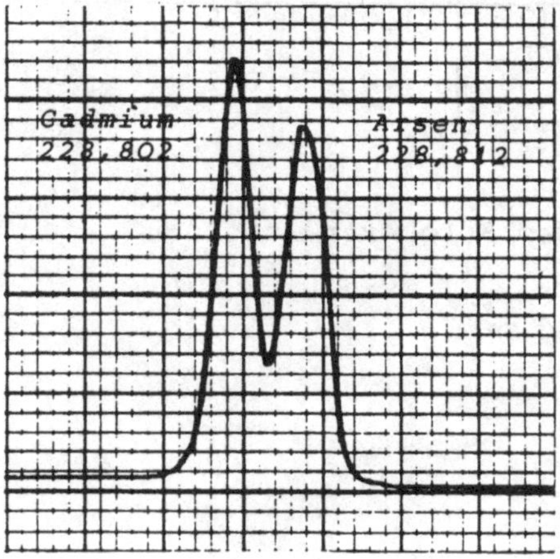

Neben diesen speziellen Applikationen zeigen auch die in der Spektrochemie Dortmund erarbeitete Simultanbestimmung von 8 Elementen im Humanserum und die von Dr. Bosch vorgetragene Simultananalyse von Stahl den breiten Anwendungsbereich der DC-Plasma-Echelle-Spektrometrie besonders in komplizierter Matrix.

KAPITEL 4

RÖNTGENSPEKTROMETRIE

RF-ANALYSE MIT INTERNER REFERENZ UND KORREKTUR DER RESTLICHEN MATRIXEFFEKTE

J.N. Kikkert und W.K. de Jongh
Abteilung S&I, N.V. Philips, Niederlande

ZUSAMMENFASSUNG

Die RF-Analyse mit interner Referenz ist von Bedeutung, wenn nur ein Element (oder wenig Elemente) routinemässig in Pulverpresslingen, festen oder flüssigen Lösungen bestimmt werden.
Es werden analytische Gleichungen vorgeschlagen für die Streulinie-Methode und für die Methode eines zugemischten internen Standards. Die Einflusskoeffizienten, "Omegas", die zur Korrektur der restlichen Matrixeffekte dienen, werden physikalisch gedeutet. Die Omegas können aus den bekannten theoretischen (physikalischen) Alphas abgeleitet werden. Dieses ermöglicht nicht nur eine Vorhersage welche Resteinflüsse von Bedeutung sind, sondern die berechneten Omega-Werte können direkt in der Praxis eingesetzt werden
Die vorgeschlagenen Hauptformeln enthalten die Massenanteile der Probe, des etwaigen Verdünnungsmittels und des etwaigen internen Standards. Dadurch treten genaue Massenbestimmungen anstelle von zeitraubenden Massendosierungen.

1. EINFÜHRUNG

Die Routine-RF-Bestimmung von Elementen geschieht meistens auf "ausreichend" dicken Proben. Interelementeffekte entstehen durch eine Variation der Zusammensetzung (Matrix) der Probe. Diese Effekte können für homogene oder quasi-homogene Proben völlig korrigiert werden, etwa nach dem bewährten Ansatz:

$$C_i = E_i R_i \; (1 + \Sigma \alpha_{ij} C_j) \qquad (1)$$

oder wie früher annähernd angesetzt wurde

$$C_i = E_i R_i \; (1 + \sum_j a_{ij} R_j) \qquad (2)$$

In beiden Fällen müssen zur Korrektur fast alle Haupt- und Nebenbestandteile gemessen werden. Manchmal, ist man interessiert in der möglichst richtigen Bestimmung eines einzelnen Elementes, etwa wegen seiner wirtschaftlichen Bedeutung. Als Beispiel gilt die Bestimmung von Mo oder Sn oder Pb in Erzen und deren Konzentraten. Oder, manchmal ist es nicht mal möglich alle Haupt- und Nebenbestandteile mittels RFA zu messen, zum Beispiel das variable C/H Verhältnis in manchen organischen Stoffen.
In derartigen Fällen bietet sich die bekannte Methode der internen Referenz an. Hierbei wird die Analytintensität gemessen im Verhältnis zu der Intensität einer inkoherenten Streulinie oder zu der Fluoreszenzintensität eines zugemischten internen Standards. Nur der inkoherente Teil der am Präparat gestreuten Strahlung verhält sich bei Matrixänderung annährend wie eine Analytlinie mit ungefähr der gleichen Wellenlänge. Die inkoherente (Compton) Streuung ist am stärksten für kurze Wellenlängen und für die leichtesten Elemente im Präparat. Deshalb tritt an Metallegierungen keine ausreichende inkoherente Streuung auf und ist die Methode nur anwendbar für oxydische Proben (Presslinge), für flüssige Proben und für aufgeschlossene Proben (Giesslinge). Diesselbe Kategorien eignen sich auch für die zweite Methode, wobei ein interner Standard zugemischt wird.

13. Spektrometertagung

In einfachster Form ist die analytische Gleichung gegeben durch

$$C_i = k \frac{R_i}{R_{ref}} \qquad (3)$$

Für die Praxis ist dieser Ansatz meistens nicht ausreichend genau weil, wie gezeigt wird, ein restlicher Matrixeffekt bleibt. Es bedarf einer einfachen aber wichtigen Nachkorrektur.
Mehrere Autoren [1 bis 5] haben hierfür Vorschläge gemacht. In diesem Beitrag wird die frühere Arbeit von Kikkert [2] ausgebaut. Sein formeller Ansatz wird physikalisch begründet und in eine Synthese gebracht mit den bekannten Einflusskoeffizienten Alphas, wie sie von de Jongh [7,8,9] definiert wurden..

2. PHYSIKALISCHE BETRACHTUNGEN

2.1. SEKUNDÄRABSORPTION OHNE STÖRENDE ABSORPTIONSKANTEN

Bei Vernachlässigung der Primärabsorption und möglichen Sekundäranregungen, bleibt die Sekundärabsorption. Es gibt hierfür die bekannte Intensitätsformel:

$$R_i = k_i \frac{W_i}{\mu\ (\lambda_i)}$$

R_i = Intensität (Rate) für die Analytlinie i.

W_i = Massenteil des Analyten i im Präparat
(Präparat = Probe + Zusätze)

$\mu(\lambda_i)$ = Matrix-mu, Massenabsorptionskoeffizient für die Analytwellenlänge im Präparat.
= $\sum_j W_j \mu_j(\lambda_i)$, die gewogene Summe der Absorptionskoeffizienten für die Bestandteile j im Präparat.

In Abb. 1 ist als Beispiel eine Matrix-mu als Funktion der Wellenlänge λ dargestellt. Zwischen den Absorptionskanten ist Matrix-mu jeweils proportional zu λ^m (m = 2,6 bis 3,2; m = 3 für den photoelektrischen Effekt allein). Jede gezogene Kurve läuft über eine gestrichelte Linie zum Ursprung.

Weil in Abb. 1 zwischen λ_i und der Referenzwellenlänge λ_r keine Absorptionskante liegt gilt für die Mischung:

$$\frac{\mu(\lambda_i)}{\mu(\lambda_r)} = \frac{\Sigma W_j \mu_j\,(\lambda_i)}{\Sigma W_j \mu_j\,(\lambda_r)} = \frac{\Sigma W_j \mu_j\,(\lambda_r)\,\left(\frac{\lambda_i}{\lambda_r}\right)^m}{\Sigma W_j \mu_j\,(\lambda_r)} = \left(\frac{\lambda_i}{\lambda_r}\right)^m = \text{konstant}$$

genau so wie für einzelne Elemente.

Die Ableitungen in Abb. 1 sprechen weiter für sich.

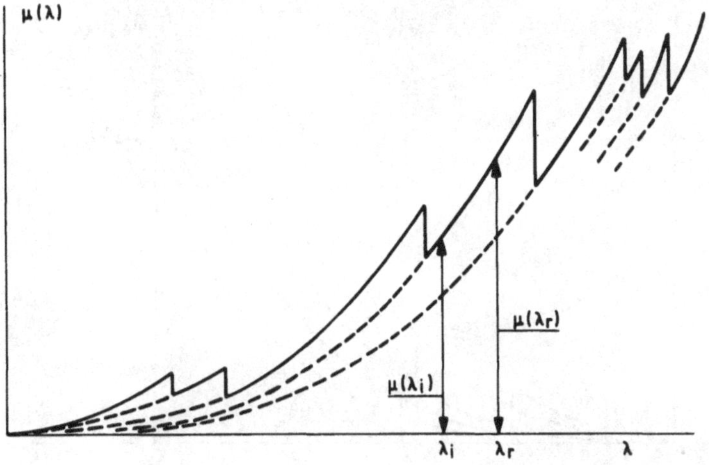

$$\left.\begin{aligned} R_i &= k_i \frac{W_i}{\mu(\lambda_i)} \\ R_r &= k_r \frac{W_r}{\mu(\lambda_r)} \end{aligned}\right\} \longrightarrow W_i = k W_r \frac{R_i}{R_r}$$

$$\uparrow$$

$$\frac{\mu(\lambda_i)}{\mu(\lambda_r)} = \left(\frac{\lambda_i}{\lambda_r}\right)^3 = \text{KONSTANT}$$

Abb.1

2.2. SEKUNDÄRABSORPTION MIT "STÖRENDEN" ABSORPTIONSKANTEN

In Abb. 2 ist λ_{zn} die Analytwellenlänge mit Matrix-mu gleich $\mu\ (\lambda_{zn})$.
λ_{Mo} ist die Wellenlänge entweder eines internen Standards aus Mo (Anregung durch Rh oder Cr Röhre), oder λ_{Mo} ist die Compton-Linie einer Mo-Rörhe, wobei angenommen wird dass die Probe kein Molybden enthält.

Falls, wie gezeigt, die Proben grössere Mengen Arsen und Zink enthalten, dann ist das Verhältnis zwischen $\mu\ (\lambda_{zn})$ und $\mu\ (\lambda_{Mo})$ abhängig von den Variationen in den Anteilen W_{As} und W_{Zn}.
Der Zusammenhang und die formelle Folgerung wird deutlich aus Abb. 2.
In den später abzuleitenden Gleichungen werden die Vorzeichen der Omega-Koeffizienten positiv gewählt und können die Omega-Werte sowohl positiv als negativ sein.

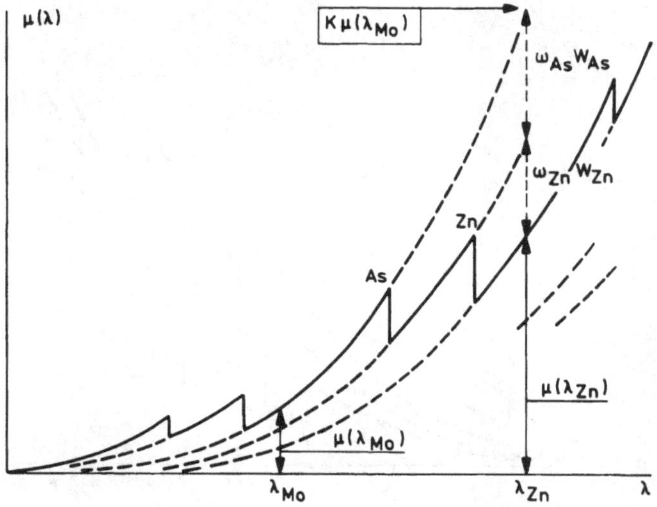

$$W_{Zn} = E_{Zn} R_{Zn} \mu(\lambda_{Zn})$$

$$= E_{Zn} R_{Zn} \left(K\mu(\lambda_{Mo}) - \omega_{As} W_{As} - \omega_{Zn} W_{Zn} \right)$$

$$= E_{Zn} R_{Zn} \left(\frac{A}{R_{Mo}} - \omega_{As} W_{As} - \omega_{Zn} W_{Zn} \right)$$

WEGEN $\mu(\lambda_{Mo}) \propto \frac{1}{R_{Mo}}$

Abb. 2

2.3. PRIMÄR- UND SEKUNDÄRABSORPTION

Die praktische Bedeutung der Primärabsorption in der internen Referenzmethode ist nicht so einleuchtend, jedoch ist sie keineswege vernachlässigbar. Dieses sei erläutert anhand eines Beispiels für Zinnerze und Zinnkonzentrate. In Abb. 3 betrachten wir die Umgebung der Zinn-Absorptionskante, die Kanten der anderen Elemente sind der Einfachkeit halber weggelassen. Die Analytwellenlänge ist λ_{Sn}. Das Präparat wird angestrahlt von einer Molybdenröhre deren Streulinie mit Wellenlänge λ_{MoC} als Referenz dient. Zwischen beiden Wellenlängen liegt keine Absorptionskante, somit ist die Proportionalität zwischen μ (λ_{Sn}) und μ (λ_{MoC}) gegeben.
Die erste Formel in Abb. 3 bringt die kombinierte Wirkung der Primärabsorption μ (λ_p) und Sekundärabsorption μ (λ_{Sn}) für die Zinn-Gleichung in Rechnung.
Sin β/ Sin α ist der bekannte geometrische Faktor.
Tatsächlich kann nicht nur eine Wellenlänge λ_p, sondern können alle Wellenlängen von λ_{min} bis zur Sn-K-Kante das Zinn in der K-Schale anregen.
Die gestrichelte Linie stellt das Kontinuum des Röntgenspektrums dar. Zur qualitativen Betrachtung ersetzen wir das Teilspektrum durch eine Wellenlänge λ_p, auf etwa 2/3 der Sn-Kante. Abb. 3 zeigt dass μ (λ_p) sinnvoll als zwei Teile aufzufassen ist. Der untere Teile ist proportional zu μ (λ_{MoC}), der Proportionalitätsfaktor ist $(\lambda_p/\lambda_{MoC})^m$.
Der obere Teil ist proportional mit dem Zinngehalt, W_{Sn}, im Präparat, der Proportionalitätsfaktor sei Omega.
Die formelle Ableitung in Abb. 3 soll weiter für sich selbst sprechen.

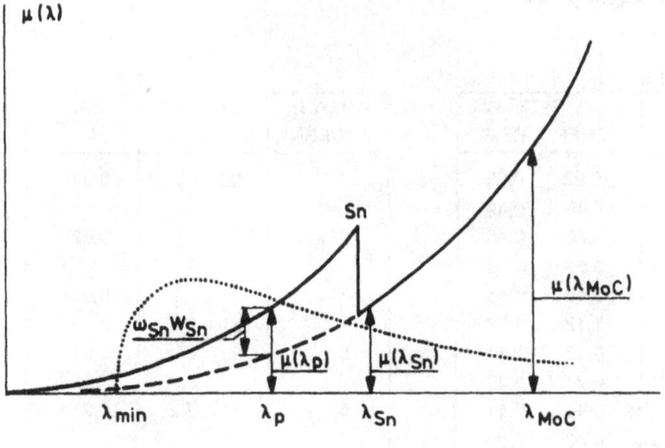

$$W_{Sn} = E_{Sn} R_{Sn} \Big(\frac{\sin\beta}{\sin\alpha} \underbrace{\mu(\lambda_p)}_{k_1 \mu(\lambda_{MoC}) + \omega_{Sn} W_{Sn}} + \underbrace{\mu(\lambda_{Sn})}_{k_2 \mu(\lambda_{MoC})} \Big)$$

$$W_{Sn} = E_{Sn} R_{Sn} \big(k \mu(\lambda_{MoC}) + \omega_{Sn} W_{Sn} \big)$$

$$W_{Sn} = E_{Sn} R_{Sn} \Big(\frac{A}{R_{MoC}} + \omega_{Sn} W_{Sn} \Big)$$

Abb. 3

3. EIN PRAKTISCHES BEISPIEL (Zinn Erze und Konzentrate)

Die Überlegungen aus dem vorigen Abschnitt 2.3. treffen zu im folgenden praktischen Beispiel, das auf eine Arbeit von Kikkert [6] zurückgeht. Die Aufgabe ist in Zinnerzen und Konzentraten vier Elemente in den folgenden Bereichen zu bestimmen.

Sn	0.3 ....52 %
S	0.5 ....34 %
Fe	6 ....52 %
As	0 .... 2 %
Rest	90 ....40 %

Für die richtige Bestimmung des wichtigsten Elementes Zinn wurde die Interne Referenz Methode eingesetzt. Die Intensität der Comptonlinie der Molybdenröhre dient als Referenz.
Ein Gramm Probe wird jeweils gemischt mit neun Gramm Verdünnungsmittel.
Letzteres besteht aus 50 % Quartz und 50 % KCl. Die Mischung wird 2 Minuten in einer Schwingmühle gemahlen und anschliessend in einem Ring (32 mm ϕ) mit 10 Tonnen verpresst. Der Quartz verbessert die Mahlwirkung und damit die Analyserichtigkeit für Schwefel.
Das KCl dient als Bindemittel und als schwerer Absorber. Verdünnung und Absorber halten Matrix-mu des Präparats in engeren Grenzen. Zur Eichung wurden 40 nasschemisch analysierte Proben verwendet. Die Ergebnisse für Zinn sind in Tafel 1, für jede zweite Probe, gegeben. Tafel 2 staffelt die Ergebnisse nach Gehaltsbereichen. Die beiden letzten Spalten geben die maximalen Abweichungen, die mittleren Fehler dürften um einen Faktor 2 oder 3 geringer sein.

TAFEL 1

% Sn		% Sn	
CHEM	RFA	CHEM	RFA
42,0	42,1	0,83	0,85
12,2	12,0	0,49	0,49
41,6	41,7	0,46	0,48
52,1	52,0	0,59	0,58
26,4	26,6	0,46	0,45
20,7	20,8	1,12	1,09
25,6	25,7	0,12	0,11
24,0	24,3	0,21	0,21
0,47	0,47	0,40	0,41
0,64	0,64	0,00	0,00

TAFEL 2

ANZAHL PROBEN	BEREICH % Sn	MAX. |RFA - CHEM| % Sn	% REL
2	0,1 ... 0,3	0,01	5
10	0,3 ... 1	0,02	3
7	1 ... 2	0,03	2
5	2 ... 4	0,07	3
16	12 ...52	0,3	1

Wir betrachten hier die maximalen Abweichungen weil systematische Fehler, entstanden durch restliche Matrixeffekte, sich additiv auf die maximale Abweichungen auswirken. Dadurch ist es im folgenden möglich um die genommenen Massnahmen gegen Matrixeffekte zu werten.

Die Gleichung für Zinn ist :

$$\% C_{Sn} = E_{Sn} R_n \left(\underbrace{\frac{A}{R_{MoC}}}_{1 \ldots 1{,}16} + \underbrace{\omega_{Sn} \cdot \frac{C_{Sn}}{100}}_{0 \ldots 0{,}36} \right) \qquad (4)$$

A = R_{MoC} gemessen an einer Blindprobe, wobei die Probe durch Quartz ersetzt wurde.

E = Eichkonstante

ω= Restinfluss-Koeffizient, hier gleich 0,69

Die folgende Massnahmen haben zur Analysegenauigkeit des Zinns beigetragen.

a. Die Verdünnung (1 + 9) und die Erschwerung der Matrix mit KCl haben die Interelementeffekte herabgestezt. Die Alphas und Omegas sind um einen Faktor 9 kleiner als für die unverdünnte Probe.

b. Die Compton Referenz Messung verhindert zusätzliche Relativfehler von 8 %. Denn der Term A/R_{MoC} variiert zwischen den Proben mit 8% in beiden Richtungen um einen Mittelwert von ungefähr 1,08.

c. Der Omega-Korrekturterm variiert für die gemessenen Proben zwischen 0 und 0,36. Also ohne diese Korrektur wären die Maximalfehler 18% grösser. Das bedeutet dass im höheren Gehaltsbereich (Tafel 2) die Maximalfehler nicht 1% sondern 19% rel. gewesen wären.

4. ALPHA-GRUNDGLEICHUNGEN FÜR VERDÜNNTE PROBEN

Die Alphas sind Einflusskoeffizienten, wie sie in Gleichung (1) auftreten.
Sie können aus Fundamentaldaten berechnet werden [7,8,9]. Diese theoretischen Alphas, oder besser physikalischen Alphas, tragen nicht nur Primär- und Sekundärabsorptionseffekte in Rechnung, sondern , wie in [7] gezeigt, auch den ersten Ordnungseffekt der Sekundäranregung.

Bemerkung am Rande

Die Gleichung (1) entsteht aus einer Reihenentwicklung der vollständigen physikalischen Gleichungen wobei die höheren Ordnungstermen van Typ $\alpha_{ijk} C_j C_k$ vernachlässigt wurden.
Zu Unrecht wird öfters behauptet dass die erste Ordnungs-Alphas vom Typ α_{ij} nur Absorptionseffekte in Rechnung tragen und dass höhere Ordnungskorrekturen, etwa von Typ $\alpha_{ijk} C_j C_k$ die Sekundäranregung erfasst. Tatsächlich erfasst eine höhere Ordnungskorrektur nur die höhere Ordnungseffekte der Sekundäranregung.
Ihre Anwendung könnte im Bestfall bei hochlegierten Metallen den Gültigkeitsbereich der Analytischen Gleichungen vergrössern. Jedoch, bei sehr grossen Gehaltsbereichen besteht die Gefahr dass die Homogenität der Proben durch Eutectica gestört wird und wird der Nutzen der höheren Ordnungskorrekturen wieder fragwürdig.

Die Gleichung für eine verdünnte Probe die hier nicht abgeleitet werden soll, ist :

$$W_pC_i = K_iA_iR_i \left(1 + \sum_j^{\text{Probe}} \alpha_{ij}C_j \right) \qquad (5)$$

mit

$$A_i = \mu_{ie}W_p + \mu_{ir}W_r + \mu_{iv}W_v \qquad (6)$$

W_p, W_r, W_v	= Massenanteil der Probe, des zugemischten Referenzstandards und des Verdünnungsmittels auf Basis des Präparats. Die Summe ist gleich eins.
C_i, C_j	= Massenanteil der Komponenten i oder j in der eigentlichen Probe
R_i	= Intensität der Analytlinie i.
α_{ij}	= Einfluss auf C_i/R_i durch Austausch der Komponente j mit der definierten Austauschkomponente e.
α_{ie}	= 0 per Definition [7].
μ_{ie}, μ_{ir}, μ_{iv}	= Massenabsorptionskoeffizient für die Analytlinie i in Komponente e der Probe, in der zugemischten Referenz und in dem Verdünnungsmittel.
K_i	= Konstanter Instrumentfaktor

Die Alphas in (5) entsprechen den von dem Programm ALPHAS [7] berechneten Werten. Sie sind kleiner, jenachdem die Verdünnung grösser ist. Ihr kwalitativer Zusammenhang mit der Verdünnung wurde in [9] gegeben und lautet :

$$\alpha_{ij} = \frac{\mu_{ij}W_p}{\mu_{iF}W_F} \; \frac{1 - \mu_{ie}/\mu_{ij}}{1 + \mu_{ie}W_p / (\mu_{iF}W_F)} \qquad (7)$$

mit

$$\mu_{iF}W_F = \mu_{ir}W_r + \mu_{iv}W_v \qquad (8)$$

Sowohl A_i in (6) als auch α_{ij} in (7) hängen von den Massenanteilen W_p, W_r und W_v ab, wir kommen darauf zurück.
Wichtig ist , zu erkennen dass der Faktor A_i nicht abhängt von den Komponenten in der Probe, mit Ausnahme von der Austauschkomponente e. Somit ist A_i unabhängig von Absorptionskanten der Probenkomponenten.

Zur praktischen Deutung des Faktors K_iA_i bereiten wir eine Probe auf, die aus reinem Austauschelement e besteht. Weil $\alpha_{ie} = 0$, wird der Summenterm in (5) gleich Null.
Weiter nehmen wir die Nennwerte $\overline{W}_p$, $\overline{W}_r$ und $\overline{W}_v$ als Verdünnungsfaktoren, somit gilt nach (6).

$$\overline{A}_i = \mu_{ie}\overline{W}_p + \mu_{ir}\overline{W}_r + \mu_{iv}\overline{W}_v \qquad (9)$$

und schliesslich nach (5) und (9)

$$E_i = \text{Limit} \frac{C_i}{R_i} = \frac{K_i\overline{A}_i}{\overline{W}_p} \qquad (10)$$

weil C_i und R_i gegen Null gehen (die Probe besteht aus reinem Austauschelement e).

Für eine Probe mit $C_i \neq 0$ und $C_i + C_e = 1$ gilt

$$\frac{C_i}{R_i} = \frac{K_i \overline{A}_i}{\overline{W}_p} \; (1 + \alpha_{ii} C_i) \qquad (11)$$

Für einen zugemischten Internen Standard gilt nach Analogie von (5).

$$W_r = K_r A_r R_r \; (1 + \sum_j^{\text{probe}} \alpha_{rj} C_j) \qquad (12)$$

mit

$$A_r = \mu_{re} W_p + \mu_{rr} W_r + \mu_{rv} W_v \qquad (13)$$

Für ein Präparat, bereitet aus einer Probe die nur das Austauschelement e enthält, gilt nach Analogie mit Gleichung (10).

$$\frac{\overline{W}_r}{R_{re}} = K_r \overline{A}_r \qquad (14)$$

Das e in R_{re} deutet symbolisch an dass die Probe nur dass Austauschelement e enthält.
Falls eine inkoherente Streulinie als Referenz benutzt wird, so gelten statt (12) und (13)

$$\sum_k^{\text{Präp}} \sigma_k W_k = K_r A_r R_r \; (1 + \sum_j^{\text{probe}} \alpha_{rj} C_j) \qquad (15)$$

mit

$$A_r = \mu_{re} W_p + \mu_{rv} W_v \qquad (16)$$

Für (15) nehmen wir hier an dass die Streukoeffizienten für all Komponenten k im Präparat gleich sind (ungefähr 0,5; für Wasserstoff 1).
Weil $\sum_k W_k = 1$, ist dann die linke Seite von (14) eine Konstante, deren Wert wir in K_r mit hineinnehmen.

$$1 = K_r A_r R_r \; (1 + \sum_j \alpha_{rj} C_j) \qquad (17)$$

Die physikalische Bedeutung von $K_r A_r$ ist gegeben durch ein Präparat mit

$\overline{W}_p$ Anteile der Austauschkomponente e und

$\overline{W}_v$ Anteile Verdünnungsmittel ($\overline{W}_p + \overline{W}_v = 1$)

Die Streulinie auf diesem Präparat sei R_{re} und anstelle von (14) gilt nun

$$\frac{1}{R_{re}} = K_r \overline{A}_r \qquad (18)$$

Jetzt sind alle Formeln vorhanden zur Ableitung der Omegas aus Alphas unter Berücksichtigung von Verdünnungen.

5. ABLEITUNG DER OMEGAS UND ALPHAS

Aus Gleichung (5) für den Analyten und (12) oder (17) für die Referenz folgt

$$\frac{W_p C_i}{K_i A_i R_i} = 1 + \sum_j \alpha_{ij} C_j \qquad (19)$$

$$\frac{W_r}{K_r A_r R_r} = 1 + \sum_j \alpha_{rj} C_j \qquad (20)$$

Die Differenz von (19) und (20) liefert

$$\frac{W_p C_i}{K_i A_i R_i} - \frac{W_r}{K_r A_r R_r} = \sum_j (\alpha_{ij} - \alpha_{rj}) C_j$$

oder

$$C_i = \frac{K_i A_i R_i}{W_p} \left(\frac{W_r}{K_r A_r R_r} + \sum_j^{\text{probe}} \omega_{ij} C_j \right) \qquad (21)$$

Die Omegas für die meisten Komponenten j in der Probe sind gleich 0, falls sie berechnet werden aus Alphas, die basieren auf dem gleichen Austauschelement, wir kommen darauf zurück. W_r in (21) ist gleich 1 falls eine Streulinie als Referenz dient.

Mittels (10) und (14) bzw. (18) werden nun K_i und K_r aus (21) eliminiert :

$$C_i = \frac{A_i}{\bar{A}_i} E_i \frac{\bar{W}_p}{W_p} R_i \left(\frac{W_r R_{re} \bar{A}_r}{\bar{W}_r R_r A_r} + \sum_j \omega_{ij} C_j \right) \qquad (22)$$

Für die Praxis können zwei Näherungen gemacht werden.
Die Quotienten $A_i/\bar{A}_i$ und $\bar{A}_r/A_r$ können, für einen nicht allzu grossen Bereich von W_p, W_r und W_v, gleich 1 gesetzt werden. Dieses gilt sicherlich für deren Produkt wie es auftritt bei Ausmultiplikation von (22). Hierbei ist zu bedenken dass der Omega-Term relativ klein ist. Die gemachte Behauptung basiert auf einer numerischen Untersuchung von (6) und (8).
Die zweite Näherung kann für die Alphas in (7) gemacht werden. Sie hängen ab von der Verdünnung. Die Vernachlässigung dieser Tatsache bedeutet einen Fehler in der Interelementkorrektur. Jedoch bei nicht allzu grossen Schwankungen in W_p, W_r und W_v wird die analytische Richtigkeit kaum beeinträchtigt (Kleine Fehler auf ohnehin kleine Korrekturglieder schaden im Allgemeinen nicht).

Die Hauptgleichung dieser Veröffentlichung lautet schliesslich :

$$C_i = E_i R_i \frac{\overline{W}_p}{W_p} \left(\frac{W_r}{\overline{W}_r} \cdot \frac{R_{re}}{R_r} + \sum_j^{\text{Probe}} \omega_{ij} C_j \right)$$

mit $\frac{W_r}{\overline{W}_r} = 1$ falls eine Streulinie zur Referenz dient. (23)

R_{re} = Referenzintensität gemessen an einer Probe aus reinem Austauschelemente e, und verdünnt nach den Nennwerten $\overline{W}_p$ und $\overline{W}_r$

W_p und W_r sind die tatsächlichen Massenanteile der Probe und der eventuell zugemischten Referenz

Beim Übergang von (20) nach (21) wurde ω definiert als Differenz zweier α's und es wurde schon angedeutet dass die Omegas für die meisten Komponenten gleich Null sind. In dem nachfolgenden numerischen Beispiel wird gezeigt dass es praktisch nützlich ist die Omegas zu berechnen aus:

$$\omega_{ij} = \alpha_{ij} - p\alpha_{rj}$$

wobei $p \approx 1$ so gewählt wird dass möglichst viele Omefas Null oder vernachlässigbar klein werden.
Diese Anpassung hat einen kleinen Einfluss auf unsere Hauptgleichung (23). Dazu greifen wir zurück auf (19) und (20). Bevor Differenzbildung dieser Gleichungen wird erst (20) mit p multipliziert. Es entsteht dann

$$\frac{W_p C_i}{K_i A_i R_i} - \frac{pW_r}{K_r A_r R_r} = (1 - p) + \sum_j (\alpha_{ij} - p\alpha_{rj}) C_j$$

Bei dieser Berechnung der Omegas muss die Hauptgleichung wie folgt angepasst werden :

$$C_i = E_i R_i \frac{\overline{W}_p}{W_r} \left(\frac{W_r p R_{re}}{\overline{W}_r R_r} + (1 - p) + \sum_j^{\text{Probe}} \omega_{ij} C_j \right) \qquad (24)$$

wobei (1 – p) meistens vernachlässigbar klein ist.

Numerisches Beispiel

In Molybdenerzen und Konzentraten sei Mo mit höchster Richtigkeit zu bestimmen. Die Proben werden in diesem Beispiel lediglich gemahlen und zu etwa 8 mm dicken Presslingen gepresst (in der Praxis würde man übrigens verdünnen mit einem Bindemittel und einen internen Standard zumischen). Eine Rhodium-Röhre dient zur Anregung. Die Comptonlinie dient als Referenz.

TAFEL 3

PW 1400 Rh PULVERPRESSLINGE

ABSORPTIONS K-KANTE		ALPHAS		OMEGAS
		MoKα 0,710	Rh-COMP 0,636	
	Na_2O	–0,33	–0,33	0
	Al_2O_3	–0,13	–0,13	0
	SiO_2	0	0	0
	CaO	2,35	2,37	0
	TiO_2	4,90	4,94	0
	Fe_2O_3	6,12	6,17	0
	Co	6,13	6,20	0
	Ni	10,1	10,2	0
	Zn	12,2	12,3	0
	As	15,8	16,0	– 0,1
0,82	Rb	21,7	22,0	– 0,1
0,710				
0,65	Nb	9,9	26,4 [1)]	– 8,9
0,636				
0,62	Mo	10,5 [2)]	5,5.	+5,1
0,33	Ba	9,1 [3)]	13,1	– 3,9
0,14	Pb	28,7	29,4	– 0,5

1) Gross wegen Sekundärabsorption
2) Gross wegen Primärabsorption
3) Klein wegen Sekundäranregung

Die Tafel 3 gibt einen Auszug der vom Programm ALPHAS errechneten Alphas. Die Austauschkomponente ist SiO_2, somit sind die Alphas für SiO_2 gleich Null.

Die Analytlinie sei MoKα (Die Konsequenz für die Anwendung am MoK_β wird noch besprochen).

Die Alphas für die Gangartkomponenten sind nahezu gleich für MoKα und für Rh Kα-Compton.

Die Spalte für Rh-Compton wird nun mit einem Faktor 6,12 / 6,17 multipliziert und von der Spalte für Mo abgezogen sodass ausser den Omegas für SiO_2 auch die für Fe_2O_3 genau Null sind. Dabei werden alle Omegas von Na_2O bis Rb gleich Null oder vernachlässigbar klein. Der Resteinfluss für Blei (Omega = –0,5) ist für die Referenzmethode offensichtlich 60x kleiner als die für die einzelnen Intensitäten von Mo und Rh. Die Omegas für Nb, Mo und Ba sind nicht zu vernachlässigen falls die Proben grosse Variationen in deren Gehalten aufweisen. Wir werden zum Abschluss diese drei Omegas physikalisch deuten. Der Leser kann dabei Abbildung 4 verwenden. Die Sekundärabsorption durch Nb ist viel stärker für die Rh-Compton Linie (α = 26,4) als für Mo Kα (α = 9,9). Für MoK_β wäre α ungefähr gleich 26,4 gewesen und wäre das Omega für Nb etwa gleich Null.

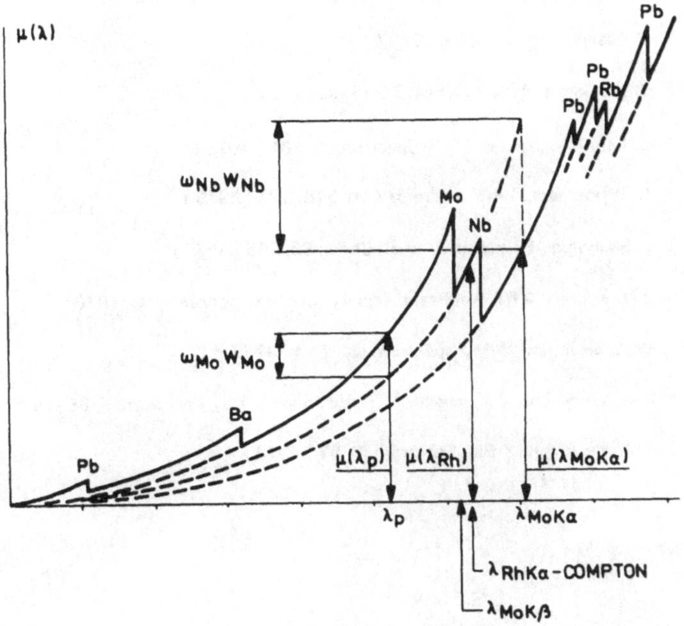

$$W_{Mo} = E_{Mo}\underset{\uparrow\;MoK\alpha}{R_{Mo}}\left(\frac{A}{R_{RhC}} - 8{,}9\,W_{Nb} + 5{,}1\,W_{Mo} - 3{,}9\,W_{Ba} \cdots\right)$$

$$W_{Mo} = E_{Mo}\underset{\uparrow\;MoK\beta}{R_{Mo}}\left(\frac{A}{R_{RhC}} + 5{,}1\,W_{Mo} - 3{,}9\,W_{Ba} \cdots\right)$$

Abb.4

In Mo ist die Primärabsorption für MoKα erregende Stahlung stark gegenüber der Primärabsorption der RhKα Anodenlinie (α = 10,5 gegenüber 5,5).

Das Element Barium ist in der Lage mit seinen L-Linien den Analyten Molybden anzuregen. Diese Sekundäranregung wirkt sich wie eine negative Absorption aus in einem relativ kleinen Wert für Alpha (α = 9,1).

Fazit : Falls die Omegas aus Alphas abgeleitet werden, werden automatisch alle Effekte (auch Primärabsorption und Sekundäranregung) berücksichtigt sowie auch die Lage der Absorptionskanten.

Schrifttum :

1. D. Walker, Am. Min. 58, 1069 (1973)
2. J.N. Kikkert, 4th Analytical Symposium Melbourne, 1974
3. L. Leoni, M. Saitta, X-Ray Spectrom. 6, 181 (1976)
4. L. Broothaers, Spectrochimica Acta 34B, 177 (1979)
5. J. Suchomel, Fresenius Z. Anal. Chem, 96, 285 (1979)
6. J.N. Kikkert, XRF Application on Tin ores and concentrates, 1978
7. W.K. de Jongh, X-Ray Spectrom. 2, 151 (1973)
8. J.E. van de Enk, J.J. Janssen, W.K. de Jongh X-Ray Spectrom. 5, 68 (1976)
9. W.K. de Jongh, X-Ray Spectrom. 8, 52 (1979)

DIE WIRKSAMKEIT VON KORREKTURANSÄTZEN DER RÖNTGENANALYSE

R. Plesch, Siemens AG, Bereich Meß- und Prozeßtechnik
D-75oo Karlsruhe 21, Germany

Alle mathematischen Ansätze für die Matrixkorrektur enthalten Koeffizienten, deren Berechnung die Anwendung dieser Ansätze überhaupt erst ermöglicht.

Man kann - je nach Art des Ansatzes - die Koeffizienten entweder durch Auflösung linearer Gleichungssysteme oder mit Hilfe der Regressionsrechnung aus experimentell erhaltenen Intensitäten bestimmen. Bei Inkaufnahme größerer Analysenfehler ist auch eine Bestimmung aus physikalischen Parametern möglich.

Bei allen Verfahren ist es notwendig, gewisse Prämissen zu beachten, die sich aus den experimentellen Gegebenheiten erklären. Ihre Nichtbeachtung kann auf Mißerfolge führen, die dann gerne der Bestimmungsmethode selbst angelastet werden. Dies kann dazu führen, daß den Methoden selbst mit Mißtrauen begegnet wird und daß Fehlermöglichkeiten vermutet werden, die in Wirklichtkeit nicht vorhanden sind.

Dazu einige Beispiele, die einem Vortrag von Jenkins in Cambridge, Juli 1979, entnommen sind /1, 2/. In Abb. 1 wird gezeigt, wie eine Überkorrektur auf Funktionen führen kann, die analytisch nicht mehr verwendbar sind. Unter Überkorrektur wird die Tatsache verstanden, daß in den Korrekturansatz unnötig viele Koeffizienten eingeführt werden. Eine solche Überkorrektur kann tatsächlich auf einen größeren Analysenfehler führen. Auf eine Kurve nach Abbildung 1 aber führt sie mit Sicherheit nicht.

13. Spektrometertagung

Eine genauere Betrachtung der Abb. 1 zeigt, daß die eingezeichnete Kurve durch jeden der 7 Meßpunkte hindurchgeht. Sie kann daher nicht durch Regressionsrechnung erhalten worden sein, sondern stellt das Produkt einer sogenannten Interpolation dar. Man versteht in der Mathematik darunter ein Verfahren, mit dessen Hilfe eine Funktion durch eine Anzahl gegebener Punkte hindurchgelegt wird. Das Ziel der Regressionsrechnung dagegen ist es, eine Ausgleichskurve so durch die Punktwolke zu legen, daß die Summe der Abstandsquadrate aller Punkte ein Minimum wird. Die ausgezogene Kurve der Abb. 1 hat also mit Regression nichts zu tun. Dagegen scheint die gestrichelte Kurve eine Regressionsrechnung darzustellen. Daß sie horizontal verläuft, dürfte aber eine Analyse im gezeichneten Falle unmöglich machen.

In Abb. 2 wird ein Beispiel einer maximalen Überkorrektur gezeigt, denn es werden 4 Meßpunkte durch eine Funktion dritter Ordnung ausgeglichen. Trotzdem zeigt die Kurve einen monotonen Verlauf und benimmt sich keineswegs oszillierend wie die Kurve der Abbildung 1.

Mit Abb. 3 weist Jenkins daraufhin, daß eine durch Regression erhaltene Funktion nicht extrapoliert werden darf. Dies ist im Prinzip richtig, allerdings sind die Folgen nicht so dramatisch wie in Abb. 3 dargestellt. Die Abb. 4 enthält 8 Meßpunkte, die sich auf Nickel in hochlegiertem Stahl beziehen. Es sind die Regressionsfunktionen zweiter und dritter Ordnung eingezeichnet. Keine der beiden Kurven zeigt das Verhalten der Kurve in Abb. 3. Man hat vielmehr den Eindruck, daß eine geringe Extrapolation durchaus noch möglich ist.

Und schließlich zeigt Jenkins in Abb. 5 die Gefahren der Regression, wenn im Meßwertevorrat eine Lücke vorliegt. Die Ausgleichskurve benützt die Lücke, um eine analytisch nicht mehr brauchbare Ausbuchtung vorzunehmen. In der Praxis ist ein solches Vorkommnis unmöglich. Dies zeigt Abb. 6. Hier sind

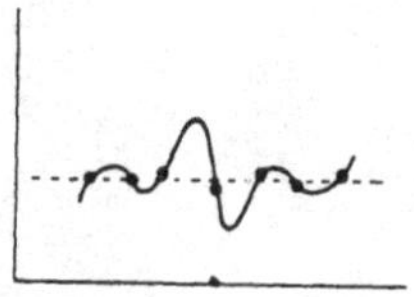

Abb. 1

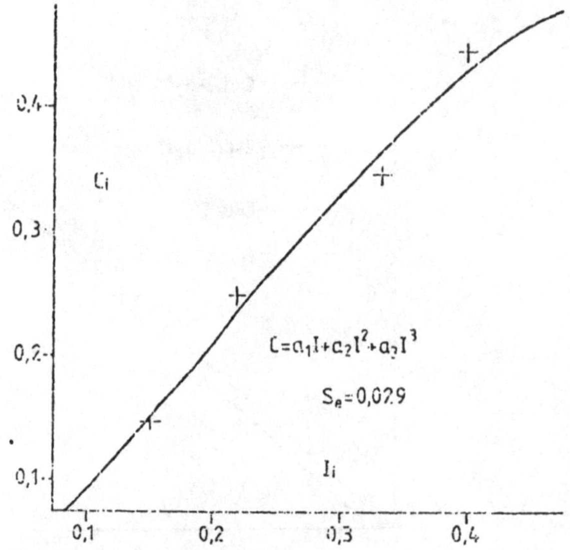

Abb. 2

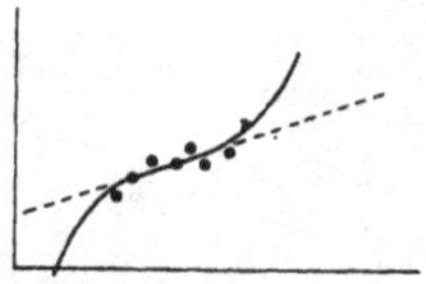

Abb. 3

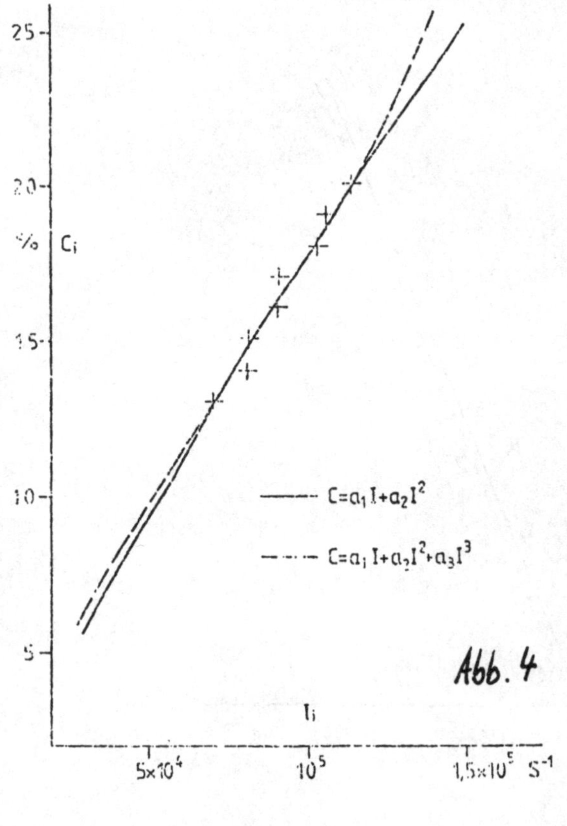

Abb. 4

Abb. 5

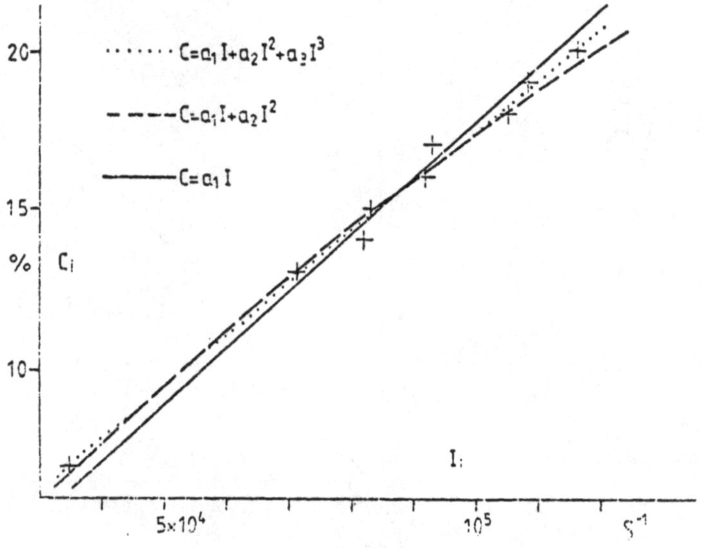
C=a1 I+a2 I2+a3 I3
C=a1 I+a2 I2
C=a1 I
20
15
10
%
Ci
Ii
5×10^4
10^5
s^-1

Abb. 6

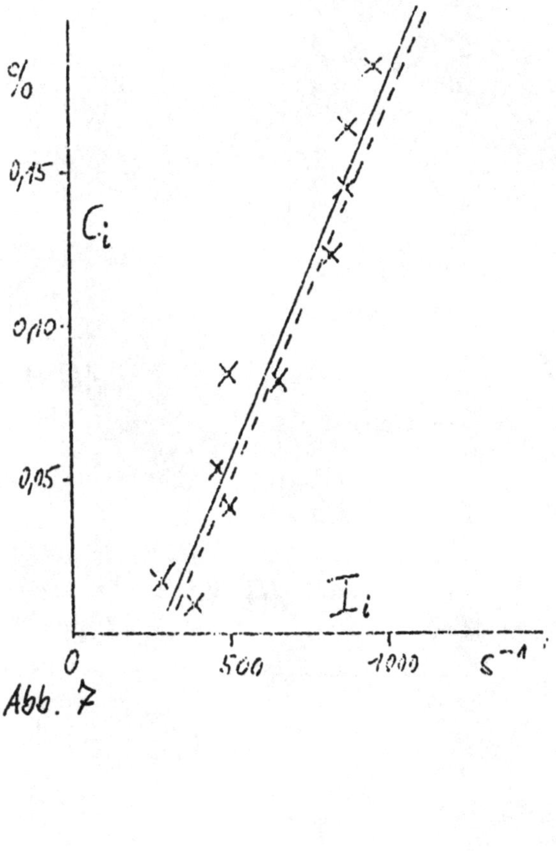
%
0,15
0,10
0,05
Ci
Ii
0
500
1000
s^-1

Abb. 7

9 Meßpunkte für Nickel in Stahl eingetragen und die Regression wurde linear, quadratisch und kubisch durchgeführt. Trotz der sehr großen Lücke zwischen den beiden ersten Meßpunkten zeigt keine der drei Funktionen auch nur die geringste Neigung zu einer Ausbuchtung. Dies ist auch aus mathematischen Gründen nicht zu erwarten, da die Koeffizienten von der Regressionsrechnung so bestimmt werden, daß die Maxima der Funktionen weit außerhalb des betrachteten Intensitätsbereiches liegen. Nur so ist die bereits erwähnte Minimalbedingung zu erfüllen.

Man kann also zusammenfassend feststellen, daß die von Jenkins angegebenen Ausgleichskurven ein Verhalten zeigen, das mit praktischen Eichfunktionen nicht verifiziert werden kann. Ein daraus resultierendes Mißtrauen gegenüber der Regressionsrechnung ist nicht gerechtfertigt.

Die normale Regressionsrechnung erfolgt so, daß die Summe der absoluten Abweichungsquadrate minimiert wird. Dies führt auf eine Reststreuung (RS), oder auch Reststandardabweichung, wie man häufig sagt, die im betrachteten Konzentrationsbereich einen konstanten Wert hat. Bei niedrigen Konzentrationen ergibt sich dadurch ein höherer prozentualer Analysenfehler als bei den höheren Konzentrationen. Deshalb wird gelegentlich vorgeschlagen, nicht den absoluten Fehler sondern einen gewichteten Fehler für die Regression zu verwenden. Als Gewichtsfaktor wird die Wurzel aus der Konzentration empfohlen, weil angenommen wird, der Fehler sei dieser Wurzel proportional.

In Abb. 7 sind einige Meßwerte eingezeichnet. Die ausgezogene Kurve bezieht sich auf die normale ungewichtete Regression, während die gestrichelte aus der Gewichtung mit der Wurzel aus der Konzentration erhalten wurde. Man erkennt im letzteren Falle eine systematische Abweichung der ausgeglichenen Werte.

Jede Gewichtung der Regression hat zur Folge, daß die prozentualen Fehler für die niedrigsten Konzentrationen kleiner werden. Im überwiegenden Konzentrationsbereich dagegen werden sie wesentlich größer, wie Abb. 8 zeigt.

Es ist unzweckmäßig, die gewichtete Regression anzuwenden, um im niedrigsten Konzentrationsbereich genauer zu analysieren. Wenn dieser Bereich besonders interessiert, sollte man ihn mit Standards abdecken und getrennt analysieren. In unserem Beispiel wird man etwa 1o Standards für den Bereich von o,o15 % bis o,o6 % vorbereiten und mit ihrer Hilfe eine ungewichtete Regression vornehmen.

Ein Vorteil der Regressionsrechnung besteht darin, daß man im Ansatz Parameter hinzufügen oder weglassen kann. Das Urteil über diese Maßnahme wird von der entstehenden Reststreuung gefällt. Aus dieser Tatsache ergibt sich eine Hilfsmethode für die Matrixkorrektur, die nachfolgend behandelt werden soll.

Der strenge Ansatz für die Matrixkorrektur enthält alle wesentlichen Matrixelemente, deren Intensitäten daher gemessen werden müssen. Sie liefern sozusagen die Beschreibung der Probenmatrix. Es wäre wünschenswert, wenn die Matrix durch eine einzige Hilfsgröße charakterisiert werden könnte, die anstelle der Matrixintensitäten in den Ansatz eingeführt wird. Eine solche Hilfsmethode vergrößert selbstverständlich den Analysenfehler, was aber in manchen Fällen in Kauf genommen werden kann.

Als Hilfsgröße bietet sich die Intensität einer günstig gewählten Streulinie an. Man erhält dann als Korrekturansatz die Gleichung (1):

$$C_i = I_i \left(m_i + m_{ii} I_i + m_{si} I_s \right) \quad (1)$$

mit I_s als der Streuintensität. Die anderen Symbole können als bekannt gelten. Gl.(1) gilt für Nettointensitäten ohne Linienüberlagerungen und Sekundärfluoreszenz /4/.

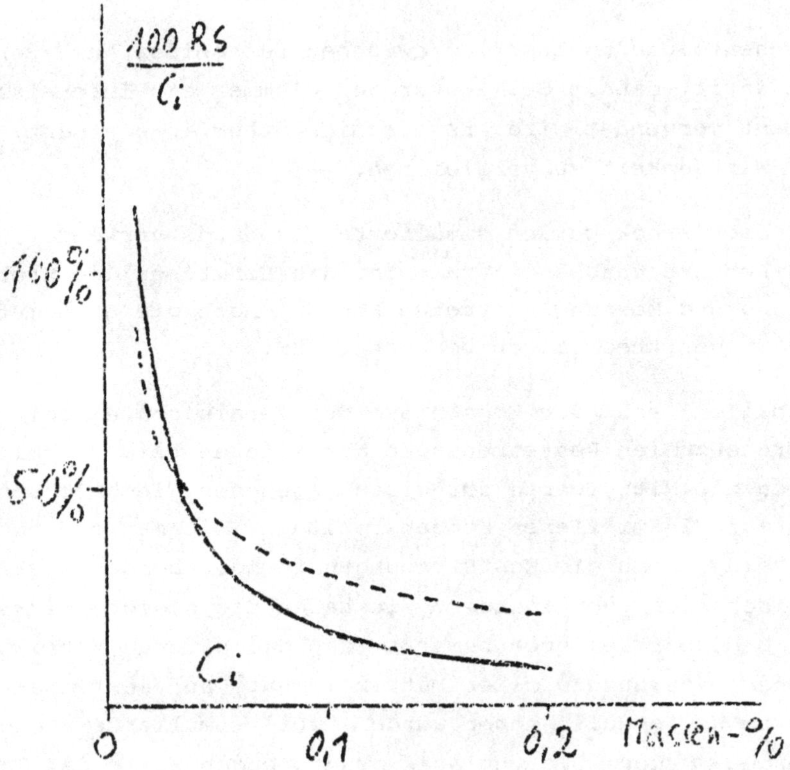

Abb. 8

Von Suchomel und Umland wurde für den gleichen Zweck Gl. (2) angegeben /4/:

$$C_i = \frac{I_i}{I_s}\left(m_i + m_{ii} I_i + m_{si} I_s\right) \qquad (2)$$

Der wesentliche Unterschied zwischen den beiden Ansätzen besteht darin, daß in Gl.(2) vor der Klammer ein Intensitätsquotient verwendet wird. Es erschien daher interessant, sie in ihrer Wirksamkeit zu vergleichen.

Für diesen Zweck wurden simulierte Standards verwendet, um von allen Fehlern unabhängig zu sein, die sonst bei der Probenherstellung und Messung auftreten können. Auch die Streuintensitäten wurden theoretisch berechnet /3/.

In Tabelle 1 sind die Ergebnisse des Vergleichs eingetragen. Die prozentualen Reststreuungen der letzten beiden Spalten stellen die Mittelwerte für die angegebenen Elemente dar, bezogen auf die mittleren Konzentrationen. Wie man erkennt, unterscheiden sich die Reststreuungen für die beiden Ansätze praktisch nicht voneinander, sie haben die gleiche Wirksamkeit. Nebenbei sei noch bemerkt, daß die strenge Matrixkorrektur unter Verwendung aller Matrixelemente auf Reststreuungen etwa vom Werte Null führen würde , weil simulierte Standards verwendet wurden. Die von Null abweichenden Werte der Tabelle 1 sind darauf zurückzuführen, daß es sich bei den Ansätzen (1) und (2) um verkürzte Hilfsansätze handelt.Der Vollständigkeit halber sei noch erwähnt, daß eine wesentliche Verbesserung der Reststreuung erreicht werden kann, wenn man als Hilfsgrößen die Untergrundintensitäten verwendet.

Die Flexibilität der Regressionsansätze ermöglicht es auch, Parameter daraufhin zu überprüfen, ob ihre Einführung in den Korrekturansatz einen Vorteil mit sich bringt.

Matrix	I_S	Elemente	RSC (%) Gl.(1)	Gl.(2)
Stahl	o,15 nm	Ti,Co,Cr,Mn,Ni	1,67	1,69
Alu	o,25 nm	Mg,Si,Ti,Fe,Cr,Zn	o,52	o,48
Zement	o,3o nm	Mg,S, Al,Si,Fe,Ca	1,61	1,65
Erdöl	o,21 nm	P, S, Ca,Zn,Ba,Pb	5,23	5,28

Tabelle 1

In Tabelle 2 sind in den ersten beiden Spalten die Konzentrationen und Intensitäten des Elements Cr in rostfreiem Stahl eingetragen. Die lineare Regressionsrechnung führt auf

$$C_i = -0{,}263 + 1{,}438 \cdot 10^{-4} I_i \qquad (3)$$

und die prozentuale Reststreuung ergibt sich zu o,94 %, bezogen auf die mittlere Konzentration.

Probe Nr.	C_i (%)	I_i (S^{-1})	t_i (min)
1	21	1,47 + 5	3
2	25	1,76 + 5	9
3	17	1,21 + 5	12
4	13	o,93 + 5	14
5	15	1,o6 + 5	17
6	23	1,63 + 5	19
7	19	1,32 + 5	24

Tabelle 2

Anschließend faßt der Analytiker den Verdacht, das Gerät habe während der Analysenzeit nicht konstant gearbeitet, sondern habe eine merkliche Drift. Er beschließt daher, die in der dritten Spalte angegebenen Uhrzeiten, zu denen die einzelnen

Proben analysiert worden waren, ebenfalls in die Auswertung einzubeziehen. Die Zahlen t_i bedeuten, daß beispielsweise die Probe 1 um 9.o3 Uhr, die Probe 2 um 9.o9 Uhr analysiert wurde. Nunmehr führt die Regressionsrechnung auf

$$C_i = -0{,}350 + 1{,}440 \cdot 10^{-4} I_i + 4{,}142 \cdot 10^{-3} t_i \qquad (4)$$

und die prozentuale Reststreuung ergibt sich zu 1,o3 %. Sie hat sich also durch die Einführung der Uhrzeit geringfügig verschlechtert, was beweist, daß das Gerät driftfrei gearbeitet hat und die Berücksichtigung der Uhrzeit in der Auswertung nicht notwendig ist.

Daraus läßt sich noch ein weiterer Schluß ziehen. Wenn der Analytiker a priori mit der Uhrzeit arbeitet, ohne die Notwendigkeit zu überprüfen, so arbeitet er mit einem überflüssigen Parameter im Ansatz. Wie die beiden Reststreuungen zeigen, wird dadurch der Analysenfehler nur unwesentlich vergrößert. Die Mathematik sorgt dafür, daß ein unnötiger Parameter keinen großen Schaden anrichten kann, wie das Beispiel zeigt. Der Koeffizient des überflüssigen Parameters wird nämlich sehr klein, wie man Gl.(4) entnehmen kann, und der Beitrag dieses Glieds ist nur ganz unbedeutend im Vergleich zu den anderen Gliedern des Ansatzes. Bildlich gesprochen verfügt die Regressionsrechnung über eine Kraft zur Selbstheilung gegenüber der fehlerhaften Einführung überflüssiger Parameter.

Diese "Gutmütigkeit" der Regressionsrechnung kann aber auch zu Fehlschlüssen führen. Ein Analytiker, der die Uhrzeit a priori in die Auswertung einführt und mit der erhaltenen Reststreuung von 1,o3 % zufrieden ist, mag daraus den Schluß ziehen, die Uhrzeit sei ein notwendiger Parameter für die Auswertung seiner Meßergebnisse, was nach dem Gesagten selbstverständlich nicht richtig ist. Die Regressionsrechnung ist nichts anderes als eine Rechenmethode, die zunächst einmal keine physikalischen Aussagen über die Notwendigkeit eines Parameters machen kann. Darüber kann erst nach einem Vergleich der Reststreuungen mit und ohne diesen Parameter entschieden werden.

Literatur

1. R. Jenkins: XXI Colloquium Spectroscopicum Internationale, Keynote Lectures, Heyden & Son Ltd., 1979, S. 37.

2. R. Plesch: Analytica Chimica Acta, Computer Techniques and Optimization (im Druck).

3. R. Plesch: Fresenius Zeitschrift für Analytische Chemie, 3o2, 393 - 397 (198o).

4. Suchomel, J., Umland, F.: Fresenius Z. Anal. Chem. 296, 285 (1979).

PROBENVORBEREITUNG UND RÖNTGENFLUORESZENZANALYSE VON FERROLEGIERUNGEN

W.Schwarz, W.Kandlbauer, K.Schwarz
Vereinigte Edelstahlwerke, Werksgruppe Kapfenberg,
Versuchsanstalt Kapfenberg, Österreich

1. Einleitung

Während chemische Analysen von Stahlproben selbst bei hoch- und höchstlegierten Stählen mit Hilfe der Emissionsspektrometrie und der Röntgenfluoreszenzanalyse in rationeller Weise durchgeführt werden können, erfordert dies für Ferrolegierungen einen ungleich größeren Aufwand. Die Ursachen liegen in der Analysensubstanz selbst und in der für die Eingangskontrolle und für Einkaufsanalysen notwendigen hohen Analysengenauigkeit.
Werden die Ferrolegierungsanalysen mit spektrochemischen Verfahren durchgeführt, bedarf es der Berücksichtigung von Matrix- und Gefügeeinflüssen. In der Praxis bewähren sich bekanntlich zwei Verfahren der Probenvorbereitung: erstens der alkalische Aufschluß des Probegutes und zweitens ein Umschmelzen der Probe mit Reineisen.

Der vorliegende Beitrag behandelt vorwiegend die Umschmelztechnik zur Röntgenfluoreszenzanalyse von Ferrolegierungen. Über das Umschmelzgerät wurde schon berichtet. (1) Es handelt sich um eine Hochfrequenzumschmelzanlage, die unter Schutzgas arbeitet und die Schmelze durch Rotation in eine Kupferkokille ausschleudert, wo sie seigerungsfrei erstarrt.

In Abhängigkeit von der zu untersuchenden Ferrolegierung bestehen nun für den Umschmelzvorgang und die Spektralanalyse einige maßgebende Parameter. Im wesentlichen sind dies Art und Menge des Verdünnungsmittels, die Gießtemperatur und

13. Spektrometertagung

Schmelzzeit sowie die Abkühlungsgeschwindigkeit der ausgeschleuderten Probe. Diese Parameter beeinflussen den Gefügeaufbau der Umschmelzprobe, somit auch die erreichbare Analysengenauigkeit.
Es wurden nun für einige Ferrolegierungen Umschmelztechniken entwickelt, und an Beispielen von Ferrochrom, Ferrowolfram, Ferromolybdän und Ferromangan wird die Vorgangsweise beschrieben. Die Einflußgrößen bei Bestimmung des jeweiligen Hauptelementes werden vorgestellt.

2. Untersuchungsergebnisse

2.1 Ferrochrom

Zur Analyse lagen drei Ferrochromarten mit Chromgehalten zwischen 55 % und 77 % und Kohlenstoffgehalten zwischen < o,lo % und 9 % vor. Bei einleitenden Versuchen wurde hoch- sowie niedriggekohltes Ferrochrom im Gewichtsverhältnis 1 : 1 mit Elektrolyteisen umgeschmolzen. Dabei ergab sich eine beträchtliche Streubreite der Meßergebnisse bei der Röntgenfluoreszenzanalyse, die ihre Ursache in dem aus Bild 1 ersichtlichen ungleichmäßigen Gefügeaufbau hat.
Bild 1 zeigt in der oberen Reihe (Probe A), links in der Übersicht, rechts im Detail, das Gefüge einer Umschmelzprobe, deren Ferrochromanteil ursprünglich o,o4 % Kohlenstoff und 71 % Chrom enthalten hatte, und in der unteren Reihe (Probe B) das Gefüge einer Probe mit 5,8 % Kohlenstoff und 68 % Chrom im Ferrochrom-Anteil.

Probe A besitzt hinsichtlich Korngröße ein ungleichmäßiges, grobes Gefüge und zeigt eine Vielzahl punktförmiger Ausscheidungen, vornehmlich Chromkarbide. Probe B zeigt ein Dentritengefüge mit großen Karbidausscheidungen. Diesem ungleichmäßigen Gefügeaufbau und den vielen Ausscheidungen sind die großen Streuungen der Analysenwerte zuzuschreiben. Ändert man das Einwaageverhältnis von Ferrochrom zu Reineisen von 1 : 1 auf 1 : 3, so steigt die Analysengenauigkeit

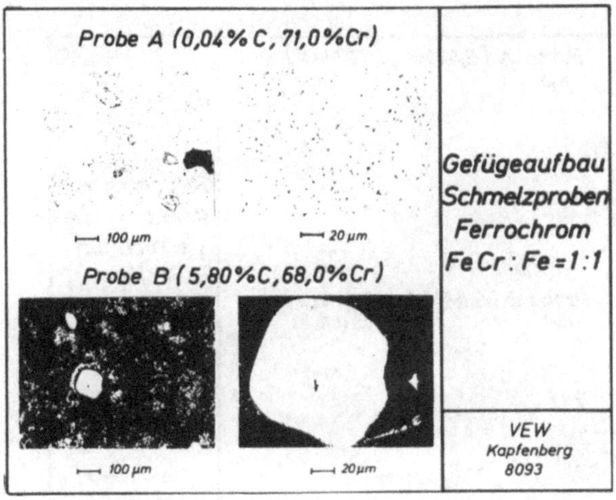

Bild 1

signifikant an.

Bild 2 zeigt den Gefügeaufbau von Umschmelzproben (FeCr : Fe = 1 : 3), die einerseits nach dem Ausschleudern rasch in Wasser, andererseits an ruhender Luft abgekühlt wurden. Die höher verdünnten, niedriggekohlten Ferrochromproben (A) zeigen im Vergleich zum Verdünnungsverhältnis 1 : 1 eine geringere Korngröße mit dünneren Korngrenzenbelägen. Durch rasche Abkühlung in Wasser sofort nach dem Umschmelzen wird die Korngröße weiter verkleinert, die Korngrenzen werden noch schmäler und die Karbidausscheidungen deutlich vermindert.
Bei hochgekohlten Ferrochromproben (B) wird ein analoges Ergebnis erreicht. Man erzielt durch die rasche Abkühlung ein feinkörniges, regelloses Dentritengefüge, dessen Chromgehalt mit höherer Genauigkeit bestimmt werden kann.
Bei Erstellung der Eichkurven ergab sich, daß der Kohlen-

stoffgehalt der Umschmelzproben von wesentlichem Einfluß war.

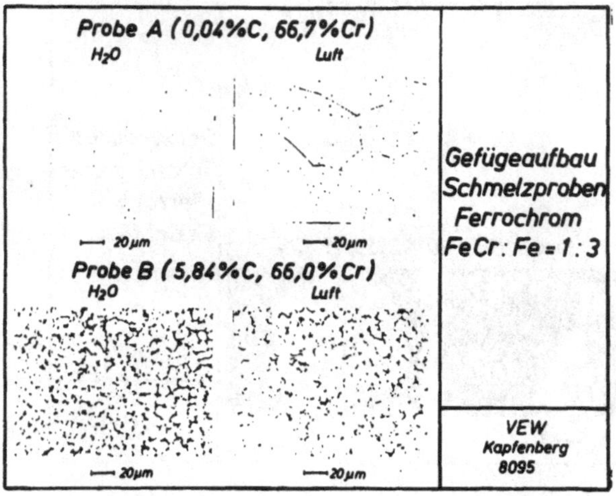

Bild 2

Bild 3 zeigt diese Abhängigkeit. Mit zunehmendem Kohlenstoffgehalt des Ferrochroms werden die Eichkurven zu

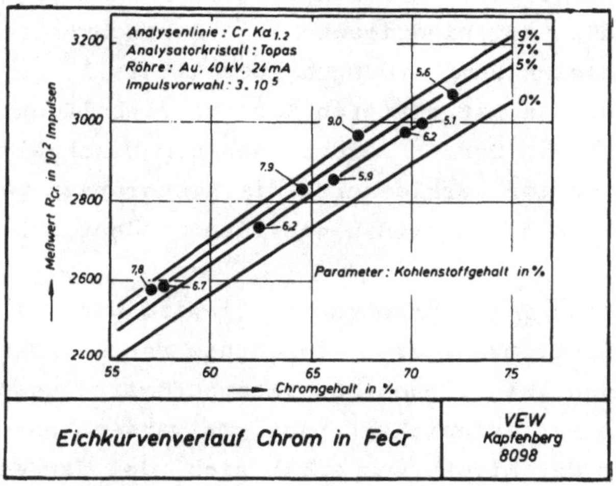

Bild 3

höheren Meßwerten verschoben. Im Bild 4 ist dieser Drittelementeinfluß zahlenmäßig erfaßt. Im linken Diagramm ist auf der Ordinate der Einfluß des Kohlenstoffes durch das

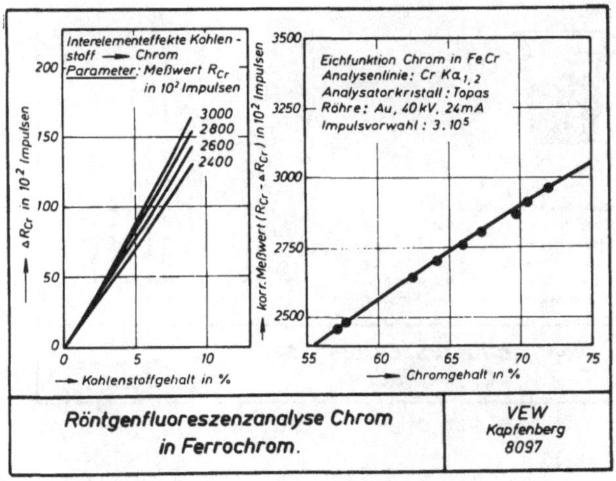

Bild 4

additive Korrekturglied ΔR_{Cr} dargestellt. ΔR_{Cr} hängt zusätzlich vom Chromgehalt des Ferrochroms ab, der durch den Meßwert für Chrom angegeben wird.
Beispielsweise verursacht ein Kohlenstoffgehalt von 6 % bei einer Chromintensität von $2800 \cdot 10^2$ Impulsen für Chrom eine Mehranzeige von $110 \cdot 10^2$ Impulsen. Berücksichtigt man diesen Mehrbefund, so kommt man zur Eichkurve im rechten Teil des Bildes, die nur mehr vom Chromgehalt des Ferrochroms abhängt.
Auf Bild 5 sind für niedrig- als auch hochgekohlte Ferrochrompulver die Einwaagen, Umschmelzparameter und Analysendaten angeführt. Das Pulvergemenge wird unter strömendem Argon (4 l/min) aufgeschmolzen und die Schmelze nach Erreichen von 1600°C ausgeschleudert. Die rasch entnommene und in Wasser abgeschreckte Probe wird an ihrer Grund-

fläche mit Schleifpapier (Körnung 12o) geschliffen.

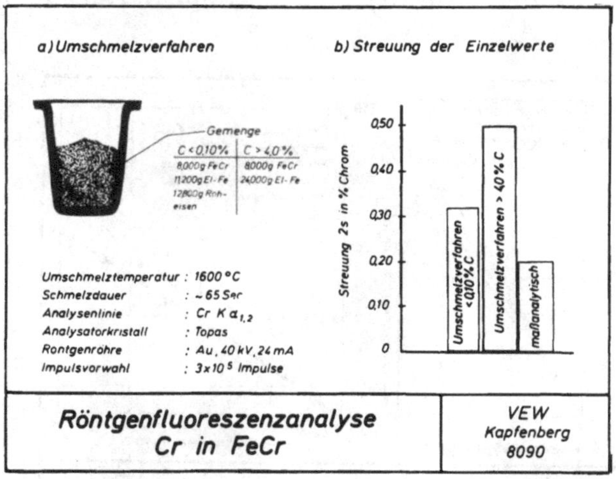

Bild 5

2.2 Ferrowolfram

Der Wolframgehalt von Ferrowolframchargen liegt im Bereich von 75 % bis 86 %. Dabei variieren die Kohlenstoffgehalte zwischen o,o2 % und 1 %, die Siliziumgehalte zwischen <o,lo % und 1,lo %.

Abermals wurde in Vorversuchen das Gewichtsverhältnis FeW : Fe von 1 : 1 über 1 : 2 bis 1 : 3 geändert, wobei die Ferrowolframeinwaage je nach Verdünnung zwischen 24 g und 9 g lag.

Bei einem Verhältnis von 1 : 1 und 17oo °C Gießtemperatur trat infolge des großen Unterschiedes im spezifischen Gewicht beider Komponenten während des Ausschleuderns Entmischung ein, wodurch im Tiegel ein an Wolfram angereicherter Rückstand verblieb. Diese Entmischungen sind am Gefüge der Umschmelzproben deutlich erkennbar. Bild 6 zeigt im oberen Teil über den Probenquerschnitt zwei verschiedene Zonen. Links, also im Probenzentrum, findet man zahlreiche ins Grundgefüge eingelagerte große Wolframkarbide. Es folgt ein schmaler heller Saum, der zu einem karbidarmen Bereich überleitet.

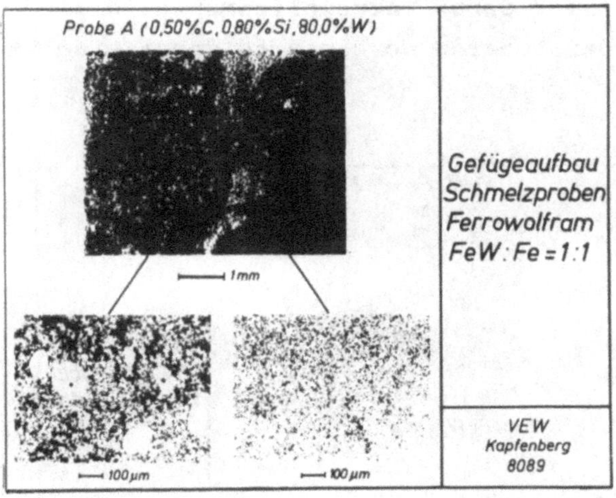

Bild 6

Steigert man nun den Eisenanteil auf 1 : 2 oder 1 : 3, so wird die Wolframverteilung gleichmäßiger. Zeigen sich nach Bild 7 bei einem Verdünnungsverhältnis FeW : Fe = 1 : 2 noch vereinzelt größere Karbide, so sind diese bei 1 : 3 sehr klein und gut verteilt. Mithin nimmt auch die Streuung 2s bei Mehrfachproben deutlich ab. Betrug sie bei Verdünnung 1 : 1 4 % Wolfram, so sinkt sie bei 1 : 2 auf 1,5o % Wolfram ab und erreicht bei Verdünnung 1 : 3 einen Wert von o,3o % Wolfram.

Das Umschmelzverhalten des Ferrowolframs wurde durch seinen Sauerstoffgehalt wesentlich beeinflußt. Es besteht eine Querbeziehung zum Beruhigungsgrad der Schmelze, der wieder durch den Kohlenstoff- und Siliziumgehalt dargestellt werden kann. Ferrowolframpulver mit hohen Sauerstoffgehalten, doch geringen Gehalten an Desoxydationsmitteln ergeben oftmals stark porige Proben, die bei der Röntgenfluoreszenzanalyse naturgemäß zu Wolfram-Minderbefunden führen. Versuche einer Beruhigung der Schmelzen mit Aluminium waren erfolglos. Das feinspanig zugemengte Aluminium (o,o7 g ≙ o,19 % Al) bildete in seiner nächsten Umgebung Tonerde und schloß dabei Ferrowolframanteile ein. Der hohe Schmelzpunkt der Tonerde verhinderte dabei eine Lösung der Einschlüsse.

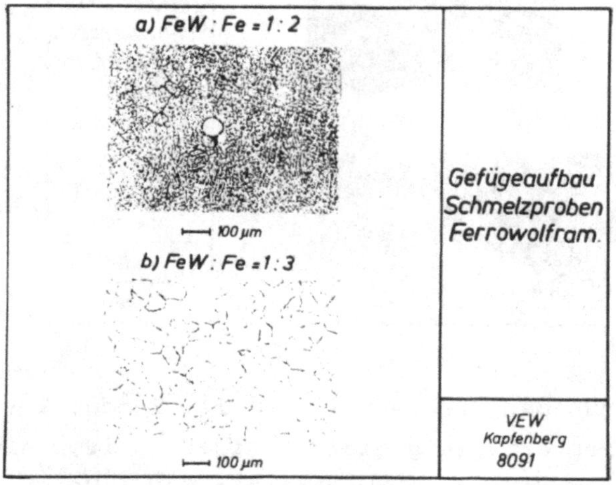

Bild 7

Es wurde daher mit Ferrosilizium beruhigt, was zur nachstehenden Arbeitsweise führte:
Ein Pulvergemenge, bestehend aus 9,ooo g Ferrowolfram, 8,7oo g Elektrolyteisen und o,3oo g Ferrosilizium wird in den Umschmelztiegel eingebracht, in dem sich analog zu Bild 8 am Boden Plättchen von Elektrolyteisen befinden. Zuletzt werden auf das Gemenge weitere Eisenplättchen geschichtet. Diese Anordnung verhindert, daß während des Schmelzens an der oberen Tiegelwandung raupige Wülste des Pulvergemenges angeschweißt hinterbleiben. Diese Rückstände würden auch nach vollzogener Aufschmelzung nicht in das Schmelzbad absinken. Die Gesamtmenge an Eisenplättchen beträgt 18,ooo g.

Bei 17oo°C Gießtemperatur wird nach kurzem Kochen die Schmelze ausgeschleudert. Die gesamte Schmelzdauer liegt in der Größenordnung um 7o Sekunden.
Die Parameter der Röntgenfluoreszenzanalyse:

Analysenlinie: WL α_1	Impulsvorwahl: 3 x lo^5 Impulse
Röhre: Au, 55 kV, 36 mA	Analysatorkristall: Topas

Die Analysenstreuung 2s, verglichen mit zwei anderen Bestimmungsverfahren ergibt:

a) Quecksilber-Wolframatverfahren .... ± o,15 % Wolfram
b) Alkalischer Aufschluß und anschließende Röntgenfluoreszenzanalyse .... ± o,2o % Wolfram
c) Umschmelzproben und nachfolgende Röntgenfluoreszenzanalyse .... ± o,17 % Wolfram

2.3 Ferromolybdän

Zum Unterschied bisher behandelter Umschmelzbedingungen (2.1, 2.2), mußte nun das Gewichtsverhältnis für Gemenge von Ferromolybdän : Reineisen auf 1 : 5 erhöht werden. Infolge des niedrigen Kohlenstoffgehaltes im Ferromolybdän (<o,o4 %) waren bei geringerer Verdünnung die Schmelzen auch bei 17oo°C zähflüssig geblieben, und es haftete nach dem Schleuderguß eine breitschalige Erstarrungszunge an der Tiegelwandung, die zuweilen durch das keramische Verbindungsstück bis in die Gußform hineinreichte. Des weiteren blieben an der Tiegelwandung oftmals Randwülste zurück, die aus mangelhaft aufgeschmolzenem Material bestanden. Die größere Verdünnung war außerdem notwendig, weil die Umschmelzproben bis zu einem Gewichtsverhältnis von 1 : 4 nicht rißbeständig waren.
Zum Unterschied von Ferrowolfram/Eisen-Gemengen brauchte hier kein Ferrosilizium zugewogen werden. Das im Ferromolybdän enthaltene Silizium reicht aus, um eine störende

Porosität der Umschmelzproben zu verhindern.
Der höhere Eisenanteil (1 : 5) führte letztlich dazu, daß die Gießtemperatur auf 1630°C abgesenkt werden konnte, so daß sich die aus Bild 8 ersichtliche Arbeitsweise ergab.

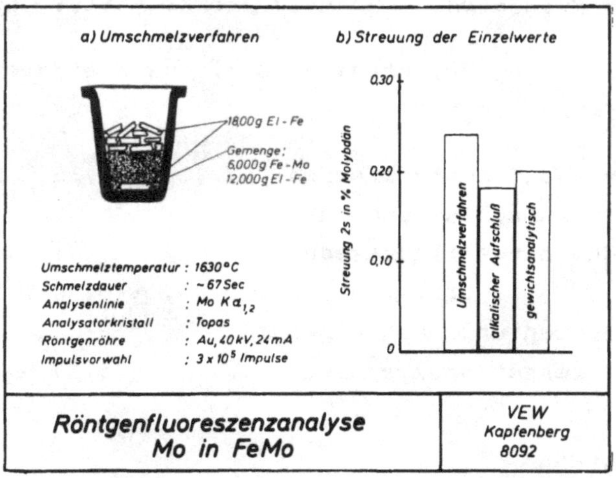

Bild 8

Die Energiezufuhr wird stufenweise gesteuert und nach Erreichen der Endtemperatur wird der Umschmelzvorgang noch 3 bis 5 Sekunden unter deutlicher Badbewegung fortgesetzt. Anschließend wird ausgeschleudert und die Probe im kalten Wasser abgekühlt. Im Tiegel verbleibt ein unwesentlicher Restteil der Schmelze. Der gesamte Vorgang läuft in etwa 60 Sekunden ab.
Im rechten Teil von Bild 8 ist wieder die Analysengenauigkeit 2s des Umschmelzverfahrens mit der zweier anderer Verfahren verglichen.

2.4 Ferromangan

Ferromangan nimmt beim Umschmelzen auf Grund des hohen Dampfdruckes und seiner großen Affinität zu Sauerstoff eine Sonderstellung ein. Zu untersuchen waren Ferromanganarten mit Mn-Gehalten zwischen 75 % und 9o % und Kohlenstoffgehalten zwischen < o,lo % und 8 %.

Hinsichtlich der Verdünnung mit Eisen erwies sich in Übereinstimmung mit Literaturangaben (2) ein Gewichtsverhältnis von 1 : 3 am besten, soweit es den Einfluß der Gefügeausbildung auf die spektrometrische Analyse betrifft. Der Verdünnungsgrad 1 : 3 gewährleistet einen feinkörnigen Gefügeaufbau.
Als wesentliche Einflußgrößen zeigten sich naturgemäß die Schmelztemperatur und die Haltezeit auf dieser Temperatur. Ein zu langes Halten der kochenden Schmelze bzw. eine zu hohe Temperatur führte zu einem starken Abdampfen des Schmelzbades in Form lichtbrauner Dämpfe, die einerseits die optische Temperaturmessung störten und andererseits beträchtlichen Manganverlust zur Folge hatten.
Daher wurde letztlich keine feste Gießtemperatur vorgegeben und der Aufschmelzvorgang jeweils zwei bis drei Sekunden nach Aufschmelzen und Kochbeginn beendet und die Schmelze ausgeschleudert.

Bei einer Einwaage von 9,000 g Ferromangan und 27,000 g Elektrolyteisen führte dies zu geringen Verdampfungsverlusten und zu nahezu rückstandsfreien Schmelztiegeln. Dabei ergaben sich je nach Kohlenstoffgehalt Schmelzzeiten zwischen 5o und 6o Sekunden und Abdampfverluste um 5 % Mangan relativ, die reproduzierbar eingehalten werden konnten.

Hinsichtlich der Manganverluste bildeten Ferromanganproben mit Kohlenstoffgehalten um 1 % und Sauerstoffgehalten um 3 % und höher, eine Ausnahme. Für sie ergaben sich Minderbefunde bis zu 25 % Mangan relativ. Ihre Umschmelzproben waren daran kenntlich, daß die Stielenden zur Gänze von einem Pfropfen aus Braunstein umschlossen waren, wogegen bei Umschmelzproben nach Ferromangan mit geringen Sauerstoffgehalten, an den Stielenden nahezu kein Braunstein vorzufinden war.

Bei höheren Sauerstoffgehalten wird offensichtlich während des Umschmelzens Braunstein als Schwimmschlacke ausgeschieden und gelangt durch den Schleuderguß an das Stielende der Probe. In der Folge wurde daher auf die Sauerstoffgehalte der Ferromanganproben besonders geachtet. Wie Bild 9 zeigt, ergab sich zwischen diesen Sauerstoffgehalten und dem Auftreten von Braunstein am Stielende der Proben ein charakteristischer Zusammenhang.

Klassifiziert man nach dem Sauerstoffgehalt - auf der Abszisse erfolgt dies in nichtlinearer Teilung - so tritt bis zu Gehalten von max. o,2o % Sauerstoff kaum Braunstein auf. Bei Gehalten um o,4o % wird er deutlich und bei extrem hohen Gehalten um 3,o % besteht das Stielende praktisch nur aus Braunstein.

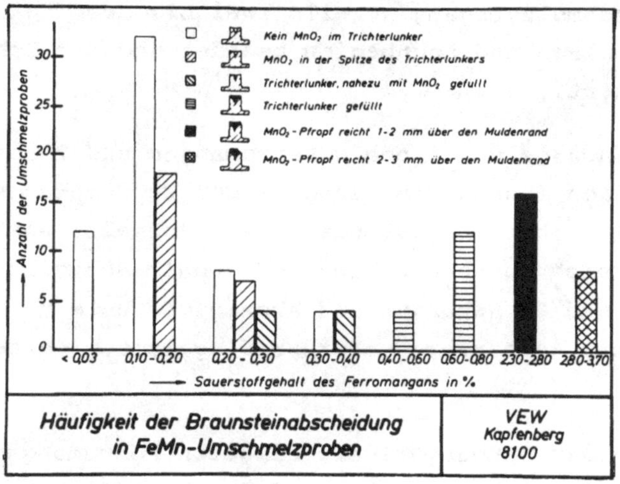

Bild 9

Bei Erstellung der Eichfunktionen für Mangan in den Umschmelzproben stellte sich nun heraus, daß der Sauerstoffgehalt des Ferromangans als zusätzlicher Parameter in die Eichung eingeht. Im Bild lo ist der Eichkurvenverlauf dargestellt. Die obere Kurve gibt die Eichfunktionen für binäre Eisen-Manganproben an. Die untere Eichkurve gilt für Routineproben, deren ursprüngliche Ferromangananteile zwischen 75 % und 9o % Mangan enthielten, die jedoch weniger als o,o5 % Kohlenstoff und bis maximal o,o5 % Sauerstoff aufwiesen. Vor allem Proben mit höheren Sauerstoffgehalten weichen von dieser Kurve deutlich zu geringeren Impulswerten ab. Diese Abweichungen sind jedoch so systematisch, daß vor allem der Sauerstoffgehalt des Ferromangans als Korrekturfunktion herangezogen werden kann.

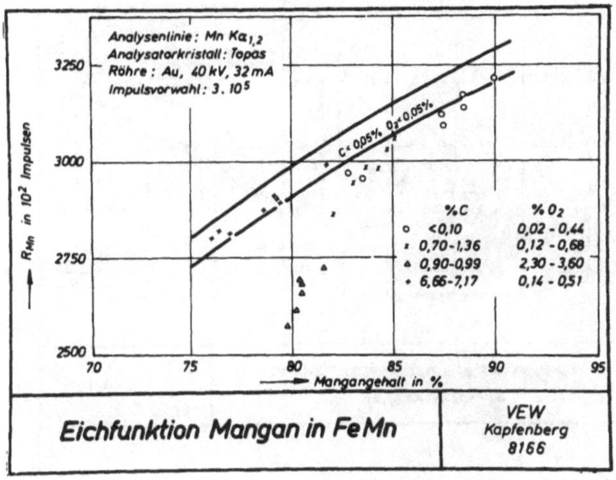

Bild lo

Seine Auswirkungen überwiegen bei weitem die Korrektureinflüsse des Kohlenstoffes.

Wie aus Bild 11 im linken Teil hervorgeht, besteht eine lineare Beziehung zwischen dem Sauerstoffgehalt und dem additiv anzuwendenden Korrekturausdruck ΔR_{Mn}. Offenbar auch bedingt durch die Herstellungstechnologie, ist die Steigung für die Bereiche <o,1o % bis o,7o % Sauerstoff größer als für den Bereich 2,3o % bis 3,6o % Sauerstoff. Die Abhängigkeit innerhalb der Bereiche ist linear.

Aus dem rechten Bildteil sind die Eichkurven nach An-

wendung des Korrekturausdruckes ΔR_{Mn} ersichtlich. Der Kohlenstoffgehalt des Ferromangans scheint als Parameter auf. Die beiden Eichkurven verlaufen parallel. Aus der Verschiebung ersieht man den im Vergleich zu Sauerstoff geringeren Störeinfluß des Kohlenstoffes, wodurch sich die aus dem Bild ersichtliche Gruppierung in zwei Kohlenstoffbereichen in der Praxis rechtfertigt.
Beim Umschmelzen besteht die Einwaage aus einem Gemenge von 9,000 g Ferromangan und 27,000 g Elektrolyteisen.

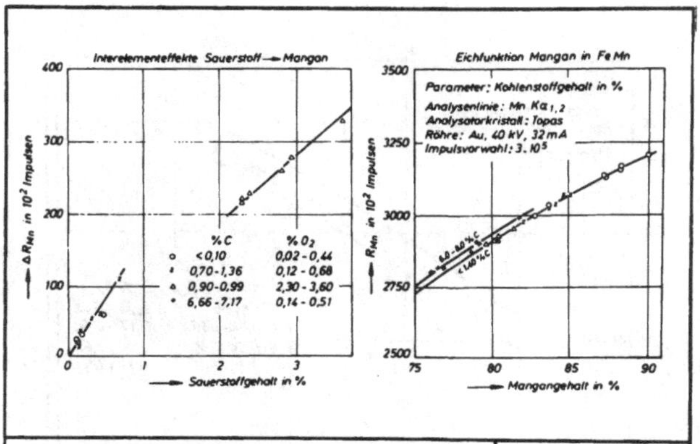

Röntgenfluoreszenzanalyse Mangan in Ferromangan.

Bild 11

Die Gießtemperatur wird indirekt über die Schmelzzeit gesteuert. Zwei bis drei Sekunden nach Kochbeginn wird die Schmelze ausgeschleudert, wobei völlig unberücksichtigt bleibt, welche Temperatur die Meßautomatik anzeigt. Ablesungen ergaben, daß sie sich fast immer zwischen 135o°C und 15oo°C bewegt.
Die Gußprobe wird in kaltem Wasser abgeschreckt und an ihrer Analysenfläche auf Schleifpapier mit Körnung 12o geschliffen. Die Parameter zur Röntgenfluoreszenzanalyse scheinen sowohl im Bild 1o als auch Bild 11 auf.

Die Analysenstreuung 2s, resultierend aus drei Parallel-Umschmelzproben, verglichen mit anderen Bestimmungsverfahren, ergibt:

a) Umschmelzverfahren, Röntgenfluoreszenzanalyse .... ± o,24 % Mn
b) Alkalischer Aufschluß und anschließende Röntgenfluoreszenzanalyse .... ± o,1o % Mn
c) Maßanalytisch .... ± o,18 % Mn

Schrifttum:

(1) Mesaritsch F., F.Gressl, W.Zeman, H.Horn: 12. Spektrometertagung, Salzburg, 1978

(2) Schmitz L., W.Loose, K.H.Koch: Z.Analyt.Chem., 266 (1973), 3, 186/196

KAPITEL 5

ATOMABSORPTION UND PLASMAEMISSION

UNTERSUCHUNGEN ZUM ANREICHERUNGSVERHALTEN VON METALLEN IN MASSENSTRÖMEN EINES KOHLE- UND EINES MÜLLKRAFTWERKS UNTER VERWENDUNG DER OPTISCHEN EMISSIONS- UND DER ATOMABSORPTIONS-SPEKTROSKOPIE

W. Dannecker, I. Biehusen und K. Ahlers
Institut für Anorganische und Angewandte Chemie
der Universität Hamburg

Über verschiedenartige Verbrennungsprozesse gelangen erhebliche Mengen an metallhaltigen Emissionen in die Umwelt. Verbesserte Entstaubungstechnologien haben zwar in der Bundesrepublik in den letzten 15 Jahren einen Rückgang der absoluten Staubemissionen von etwa 2 Mio Jahrestonnen auf etwa

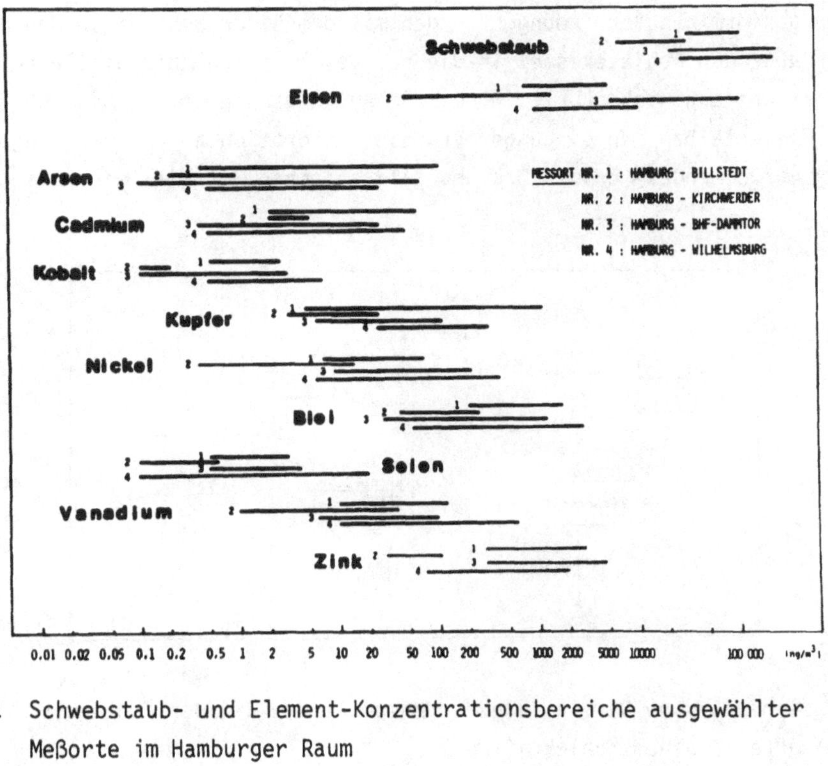

Abb.1 Schwebstaub- und Element-Konzentrationsbereiche ausgewählter Meßorte im Hamburger Raum

13. Spektrometertagung

0,5 Mio t bewirkt, aber der Feinstaubanteil, der die lungengängigen und die leichter eluierbaren Partikel enthält, ist größer geworden.

Wie unsere Schwebstaubuntersuchungen der letzten Jahre im Hamburger Stadtgebiet (siehe beispielsweise Abb.1) gezeigt haben, können unerwartet hohe Konzentrationen auch an relativ toxischen Elementen im Luftstaub auftreten.

Diesen Befunden wurde dadurch nachgegangen, daß im Rahmen weiterer Forschungsprojekte Untersuchungen zum Anreicherungsverhalten von Metallen in Massenströmen von Großfeuerungsanlagen aufgenommen wurden. Zunächst soll über entsprechende Untersuchungen an einem Kohle- und einem Müllkraftwerk berichtet werden.

Im Kohlekraftwerk wird der Brennstoff in Form feingemahlener Kohle verfeuert. Es ist anzunehmen, daß bei den hohen Verbrennungstemperaturen die im fossilen Brennstoff in nur geringen Gehalten enthaltenen toxischen Elemente unterschiedlich stark mobilisiert werden. Die aus der Brennkammer austretenden gasförmigen Verbindungen werden mit dem Rauchgasstrom in wenigen Sekunden über den Abhitzekessel in die nachgeschalteten Anlageteile befördert und dort weiterhin abgekühlt, wobei ein Aufkondensieren der bis dahin flüchtigen Elemente bzw. Verbindungen und eine Adsorption an – in den Flugstäuben häufig vorkommendes – oxidisches und silikatisches Material eintritt.

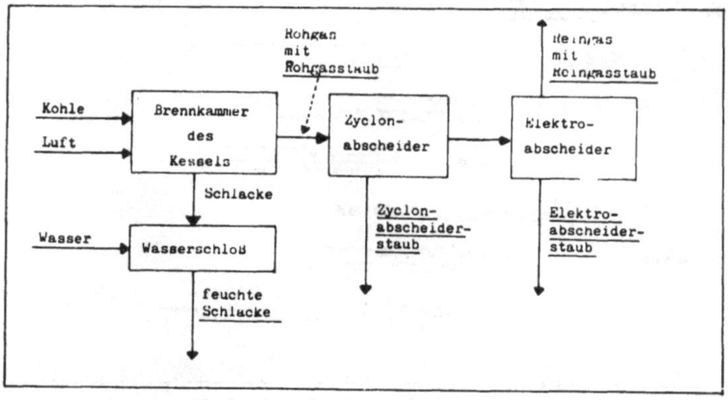

Abb.2 Schematische Darstellung der Massenströme und der Probenahmeorte in einem Kohlekraftwerk

Um die Massenströme und deren Elementgehalte hinreichend exakt beurteilen zu können, wurden mit Unterstützung der Anlagebetreiber repräsentative Probenahmen und die Abschätzung der Stoffströme an folgenden Probenahmeorten (siehe Abb.2) durchgeführt:

- an der Kohlestaubdosiervorrichtung
- an der Zyclonabscheider-Staubabführung
- am Elektrofilterstaub-Austrag
- am Reingaskanal vor dem Saugzug (durch isokinetische Probennahme)
- am Schlacken-Austrag .

Auf die Problematik der repräsentativen Probennahme und die Messung der Stoffströme an einer Großfeuerungsanlage kann hier nicht eingegangen werden. Die Probenaufbereitung wird hingegen kurz erläutert:
Nach entsprechend häufiger Probenteilung, teilweiser Vorzerkleinerung und Homogenisierung des Probengutes erfolgte das Mahlen in einer Achat-Mahlgarnitur und das wiederholte Absieben der Feinanteile auf Korngrößen kleiner 63 µm. Die oxidativen Aufschlüsse wurden in Teflongefäßen, teilweise unter Druck zur Vermeidung von Verlusten an leichtflüchtigen Verbindungen, teilweise auch drucklos in offenen Teflonröhrchen durchgeführt. Als recht wirksam hat sich bei derartigen Proben der kombinierte Perchlorsäure-Flußsäure-Aufschluß herausgestellt; die Substanzproben wurden hierbei unter ständigem Rühren mittels Magnetrührer zunächst bei 135°C und schließlich bei 205°C einige Stunden erhitzt, in noch heißem Zustand mit gesättigter Borsäurelösung versetzt und vor Durchführung der Elementbestimmungen entsprechend verdünnt.

Die Bestimmung der Schwermetallspurenanteile in Kohlen-, Schlacken- und Aschen-Proben erfolgte vor allem unter Verwendung der AAS-Methode. Mögliche Verluste durch die Aufschlußverfahren wurden radiometrisch durch Zugabe von Tracern ermittelt. Gelegentlich auftretende Rückstände bei Aufschlüssen wurden mit der Elektronenstrahl-Mikrosonde auf eventuelle Elementeinschlüsse hin nachträglich untersucht.

Wegen der kompliziert zusammengesetzten Probenmatrix nach dem Perchlorsäure-Flußsäure-Borsäureaufschluß schien es uns besonders wichtig, zu überprüfen,inwieweit ein Matrixeffekt die mit der AAS-Methode erarbeiteten Analysenergebnisse beeinflußt. Hierzu wurde eine Elektrofilterstaub-Probe nach verschiedenen analytischen Verfahren, beispielsweise der Neutronenaktivierungsanalyse, der Inversen Voltammetrie, der Plasma-Emissionsspektroskopie sowie den verschiedenen Varianten der Atomabsorptionsspektroskopie untersucht und die Ergebnisse miteinander verglichen (Abb.3). Die vom jeweiligen Element und von der anstehenden Elementkonzentration in der Meßlösung abhängigen Vor- und Nachteile des gewählten Analysenverfahrens traten dabei deutlicher heraus.

	Wert (ppm)	s (± %)	n	95 %-Vertrauensbereich			Analysenverfahren
				Breite (± %)	untere Grenze (ppm)	obere Grenze (ppm)	
Cr	245	5,6	4	8,8	223	266	AAS, Flamme
Cr	312	5,7	4	9,0	284	340	AAS, Graphitrohr 1:10
Cr	328	3,8	5	4,7	313	344	ICP
Cr	360	20,0	3	-	-	-	NAA
Mn	414	5,5	5	6,9	385	442	AAS, Flamme
Mn	576	6,8	4	10,8	514	638	AAS, Graphitrohr 1:100
Mn	596	4,2	8	3,5	574	616	ICP
Mn	583	1,7	3	5,2	553	613	NAA
Ni	341	3,9	9	3,0	331	352	AAS, Graphitrohr 1:2
Ni	345	4,8	5	6,0	324	365	ICP
Cu	629	6,8	9	5,2	597	662	AAS, Flamme
Cu	595	2,5	5	3,1	576	613	ICP
Cu	636	11,0	5	13,7	549	723	Invers-Voltammetrie
Zn	857	3,8	5	4,8	816	897	AAS, Flamme
Zn	643	1,3	6	1,4	634	652	ICP
Zn	1080	27,8	3	-	-	-	NAA
Zn	732	35,3	5	43,8	412	1053	Invers-Voltammetrie
As	390	10,2	8	8,5	357	423	AAS, Graphitrohr 1:10
As	319	6,7	3	20,4	254	384	AAS, Hydridsystem
As	487	7,2	3	21,9	380	594	NAA
Cd	3,27	24,2	12	15,4	2,77	3,77	AAS, Graphitrohr 1:2
Cd	2,62	47,3	3	-	-	-	Invers-Voltammetrie
Pb	643	5,9	5	7,3	596	691	AAS, Graphitrohr 1:10
Pb	689	11,4	5	14,2	592	787	Invers-Voltammetrie

Abb.3 Vergleichende Untersuchungen an einer Elektrofilterstaub-Probe

Die Ergebnisse von AAS-Untersuchungen unter Verwendung verschieden heißer Flammen mit und ohne Untergrundkompensation, unter Anwendung der Graphitrohr- und der Hydrid-Technik sind in der nächsten Tabelle (Abb.4) aufgeführt. Die Untersuchungen wurden an einer simulierten 'Analysenlösung' durchgeführt, die entsprechend der Zusammensetzung des Elektrofilterstaubes durch Zusammenmischen exakt dosierter Metallsalzkonzentrationen hergestellt worden war und damit einen hinreichend ähnlichen Matrixuntergrund

	theoret. Gehalt (mg/l)	gefundener Gehalt (mg/l)	s (±%)	n	Abweichg. v.theoret. Wert (%)	theoret. Wert liegt innerhalb VB 95 %		VB 99 %		Methode
						MW	EW	MW	EW	
Cr	0,4	0,23	7,1	8	- 43,0	-	-	-	-	Flamme
Cr	0,4	0,47	3,1	8	+ 15,1	-	-	-	-	Lachgasfl. o. Kompensation
Cr	0,4	0,45	6,2	20	+ 12,0	-	+	-	+	Lachgasflamme
Cr	0,4	0,40	2,3	3	+ 0,6	+	+	+	+	Graphitrohr 1:10
Cr	0,4	0,39	14,4	16	- 3,6	+	+	+	+	Additionsmethode
Mn	1,4	1,08	1,7	11	- 23,0	-	-	-	-	Flamme
Mn	1,4	1,59	1,4	7	+ 13,7	-	-	-	-	Lachgasflamme
Mn	1,4	1,38	4,3	6	- 1,7	+	+	+	+	Graphitrohr 1:100
Mn	1,33	1,36	15,8	14	+ 2,2	+	+	+	+	Additionsmethode
Ni	0,4	0,48	7,8	9	+ 21,1	-	-	-	+	Flamme o. Kompensation
Ni	0,4	0,37	9,4	8	- 6,5	+	+	+	+	Flamme
Ni	0,4	0,38	15,2	6	- 4,6	+	+	+	+	Graphitrohr 1:2
Cu	1,2	1,18	1,3	16	- 1,3	-	+	-	+	Flamme
Cu	1,2	1,13	3,0	16	- 5,5	-	+	-	+	Additionsmethode
Zn	1,7	1,71	0,7	5	+ 0,7	+	+	+	+	Flamme o. Kompensation
Zn	1,7	1,69	1,2	17	- 0,6	+	+	+	+	Flamme
As	0,8	1.03	6,0	6	+ 28,6	-	-	-	+	Graphitrohr 1:10
As	0,8	0,77	9,8	9	- 3,7	+	+	+	+	Hydridsystem
As	0,8	0,85	20,2	15	+ 5,9	+	+	+	+	Additionsmethode
Cd	0,01	0,01	20,8	12	- 4,5	+	+	+	+	Graphitrohr 1:2
Pb	1,4	1,59	6,8	5	+ 13,4	-	+	+	+	Flamme o. Kompensation
Pb	1,4	1,43	10,2	17	- 1,9	+	+	+	+	Flamme
Pb	1,4	1,37	7,4	7	- 2,4	+	+	+	+	Graphitrohr 1:10

Abb.4 Ergebnisse der AAS-Untersuchungen an einer simulierten Matrix-Mischung für den Elektrofilterstaub

besaß. Es ist erkennbar, daß die Abweichungen vom wahren Wert immer dann genügend klein sind, wenn vernünftige Meßparameter gegeben waren.

Probe		Cr	Mn	Ni	Cu	Zn	Cd	Pb
	Gehalt (ppm)	176	1247	85	238	97	0,30	10
S I	s (± %)	5,8	2,7	13,8	8,7	8,3	15,9	35,8
	n	4	5	5	5	5	7	7
	Gehalt (ppm)	193	867	141	274	248	0,37	123
Z I	s (± %)	8,2	9,5	13,4	6,1	1,1	24,9	10,8
	n	4	5	6	5	5	9	5
	Gehalt (ppm)	312	576	341	629	857	3,26	643
E I	s (± %)	5,7	6,8	3,8	6,8	3,8	24,2	5,9
	n	4	4	9	9	5	12	5
	Gehalt (ppm)	3019	754	1424	717	1458	25,23	444
R I	s (± %)	15,8	2,7	30,3	1,7	4,4	15,1	18,5
	n	4	4	5	4	4	5	7
	Gehalt (ppm)	16	55	11	27	63	-	23
K I	s (± %)	23,8	6,9	15,3	9,5	17,2	-	15,2
	n	4	5	11	5	4	-	7

Probe		Cr	Mn	Ni	Cu	Zn	Cd	Pb
	Gehalt (ppm)	169	1259	86	252	121	0,32	3
S II	s (± %)	5,3	6,2	12,9	2,0	4,8	20,8	20,2
	n	4	5	4	5	5	6	7
	Gehalt (ppm)	227	801	196	337	350	0,63	194
Z II	s (± %)	3,4	7,9	10,6	3,6	5,8	5,6	6,8
	n	4	4	6	4	5	7	5
	Gehalt (ppm)	306	547	338	636	888	2,05	607
E II	s (± %)	6,5	10,2	2,3	4,7	8,2	11,6	8,6
	n	4	5	4	5	5	9	6
	Gehalt (ppm)	447	748	444	698	1173	6,49	385
R II	s (± %)	7,6	7,4	27,5	1,0	5,8	18,7	9,6
	n	4	4	6	4	4	6	4
	Gehalt (ppm)	16	64	13	27	79	-	27
K II	s (± %)	20,7	4,7	17,0	13,2	9,2	-	32,7
	n	5	6	5	5	5	-	9

5 **SCHWERMETALLGEHALTE IN KOHLE - KRAFTWERKSPROBEN**

Probenbezeichnungen: S = Schlacke , Z = Zyclonstaub , E = Elektrofilterstaub , R = Reingasstaub , K = Kohleprobe

In der vorstehenden Tabelle (Abb.5) sind die Schwermetallgehalte von zwei unabhängig voneinander gezogenen Probenserien aufgelistet. Die relativ gute Übereinstimmung der Chrom-, Mangan-, Nickel-, Kupfer-, Zink-, Cadmium- und Blei-Gehalte in Schlacken-, Zyclonstaub-, Elektrofilterstaub-, Reingasstaub- und Kohlestaub-Proben bestätigt die Zuverlässigkeit der erarbeiteten Analysenergebnisse.

Zur Erstellung der Massenströme einzelner Elemente mußten zunächst die Massenströme an Schlacke, Zyclonstaub, Elektrofilterstaub und Reingasstaub sowie deren Anteile an 'Unverbrennlichem' durch Messung des Glühverlustes bestimmt werden. Der Zyclonstaub ist mit 61,8%, der Elektrofilterstaub mit 20,6 %, die Schlacke mit 14,7 % und der Reingasstaub mit 2,8 % am Gesamtmassenstrom beteiligt.

Aus den Massenströmen und den ermittelten Elementgehalten in den einzelnen Probenspecies konnten schließlich die Massenströme der in der nachfolgenden Tabelle (Abb.6) aufgelisteten acht Elemente im Kohlekraftwerk errechnet werden, wobei ein Kohleverbrauch von 8000 kg/h angenommen wurde.

	Massenströme						
	S (g/h)	Z (g/h)	E (g/h)	R (g/h)	Summe S+Z+E+R (g/h)	K (g/h)	Ungleichgewicht (%)
Cr	13	76	34	7	131	127	+ 3
Mn	100	280	63	12	455	474	- 4
Ni	7	66	38	7	117	105	+ 12
Cu	20	103	71	11	204	214	- 5
Zn	9	100	98	20	227	571	- 60
Cd	0,03	0,2	0,2	0,1	0,6	-	-
Pb	0,5	53	70	6	130	200	- 35
Th	2	9	3	0,5	15	-	-

Abb.6 MASSENSTRÖME EINZELNER ELEMENTE IN EINEM KOHLEKRAFTWERK
(S = Schlacke, Z = Zyclonstaub, E = Elektrofilterstaub, R = Reingasstaub, K = Kohle)

Hierbei wurde das Element Thorium durch Auswertung von Gammaspektren bestimmt; das Uran hingegen konnte wegen Vorliegens einer Störung des radioaktiven Gleichgewichtes infolge des Entweichens des Radonisotops ^{222}Rn nicht exakt genug erfaßt werden und fehlt daher in dieser Tabelle.

Die prozentualen Verteilungen der acht Element-Massenströme im Kohlekraftwerk sind im folgenden Diagramm (Abb.7) aufgezeichnet. Für den Vergleich wurde links im Bild die Verteilung der Gesamtmasse der Feststoffe nochmals vorangestellt. Schlacke ist mit 14,7 %, Zyclonstaub mit 61,8 %, Elektrofilterstaub mit 20,6 % und der Reingasstaub mit 2,8 % am Gesamtmassenfluß der Feststoffe beteiligt.

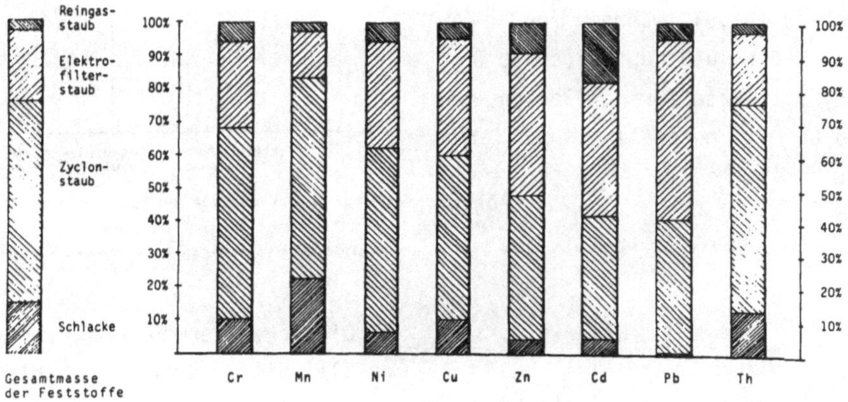

Abb.7 Prozentuale Verteilung der Massenströme in einem Kohlekraftwerk

Auffällig ist, daß alle untersuchten Elemente außer Mangan mehr oder weniger stark angereichert im Reingasstaub vorkommen. Das Mangan reichert sich hingegen deutlich in der Schlacke an.

Alle Elemente, außer Mangan und Thorium, sind auch im Elektrofilterstaub häufiger vertreten als es dem Gesamtmassenfluß der ausgetragenen Feststoffe entsprechen würde. Daher müssen dann die Element-Massenflüsse in den Zyclonstäuben und den Schlacken entsprechend niedriger liegen.

Aus den Ergebnissen ist erkennbar, daß die Elemente Blei, Cadmium, Zink und Nickel, weniger stark Kupfer und Chrom, sich als stärker flüchtige Elemente in der Schlacke und im Zyclonstaub abreichern. Beispielsweise das Element Cadmium, ein äußerst toxisches Element, befindet sich zu 41 % im Elektrofilterstaub und mit 18 % in dem nur 2,8 % Gesamtmasse ausmachenden Reingasstaub. Dieses sind - unserer Meinung nach - wichtige Befunde.

Aus den gesammelten Untersuchungsergebnissen lassen sich nunmehr die zugehörigen Anreicherungsfaktoren errechnen, welche für die Darstellung der Problematik der Anreicherung besonders geeignet sind. Die Faktoren für Mangan und Thorium liegen nahe beim Wert 'eins' (s.Abb.8), während für Chrom, Nickel und Kupfer (s.Abb 8 und 9) die Werte für den Reingasstaub bereits gegen 'zwei' tendieren.

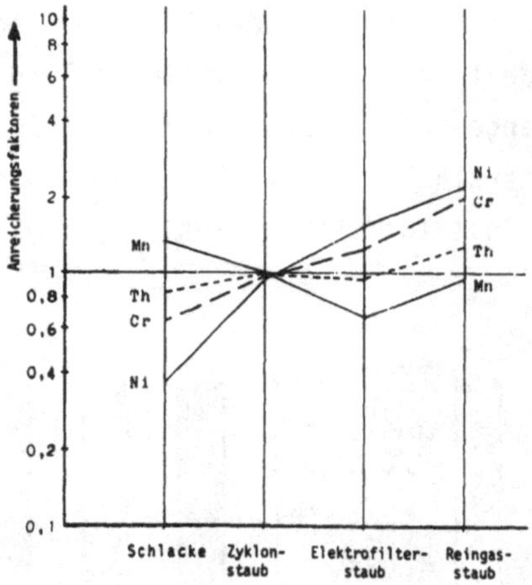

Abb.8 ANREICHERUNGSFAKTOREN FÜR DIE ELEMENTE NICKEL, CHROM, THORIUM UND MANGAN

(Bezugsgröße ist die Summe der die Anlage verlassenden Massenströme)

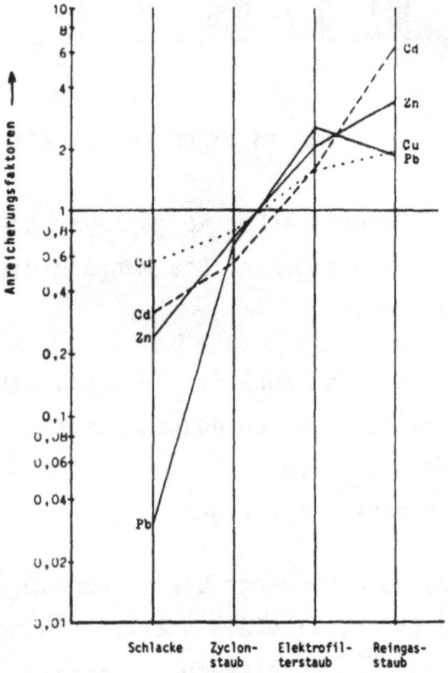

Abb.9 ANREICHERUNGSFAKTOREN FÜR DIE ELEMENTE BLEI, ZINK, CADMIUM UND KUPFER

(Bezugsgröße ist die Summe der die Anlage verlassenden Massenströme)

Die Abreicherung des Elementes Blei mit 97 % aus der Schlacke und die Anreicherung im Elektrofilterstaub um den Faktor 'drei' ist in Abb.9 deutlich erkennbar.

Beim Element Cadmium hingegen ist die stärkste Anreicherung mit dem Faktor 'sechs' im Reingasstaub feststellbar, wenn auch im Elektrofilterstaub bereits der Faktor 'eins' deutlich überschritten wird.

Aus den Untersuchungsergebnissen wird deutlich, daß die Schwermetallmengen, die gasförmig bzw. über die Reingasstäube aus Kohlefeuerungsanlagen ausgetragen werden, beträchtliche Massenströme darstellen, welche wiederum erhebliche immissionsseitige Belastungen, besonders in Ballungsräumen, hervorrufen können.

Ähnliche Anreicherungsverhältnisse hinsichtlich toxischer Elemente haben wir auch an Müllverbrennungsanlagen beobachtet. Da es sich um Großfeuerungsanlagen mit Verbrennungsleistungen um 40 t Müll/h handelt, in denen auch hausmüllähnliche Abfälle und Sperrmüll verbrannt werden, schienen uns Untersuchungen der Elementmassenströme für die notwendigen Emissionsprognosen von Wichtigkeit zu sein.

Wie die Analysenergebnisse in Abb.10 zeigen, schwanken die in den Reingasstäuben nach der Elektrofilterreinigung nachgewiesenen Elementgehalte erheblich. Die dargestellten Untersuchungsergebnisse beziehen sich auf zehn Einzelproben, die durch isokinetische Probennahme an verschiedenen Tagen gesammelt wurden. Die starken Schwankungen hängen offensichtlich mit den unterschiedlichen Qualitäten des Brennstoffs 'Müll' und den darin enthaltenen Inhaltsstoffen zusammen.

METALLGEHALTE IN FLUGSTÄUBEN AUS REINGASEN EINER MÜLLVERBRENNUNGSANLAGE

(Untersuchungen an 10 Proben bei isokinetischer Probennahme)

ELEMENT	min. bzw. max. MASSENANTEIL	DURCHSCHNITTSWERT
Aluminium	9,8 - 15,7 %	13,7 %
Zink	2,7 - 6,7 %	3,5 %
Cadmium	0,05 - 0,15 %	0,08 %
Blei	1,3 - 3,6 %	2,0 %
Kupfer	0,18 - 0,25 %	0,21 %
Zinn	0,15 - 0,24 %	0,19 %
Chrom	0,01 - 0,10 %	0,05 %
Quecksilber	$2{,}7 \cdot 10^{-4}$ - $2{,}4 \cdot 10^{-3}$ %	$9{,}8 \cdot 10^{-4}$ %

Abb.10 Metallgehalte in Flugstäuben der Reingase einer Müllverbrennungsanlage

Unter Annahme einer Reingasstaub-Konzentration bis zu 150 mg/m^3(bei Altanlagen) und einer stündlichen Rauchgasmenge von 150 - 200 000 Nm^3 werden somit beträchtliche Mengen toxischer Elemente - beispielsweise an Zink, Blei, Cadmium - mit den gereinigten Rauchgasen noch ausgetragen.

Deutlich niedriger liegen die zum Vergleich ermittelten Elementgehalte in der zuvor abgeschiedenen Elektrofilterasche (s.Abb.11). Die Untersuchung wurde hier an einer repräsentativen Mischprobe durchgeführt, die aus 288 Einzelproben einer 14-tägigen Probenahme-Serie hergestellt worden war.

Hiernach erreichen Blei im Elektrofilterstaub noch 0,84 % (gegenüber 2 % im Reingasstaub), Kupfer 0,10 % (0,21 %) und Cadmium 0,034 % (0,08 %).

Hinsichtlich einer sicheren und ökologisch unbedenklichen Entsorgung dieser immerhin im Tonnenmaßstab stündlich anfallenden Flugstaubmengen erscheint es uns wichtig, auch die ökotoxische Wirkung solcher Stoffe richtig einschätzen zu können. Hierzu müssen eine Reihe weiterführender Untersuchungen - z.B. über die Eluierbarkeit von Inhaltsstoffen durch Wasser - vorgenommen werden, die zu unerwarteten Ergebnissen führen können, wie im rechten Teil der nebenstehenden Tabelle gezeigt wird.

	ELEMENTGEHALT IN DER ASCHE	DAVON MIT WASSER ELUIERBAR
ALUMINIUM	8,70 %	0,05 %
CALCIUM	8,61 %	13,2 %
EISEN	3,33 %	< 2 %
KALIUM	3,10 %	62,6 %
NATRIUM	2,46 %	59,8 %
ZINK	2,37 %	32,5 %
MAGNESIUM	0,91 %	7,9 %
BLEI	0,84 %	1,75 %
MANGAN	0,107 %	5,7 %
KUPFER	0,102 %	0,56 %
CHROM	0,081 %	< 1 %
CADMIUM	0,034 %	94 %
NICKEL	0,03 %	< 2 %
KOBALT	0,02 %	< 3 %
STRONTIUM	0,006 %	68,2 %
LITHIUM	0,006 %	52,6 %

UNTERSUCHT AN EINER REPRÄSENTATIVEN DURCHSCHNITTSPROBE EINER MVA - ELEKTROFILTERASCHE, HERGESTELLT AUS 288 EINZELPROBEN

Abb.11 Elementgehalte und Eluationsverhalten bei Elektrofilteraschen aus einer Müllverbrennungsanlage

Während die in den Flugstäuben enthaltenen Bleiverbindungen beispielsweise mit nur 1,75 % durch Wasser eluiert werden können, gehen die Cadmiumverbindungen dagegen mit 94 % in die wässrige Phase über. Derartige Befunde sind für eine mögliche Ablagerung bzw. notwendige Vorbehandlung solcher Abfallstoffe vor der Entsorgung von entscheidender Bedeutung.

Unsere Untersuchungen zum Anreicherungsverhalten von Metallen in Aschen und Stäuben verschiedenartiger Großfeuerungsanlagen haben gezeigt, daß eine Reihe ökologisch relevanter Problemstellungen mit Hilfe der modernen instrumentellen Analytik, insbesondere der spektrochemischen Methoden, erfolgreich angegangen werden können.

Wir danken den HAMBURGISCHEN ELECTRIZITÄTS-WERKEN Hamburg sowie dem AMT FÜR INGENIEURWESEN III - Abt.Stadtreinigung - der BAUBEHÖRDE HAMBURG für die Unterstützung bei den Probenahmen und Messungen in den Anlagen.

Literaturquellen

1. Dannecker, W. u. Mitarbeiter: Chemisch-analytische Untersuchungen an Stäuben und Aerosolen der Luft im Raum Hamburg, Untersuchungsberichte I (1979) und III (1980) an die Behörde für Bezirksangelegenheiten, Naturschutz und Umweltgestaltung, Universität Hamburg.
2. Biehusen, I.: Untersuchungen zum Anreicherungsverhalten toxischer Schwermetalle in den Massenströmen eines Kohlekraftwerks, Dissertation, Universität Hamburg (1980).
3. Ahlers, K.: Untersuchungen zur Eluierbarkeit verschiedener Metallionen aus der Elektrofilterasche einer Müllverbrennungsanlage unter Anwendung der Atomabsorptions-Spektrometrie, Diplomarbeit FB Chemie, Universität Hamburg (1978).

BESTIMMUNG VON Cd, Pb UND Tl IN MINERALISCHEN AUSGANGSSTOFFEN MIT VERSCHIEDENEN SPEKTROMETRISCHEN METHODEN NACH CHEMISCHER VORANREICHERUNG

F. Alt, H. Berndt, J. Messerschmidt
Institut für Spektrochemie und angewandte Spektroskopie
Postfach 778, D-4600 Dortmund 1

D. Sommer
Estel-Hoesch-Hüttenwerke AG, D-4600 Dortmund 1

Einleitung

Die Bestimmung von Cd, Pb und Tl im Spurenbereich gewinnt wegen der hohen Toxicität dieser Elemente in den verschiedensten mineralischen Ausgangsstoffen vieler Industriezweige an zunehmendem Interesse. Für alle drei Elemente ist die Graphitrohr-AAS die nachweisstärkste spektrometrische Bestimmungsmethode, gefolgt von der neu entwickelten Platin-Schlaufen-Methode der Flammen-AAS (1). Demgegenüber liefern die konventionelle Flammen-AAS und die ICP/OES Nachweisgrenzen, die 2 bis 4 Zehnerpotenzen höher liegen. Betrachtet man die reinen Methoden und die Elementbestimmung in matrixfreien, wäßrigen Lösungen, so werden je nach Bestimmungsmethode z.T. Nachweisgrenzen im pg/ml- (Graphitrohrtechnik), ng/ml- (Pt-Schlaufen-Methode) bis µg/ml-Bereich (Flammen-AAS, ICP/OES) erreicht. Sind die Bestimmungen dagegen in realen Matrices auszuführen, so sind in Abhängigkeit von der jeweiligen Matrix eine Vielzahl von Störungen zu beobachten. So wird beispielsweise eine der nachweisstärksten UV-Linien des Tl bei den Emissionsmessungen (λ = 276,79 nm) stark durch eine Eisenlinie gestört; bei der AAS wird die Bestimmungsgrenze

13. Spektrometertagung

durch die Anwesenheit hoher Salzkonzentrationen bei der direkten Spurenbestimmung - hier insbesondere bei der Ofenmethode - stark beeinträchtigt. Wegen dieser Störeinflüsse ist es deshalb nahezu immer erforderlich, vor der Bestimmung, unabhängig von der gewählten Bestimmungsart, zunächst eine Spuren-Matrix-Trennung vorzunehmen. Eine Anreicherung kann aber auch bereits dadurch erforderlich werden, daß beim Auflösen bzw. Aufschließen der festen Ausgangsstoffe eine Lösung erhalten wird, in der die Spurenkonzentration durch die dadurch bedingte Verdünnung (10^2 bis 10^3; z.B. 0,5 g Erz/100 ml Lösungsvolumen) so gering wird, daß die Nachweisgrenzen der eingesetzten spektrometrischen Bestimmungsverfahren nicht mehr ausreichend sind. Liegen die Nachweisgrenzen für rein wäßrige Lösungen im Bereich von 0,1 bis 1 µg/ml, so werden sie für die zu analysierende Feststoffsubstanz, je nach Probenvorbehandlung, im Bereich von einigen 100 µg/g zu finden sein. Deshalb fordert allein dieser Grund häufig eine Trennung und Anreicherung.

Für die Abtrennung von Cd, Pb und Tl sind in der Literatur eine Vielzahl von Einzelverfahren beschrieben. Eine Übersicht hierüber findet sich in (2,3). Da eine Einzelabtrennung für jedes Element insgesamt sehr zeit- und damit kostenintensiv ist, werden zur Spurenanreicherung im allgemeinen solche Verfahren bevorzugt, die eine simultane Trennung und Anreicherung ermöglichen. Grundsätzlich ist die gemeinsame Abtrennung der drei Elemente über eine Extraktion mit Ammoniumpyrrolidindithiocarbamidat (APDTC) als Komplexbildner möglich, doch sind hier in Hinblick auf den pH-Bereich und die einsetzbaren Matrices eine relativ große Zahl von Einschränkungen gegeben (2). Durch die Sorption der mit APDTC (bzw. NaDDTC) komplexierten Elemente an Aktivkohle ist ebenfalls die gleichzeitige Anreicherung der Spuren aus unterschiedlichen Matrices möglich (4,5,6,7). Hierbei muß der pH-Wert $\geq$ 5 sein und es darf kein Eisen, ausgenommen im µg-Bereich, anwesend sein.

Cd, Pb und Tl lassen sich mit Dithiophosphorsäure-O-O-diethylester (Ammoniumsalz) als Komplexbildner bereits in stark saurem Medium, auch in Gegenwart von Eisen, durch Sorption an Aktivkohle in nur einem Schritt quantitativ aus verschiedenen Matrices abtrennen. Das Eisen muß dabei allerdings in zweiwertiger Form vorliegen; eventuell vorhandenes Eisen(III) kann mit Ascorbinsäure reduziert werden. Nach dem Lösen (Aufschluß) der Ausgangsstoffe werden die Spuren nach Zusatz des Komplexbildners durch einen einfachen Filtrationsschritt über ein mit Aktivkohle beschichtetes Filter quantitativ von der Matrix (z.B. Zemente und Zementrohstoffe, Eisenerze, Ofenstäube) getrennt. Durch eine Säurebehandlung der Aktivkohle gelangt man zu praktisch matrixfreien Spurenkonzentraten (Trennfaktor $> 10^3$), aus denen dann Cd, Pb und Tl nachweisstark mit verschiedenen spektrometrischen Methoden bestimmt werden können (simultan: ICP/OES; sequentiell: Flammen-AAS, Ofen-AAS, Pt-Schlaufen-AAS).

Analysengang

Er entspricht völlig der Arbeitsvorschrift für die Tl-Bestimmung in mineralischen Stoffen und in Kohle (8), da die Elemente Cd und Pb gleichzeitig mit dem Thallium abgetrennt und angereichert werden.

In Abhängigkeit vom Ausgangsmaterial können verschiedene Aufschlußwege gewählt werden (8), wobei häufig ein einfacher Säureauszug (bei silikatischem Material mit H_2F_2-Zusatz) ausreichend ist. Wird mit oxidierenden Säuren gelöst (z.B. Königswasser), so muß die aufgeschlossene Probe zur Entfernung des Oxidationsmittels mit Schwefelsäure abgeraucht werden.

Der Eindampfrückstand wird mit Wasser und etwas Salzsäure aufgenommen, die Lösung mit verdünntem Ammoniak auf pH 1,5 bis 2,0 eingestellt und zur Reduktion von vorhandenem Eisen(III) 100 mg Ascorbinsäure (bei Eisenerzen und 0,5 g Einwaage: 1 g Ascorbinsäure) zugefügt und mit 100 mg des gelösten Komplexbildners versetzt. Nach einer Standzeit von ≧ 30 s wird die Lösung über ein mit Aktivkohle beschichtetes Papierfilter filtriert (5,6,7), wobei Cd, Pb und Tl in komplexierter Form von der Aktivkohle zurückgehalten werden. Das Filter wird 20 min bei 110°C getrocknet, die Kohle dann vom Filter entfernt (10 ml Becherglas), 0,5 ml 14M HNO_3 zugefügt und dann die Salpetersäure unter gelindem Erwärmen bis zur Trockne eingedampft. Der erkaltete Rückstand wird je nach dem bei der spektroskopischen Bestimmungsmethode benötigten Meßvolumen mit 0,5 bis 5 ml 3,5M HNO_3 aufgenommen, die Kohle abzentrifugiert und in der überstehenden Lösung der Gehalt der drei Elemente mit den verschiedenen lösungsspektralanalytischen Bestimmungsmethoden ermittelt.

Bei der Flammen-AAS und der ICP/OES, kombiniert mit der Injektionsmethode (9,10,11), der Graphitrohr-AAS und der Pt-Schlaufen-AAS kann mit einem Endvolumen von nur 0,5 bis 1 ml gearbeitet werden, beim kontinuierlichen Ansaugen der Probelösung ("übliche" Flammen-AAS bzw. ICP/OES) werden 2 bis 5 ml an Spurenkonzentrat benötigt. Zur Eichung können Spurenlösungen in 3,5M HNO_3 herangezogen werden, ausgenommen die Graphitrohr-AAS, bei der mit dem Eichzusatzverfahren gearbeitet werden muß.

Wie Jackwerth et al. an einem anderen Beispiel gezeigt haben, ist es prinzipiell möglich, die auf der Aktivkohle angereicherten Spuren ohne chemische Aufarbeitung der Aktivkohle unmittelbar mit der Röntgenfluoreszenzanalyse zu bestimmen (6). Hierdurch steht neben der simultanen Bestimmung mit der ICP/

OES (zusätzlicher Arbeitsgang durch die erforderliche Aufarbeitung der Aktivkohle) eine weitere weniger arbeitsintensive Methode zur simultanen Messung der angereicherten Spuren zur Verfügung.

Ergebnisse

Die Anreicherungsausbeute (Wiederfindungsrate) beträgt für das Thallium aus Eisenerzen, Zementen, Zementofenstäuben und aufgeschlossenen Kohlen (Steinkohlepulver) jeweils 90 %, für Blei und Cadmium werden Werte ≧ 95 % erreicht. Die Nachweisgrenze (3s-Werte, N=30) für die Tl-Bestimmung wurde zu 20 µg/g (ICP/OES), 0,4 µg/g (Flammen-AAS/Injektionsmethode) und zu 0,01 µg/g (Graphitrohr-AAS und Pt-Schlaufen-AAS) ermittelt (jeweils 0,5 g Einwaage, 1 ml Endvolumen). Mit einer modifizierten Arbeitsvorschrift (2,5 g Einwaage und 0,5 ml Endvolumen) konnte die Nachweisgrenze für die Bestimmung mit der ICP/OES auf 2 µg/g gesenkt werden.

Für die Blei- und Cadmium-Bestimmungen werden mit den verschiedenen AAS-Techniken Nachweisgrenzen erreicht, die im Vergleich zum Thallium um etwa einen Faktor 2 (Pb) bzw. 10 (Cd) tiefer liegen. Je nach Ausgangsmaterial, Spurenkonzentration und Bestimmungsart wurden relative Standardabweichungen zwischen 3 und 10 % (N=10) gemessen.

Insgesamt erlaubt das Verbundverfahren aus chemischer Voranreicherung der Spuren und den verschiedenen spektrometrischen Bestimmungsverfahren, die "Schadelemente" Cd, Pb und Tl in unterschiedlichen mineralischen Stoffen bis in den ng/g-Bereich zu bestimmen.

Literatur

1. Berndt, H., Messerschmidt, J.: Spectrochimica Acta, 34B, 241 (1979).
2. Koch, O.G., Koch-Dedic, G.A.: Handbuch der Spurenanalyse, 2. Aufl., Springer-Verlag, Berlin (1974).
3. Umland, F.: Theorie und praktische Anwendung von Komplexbildnern, Akademische Verlagsanstalt, Frankfurt a.M. (1971).
4. Andreev, P.F., Ancreeva, I.V., Danilov, L.T., Keshish'gan, G.O.: Tr.po Radiats Gigiene, Leningrad. Nauchn.-Issled. Inst. Radiats Gigieny, 218 (1964) (2), zitiert nach Chem. Abstr. 64, 4239 (1966).
5. Jackwerth, E., Lohmar, J., Wittler, G.: Z. Anal. Chem. 266, 1 (1973).
6. Jackwerth, E., Lohmar, J., Wittler, G.: Z. Anal. Chem. 270, 6 (1974).
7. Jackwerth, E., Berndt, H.: Anal. Chim. Acta, 74, 299 (1975).
8. Berndt, H., Messerschmidt, J., Alt, F., Sommer, D.: Fres. Z. Anal. Chem., zur Publikation eingereicht.
9. Greenfield, S., Smith, P.B.: Anal. Chim. Acta, 59, 341 (1972).
10. Sebastiani, E., Ohls, K., Riemer, G.: Z. Anal. Chem. 264, 105 (1973).
11. Berndt, H., Jackwerth, E.: Spectrochimica Acta, 30B, 169 (1975).

BESTIMMUNG VON ANTIMON, ARSEN, SELEN, TELLUR, WISMUT UND ZINN MIT DER HYDRID-AAS-TECHNIK

B. Welz, Z. Grobenski und M. Melcher

Bodenseewerk Perkin-Elmer & Co GmbH
D-7770 Überlingen, W. Germany

Einführung

Die Hydrid-AAS-Technik eignet sich aufgrund ihrer hohen Empfindlichkeit und Störfreiheit ausgezeichnet für die Bestimmung der Spurenelemente Antimon, Arsen, Selen, Tellur, Wismut und Zinn in Stahl. Die wesentlichen Vorteile liegen dabei im Prinzip des Verfahrens, bei dem die interessierenden Elemente als gasförmige, kovalente Hydride von den Begleitsubstanzen abgetrennt werden. Sie werden zusammen mit dem entwickelten Wasserstoff in ein im Strahlengang des Atom-Absorptions-Spektrophotometers befindliches, geheiztes Quarzrohr geleitet, wo sie in die Atome dissoziiert werden.

Durch die Abtrennung der Hydride gelangen üblicherweise nur relativ geringe Elementkonzentrationen in den Strahlengang, so daß sowohl Interelement-Störungen als auch unspezifische Lichtverluste durch Molekülabsorption oder Lichtstreuung praktisch nicht auftreten.

Ein weiterer großer Vorteil des Verfahrens besteht in der ausgezeichneten Empfindlichkeit. Sie ermöglicht die Verwendung oft sehr kleiner Probenmengen, bei gleichzeitigem Einsatz relativ großer Meßvolumina. Da bei der Hydrid-AAS-Technik nicht das Verhältnis des zu bestimmenden Elements zu den Begleitsubstanzen für das Auftreten einer Störung verantwortlich ist, sondern lediglich die Konzentration des Störelements in der endgültigen Meßlösung [1], bietet sich hier die Möglichkeit, den störfreien

13. Spektrometertagung

Bereich durch einfaches Verdünnen der Probenlösung erheblich zu erweitern. Eine weitere Möglichkeit hierzu besteht in der Veränderung der Zusammensetzung und in einer Erhöhung der Konzentration der im Reaktionsgefäß vorgelegten Säure [2,3], wie noch ausführlich gezeigt werden soll. Besonders vorteilhaft ist dabei, daß die Einflüsse der meisten gängigen Säuren auf die Hydridbildner - mit Ausnahme von Zinn - recht gering sind, so daß hier ein weiter Spielraum besteht.

Experimentelles

Die Messungen wurden mit einem Quecksilber/Hydrid-System MHS-10 bzw. MHS-20 (Perkin-Elmer) durchgeführt, dessen Funktionsprinzip in Bild 1 gezeigt ist. Die Probenlösung wird zu der im Reaktionsgefäß vorgelegten Säure (10 bis 50 ml) gegeben. Nachdem die Luft aus dem Reaktionsgefäß verdrängt ist, wird der Inertgasstrom durch Betätigen eines Ventils teilweise in das Vorratsgefäß für das Reduktionsmittel umgelenkt. Durch den Überdruck wird die alkalische Natriumborhydrid-Lösung durch eine Kapillare in den untersten Teil des Reaktionsgefäßes gedrückt.

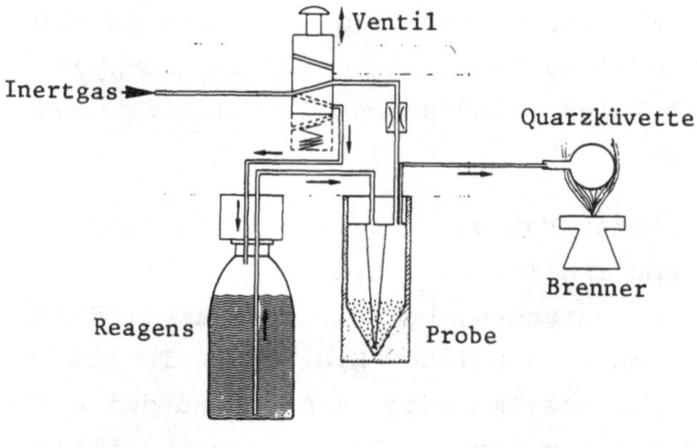

Bild 1: Vereinfachte schematische Darstellung und Funktionsprinzip des Quecksilber/Hydrid-Systems MHS-10

Durch die heftige Reaktion mit der sauren Probenlösung erfolgt eine gründliche Durchmischung, die eine rasche und vollständige Reaktion garantiert. Das gebildete Hydrid wird zusammen mit dem entwickelten Wasserstoff und dem Inertgas in die mit einer Flamme oder elektrisch auf 850 bis 1000 °C aufgeheizte Quarzküvette geleitet, wo es in die Atome dissoziiert wird.

Zur Probenvorbereitung werden ca. 0,5 g Stahl unter Erwärmen in 12 ml Königswasser (9 ml HCl conc. + 3 ml HNO_3 conc.) gelöst und mit entionisiertem Wasser auf 250 ml verdünnt. Von dieser Lösung werden, je nach der zu erwartenden oder interessierenden Konzentration an dem zu bestimmenden Element, 50 bis 1000 µl zur Messung eingesetzt.

Wurde die Messung in der sonst üblichen 1,5 %igen Salzsäure durchgeführt, so trat nach Zugabe der Natriumborhydrid-Lösung im Reaktionsgefäß ein schwarzer Niederschlag (reduziertes, feinverteiltes Eisen) auf, und es war gleichzeitig eine mehr oder minder starke Signalerniedrigung im Vergleich zu reinen, wässrigen Lösungen zu beobachten. Diese konnte jedoch ebenso wie die Niederschlagsbildung durch Verwendung höherer Säurekonzentrationen oder durch Zusetzen von Salpetersäure zur Salzsäure beseitigt werden.

Als Mechanismus für diese Störung kann eine Kopräzipitation und die Bildung schwerlöslicher Verbindungen [4] ebenso in Frage kommen, wie eine Adsorption und eine Zersetzung des gebildeten Hydrids an dem feinverteilten Metall [5]. Es ist bekannt, daß Metalle der VIII. Nebengruppe die Fähigkeit besitzen, Wasserstoff in größeren Mengen zu binden. Wird die Niederschlagsbildung durch Verwendung stärkerer Säure oder durch Zusätze von Salpetersäure verhindert, so wird gleichzeitig auch die Störung beseitigt. Es muß allerdings erwähnt werden, daß Signalerniedrigungen nicht unbedingt mit dem Auftreten von sichtbaren Niederschlägen verbunden sind.

Zunächst wurde in Vorversuchen die Wirkung von Salpetersäurezusätzen auf die Empfindlichkeit, Reproduzierbarkeit und Störfreiheit der Bestimmungen geprüft. In Bild 2 ist gezeigt, wie durch Zusätze von steigenden Mengen Salpetersäure die Empfindlichkeit für Selen zunächst deutlich größer wird und schließlich ein Plateau erreicht. Noch höhere Säurekonzentrationen führen dann wieder zu einer Signalerniedrigung.

Ähnliche Ergebnisse wurden auch für die Elemente Arsen und Wismut erhalten. Wesentlich stärker ist der Einfluß der Säurekonzentration und -zusammensetzung bei der Bestimmung von Tellur (Bild 3). In 1,5 % Salzsäure wird eine nur relativ geringe Empfindlichkeit erzielt. Während Zusätze von 1,2 % Salpetersäure in Abwesenheit von Eisen bereits die volle Empfindlichkeit liefern, sind in Stahlproben wesentlich höhere Säurekonzentrationen (7,5 % HCl/7,5 % HNO_3) erforderlich, um zu guten Ergebnissen und der gewünschten Störfreiheit zu gelangen.

Ganz extrem sind die Verhältnisse beim Zinn, dessen Empfindlichkeit sehr stark vom pH-Wert der Lösung abhängt und das daher üblicherweise in einer kalt gesättigten Borsäurelösung bestimmt wird. Wie aus Bild 4 zu ersehen ist, war jedoch in diesem Medium keine sinnvolle Messung der Stahlproben möglich. Nach Zusatz von 0,6%iger Salpetersäure konnte jedoch auch hier die gleiche Empfindlichkeit erzielt werden wie in eisenfreien Bezugslösungen.

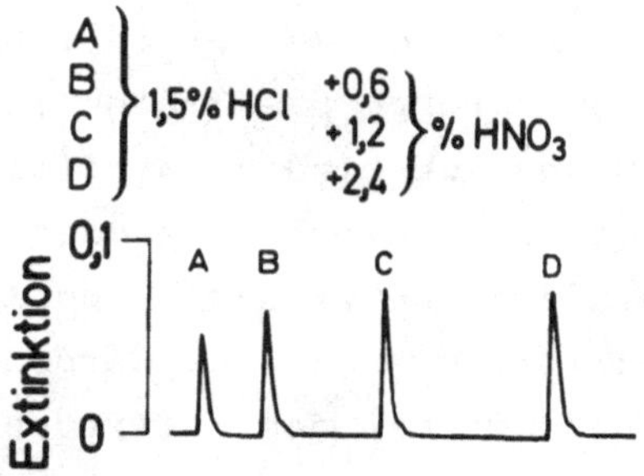

Bild 2: Bestimmung von Selen in Stahl. Einfluß von steigenden Konzentrationen Salpetersäure auf das Selensignal

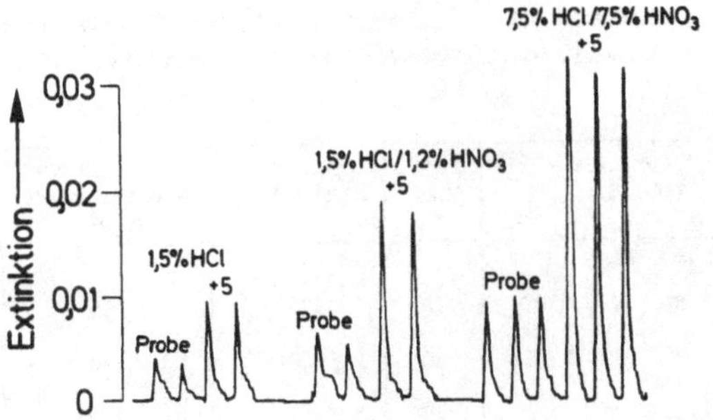

Bild 3: Bestimmung von Tellur in Stahl: Einfluß der Säuremischung und -konzentration auf die Empfindlichkeit von Tellur (250 µl Probenlösung ohne und mit Zusätzen von 5 ng Te in 10 ml Säure)

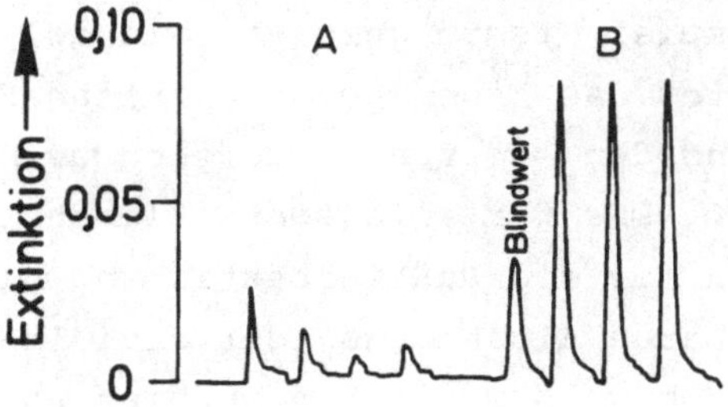

Bild 4: Bestimmung von Zinn in Stahl. Einfluß von Salpetersäure auf das Zinnsignal

A: nur in gesättigter Borsäurelösung
B: Borsäurelösung + 0,6 % Salpetersäure

Daraufhin wurden systematische Untersuchungen angestellt über die Störeinflüsse des Eisens auf die Bestimmung der Hydridbildner und deren Beseitigung. Wir sind dabei davon ausgegangen, daß für Routineuntersuchungen Konzentrationen ab etwa 0,0002 % im Stahl von Interesse sind. Aufgrund der ausgezeichneten Nachweisgrenzen der Hydrid-AAS-Technik (siehe auch Tabelle 1), sind maximal 1000 µl der Probenlösung (0,5 g Stahl in 250 ml) erforderlich, um diese Konzentration noch zu erfassen. 1 ml Probenlösung enthält ca. 2 mg Eisen, und in den folgenden Untersuchungen sollte geklärt werden, welche Säurezusammensetzung erforderlich ist, um bei diesem Eisengehalt noch störfrei messen zu können.

TABELLE 1: ROUTINEBEDINGUNGEN FÜR DIE BESTIMMUNG DER HYDRIDBILDENDEN ELEMENTE IN NIEDRIG LEGIERTEN STÄHLEN UND PRAKTISCH ERZIELBARE NACHWEISGRENZEN

ELEMENT	SÄUREMISCHUNG (GEW. %)	SÄURE-MENGE ML	VOLUMEN PROBENLÖSUNG µL	MAX. TOLERIERBARE EISENMENGE MG	NACHWEISGRENZE % ELEMENT IN STAHL
AS	1,5 % HCL / 1,5 % HNO_3	10	1000	5	0,00005
BI	1,5 % HCL / 2,5 % HNO_3	10	2000	10	0,00001
SB	3 % HCL	10	1500	2	0,0002
SE	1,5 % HCL / 1,2 % HNO_3	10	1000	3	0,00005
SN	GES. H_3BO_3 / 0,6 % HNO_3	25	500	1	0,0005
TE	7,5 % HCL / 7,5 % HNO_3	10	250	0,5	0,0002

In Bild 5 ist am Beispiel Wismut gezeigt, wie der Zusatz von Salpetersäure die durch das Eisen hervorgerufene Signalerniedrigung beeinflußt und den störfreien Bereich um mehrere Zehnerpotenzen erweitert. Die für alle sechs Elemente ermittelten optimalen Bedingungen für die Routinebestimmung einschließlich der maximal tolerierbaren Eisenmenge, der erzielbaren Nachweisgrenze in Stahl und dem größtmöglichen Volumen an Probenlösung sind in Tabelle 1 zusammengestellt. Eine deutliche Erweiterung des störfreien Bereichs und eine weitere Verbesserung der Nachweisgrenzen für alle sechs Elemente ließe sich durch Verwendung von 50 ml Säurevolumen erzielen. Auf diese Möglichkeit wurde

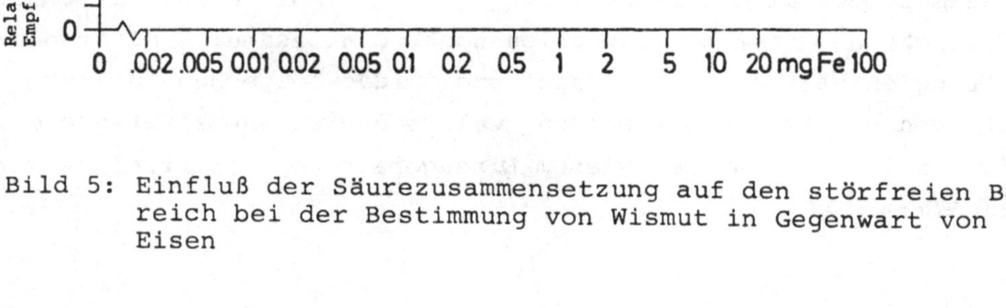

Bild 5: Einfluß der Säurezusammensetzung auf den störfreien Bereich bei der Bestimmung von Wismut in Gegenwart von Eisen

hier jedoch verzichtet, da für alle Elemente, außer Zinn, die angestrebte Nachweisgrenze von 0,0002 % bereits mit 10 ml Säurevolumen erreicht werden konnte. Die mit 0,0005 % etwas schlechtere Erfassungsgrenze für Zinn ist in diesem Zusammenhang durchaus tolerierbar, da die Gehalte an diesem Element in Stahl durchweg höher liegen.

Mit diesen Standardbedingungen sollten sich nun alle sechs Elemente störfrei direkt in niedrig legierten Stählen bestimmen lassen. Dies ließ sich auch für fast alle Elemente realisieren, wie in Bild 6 am Beispiel Wismut gezeigt ist. Die Additionsgerade (A) läuft parallel zu der Bezugsgeraden (B) aus eisenfreien Lösungen, was andeutet, daß keine Interferenzen vorliegen und direkt gegen eisenfreie Bezugslösungen gemessen werden kann.

Das einzige Element, bei dem zunächst trotz Anwendung der Additionsmethode systematisch falsche Werte gefunden wurden, war Antimon. Obgleich auch hier die Additions- und die Bezugsgerade parallel verliefen, waren die Ergebnisse für voranalysierte Stähle durchschnittlich um etwa 40 % zu niedrig. In einem Vorversuch zeigte sich, daß beim Erwärmen der aufgestockten Probenlösung eine signifikante Signalerniedrigung auftritt, die gleichzeitig mit einer deutlichen Verbesserung der Präzision verbunden ist (Bild 7). Dieses Verhalten legt die Vermutung nahe, daß beim Erwärmen der Lösung eine Wertigkeitsänderung des zugesetzten Antimon auftritt [6]. Um dies zu klären, wurden mit einer Stahlprobe mit bekanntem Antimongehalt von 0,004 % (entsprechend 40 ng Sb in dem für die Messung verwendeten Aliquot) folgende Versuche unternommen (siehe Bild 8):

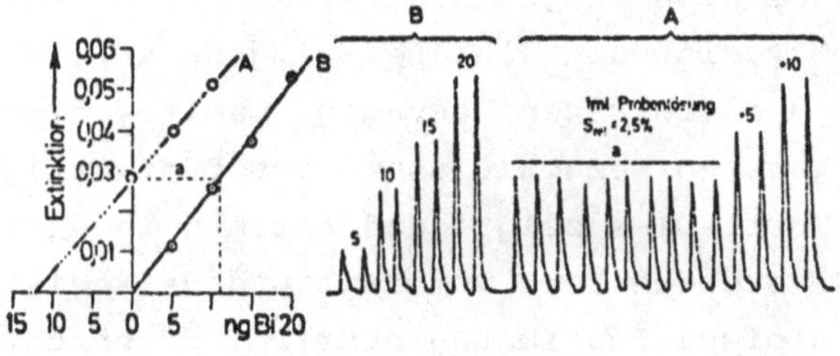

Bild 6: Bestimmung von Wismut in Stahl direkt gegen eisenfreie Bezugslösungen (B) und nahe der Additionsmethode (A)

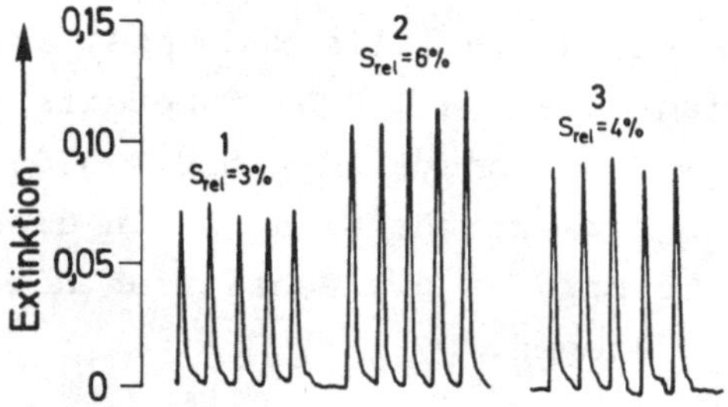

Bild 7: Bestimmung von Antimon in Stahl
1: 500 µl Probenlösung in 10 ml 3 % HCl
2: 500 µl Probenlösung + 20 ng Antimon(III)
3: aufgestockte Probenlösung 15 min erwärmt

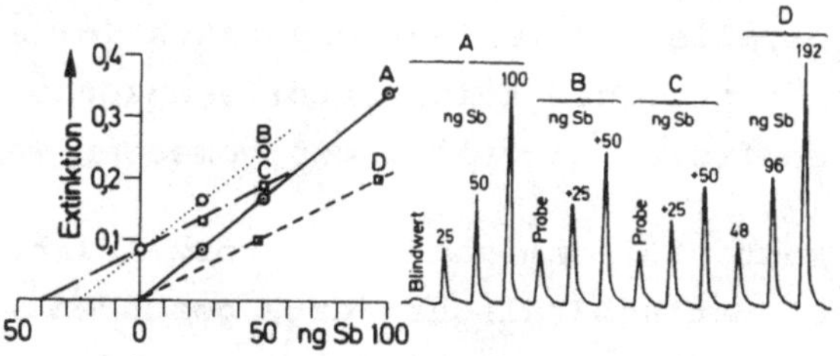

Bild 8: Versuche zur Klärung des Wertigkeitseinflusses bei der Bestimmung von Antimon in Stahl (Erklärungen im Text)

Bei Kalibrierung mit dreiwertigem Antimon ergab sich sowohl bei direkter Messungen gegen eisenfreie Bezugslösung (Kurve A) als auch nach der Additionsmethode (Kurve B) mit 25 ng Sb der falsche Meßwert. Die Additions- und die Bezugskurve sind dabei parallel. Erwärmt man die aufgestockte Stahllösung, so tritt eine Signalerniedrigung für die Lösungen auf, denen dreiwertiges Antimon zugesetzt wurde, nicht aber für die Stahllösung selbst (Kurve C). Die Steigerung der Additionskurve wird deutlich geringer, gleichzeitig wird aber mit 40 ng der richtige Wert für Antimon in der Probenlösung gefunden. Eine Bezugskurve, die mit Bezugslösungen aus fünfwertigem Antimon hergestellt wurde (Kurve D), weist die gleiche Steigung auf, wie die Additionskurve aus den erwärmten Lösungen. Damit ergibt auch eine direkte Messung gegen Bezugslösungen aus fünfwertigem Antimon den richtigen Wert. Dies zeigt, daß Antimon in den Stahllösungen in der fünfwertigen Form vorliegt und daß bei richtiger Kalibrierung auch diese Bestimmung störfrei durchführbar ist.

Eine weitere Untersuchung hat ergeben, daß auch Arsen in der fünfwertigen Form in der Probenlösung vorliegt, während Wismut dreiwertig und Selen, Tellur und Zinn vierwertig vorliegen. Für die Richtigkeit der Ergebnisse ist es entscheidend, daß die Wertigkeiten in der Proben- und der Bezugslösung übereinstimmen, da bei der Hydrid-AAS-Technik verschiedene Wertigkeiten des gleichen Elements, zumindest bei Auswertung in Peakhöhe, erhebliche Empfindlichkeitsunterschiede aufweisen [7].

Stahl enthält neben dem Hauptbestandteil Eisen üblicherweise noch einige Nebenbestandteile, die die Bestimmung der Hydridbildner ebenfalls stören könnten. In diesem Zusammenhang ist ganz besonders das Element Nickel zu nennen, das laut Literaturangaben [1,8] bereits in relativ niedrigen Konzentrationen erhebliche Signalerniedrigungen verursacht. Die entsprechenden Untersuchungen wurden jedoch auch meist in reinen Lösungen und in Gegenwart relativ niedriger Säurekonzentrationen durchgeführt.

In Bild 9 ist am Beispiel Arsen gezeigt, daß auch in Gegenwart von Nickel der störfreie Bereich deutlich erweitert werden kann, wenn der 1,5%igen Salzsäure steigende Mengen Salpetersäure zugesetzt werden, die die Ausfällung von reduziertem Nickel vermeiden. Ganz erstaunlich ist aber die Tatsache, daß dieser Effekt in Gegenwart von 2 mg Eisen noch wesentlich verstärkt wird. Bereits in der 1,5%igen Salzsäure wird der störfreie Bereich in Gegenwart von Nickel durch Zusatz von 2 mg Eisen um den Faktor 25 erweitert. In 1,5 % HCl/1,5 % HNO_3 , den Bedingungen, unter denen die Bestimmung von Arsen in Stahl durchgeführt wurden, bewirkt der Zusatz von 2 mg Eisen sogar eine Erweiterung des störfreien Bereichs um zwei Zehnerpotenzen. Damit können bereits 0,1 mg Nickel in der Meßlösung toleriert werden, was bei den verwendeten Versuchsbedingungen etwa 5 % Nickel im Stahl entspricht. Da dieser Wert in niedrig legierten Stählen nicht erreicht wird, ist klar, daß auch von dieser Seite keine Störungen zu erwarten sind.

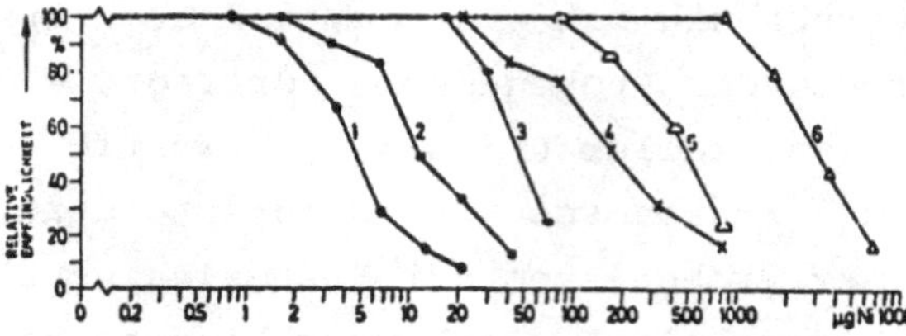

Bild 9: Erweiterung des störfreien Meßbereichs für Arsen in Gegenwart von Nickel durch Änderung der Säurezusammensetzung und -konzentration und durch Zusatz von Eisen. Verwendetes Medium:

1: 1,5 % HCl
2: 1,5 % HCl/1,5 % HNO_3
3: 1,5 % HCl/4 % HNO_3
4: 1,5 % HCl + 2 mg Fe(III)
5: 1,5 % HCl/1,5 % HNO_3 + 2 mg Fe(III)
6: 1,5 % HCl/8 % HNO_3 + 2 mg Fe(III)

Eine weitere Erhöhung der Salpetersäurekonzentration auf 8 % erweitert schließlich den störfreien Bereich um eine weitere Zehnerpotenz, so daß selbst hochlegierte Stähle nach diesem Verfahren störfrei meßbar sein sollten. Eine Erklärung für diese synergetischen Effekte kann bislang noch nicht gegeben werden, sie treten jedoch bei allen sechs hydridbildenden Elementen ähnlich auf und lassen sich sowohl im Modell als auch an echten Proben demonstrieren.

Um die praktische Verwertbarkeit und die Richtigkeit des Verfahrens zu demonstrieren, wurden mehrere voranalysierte Stähle mit Hilfe der Hydrid-AAS-Technik analysiert. Die Messungen erfolgten unter den in Tabelle 1 gegebenen Bedingungen und direkt gegen eisenfreie Bezugslösungen, die in dem gleichen Säuregemisch angesetzt wurden wie die Proben. In Tabelle 2 sind unsere Ergebnisse für einen Standard-Stahl des National Bureau of Standards (Washington, DC, USA) mit den Zertifikatwerten verglichen. Die gute Übereinstimmung zeigt, daß mit dem vorgeschlagenen Verfahren in der Routine richtige Ergebnisse erzielt werden können.

TABELLE 2: BESTIMMUNG DER HYDRIDBILDENDEN ELEMENTE IN EINEM STAHL DES NATIONAL BUREAU OF STANDARDS (STANDARD REFERENCE MATERIAL NO. 1261)

ELEMENT	GEFUNDEN % IM STAHL	ZERTIFIKATWERT % IM STAHL
AS	0,018	0,017 ± 0,001
BI	0,0005	0,0004 ± 0,0001
SB	0,0041	0,0042 ± 0,0005
SE	0,003	0,004 ± 0,001
SN	0,010	0,011 ± 0,005
TE	0,00045	0,0006 ± 0,0001

Fazit

Die Hydrid-AAS-Technik eignet sich demnach gut für die Bestimmung von Antimon, Arsen, Selen, Tellur, Wismut und Zinn in niedrig legierten Stählen. Das vorgeschlagene Verfahren ist einfach, hoch spezifisch, sehr nachweisstark und in hohem Maße störfrei. Es zeichnet sich weiter dadurch aus, daß es schnell und preiswert arbeitet. Aus diesen Gründen sollte es rasch in die Routine eines jeden Stahllabors Eingang finden können.

Literatur

1. Meyer, A., Hofer, Ch., Tölg, G., Raptis, S., Knapp, G.: Z. Anal. Chem. 296, 337-44 (1979)
2. Berndt, H., Willmer, P.G., Jackwerth, E.: Z. Anal. Chem. 296, 377-79 (1979)
3. Welz, B., Melcher, M.: Labor Praxis 3, Heft 11, 41-50 (1979)
4. Smith, A.E.: Analyst 100, 300 (1975)
5. Kirkbright, G.F., Taddia, M.: Anal. Chim. Acta 100, 145-50 (1978)
6. Welz, B., Melcher, M.: Atomic Spectroscopy 1, 145-48 (1980)
7. Sinemus, H.W., Melcher, M., Welz, B.: Atomic Spectroscopy, im Druck
8. Drinkwater, J.E.: Analyst 101, 672-77 (1976)

AAS - EINE PHYSIKALISCHE METHODE ZUR UNTERSTÜTZUNG DER ZUORDNUNG KERAMISCHER FUNDE

J. Wernisch und W. Gröger

Institut für Technische Physik, TU - Wien
A - 1040 Wien, Karlsplatz 13, Austria

Kurzfassung:

Die beschriebene Korrelationsanalyse eignet sich für die Zuordnung keramischer Funde zueinander, sowie einer Korrelation zwischen Tonlagerstätten derselben Genese als auch zwischen Tonlagerstätten und Keramikfunden. Die Proben werden nach einem einfachen Verfahren aufgeschlossen und mittels AAS analysiert. Es werden archäologische Funde aus dem Raume Wien, Hainburg und Stillfried an der March untersucht.

Einleitung

Grundsätzlich gibt es bei der Untersuchung von Keramik jeglicher Zeitstellung Probleme, wie etwa die Frage nach Ex- bzw. Import oder nach einer autochthonen Ware. Aus rein archäologischer Sicht können heute viele dieser Fragen auf Grund von Töpfermarken, äußerer Beschaffenheit, Form der Gefäße und Körnigkeit des verwendeten Materials nicht geklärt werden und es wird hier versucht, eine quantitative physikalische Methode einzusetzen, die es ermöglicht, auf Grund der Zusammensetzung der Tonscherben mit Hilfe mathematischer Algorithmen die gesuchte Zuordnung zu ermitteln. Zur Bestimmung der Zusammensetzung bietet sich die Atomabsorptionsspektrometrie (AAS) an, die über einen weiten Bereich des Periodensystems eingesetzt werden kann, und außerdem für die in den Tonen vorkom-

13. Spektrometertagung

menden Spurenelemente eine ausreichende Nachweisgrenze besitzt. Der Nachteil einer nicht zerstörungsfreien Methode bei der AAS ist gering im Vergleich mit anderen Methoden wie Neutronenaktivierung oder RFA, die hinsichtlich Kosten- und Arbeitsaufwand im ersten Fall und Nachweisgrenze bzw. Nachweis der Elemente niedriger Ordnungszahl der AAS unterlegen sind.

An Hand von ausgewählten archäologischen Funden aus dem Raume Wien wird eine Korrelationsanalyse durchgeführt und ihre Brauchbarkeit aufgezeigt. Auf Grund der ausgezeichneten Übereinstimmung mit den archäologischen Befunden wird diese Methode an Ausgrabungsproben aus dem Raume Stillfried an der March angewendet. Dabei werden die Proben nicht nur auf ihre lokale Zusammengehörigkeit hin untersucht, sondern es wird auch der Versuch unternommen, festzustellen, ob die Rohmaterialien der zu untersuchenden Tonscherben von den in Stillfried vorhandenen Tonlagerstätten stammen.

Probenvorbereitung und Messung

Für den Aufschluß der keramischen Bruchstücke wird auf ein Verfahren von Suhr und Ingammels (1) zurückgegriffen und in modifizierter Form beim Aufschluß dieser Proben angewendet. Es werden ungefähr 100mg Probenmaterial in Pulverform mit 500mg Lithiummetaborat in einem Platintiegel bei 900°C im Muffelofen bis zum Erreichen der klaren Schmelze erhitzt und nach Abkühlen auf Raumtemperatur in ein Gefäß mit ungefähr 100ml H_2O dest. und 10ml HNO_3 übergeführt. Der normalerweise langsame Auflösungsprozeß (bis zu 24 h) kann in einem Ultraschallbad in wenigen Minuten durchgeführt werden. Um ein Ausfallen von Al zu vermeiden, werden ungefähr 2.5g Weinsäure der Lösung beigemischt und die Lösung mit H_2O dest. auf 250ml ergänzt. Bei dieser Verdünnung liegen die Konzentrationen der zu analysierenden Elemente im optimalen Arbeitsbereich, d.h. es werden für analytische Zwecke brauchbare Extinktionswerte erhalten. Die quantitative Analyse der aufgeschlossenen Keramikproben wird ausschließlich mittels Flammen-AAS durchgeführt. Dabei wird zur Bestimmung der Elemente Ca, Ti, Al, Si, Ba eine Lachgas-Azetylenflamme gewählt, um etwaige chemische Interferenzen auszuschalten. Die restlichen Elemente, die für eine Charakterisierung der Tone (2,3) maßgebend sind, werden durch Verwendung einer Luft-Azetylenflamme analysiert. Die Anwendung der Additionsmethode zur Unterdrückung physikalischer Interferenzen erweist sich als nicht notwendig. Aus der folgenden Tabelle ist der Konzentrationsbereich der analysierten Elemente in Gew.% zu entnehmen.

Element	Gew.%	Element	Gew.%
Fe	1.5 - 7.5	Cu	0 - 0.5
Mg	1.5 - 3.8	Ni	0 - 1.0
Ca	0.7 - 15	Zn	0 - 0.1
Ti	1.0 - 3.0	Pb	0 - 2.0
Al	4.5 - 20	Ba	0 - 0.1
Si	10 - 50	Na	0.15 - 1.5
K	1.0 - 7.0	Mn	0 - 0.3

Durch Optimierung der Flammenstöchiometrie bei beiden verwendeten Flammensystemen ist eine fast vollkommene Reduzierung des Untergrundes möglich. Der Gesamtfehler, resultierend aus Verdünnungs-, Meß- und Auswertefehler, kann mit kleiner als $\pm$ 3 Rel.% angenommen werden. Der Gesamtfehler ist insofern nicht von so großer Bedeutung, als in der Korrelationsanalyse nur die relativen Konzentrationswerte der einzelnen Proben zueinander maßgebend sind und es anzunehmen ist, daß bei gleichen Aufschluß- und Meßbedingungen der Fehler immer in etwa derselben Höhe liegt. Die Reproduzierbarkeit kann auf Grund von mehreren Stichproben, die zweimal aufgeschlossen werden mit besser als 1 % angegeben werden.

Korrelationsanalyse

Fertige Computerprogramme, die unter dem Begriff "Learning

Machines" (4) bekannt sind und eine Großrechenanlage erfordern, beruhen auf Pattern-Recognition-Methoden (5,6),die die Separierbarkeit von Daten mit diversen statistischen Tests untersuchen und Hyperebenen definieren, die im n-dimensionalen Raum Gebiete gleicher bzw. ähnlicher Daten begrenzen. Um nicht unbedingt den Einsatz einer Großrechenanlage erforderlich zu machen, wird bei der hier vorgenommenen Korrelationsanalyse der Proben ein zweidimensionales Verfahren angewendet, daß auf der Berechnung einer Ausgleichsgeraden und ihrem Bestimmtheitsmaß beruht.

Erstes Auswerteverfahren: Die Konzentrationen der gemessenen Elemente jeder Probe werden mit den entsprechenden Konzentrationen der übrigen verglichen. Die Elementkonzentrationen von jeweils zwei Proben (z.B. Probe a und Probe b) werden in einem kartesischen Koordinatensystem so eingetragen, daß jeweils ein chemisches Element (Index 1, 2,...) durch einen Punkt mit den Koordinaten x und y repräsentiert wird (Abb.1). Der Abszissenwert x des Punktes ist dann die entsprechende Elementkonzentration in der Probe a und der Ordinatenwert y die Elementkonzentration in der Probe b. Im Falle des Vergleiches identischer Proben ist x = y, d.h. die Punkte liegen auf der ersten Mediane (Korrelationskoeffizient 1). Werden nun unterschiedliche Proben miteinander verglichen, so kann auch hier durch die Punkte eine Ausgleichsgerade $y = a_o + a_1 x$ gelegt werden, wobei die Güte der Übereinstimmung durch den Korrelationskoeffizienten r bestimmt wird.

$$r = \frac{n \sum xy - \sum x \sum y}{n(n - 1)s_x s_y}$$

mit $$s_x = \sqrt{\sum x^2 - \frac{(\sum x)^2}{n}} \qquad s_y = \sqrt{\sum y^2 - \frac{(\sum y)^2}{n}}$$

Die so ermittelten (n-1) Korrelationskoeffizienten einer Probe - in einem System mit n Proben - werden der Größe nach geordnet. Damit die in einer Gruppe liegenden Proben gefunden werden,

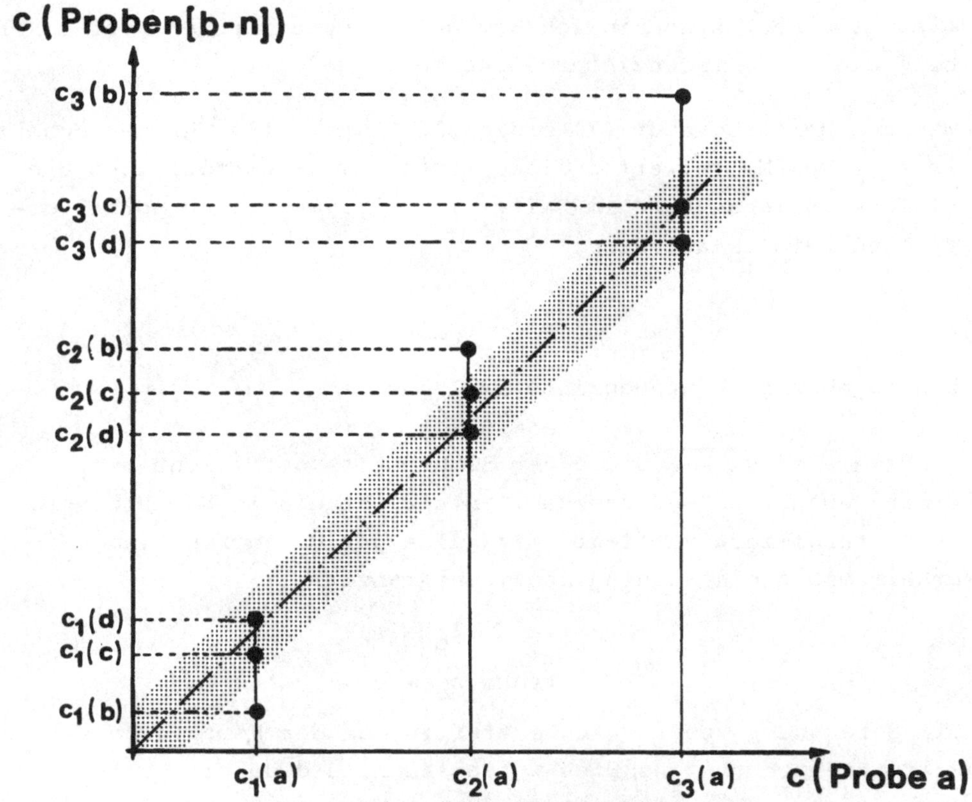

Abb.1: Symbolische Darstellung der Korrelation einer Probe a mit den Proben c und d.

muß eine Schranke definiert werden. Alle Proben, deren Korrelationskoeffizient oberhalb dieser Schranke liegt, werden zu einer Gruppe gehörend gesehen. Diese Schranke kann durch eine Konfidenzgrenze angegeben werden. Ist $\overline{x}_s$ der Mittelwert und s_s die Standardabweichung einer annähernd normalverteilten Stichprobenfunktion S, so kann man erwarten, daß ein tatsächlicher Wert der Stichprobenfunktion S in z.B. 95.45 % der Fälle im Intervall ($\overline{x}_s - 2s_s$) und ($\overline{x}_s + 2s_s$) liegen wird. Gleichermaßen kann man sagen, daß die $\overline{x}_s$ in 95.45 % aller Fälle zwischen den Werten ($S - 2s_s$) und ($S + 2s_s$) liegen. Man bezeichnet dieses Intervall als Konfidenzintervall und den Wert von 95.45 % als die entsprechende Konfidenzzahl, die eine statistische Wahrscheinlichkeit dafür angibt, einen Wert innerhalb dieses Konfidenzintervalles zu finden.

Wie aus der Literatur (7) ersichtlich ist, gilt für den Schätzwert z_o des Mittelwertes eines Korrelationskoeffizienten die gleiche Beziehung wie im Falle einer assymptotisch normalverteilten Zufallsvariablen:

$$z_o = \frac{1}{2} \ln \frac{1 + r}{1 - r}$$

Das zugehörige Konfidenzintervall lautet

$$z_o - a \leqslant x \leqslant z_o + a$$

wobei $a = c/\sqrt{n - 3}$ und c der Sicherheitskoeffizient ist, der einer gewählten Konfidenzzahl entspricht und in der Literatur (8,9) tabelliert vorliegt. Mit Hilfe der Umkehrfunktion $z_o(r)$ erhält man die gesuchten Konfidenzgrenzen

$$r_1 = \tanh(z_o - a)$$

$$r_2 = \tanh(z_o + a)$$

Die Berechnung von r_2 kann entfallen, da der Korrelationskoeffizient höchstens Eins werden kann, und da die beste Anpassung gesucht wird, liefert die obere Schranke keine weitere Aussage. Die untere Schranke des Konfidenzintervalles ist somit maßgebend für eine Gruppeneinteilung. Alle Proben, die mit einer Probe innerhalb des Konfidenzintervalles korrelieren, werden für die Gruppeneinteilung herangezogen. Dieses Verfahren wird mit allen Proben durchgeführt und liefert bei einer Konfidenzzahl von 97 %, die bei den vorliegenden Untersuchungen verwendet wird, eine Gruppeneinteilung.

Zweites Auswerteverfahren: Eine analysierte Probe ist durch die Konzentrationen von n Elementen charakterisiert, und dieser Probe kann in einem n-dimensionalen Raum ein Punkt zugeordnet werden, dessen Koordinaten durch die Konzentrationswerte gegeben sind. Die Ähnlichkeit zweier Proben wird durch den Winkel Θ bestimmt, den die Ortsvektoren $\vec{r_i}$, die durch den

Ursprung und dem der jeweiligen Probe entsprechenden Raumpunkt gehen, einschließen. Die Berechnung des Winkels Θ erfolgt über das innere Produkt der Ortsvektoren $\vec{r}_i$ (entspricht der Probe Probe i) und $\vec{r}_j$ (entspricht der Probe j).

$$\Theta_{i,j} = \arccos \frac{\vec{r}_i \vec{r}_j}{|\vec{r}_i| \cdot |\vec{r}_j|}$$

Die Begrenzung einer Probengruppe ist nach diesem Verfahren durch eine deutlich erkennbare Sprungstelle zu größeren Winkeln hin charakterisiert. Ein Grenzwert, der die Einordnung der Proben in Gruppen erleichtert, kann auch bei dieser Auswertung angegeben werden. Aus den Untersuchungen der Proben aus dem Raume Wien ergibt sich, daß ein Wert $k.\Theta_{i,j}(\min)$ ein brauchbares Ergebnis liefert. $\Theta_{i,j}(\min)$ ist der kleinste Winkel, der bei der Berechnung der $\Theta_{i,j}$ der Probe i (i = const.) mit den Proben j (j = 1,....,n, i = j) auftritt und k ein Faktor, der zwischen 1.3 und 1.5 liegt. Auf diese Weise werden ähnliche Ergebnisse wie beim ersten Auswerteverfahren erhalten.

Untersuchungsergebnisse

Die ausgezeichneten Ergebnisse bei den Testuntersuchungen an den Wiener Proben (10) sind die Voraussetzung für die Anwendung der Korrelationsanalyse an Proben, deren Zuordnung zum Teil unbekannt oder nicht eindeutig geklärt ist. Die Gruppeneinteilung der mehr als 150 archäologischen Funde sowie die Ergebnisse der Korrelation (Funde - Tonlagerstätten) sind aus Lit.(11) zu entnehmen. Die Untersuchung der Oberflächen einiger Proben zeigt, daß zwischen Grundmaterial und Oberfläche große Korrelation besteht, obwohl auf den Bruchstellen eine Schichtung, die unter anderem auch durch langjährige Lagerung entstanden sein kann, sichtbar ist, die auf eine andere Zusammensetzung schließen läßt. Bemerkenswert ist außerdem, daß zwischen rezentem Ton und gebranntem Ton eine gute Korrelation besteht, d.h. durch das Brennen treten keine wesentlichen Konzentrationsänderungen hinsichtlich der untersuchten Elemente auf. Grundsätzlich können die verwendeten mathematischen Algorithmen auf jedem Taschenrechner mit statistischer Summierung ausgeführt werden. Die Verwendung eines Tischrechners empfiehlt sich, da ein großer Datenspeicher zur Verfügung steht, und die Konzentrationswerte der einzelnen Elemente jeder Probe jederzeit abrufbar sind.

Anerkennung

Die Proben wurden von Herrn Univ.Prof. Dr. C. Eibner und Herrn Mag. A. Kies vom Institut für Ur- und Frühgeschichte der Universität Wien beigestellt. Von den genannten Herren wurde die archäologische Zuordnung überprüft.

Literaturnachweis

1. N.H.Suhr u. C.O.Ingammels, Anal.Chem. 38 (1966) 730
2. Radczewski, O.E.:"Die Rohstoffe der Keramik", Springer Verlag 1968
3. Salmang, H.:"Die physikalischen und chemischen Grundlagen der Keramik", Springer Verlag 1933
4. Nilson, N.: "Learning Machines", McGraw Hill, New York, N.Y. 1965
5. Kowalski, B.R.; Schatzki, T.F.: "Classification of Archaeological Artifacts by Applying Pattern Recognition to Trace Element Data", Anal.Chem. 44 (1972) 11
6. Gaarenstrom, P.D., Perone, S.P.:"Application of Pattern Recognition and Factor Analysis for Characterization of Atmospheric Particulate Composition in Salt and Desert Atmosphere", Environmental Science Technology 11 (1977) 8
7. Fisher, R.A.: Metron 1 (1921) 3
8. Kreyszig, E.: "Statistische Methoden und ihre Anwendung", Vandenhoeck u. Ruprecht 1975
9. Spiegel, M.R.: "Statistik",McGraw Hill,New York,N.Y. 1976
10. Wernisch, J.,Gröger, W., Kies, A.: AAS - eine physikal.

Methode zur Unterstützung der Zuordnung keramischer Funde", Zeitschrift für Archäologie des Mittelalters und der Neuzeit, Berlin 1979

11. Gröger, W.:"Atomabsorptionsspektrometrie - eine physikalische Methode zur Unterstützung der Zuordnung keramischer Funde", Diplomarbeit, TU - Wien, 1979

ZEEMAN-ATOMABSORPTIONSSPEKTROMETRIE

Ausnutzung des Zeeman-Effektes für die quasi-simultane Linien- und Untergrundmessung

H. Massmann, Z. El Gohary

Institut für Spektrochemie und angewandte Spektroskopie,
Bunsen-Kirchhoff-Straße 11, D-4600 Dortmund 1

Einleitung

Neue Techniken der sequentiellen und quasi-simultanen Untergrundmessung mit Hilfe des Zeeman-Effektes eröffnen für die Atomabsorptionsspektrometrie aussichtsreiche Möglichkeiten. Mit diesen Techniken sollte es in vielen Fällen möglich sein, das Nachweisvermögen, die Genauigkeit und die Richtigkeit atomabsorptionsspektrometrischer Bestimmungsverfahren zu erhöhen. Dies ist besonders dann zu erwarten, wenn die Höhe des spektralen Untergrundes und seine Schwankungen das Bestimmungsverfahren maßgebend beeinflussen.

Aber auch Untergrundmessungen mit Hilfe des Zeeman-Effektes sind nicht in allen Fällen ausreichend zuverlässig. Man muß mit systematisch falschen Analysenergebnissen rechnen, wenn der Untergrund kein spektrales Kontinuum ist, sondern auf feinstrukturierten Elektronenanregungsspektren von Molekülen und Radikalen beruht. Welche Zeeman-Technik man auch anwendet, die Untergrundmessung erfolgt wie bei der üblichen Technik der Untergrundmessung mit einem Kontinuum-Strahler ebenfalls blind, wenn nicht zusätzliche Informationen über die Struktur des Untergrundes vorliegen.

13. Spektrometertagung

Zum Problem der Untergrundmessung in der Atomabsorptionsspektrometrie

Die in der Atomabsorptionsspektrometrie nutzbaren, insbesondere für genaue Messungen nutzbaren Konzentrationsbereiche sind - verglichen mit denen vieler Verfahren der Emissionsspektrometrie - relativ klein. Nach unten begrenzen Schwankungen des Untergrundes diese Bereiche, nach oben wird die Fehlerübertragung von der Extinktionsmessung auf die Konzentrationsbestimmung wegen der zunehmenden Krümmung der Eichkurven c = f(A) schnell größer.

Zuverlässigen Untergrundmessungen kommt daher große Bedeutung zu. Bei der Eichung nach der Zugabemethode ist sie sogar von entscheidender Bedeutung. Von der Zuverlässigkeit der Untergrundmessung hängt dann nämlich nicht nur die Genauigkeit des Verfahrens ab, sondern insbesondere seine Richtigkeit, da bei diesem Verfahren die Eichkurve bis auf die Untergrundextinktion extrapoliert werden muß. Ein systematischer Fehler bei der Untergrundmessung führt notwendigerweise zu systematischen Fehlern bei der Konzentrationsbestimmung [1].

Die übliche Technik der Untergrundmessung mit einem Kontinuumstrahler, z.B. einer Deuterium-Lampe als Primärstrahlungsquelle kann dann zuverlässige Werte ergeben, wenn der Untergrund ebenfalls ein spektrales Kontinuum ist, z.B. auf Lichtstreuung oder dem Dissoziationskontinuum von Molekülen beruht. Die Ergebnisse der Untergrundmessung müssen aber immer dann als sehr fraglich gelten, wenn der Untergrund auf dem feinstrukturierten Elektronenanregungsspektrum von Molekülen oder Radikalen beruht. Zwei Beispiele sollen in den beiden folgenden Abbildungen gezeigt werden.

Abb. 1 zeigt das Absorptionsspektrum des OH-Radikals in einer Acetylen-Luft-Flamme. Durch die Untergrundmessung mit einem Kontinuumstrahler und einer spektralen Bandbreite von $\Delta\lambda \geq 0{,}1$ nm läßt sich nicht entscheiden, ob die Atomabsorptionslinie mit einer Rotationslinie des OH-Radikals koinzidiert oder nicht. Man mittelt willkürlich über mehrere Rotationslinien.

Abb. 2 zeigt das Elektronenanregungsspektrum von PO, das bei der Verdampfung phosphathaltiger Proben in Flammen und Graphitrohröfen zu beobachten ist. Auch in diesem Fall muß man mit systematischen Fehlern bei der Untergrundmessung rechnen, etwa bei der Bestimmung von Pb mit der Linie 217,0 nm. Auch bei der Bestimmung von Se mit der Linie 196,0 nm in einem Graphitrohrofen in Gegenwart von Phosphat wird über Fehler bei der Untergrundmessung berichtet [2].

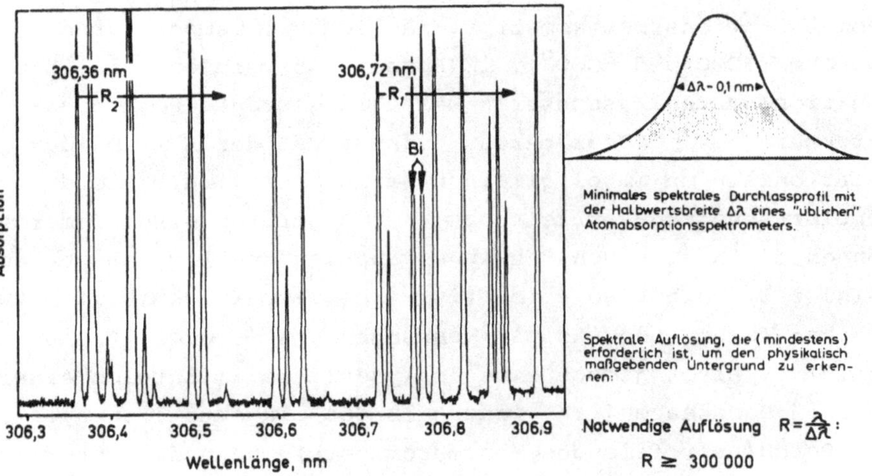

Abb.1 Absorption des OH-Radikals in der Acetylen-Luft-Flamme. In dem Bereich dieser Bande liegen z.B. die Resonanz-Linien von Mg (285,24 nm) und Bi (306,77 nm). Die Linie Bi 306,77 nm besteht aufgrund von Kernmomentaufspaltung aus zwei Komponenten, die nahezu exakt mit zwei Rotationslinien der OH-Bande koinzidieren; Mg 285,24 nm liegt in einem Bereich, in dem die Abstände der Rotationslinien größer sind. Es findet keine Koinzidenz statt.

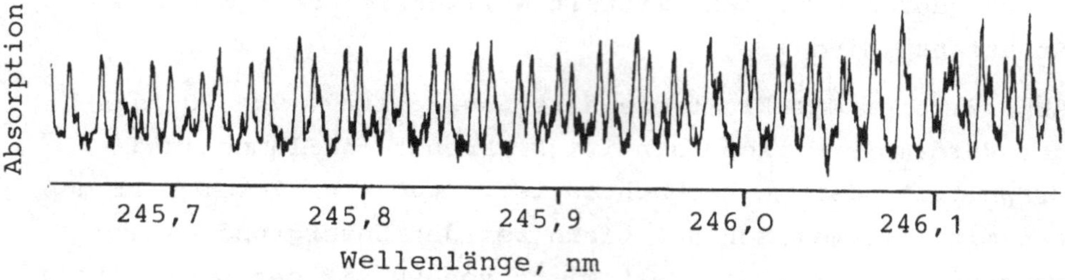

Abb. 2 Absorptionsspektrum von PO bei der Verdampfung phosphathaltiger Proben in einer Flamme oder einem Graphitrohrofen. Zuverlässige Untergrundmessungen sind hier kaum möglich.

Große Moleküle zeigen - unter analytischen Bedingungen der Atomabsorptionsspektrometrie, nämlich bei Temperaturen zwischen 2000 und 3000° C im Absorptionsvolumen - in ihren Elektronenanregungsspektren keine ausgeprägte Rotationsstruktur [3,4]. Dies beruht darauf, daß der Abstand der Rotationslinien im allgemeinen geringer ist, als sie durch Doppler- und Stoßverbreiterung hervorgerufen wird. Immerhin können die Kanten von Schwingungsbanden deutlich ausgeprägt sein, z.B. selbst so - relativ - komplexe Moleküle wie etwa die von Toluol oder Xylol (Messungen von S. Güçer, Universität Izmir). Liegt jedoch eine Analysenlinie im Bereich einer solchen Bandkante (d.h. innerhalb des eingestellten spektralen Durchlaßprofils des Monochromators), kann die Untergrundmessung kaum zuverlässige Werte ergeben. Glücklicherweise sind diese - für zuverlässige Untergrundmessungen verbotenen - Bereiche nicht sehr häufig.

Der normale und der anomale Zeeman-Effekt

Das einfachste Aufspaltungsbild - den normalen Zeeman-Effekt - beobachtet man bei Singulett-Übergängen, wenn sich die Elektronenspins gegenseitig aufheben, z.B. bei den Resonanzlinien der Erdalkalien

Be 234,9 nm	Mg 285,2 nm	Ca 422,7 nm
Sr 460,7 nm	Ba 553,6 nm.	

Ebenfalls normalen Zeeman-Effekt zeigen die Linien Zn 213,8nm Sn 286,3 nm, Pb 283,3 nm, Cd 228,8 nm und andere. In diesen Fällen ist der Landésche g-Faktor ebenfalls g = 1. Verlaufen die Feldlinien senkrecht zur Beobachtungsrichtung, so sieht man - bei hoher spektraler Auflösung - drei Komponenten: eine mittlere, unverschobene π-Komponente, an beiden Seiten im Spektrum symmetrisch dazu eine σ^+- und eine σ^--Komponente. Bei einem zur Beobachtungsrichtung longitudinalen Magnetfeld zeigen sich bei normalem Zeeman-Effekt nur die beiden symmetrisch verschobenen σ^+- und σ^--Komponenten; die mittlere Komponente fehlt. Die Aufspaltung der Linien im Fall des normalen Zeeman-Effektes bei Beobachtung senkrecht zu den Feldlinien des Magnetfeldes zeigen schematisch die Abbildungen 4 (Absorptionsvolumen im Magnetfeld; die Absorptionslinien spalten auf) und 3 (Primärstrahlungsquelle im Magnetfeld; die Emissionslinien spalten auf).

Ist der Landésche g-Faktor g = O,so ergibt sich überhaupt keine Zeeman-Aufspaltung, z.B. im Fall der Linie Cr 433,97 nm. In den meisten Fällen beobachtet man ein kompliziertes Aufspaltungsbild, den anomalen Zeeman-Effekt, mehrere π-Komponenten (Schwerpunkt ist die ursprüngliche Linie) und an den beiden Seiten im Spektrum mehrere σ^+- und σ^--Komponenten.

Zur Meßtechnik der Zeeman-Atomabsorptionsspektrometrie

Für die Ausnutzung des Zeeman-Effektes in der Atomabsorptionsspektrometrie sind eine Reihe verschiedener Möglichkeiten beschrieben und erprobt worden: moduliertes magnetisches Feld [5-8, 17] und konstantes Feld [9-16], Magnetfeld longitudinal zur optischen Achse [7,8] und transversal dazu [7-14] , Primärstrahlungsquelle im Magnetfeld [7-15] und Absorptionsvolumen im Magnetfeld [7,8,14,16-18].

Im folgenden sollen nur die beiden Meßprinzipien näher betrachtet werden, die bereits in handelsüblichen Atomabsorptionsspektrometern realisiert wurden:

1. Das Absorptionsvolumen befindet sich in dem konstanten Feld eines Permanentmagneten.
   Modell 170-70 der Firma Hitachi, Tokio, Japan
   Modell 180-70 der Firma Hitachi, Tokio, Japan.

Das erste Modell ist nur mit einem Graphitrohrofen ausgestattet; das zweite Modell enthält auch eine Flamme (in Tandem-Anordnung), jedoch ohne Magnetfeld, so daß dafür der Zeeman-Effekt nicht genutzt werden kann.

2. Die Primärstrahlungsquelle befindet sich in dem konstanten Magnetfeld eines Permanentmagneten.
   Modell SM 1 der Firma Erdmann + Grün, Wetzlar, Deutschland.

Das Modell erlaubt die Ausnutzung des Zeeman-Effektes sowohl bei Analysen mit einem Graphitrohrofen als auch mit der Flamme eines üblichen 10 cm-Schlitzbrenners, die ungehindert durch den Magneten gegeneinander ausgewechselt werden können. Allerdings erfordert diese Technik die Entwicklung neuer Primärstrahlungsquellen, die die bewährten Hohlkathodenlampen ersezten müssen.

Bei allen Modellen verlaufen die Feldlinien transversal zur optischen Achse der Strahlführung.

Bei der Ausnutzung des transversalen Zeeman-Effektes für die (sequentielle und wichtiger - quasi-simultane) Linien- und Untergrundmessung kann meßtechnisch von der Linienaufspaltung nur *indirekt* Gebrauch gemacht werden. Um nämlich die spektrale Aufspaltung *direkt* zu beobachten, würden Spektrometer erforderlich sein, die den üblichen Spektrometern in der Atomabsorptionsspektrometrie in ihrem optischen Leistungsvermögen, insbesondere in der spektralen Auflösung um zwei Zehnerpotenzen und mehr überlegen sein müßten. Das würde gleichfalls bedeuten, daß höhere Forderungen an die mechanische und thermische Stabilität der Spektrometer gestellt werden müßten. Das Kosten/Leistungsverhältnis würde dadurch so ungünstig, daß sich weder ein Gerätehersteller finden würde, ein solches Gerät zu bauen, noch ein Anwender, ein solches Gerät zu bezahlen.

Meßtechnisch kann man - glücklicherweise - eine andere physikalische Eigenschaft des Zeeman-Effektes ausnutzen: die unterschiedliche Polarisation der sich in der Wellenlänge unterscheidenden Zeeman-Komponenten.

Meist verwendet man einen rotierenden Polarisator und mißt abwechselnd die π-Komponenten und die σ-Komponenten. Bei der Messung der π-Komponenten erfaßt man Linien- und Untergrundabsorption, bei der Messung der σ-Komponenten die Untergrundabsorption.

Die Abbildungen 3 und 4 zeigen schematisch die Linienaufspaltung und Polarisation der Komponenten beim normalen Zeeman-Effekt für den Fall, daß sich die Primärstrahlungsquelle in einem transversalen Magnetfeld befindet (Abb. 3) und für den Fall, daß sich das Absorptionsvolumen im Magnetfeld befindet (Abb. 4).

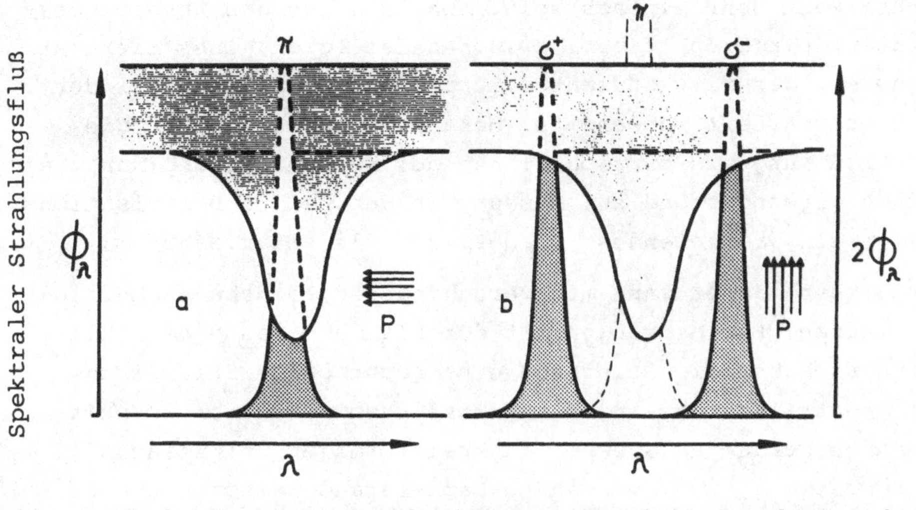

Abb. 3. Aufspaltung und Polarisation der Emissionslinien bei normalem Zeeman-Effekt in einem Magnetfeld transversal zur optischen Achse. Der Untergund wird an beiden Seiten der Absorptionslinie gemessen.

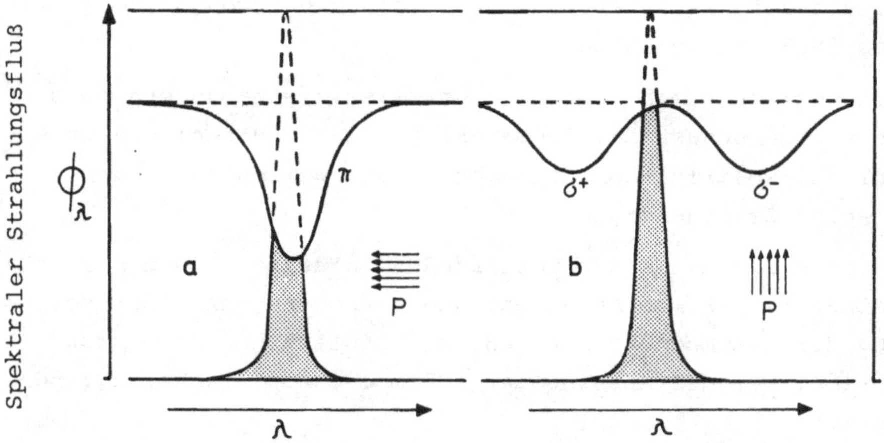

Abb. 4. Aufspaltung und Polarisation der Absorptionslinien bei normalem Zeeman-Effekt in einem Magnetfeld transversal zur optischen Achse. Der spektrale Untergrund wird in diesem Fall "unter" der Analysenlinie gemessen.

Der meßtechnische Aufbau

Der meßtechnische Aufbau eines Zeeman-Atomabsorptionsspektrometers kann sehr einfach sein. Abb. 5 zeigt das Absorptionsvolumen, ein Graphitrohr, zwischen den Polen eines Elektromagneten, der mit konstantem Strom betrieben wird. Bei der in dieser Arbeit verwendeten Meßanordnung werden für die Strahlführung bis zur Spaltlinse des Monochromators nur zwei Linsen verwendet und zur Messung in den beiden Polarisationsebenen ein (rotierendes) Glan-Prisma als Polarisator.

Der Elektromagnet kann mit verschiedenen Polschuhen betrieben werden: Für Messungen mit der Flamme eines 5 cm-Schlitzbrenners haben die Polschuhe eine rechteckige Stirnfläche von ebenfalls 5 cm Länge; für Messungen mit einem Graphitrohrofen werden Polschuhe mit kreisförmiger Stirnfläche (Durchmesser 16 mm) verwandt. Der Abstand zwischen den Polschuhen beträgt 14 mm. Die Magnetflußdichte kann zwischen 0 und 1,3 Tesla variiert werden. Eine Kühlung ist auch im Dauerbetrieb nicht notwendig. Bei Messungen mit einer Flamme ist die Kühlung durch mitgerissene Luft groß genug, um eine Erhitzung der Polschuhe durch die Strahlung der Flamme zu vermeiden.

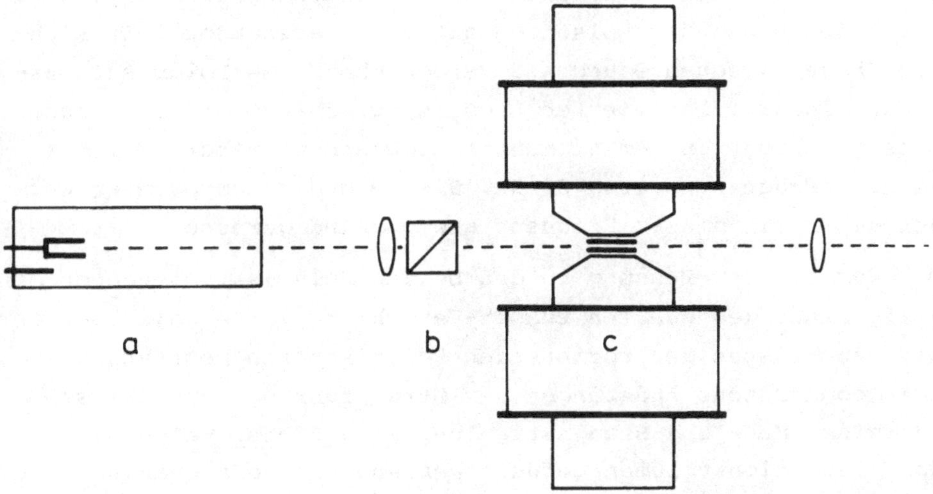

Abb. 5. Strahlführung und Elektromagnet. a Hohlkathoden-Lampe, b Glan-Prisma, c Elektromagnet.

Bei Messungen in zwei Polarisationsebenen ist zu berücksichtigen, daß durch Polarisationseffekte in der Strahlführung und im Spektrometer das Verhältnis des Strahlungsflusses $\phi_{\parallel}/\phi_{\perp}$, gemessen in den beiden Polarisationsebenen, beeinflußt wird. Dies geschieht durch Linsen und Spiegel in der Strahlführung, durch Spalte und durch das Beugungsgitter. Dieser Einfluß ist zudem wellenlängenabhängig. Gitterspektrometer z.B. zeigen ausgeprägte Polarisationseffekte bei bestimmten Wellenlängen [19]. Die experimentelle Entdeckung dieses Effektes geht bereits auf Wood zurück [20].

Ein Nachteil bei der Verwendung eines rotierenden Glan-Prismas ist die Strahlversetzung. Das Meßstrahlenbündel rotiert um die optische Achse; das bedeutet, daß Linie und Untergrund an geometrisch verschiedenen Stellen im Absorptionsvolumen gemessen werden. Um diesen Nachteil zu vermeiden, wurde - wie in dem Spektrometer SM 1 (Erdmann + Grün) bei feststehendem Polarisator zusätzlich mit einer gesteuerten Phasen-Verschiebeplatte gearbeitet. Sie besteht aus einem Quarzquader, der sich zwischen den Polschuhen eines Elektromagneten befindet. Durch den Druck der Polschuhe auf den Quarzquader läßt sich die Phase zwischen 0 und $\lambda/2$ verschieben, die Polarisationsebene linear polarisierten Lichtes zwischen 0 und 90° drehen. Dies geschieht in dem Atomabsorptionsspektrometer SM 1 mit einer Frequenz von etwa 80 Hz. Die π- und σ-Komponenten werden daher mit dieser Frequenz abwechselnd gemessen.

Der Vorteil der Messung in den beiden Polarisationsebenen mit Hilfe einer gesteuerten Phasen-Verschiebeplatte gegenüber der mit den meisten der rotierenden Polarisatoren besteht darin, daß geometrische Änderungen der Strahlführung vernachlässigbar sind, Meß- und Bezugsstrahlung in gleicher Weise durch das Absorptionsvolumen geführt werden. Die Meßanordnung unterscheidet sich in dieser Hinsicht von anderen Zeeman-Atomabsorptionsspektrometern, bei denen die Messung in den beiden Polarisationsebenen z.B. mit einem rotierenden Glan- oder Sénarmont-Prisma erfolgt, oder sonst üblichen Atomabsorptionsspektrometern, bei denen der Untergrund mit einer zweiten Primärstrahlungsquelle, einem Kontinuumstrahler, gemessen wird. Deckt man z.B. einen Teil des Meßstrahlenbündels durch einen undurchlässigen Gegenstand ab, so ändert sich die Größe des Ausgangssignals nicht, lediglich das Rauschen wird größer.

Die Messung des Untergrundes "unter" der Linie

Befindet sich das Absorptionsvolumen in dem transversalen Magnetfeld, so werden die atomare Absorption und die Untergrundabsorption genau bei der gleichen Wellenlänge gemessen (Abb. 4). mit dieser Meßtechnik sollte es daher möglich sein, den Untergrund auch dann richtig zu bestimmen, wenn die Analysenlinie in einem feinstrukturierten Elektronenanregungsspektrum von Molekülen liegt. Abb. 6 zeigt das Untergrundspektrum des OH-Radikals in einer Acetylen-Luft-Flamme, bei einer spektralen Auflösung von $R = \lambda/\Delta\lambda = 100\,000$. Dem entspricht eine spektrale Bandbreite von $\Delta\lambda$ = 0,003 nm. Das Spektrum wurde ohne Polarisator im Strahlengang aufgenommen.

Abb. 6. Absorptionsspektrum des OH-Radikals in der Acetylen-Luft-Flamme bei verschiedenen Magnetflußdichten. Die Spektren wurden ohne Polarisator im Strahlengang aufgenommen. Die spektrale Auflösung ist R = 100 000.

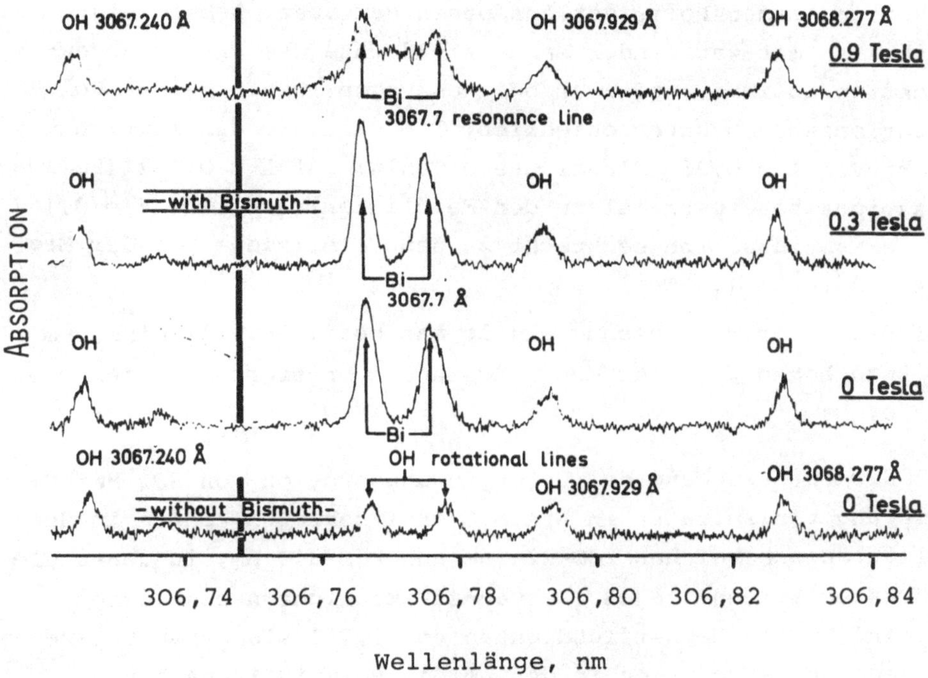

Wie durch Vergleich des unteren Spektrums mit den drei anderen zu sehen ist, koinzidieren die beiden Komponenten der Wismuth-Linie 306,77 nm mit zwei Rotationslinien. Einfluß des Magnetfeldes auf Höhe und Breite der Rotationslinien ist unter diesen Bedingungen nicht erkennbar. Die Wismuth-Linie wird hingegen mit wachsender Magnetflußdichte kleiner und breiter. Das bedeutet, daß die Empfindlichkeit mit wachsender Magnetflußdichte abnimmt. Die Abnahme der Empfindlichkeit ist noch stärker, wenn sich ein Polarisator im Strahlengang befindet und nur die Absorption der π-Komponenten gemessen wird.

Auch Moleküle können jedoch Zeeman-Effekt zeigen [21], wie z.B. SO_2, NO, NO_2 und andere. Das ist auch von OH-Radikalen bekannt [22]. Um genauere Angaben über die Zuverlässigkeit der Untergrundmessung machen zu können, wurde mit einer Bi-Hohlkathodenlampe bei der Wellenlänge 306,77 nm der Untergrund in beiden Polarisationsebenen gemessen. Dabei zeigte sich, daß mit wachsender Magnetflußdichte die Untergrundextinktion abnimmt, und zwar bei Messungen in den beiden Polarisationsebenen unterschiedlich. Die Untergrundextinktion sinkt von A = 0,26 (Flußdichte 0 Tesla) auf A = 0,137 (Polarisationsebene parallel zu den Feldlinien) bzw. auf A = 0,167 (Polarisationsebene senkrecht zu den Feldlinien) bei der Magnetflußdichte 1,3 Tesla.

Bei der Untergrundmessung erhält man bei 1,3 Tesla einen um 20 % zu hohen Wert für den maßgebenden Untergrund "unter" der Linie.

Bei der Untersuchung der Untergrundabsorption von SO_2 bei Verdampfung von Sulfaten in einem Graphitrohrofen konnte in den Wellenlängenbereichen 200-220 nm und 260-310 nm, in denen die stärksten Banden liegen, Zeeman-Effekt nicht nachgewiesen werden. Bis zu Magnetflußdichten von 1,3 Tesla waren Unterschiede der Absorption in den beiden Polarisationsebenen kleiner als 1 % und nicht nachweisbar. Man kann also davon ausgehen, daß bei Messungen mit dem Absorptionsvolumen im Magnetfeld der Untergrund richtig bestimmt wird. Das übliche Verfahren der Untergrundmessung mit einem Kontinuumstrahler kann dagegen zu systematischen Fehlern führen, z.B. bei der Bestimmung von In (303,9 nm), Bi (306,8 nm), Al (309,2 nm) und Pb (217,0 nm). Je nach der spektralen Bandbreite, mit der der Untergrund gemessen wurde, traten systematische Abweichungen bis zu 15 % auf.

Das Bandensystem von SO_2 zwischen 340 und 390 nm zeigt ausgeprägten Zeeman-Effekt. Die Absorptionskoeffizienten im Bereich dieser Bande sind jedoch so klein, daß Analysenstörungen durch Untergrundabsorption nicht zu befürchten sind.

Die Empfindlichkeit von Verfahren der Zeeman-Atomabsorptionsspektrometrie.

Nutzt man den Zeeman-Effekt für die Linien- und Untergrundmessung aus, so muß man damit rechnen, daß die Empfindlichkeit $\Delta A/\Delta c$, d.h. die Steigung der Eichkurve $A = f(c)$ geringer wird. Außerdem nimmt die Empfindlichkeit mit zunehmender Extinktion schneller ab als bei Verfahren der üblichen Atomabsorptionsspektrometrie. Die Eichkurven sind stärker gekrümmt. Das gilt generell für alle Techniken der Zeeman-Atomabsorptionsspektrometrie, wenn auch in unterschiedlichem Maße.

Das sind Nachteile, die man in Kauf nehmen wird, wenn die Vorteile überwiegen: größere Genauigkeit, bessere Richtigkeit und größeres Nachweisvermögen.

Die Verminderung der Empfindlichkeit ist unterschiedlich bei verschiedenen Elementen und Analysenlinien. Abb. 7 zeigt die Abhängigkeit der Absorption der π- und α-Komponenten von der Magnetflußdichte im Absorptionsvolumen für die Linien Co 242,5 nm, Cu 327,4 nm, Ag 338,3 nm und Au 267,6 nm. Bemerkenswert ist, daß die σ-Komponenten auch bei relativ großen Flußdichten bei der Wellenlänge der Hohlkathodenlinie noch

Abb. 7. Abhängigkeit der Extinktion A der π- und σ-Komponenten der Linien Co 242,5 nm, Cu 327,4 nm, Ag 338,3 nm und Au 267,6 nm von der Magnetflußdichte in einem Magnetfeld, das senkrecht zur optischen Achse auf das Absorptionsvolumen wirkt. Die auf 1 normierten Extinktionenen bei der Magnetflußdichte Null entsprechen absolut für Co der Extinktion A = 0,34, für Cu A= 0,35, für Ag A= 0,20 und für Au A = 0,34.

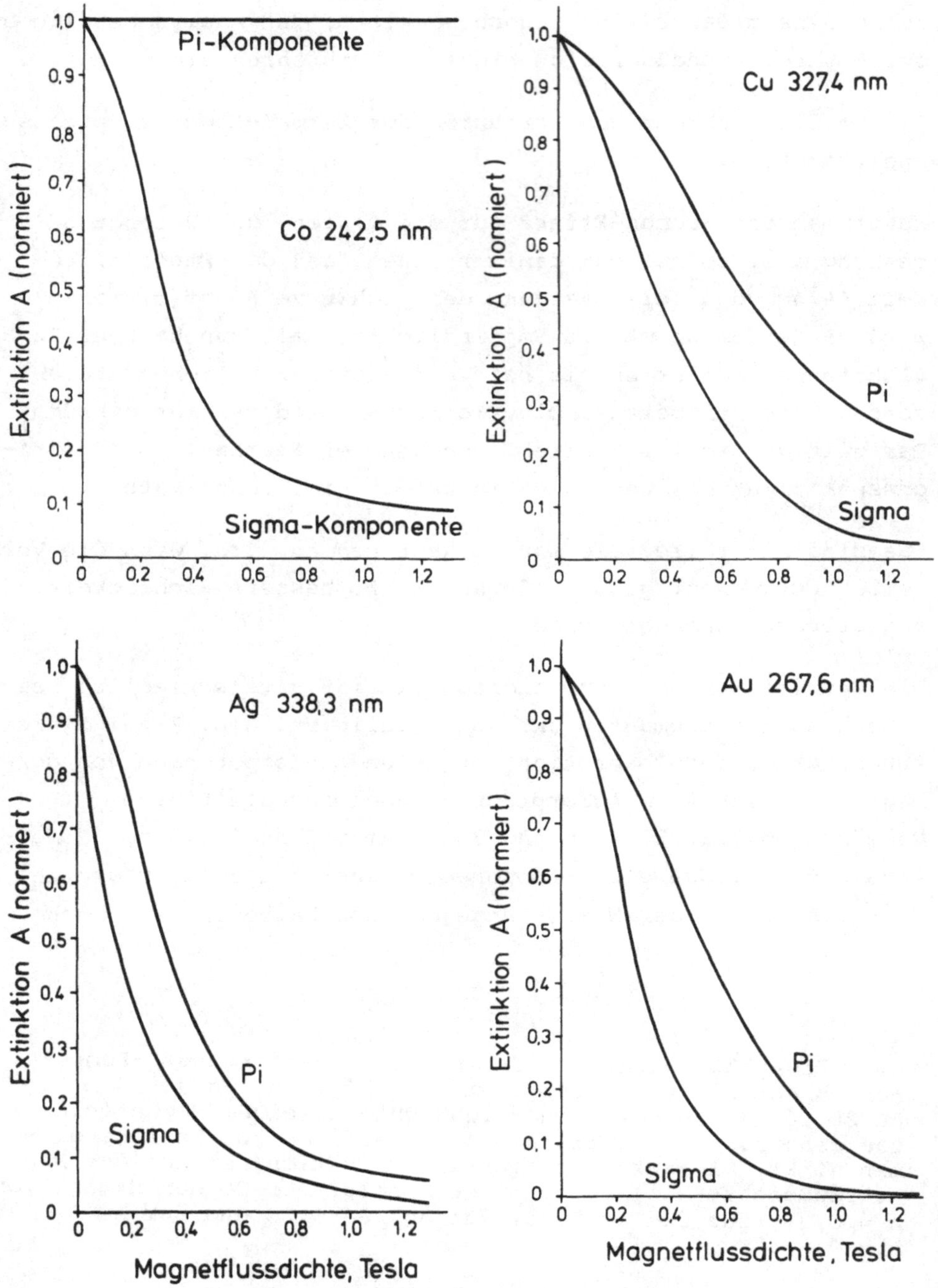
Pi-Komponente
Co 242,5 nm
Sigma-Komponente
Extinktion A (normiert)
Cu 327,4 nm
Pi
Sigma
Ag 338,3 nm
Pi
Sigma
Au 267,6 nm
Pi
Sigma
Magnetflussdichte, Tesla
0
0,1
0,2
0,3
0,4
0,5
0,6
0,7
0,8
0,9
1,0
1,2

absorbieren, d.h. noch von der Konzentration abhängig sind. Das bedeutet jedoch keine wesentliche Einschränkung dafür, die Differenz der Extinktionen von π- und σ-Komponenten als analytisches Signal zu verwenden, wie sich leicht zeigen läßt.

Charakterisierung und Bewertung von Techniken der Zeeman-Atomabsorptionsspektrometrie

Die folgende Charakterisierung bezieht sich auf Techniken der Zeeman-Atomabsorptionsspektrometrie, bei denen ein konstantes Magnetfeld transversal zur optischen Achse auf das Absorptionsvolumen bzw. auf die Primärstrahlungsquelle wirkt. Untersuchungen für diese Charakterisierung wurden mit den handelsüblichen Spektrometern 170-70 und 180-70 (Hitachi) und SM 1 (Erdmann + Grün) durchgeführt sowie mit Laboratoriumsinstrumenten eigener Konstruktion.

Zeeman-Spektrometer dieser Art sind Einstrahlgeräte, die daher nur wenige optische Elemente für die Strahlführung benötigen. Sie haben einen hohen Transmissionsgrad. Sie haben außerdem den Vorteil der Langzeitstabilität von Zweistrahlgeräten. Für die quasi-simultane Linien- und Untergrundmessung wird nur eine Primärstrahlungsquelle benötigt und nicht wie sonst meist notwendig eine zweite zur Untergrundmessung, die immer zusätzliches Rauschen verursacht. Auch die elektronische Signalverarbeitung ist einfacher und vorteilhaft. Statt - wie bei Zweistrahlgeräten mit Untergrundkompensator - 4 Signale in einem Meßzyklus verarbeiten zu müssen, sind pro Meßzyklus nur zwei Signale erforderlich. Diese Eigenschaften zusammen erlauben Strahlungsmessungen mit höherer Genauigkeit, insbesondere die Messung auch kurzzeitiger Signale mit hoher Genauigkeit.

Nachteile sind die im vorhergehenden Abschnitt beschriebene geringere Empfindlichkeit $\Delta A/\Delta c$ und die stärkere Krümmung der Eichkurven. Dadurch kann der nutzbare Konzentrationsbereich eingeschränkt und das Nachweisvermögen vermindert werden, wenn nicht durch die höhere Genauigkeit der Strahlungs- und Untergrundmessung diese Einschränkungen aufgehoben werden. Das ist häufig dann der Fall, wenn die Empfindlichkeit nur um den Faktor 2 oder 3 vermindert wird. Durch höhere Genauigkeit der Messung kann u.U. das Nachweisvermögen noch vergrößert werden und der nutzbare Konzentrationsbereich in Richtung kleiner Konzentrationen erweitert werden.

Die Richtigkeit der Untergrundmessung und -kompensation kann durch die Ausnutzung des Zeeman-Effektes verbessert werden. Aber nicht in allen Fällen lassen sich systematische Fehler vermeiden. Das gilt auch dann, wenn sich das Absorptionsvolumen in einem transversalen Magnetfeld befindet, der Untergrund also "unter" der Linie gemessen wird. Zusätzliche Informationen über die Struktur des Untergrundes sind erforderlich, um nicht erkannte systematische Fehler zu vermeiden.

Literatur

1. Massmann, H., El Gohary, Z., Gücer, S.: Spectrochim. Acta 31B, 399 (1976).
2. Fernandez, F.J., Myers, S.A., Slavin, W.: Anal. Chem. 52, 741 (1980).
3. Herzberg, G.: Molecular Spectra and Molecular Structure, Vol. III (Van Nostrand Reinhold, New York 1960).
4. Koizumi, H., Hadeishi, T., McLaughlin, R.D.: Appl. Phys. Lett. 34, 382 (1979).
5. Otruba, V., Jambor, J., Horak, J., Sommer, L.: Scripta Fac. Sci. Nat. UJEP Brun. CSSR, Chemia 6, 1 (1976).
6. De Loos-Vollebregt, M.T.C., De Galan, L.: Spectrochim. Acta 33B, 495 (1978).
7. De Loos-Vollebregt, M.T.C., De Galan, L.: Spectrochim. Acta 35B, 495 (1980).
8. Brodie, K., Liddell, P.R.: Anal. Chem. 52, 1059 (1980).
9. Koizumi, H., Yasuda, K.: Anal. Chem. 47, 1679 (1975).
10. Koizumi, H., Yasuda, K.: Spectrochim. Acta 31B, 237 (1976).
11. Koizumi, H., Yasuda, K.: Anal. Chem. 48, 1178 (1976).

12. Koizumi, H., Yasuda, K.: Spectrochim.Acta 31B,523(1976).
13. Koizumi, H., Yasuda, K., Katayama, M.: Anal. Chem. 49, 1106 (1977).
14. Koizumi, H.: Anal. Chem. 50, 1101 (1978).
15. Hadeishi, T.: Appl. Phys. Lett. 21, 438 (1972).
16. Koizumi, H., Hadeishi, T., McLaughlin, R.: Anal. Chem. 50, 1700 (1978).
17. Otruba, V., Jambor, J., Komarek, J., Horak, J., Sommer, L.: Anal. Chim. Acta 101, 367 (1978).
18. Grassam, E., Dawson, J.B., Ellis, D.J.: Analyst 102, 804 (1977).
19. Anderson, N., Jensen, J., Melskens, J., Veje, E.: Appl. Optics 13, 1965 (1974).
20. Wood, R.W.: Phil. Mag. 4, 396 (1902).
21. Kopfermann, H.: Kernmomente. Akademische Verlagsgesellschaft, Frankfurt, 1956.
22. Veseth, L.: J. Molecular Spectr. 63, 180 (1976).

Anerkennung

Für finanzielle Unterstützung danken wir dem Minister für Wissenschaft und Forschung des Landes Nordrhein-Westfalen und dem Minister für Forschung und Technologie der Bundesrepublik Deutschland, für die Unterstützung durch Sachmittel der Deutschen Forschungsgemeinschaft. Herrn M. Eickmeyer sei für sorgfältige Messungen gedankt.

KAPITEL 6

Identitäts- und Verwechselungsprüfung

MÖGLICHKEITEN UND GRENZEN SPEKTROMETRISCHER VERWECHSELUNGSPRÜFUNG

H. de Laffolie

Thyssen Edelstahlwerke AG, Forschungsinstitut
D-4150 Krefeld, Deutschland

EINLEITUNG

Vor einem viertel Jahrhundert kamen handliche Spektroskope mit tragbaren Wechselstrombogengeneratoren auf. Hiermit kann man vor Ort an ein metallisches Werkstück herangehen, einen Lichtbogen brennen und das emittierte Spektrum visuell beobachten. Zur Werkstoffidentifizierung und Verwechselungsprüfung haben diese Geräte eine weite Verbreitung gefunden und werden auch heute noch vielfach eingesetzt.

Der Weg von den Handspektroskopen zu den modernen Verwechselungsprüfern geht über die folgenden Stufen:

1) Der Bogen wird in einer vom Spektroskop getrennten Sonde gebrannt und das Licht durch einen flexiblen Glaslichtleiter an das Spektroskop geführt.
2) Das Spektroskop wird durch ein Spektrometer ersetzt.
3) Die Glasoptik wird durch eine Quarzoptik ersetzt, womit der ultraviolette Teil des Spektrums der Messung zugänglich wird.

Die Spektrometer sind die gleichen wie die in den Laboratorien, Polychromatoren mit Hohlgitter in der Paschen-Runge-Aufstellung, nur dass sie kleiner und mobil sind. Die Messwerte sind auch in beiden Fällen die gleichen, nämlich elektrische Spannungen, die den Intensitätsverhältnissen ausgewählter Spektrallinienpaare proportional sind. Der Unterschied liegt in der Messwertverarbeitung. Während im Labo-

13. Spektrometertagung

ratorium ein spektrochemischer Messwert über eine Analysenfunktion in den Massengehalt eines chemischen Elementes umgewandelt wird, wird beim Verwechselungsprüfer gefragt, ob ein Messwert innerhalb eines vorgegebenen Bereichs liegt. Hierzu sind die einzelnen Messkanäle mit Fensterdiskriminatoren ausgerüstet. Bei den Geräten der ersten Generation [1] liegen die Fenster symmetrisch zur Mitte der Messwertskala und sind in Stufen schaltbar (Bild 1). Mit einer Fensterweite von z.B. 20% gibt es bei einer Prüfung 3 Möglichkeiten:

1) Der Messwert ist kleiner als 80, dann liegt er unter dem Fenster.
2) Der Messwert ist zwischen 80 und 120, dann liegt er im Fenster
3) Der Messwert ist grösser als 120, dann liegt er über dem Fenster.

Bei den häufigsten Anwendungen bedeutet ein Messwert im Fenster "ja", was durch eine grüne Lampe signalisiert wird und ein Messwert ausserhalb des Fensters "nein", was durch rote Lampen signalisiert wird.

PRAKTISCHE BEISPIELE

Die Messungen wurden mit einem 1,5A-Bogen bei einer Vorbrennzeit von 1s und einer Integrationszeit von 3s durchgeführt.

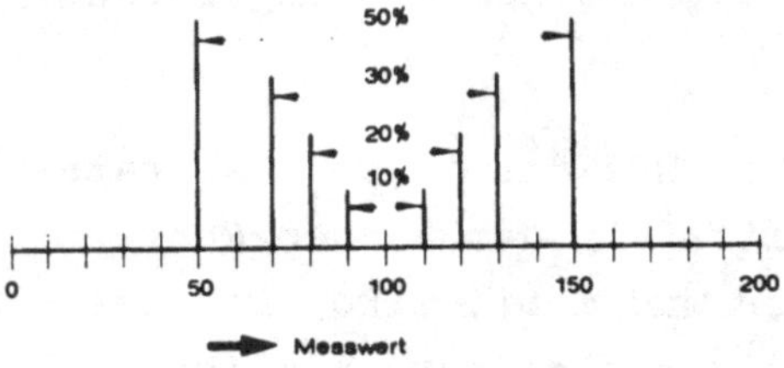

Bild 1 Auf Skalenmitte bezogene Diskriminatorfenster

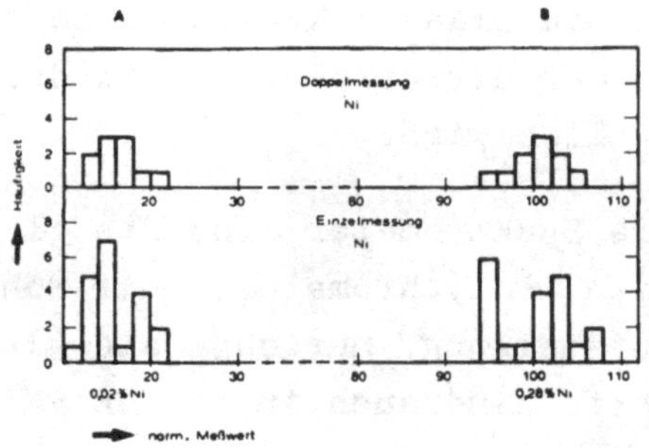

Bild 2 Häufigkeitsverteilung der Messwerte Ni3414,8/Fe5576,1

Unterschiedliche Nickelgehalte

Es bestand die Aufgabe, einen mit 0,28% Ni legierten Stahl B von einem anderen Stahl A mit nur 0,02% Ni zu trennen. Beide Stähle wurden je 20 mal gemessen, die Messwerte auf 100 für den Mittelwert der Messungen an B normiert und die Häufigkeiten mit einer Messwertbreite von 2 Skalenteilen aufgetragen (Bild 2). Es liegen 2 weit voneinander getrennte (beim Auftragen der Mittelwerte aus 2 aufeinander folgenden Messungen auch schon fast symmetrische) Verteilungen vor. Sämtliche Messwerte an B liegen weit über 50, sämtliche Messwerte an A weit unter 50. Wird mit B auf Skalenmitte kalibriert und ein Diskriminatorfenster von 50% eingestellt, dann sind A und B leicht voneinander zu trennen. Einige Vorsichtsmassnahmen sollten dabei aber nicht ausser Acht gelassen werden.

Selektive Absorption Metallische Werkstücke sind häufig etwas gefettet, ein Entfetten vor der Prüfung soll möglichst

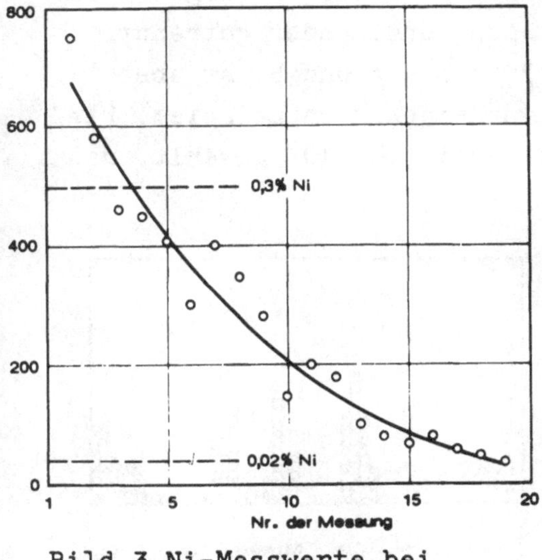

Bild 3 Ni-Messwerte bei 0,02% Ni nach einer Nickelverseuchung

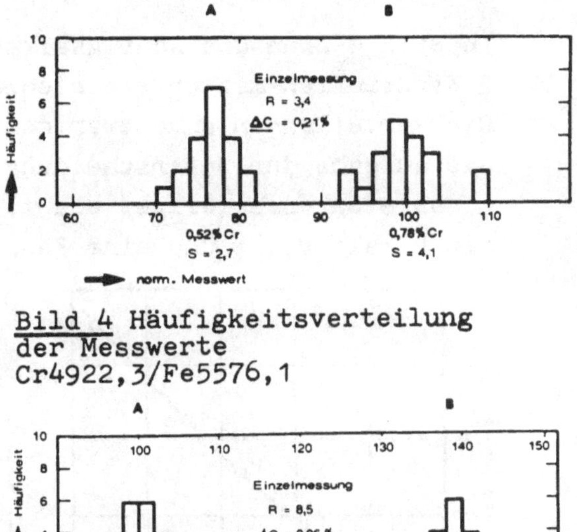

Bild 4 Häufigkeitsverteilung der Messwerte Cr4922,3/Fe5576,1

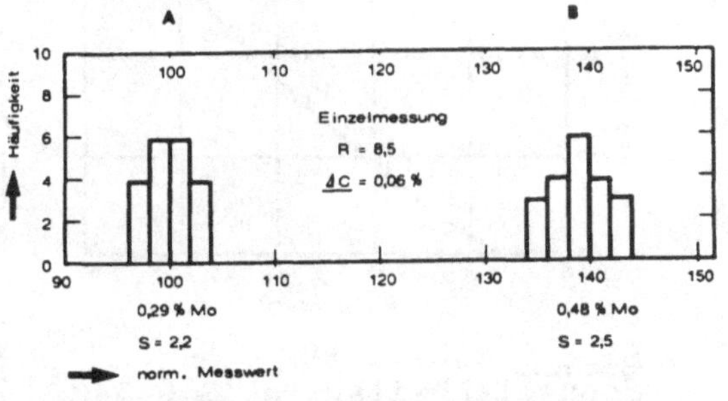

Bild 5 Häufigkeitsverteilung der Messwerte Mo5533,1/Fe5576,1

vermieden werden. Beim Brennen des Bogens wird Fett verdampft und gecrackt und auf der Lichteintrittsöffnung (eine Quarzplatte vor dem Lichtleiter) scheidet sich ein Film ab. Solch ein Film hat die Eigenschaft im UV wesentlich stärker zu absorbieren als im Sichtbaren. Hier wird die UV-Linie Ni3414,8 gegen die sichtbare Linie Fe5576,1 gemessen. Ohne Vorsichtsmassnahme werden die Messwerte an B immer kleiner und rutschen aus dem Fenster heraus.

Verseuchung der Sonde Es wurde 3s lang ein Bogen gegen einen nichtrostenden Cr-Ni-Stahl gebrannt. Daraufhin wurde Stahl A 19 mal gemessen. Bild 3 zeigt, dass durch das Brennen des Bogens am nichtrostenden Stahl die Sonde verseucht wurde, und dass erst nach rund 20 Messungen die richtigen Messwerte wieder erreicht werden.

Unterschiedliche Chromgehalte

In Bild 4 sind die Häufigkeitsverteilungen der Messwerte von 2 Werkstoffen mit unterschiedlichen Cr-Gehalten aufgetragen. Die Verteilungen sind zwar deutlich voneinander getrennt, die Aufgabe der Unterscheidung zwischen A und B ist aber schon etwas schwieriger als im vorhergehenden Beispiel. Wird mit B kalibriert und eine Fensterweite von 10% gewählt, dann

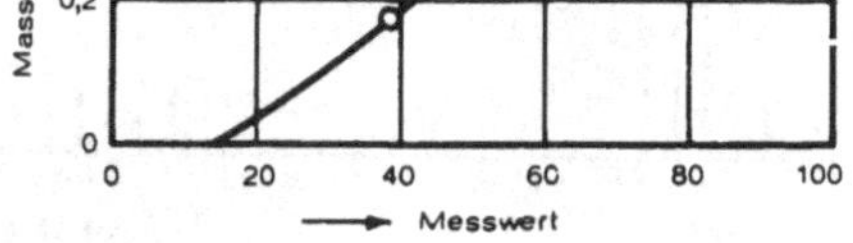

Bild 6 Kobalt im Schnellarbeitsstahl S 6-5-2

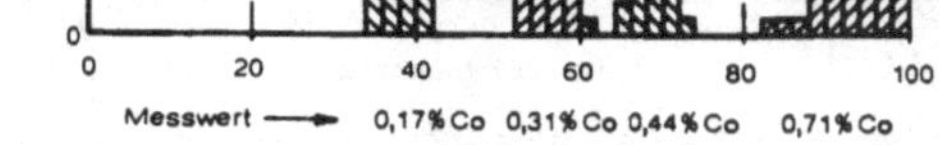

Bild 7 Häufigkeitsverteilung der Messwerte Co4121,3/Fe5576,1

ist damit zu rechnen, dass einige Messungen an B unter das Fenster fallen. Bei einer Fensterweite von 20% fallen schon einige Messungen an A in das Fenster. Günstiger wäre es, wenn das Fenster statt in Stufen kontinuierlich verändert werden könnte; eine Fensterweite von 13% wäre in diesem Fall optimal. Man kann sich aber hier mit einem kleinen Kunstgriff helfen, indem der Messkanal nicht auf die Skalenmitte 100 kalibriert wird, sondern auf einen etwas höheren Wert, so dass der Skalenwert 90 gerade in die Mitte zwischen die beiden Verteilungen fällt. Einige Messungen an B fallen dann über das Fenster (was bei der praktischen Prüfung zu ignorieren ist, da hier nur die untere Fensterkante interessiert). Günstiger wäre es, wenn die Fensterkanten unabhängig voneinander eingestellt werden könnten.

Unterschiedliche Molybdängehalte

Bild 5 zeigt für die Mo-Gehalte 0,29 und 0,48% 2 schmale, symmetrische Verteilungen, die weit auseinander liegen. Ein zusätzlich glücklicher Umstand ist der, dass sich die Messwerte im Mittel gerade um den Faktor 1,4 voneinander unterscheiden. Wird mit A kalibriert und eine Fensterweite von 20% gewählt (die obere Fensterkante liegt bei 120), dann fallen sämtliche Messungen an A in das Fenster und sämtliche Messungen an B über das Fenster.

Unterschiedliche Kobaltgehalte

In den vorhergehenden Beispielen ging es darum, verschiedene Werkstoffe anhand unterschiedlicher Gehalte von Legierungselementen voneinander zu unterscheiden. In diesem Beispiel sollen verschiedene Chargen einunddesselben Werkstoffs anhand verschiedener Gehalte eines Nicht-Legierungselementes voneinander unterschieden werden. Es handelt sich um unterschiedliche Co-Gehalte in dem Schnellarbeitsstahl S 6-5-2 (6%W, 5%Mo, 2%V, 4%Cr). Kobalt ist kein Legierungselement, ist aber durch den Einsatz im allgemeinen zwischen 0,1 und 1% vorhanden. 4 Stücke aus 4 verschiedenen Chargen wurden je 40 mal gemessen. In Bild 6 sind die Mittelwerte der je 40 Messungen gegen die Co-Gehalte aufgetragen. Bild 7 zeigt die zugehörigen Verteilungen. A ist deutlich von B, C und D getrennt; D deutlich von A, B und C. Die Verteilungen von B und C berühren sich (der eine Messwert zwischen 60 und 62 gehört zu C). Es ist jetzt folgendes möglich: Ein erster Messkanal wird mit A kalibriert und ein zweiter mit D. Liegt bei einer Prüfung der Messwert im Fenster des ersten Kanals, dann ist das Prüfstück A; liegt er im Fenster des zweiten Kanals, dann ist es D. Liegt der Messwert oberhalb des Fensters von Kanal 1 aber unterhalb des Fensters von Kanal 2, dann ist es B oder C. Wie vorzugehen ist, wenn sich 2 Verteilungen berühren oder überschneiden wird weiter unten besprochen.

QUANTIFIZIERUNG DER UNTERSCHEIDUNGSMÖGLICHKEIT

In Bild 8 sind 3 mal 2 Normalverteilungen aufgezeichnet. Oben liegen beide Verteilungen weit auseinander; das ist ein Fall, bei dem eine Unterscheidung leicht ist. Unten überschneiden sich die beiden Verleilungen; das ist ein Fall, bei dem man zunächst sagt, dass eine Unterscheidung nicht möglich ist. In der Mitte berühren sich die beiden Verteilungen bei der 3-fachen Standardabweichung; das ist offensichtlich der Grenzfall der einfachen Unterscheidungsmöglichkeit. Die Differenz der Schwerpunkte beider Verteilungen, d.h. die mittlere Messwertdifferenz ist gleich $3s_A + 3s_B$. Daraus kann ein Wertmass R, wie in Bild 8 angegeben abgeleitet werden. Ist $R>3$, dann ist die Unterscheidungsmöglichkeit gut; ist $R=3$, dann ist die Grenze der einfachen Unterscheidungsmöglichkeit erreicht; ist $R<3$, dann ist eine Unterscheidung nicht ohne weiteres möglich. Für das in Bild 4 angegebene Beispiel errechnet sich aus den Messdaten ein R von 3,4; die Grenze der Unterscheidungsmöglichkeit ist schon fast erreicht. Für R=3 ergibt sich eine Mindestdifferenz der Chromgehalte von 0,21%, um eine einfache Unterscheidung zu ermöglichen. Aus den Messdaten des in Bild 5 angegebenen Beispiels ergibt sich für R der Wert 8,5 und eine Grenze der Unterscheidungsmöglichkeit bei einer Gehaltsdifferenz von 0,06% Mo.

FENSTERWAHL FÜR UNBESTIMMTE AUSSAGE

In Bild 9 sind 2 Verteilungen gezeichnet, bei denen der Schwerpunkt der einen gerade mit der 3s-Grenze der anderen zusammenfällt. Der R-Wert ist 1,5. Um A von B zu unterscheiden, kann jedes Werkstück 4 mal gemessen und der Mittelwert aus den 4 Einzelmessungen als Prüfgrösse herangezogen werden. Die Standardabweichung geht dann auf die Hälfte zurück und R steigt auf den Wert 3. Man kann aber auch folgendermassen vorgehen: Am Diskriminator (mit unabhängig voneinander einstellbaren Fensterkanten) wird die untere Fensterkante (Uk) in den Schwerpunkt der Verteilung von A und die obere Fensterkante (Ok) in den Schwerpunkt der Verteilung von B gelegt. Bei einer Messung an A ist die Wahrscheinlichkeit,

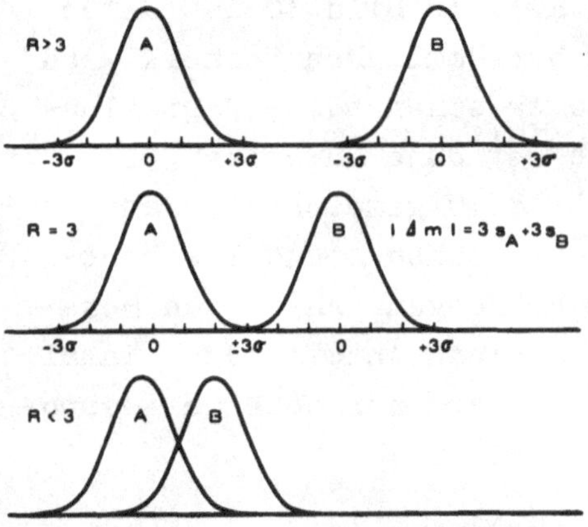

Bild 8 Wertmass $R = \frac{|\Delta m|}{s_A + s_B}$

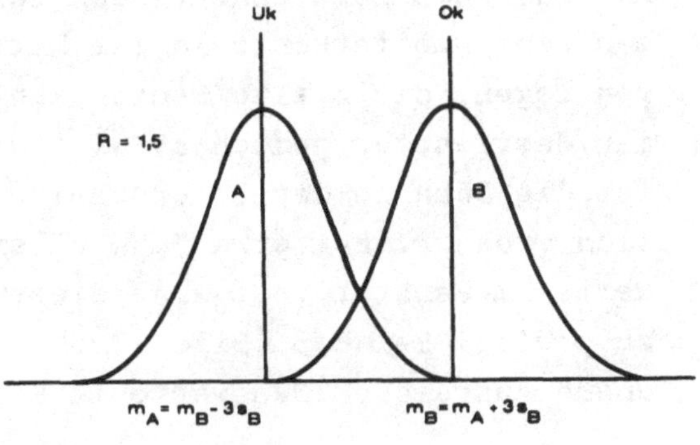

Bild 9 Unterscheidungsmöglichkeit bei R<3

dass der Messwert unter das Fenster fällt ebenso gross wie die, dass er in das Fenster fällt, während die Wahrscheinlichkeit, dass er über das Fenster fällt sehr klein ist. Entsprechendes gilt für eine Messung an B. Wird bei einer Prüfung das Fenster unterschritten, dann ist das Prüfstück A, wird das Fenster überschritten, dann ist es B. Fällt ein Messwert in das Fenster, dann ist das Prüfstück A oder B. Ein Messwert im Fenster bedeutet damit eine unbestimmte Aussage. Sind z.B. je 1000 Stücke A und B durcheinander gemischt, und ist 1,5 der grösste R-Wert eines der spektrometrisch messbaren Elemente, dann werden bei einer Einzelprüfung etwa 500 Stück als A und etwa 500 Stück als B identifiziert. Etwa 1000 Stück liefern unbestimmte Messwerte im Fenster, sind also ein zweites Mal zu prüfen. Bei dieser zweiten Prüfung werden etwa 250 Stück als A und etwa 250 Stück als B identifiziert, während etwa 500 Stück wieder unbestimmte Messwerte liefern usw. Ist R etwas grösser als 1,5, dann kann Uk etwas höher als der Schwerpunkt der Verteilung von A gesetzt werden und Ok etwas tiefer als der Schwerpunkt der Verteilung von B, wodurch die Anzahl der Stücke, die bei einer einzigen Prüfung identifiziert wird, mehr als die Hälfte beträgt. Ist hingegen $R<1,5$, dann steigt der Aufwand für eine Unterscheidung rasch ins Unermessliche.

Die Technik der Fensterwahl für unbestimmte Aussage ist aber auch dann sinnvoll, wenn $R=3$ oder $R>3$. In Bild 10 ist unten der Fall $R=3$ gezeichnet. Nach der herkömmlichen Technik wird man eine Fensterkante in die Mitte zwischen beide Verteilungen legen, die zweite Fensterkante ist ohne Interesse. Legt man das Fenster jedoch so wie in Bild 10 gezeichnet, dann ist die Schärfe der Unterscheidung zwischen A und B wesentlich grösser. Bei etwa 2,5% aller Prüfungen erhält man Messwerte im Fenster, hat also diesen kleinen Anteil noch einmal zu prüfen. Bei $R>3$ (Bild 10 oben) liefern nur noch ausgesprochene Ausreisser Messwerte im Fenster.

MESSEN VON 2 ANALYSENELEMENTEN GEGENEINANDER

Beim Vergleich von 2 Werkstoffen sei der R-Wert für ein erstes Element R_1 und der für ein zweites Element R_2. Statt auf beide Elemente in 2 Messkanälen zu prüfen, kann diese Prüfung auch in einem einzigen Kanal erfolgen. Hierfür ist lediglich das Element 2 als innerer Standard zu verwenden (manche Geräte sind von Haus aus so konzipiert, dass jede beliebige der vorhandenen Spektrallinien als innerer Standard benutzt werden kann). Sind R_1 und R_2 nicht sehr voneinander verschieden, dann ist für die Messung der beiden Elemente gegeneinander zu erwarten, dass $R_{12} \approx |R_1 - R_2|$ oder $R_{12} \approx R_1 + R_2$. Der erste Fall ist uninteressant, der zweite Fall aber insbesondere dann sehr bedeutsam, wenn R_1 und R_2 zwischen 1,5 und 3 liegen.

Werden die verschiedenen Techniken: Mehrfachmessung, Fensterwahl für unbestimmte Aussage und Messen von 2 Elementen gegeneinander geschickt miteinander kombiniert, dann gelingt es in manchen Fällen, scheinbar Unmögliches doch zu ermöglichen.

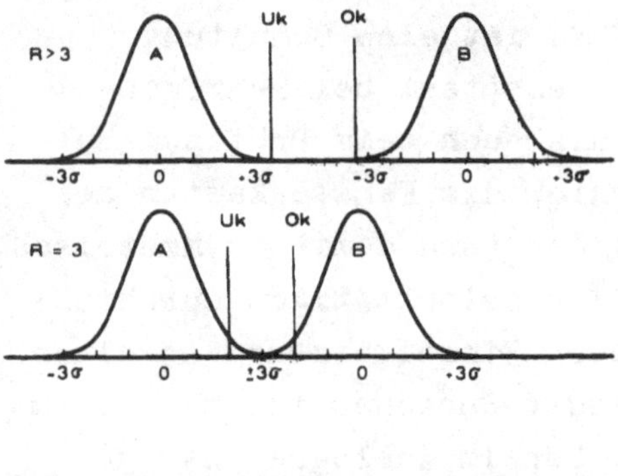

Bild 10 Schärfere Trennung bei Fensterwahl für unbestimmte Aussage

Unterscheidung 0,29 % Mo von 0,48 % Mo

Anz. Kal.	R	Δc (%)	Δc_{rel} (%)
∞	8,5	0,06	16
8	6,9	0,08	21
4	5,8	0,10	26
2	5,1	0,11	29
1	4,4	0,13	34

$$R = \frac{|\Delta m|}{S_A + S_B + S_K} = \frac{|\Delta m|}{S\left(2 + \frac{1}{\sqrt{n_K}}\right)}$$

Bild 11 Abhängigkeit des R von der Anzahl Kalibriermessungen

GERÄTEKALIBRATION

Bisher war stets ein ideal kalibriertes Gerät angenommen. Eine ideale Kalibration ist in der Praxis aber nicht vorhanden, und der Ausdruck für R muss noch um die Standardabweichung der Kalibration erweitert werden. Abgesehen von solchen Fällen wie in Bild 2, bei denen die Kalibration unkritisch ist, ist zumeist $s_A \approx s_B$ und das nun wiederum ungefähr gleich der Standardabweichung einer Kalibriermessung. Für R ergibt sich damit der in Bild 11 angegebene Ausdruck, wobei n_K die Anzahl der Kalibriermessungen ist. Für das Beispiel von Bild 5 sind in Bild 11 die realen R-Werte in Abhängigkeit von n_K dem idealen R-Wert gegenübergestellt.

Bei den Geräten der ersten Generation ist das Kalibrieren mit mehr als 2 Einzelmessungen sehr mühsam. Für jeden zu kalibrierenden Kanal muss aus den einzelnen Messwerten der Mittelwert berechnet und dieser durch Verstellen eines Empfindlichkeitspotentiometers auf die Skalenmitte eingestellt werden. Bei den Geräten der zweiten Generation entfällt diese Mühe durch eine sog. "Autokalibration". Ein einfacher Analogrechner bildet den Mittelwert aus mehreren Einzelmessungen und legt diesen als die Mitte des Diskriminatorfensters fest (womit Empfindlichkeitspotentiometer entfallen).

Wünschenswert ist es, bei der Mittelwertbildung selbsttätig einen Ausreissertest vorzunehmen. Es ist eine Schaltung aufgebaut worden, die diesen Ausreissertest bei Mehrfachmessung (sowohl beim Kalibrieren als auch beim Prüfen) durchführt. Sie erlaubt es weiterhin, die Fensterkanten des Diskriminators unabhängig voneinander (und damit asymmetrisch zum Kalibrierwert) einzustellen. Zur selbsttätigen Durchführung des Ausreissertestes wird jeder Einzelmesswert in einen Analogspeicher gebracht. Jeder dieser Speicher ist mit einem Fensterdiskriminator ausgerüstet. Der im Analogrechner gebildete Mittelwert der Einzelmessungen legt die Fenstermitte dieser Diskriminatoren fest. Die Fensterweite (die Grenzen, bei deren Über- bzw. Unterschreitung ein Messwert als Ausreisser erkannt wird) ist von aussen einstellbar.

ZUSAMMENFASSUNG

Ausgehend von Häufigkeitsverteilungen der Messwerte aus praktischen Beispielen wird ein Wertmass R definiert, das eine Aussage über die Unterscheidungsmöglichkeit zwischen 2 Werkstoffen macht. Die Sicherheit einer Unterscheidung kann vergrössert werden, wenn ein Messwertbereich für unbestimmte Aussage festgelegt wird.

Schrifttum

1. de Laffolie, H., Dehrendorf, H.:
Thyssen Edelst. Techn. Ber. 5, 284-252 (1979).

EMISSIONSSPEKTROMETRISCHE IDENTITÄTSPRÜFUNG UNLEGIERTER WALZSTAHLERZEUGNISSE

K.H. Koch, W. Loose und H. Aukskel
Hoesch Hüttenwerke AG
Postfach 902 - D 4600 Dortmund 1

Einleitung

Im Verlauf des Produktionsflusses von Walzstahlerzeugnissen gilt es häufig, "Schnellprüfungen" der chemischen Zusammensetzung durchzuführen, um Verwechslungen auszuschließen oder bei festgestellten Abweichungen eine Sortierung nach chemischen Gütemerkmalen vornehmen zu können. In der betrieblichen Praxis haben sich eine Reihe von Verfahren eingeführt, die meist speziellen Ansprüchen genügen, häufig aber keine generelle Lösung der mit der Qualitätsprüfung in einem Erzeugungsbereich verknüpften Probleme darstellen (1). Es hat daher nicht an Versuchen gefehlt, bekannte analytische Prinzipien hohen Informationsgehaltes für diese Zwecke anzuwenden.

Die Nutzung der Emissionsspektralanalyse für Aufgaben der Produktionskontrolle begann bereits vor mehr als 40 Jahren und führte über den Einsatz transportabler Spektroskope und den visuellen Spektrenvergleich (2) zu den heute bekannten bzw. in abschließender Entwicklung befindlichen Verfahren, nämlich

1. dem Einsatz ortsfester Spektrometer in Fertigungslinien (3),
2. der Verwendung eines Aerosolgenerators in Verbindung mit einem ortsunabhängigen Spektrometer (4), und
3. dem Einsatz von fahrbaren Kleinspektrometern bei wechselnden Fragestellungen (5).

13. Spektrometertagung

Auf die letztgenannte Möglichkeit der Identitätsprüfung wird nachstehend näher eingegangen.

Einsatz eines fahrbaren Kleinspektrometers

Für die Untersuchungen im Bereich der unlegierten und niedriglegierten Stähle wurde das „Quantotest 36 000" der Firma ARL (6) verwendet. Es stellt eine der drei bisher bekannt gewordenen apparativen Lösungen dar. Das Gerät besteht aus drei wesentlichen Bauteilen, nämlich

1. der Spektrometeroptik mit Glasfiber-Lichtleiter und Abfunkpistole;
2. der Meßelektronik mit Kanalwahl und Digitalanzeige und
3. dem Funkenerzeuger.

Der Einsatz von Lichtleitkabeln gestattet die räumliche Trennung von Funkenstativ und Spektrometer, so daß eine hohe Anpassungsfähigkeit an betriebliche Gegebenheiten ermöglicht wird. Das Funkenstativ, die "Abfunkpistole", ist mit einer Analoganzeige, Signallampen und einem Resetknopf versehen und über einen 3,6 Meter langen Glasfiberleiter mit der Spektrometeroptik verbunden. In diesem Meßkopf, der mit dem Prüfling in Kontakt gebracht wird, sind folgende Funktionen vereinigt:

- Bildung der Funkenstrecke zwischen Gegenelektrode und Probenoberfläche
- Zuführung der Anregungsenergie
- Fortleitung des emittierten Lichtes über einen Lichtleiter
- Schließung des Sicherheitskontaktes
- Zufuhr eines Luftstromes aus einer Membranpumpe, um die Verschmutzung des Lichtleiterkopfes zu verzögern.

Die Gegenelektrode besteht aus versilbertem Kupfer und hat in der Spitze einen Durchmesser von einem Millimeter (der

Abbau ist sehr gering; die Gegenelektrode muß nach etwa 100 Abfunkungen gesäubert werden). Bei der Analyse ist ein Elektrodenabstand von 1,2 mm erforderlich.

Das Spektrometer verfügt über ein Konkavgitter mit 2400 Strichen/mm in modifizierter Paschen-Runge-Anordnung bei einem Vokalradius von 500 mm. Die Dispersion beträgt 0,743 nm/mm; es können Messungen im Wellenlängenbereich zwischen 240 und 450 nm durchgeführt werden.

Durch Einbau eines Thermostaten wird die Spektrometeroptik zur Vermeidung von optischen Dejustierungen auf 30° C gehalten. Das Spektrometer kann maximal mit 10 Elementen und einem zusätzlichen Referenzelement, in vorliegendem Falle Eisen, ausgerüstet werden.

Die Auswahl der Spektrallinien erfolgte nach der erwarteten Elementhäufigkeit und der für die Untersuchungen vorgesehenen Gehaltsbereiche (Tabelle 1).

Element	Linie (nm)	Arbeitsbereich (%)
Si	251,6	0,05 - 3,0
Fe	271,4	-
Cr	286,3	0,1 - 30,0
Mn	293,3	0,05 - 15,0
V	311,1	0,05 - 7,0
Nb	319,5	0,05 - 10,0
Cu	327,4	0,1 - 5,0
Ni	341,5	0,05 - 5,0
(Co)	(351,8)	0,05 - 10,0
Ti	368,5	0,02 - 3,0
Mo	386,4	0,05 - 5,0
Al	396,2	0,01 - 0,5
(W)	(400,9)	0,05 - 20,0

Tabelle 1: Auswahl der Elemente und Analysenlinien

Auf die ursprünglich verwendeten Linien für die Bestimmung des Kobalts und Wolframs wurde später zugunsten anderer Linien verzichtet.

Aus den durchgeführten Vorversuchen können unter Einschränkung der Gehaltsbereiche folgende Empfehlungen beispielsweise für die Bestimmung des Molybdäns und des Chroms abgeleitet werden:

Einbau der Mo-Linie 281,6 nm für den Gehaltsbereich 0,01 - 1 % anstelle der Mo-Linie 386,4 nm (0,05 - 5 % Mo); Einbau der Cr-Linie 425,4 nm für den Gehaltsbereich 0,01 - 5 % anstelle der Cr-Linie 286,3 nm (0,1 - 30 % Cr).

Die Anregung geschieht mit einer mit 50 Hz betriebenen intermittierenden Mittelspannungsentladung mit Fremdzündung, die durch folgende Parameter charakterisiert ist:

Kapazität:		10	µF
Widerstand:		4,7	Ohm
Selbstinduktion:		3	µH
Frequenz:		50	Hz
Spannung:	etwa	400	V
Vorfunkzeit:		5	s
Integrationszeit:		5	s

Die Vorfunkzeit sowie der Abschaltpunkt können über Potentiometer vorgegeben werden. Eine Reduzierung der Abfunkzeit gegenüber der angegebenen ist möglich, jedoch nur dann ratsam, wenn die zu bestimmenden Gehalte erheblich voneinander abweichen, so daß eine Verschlechterung des Wiederholstreubereiches in Kauf genommen werden kann.

Einfluß der Probenoberfläche

Für den Vororteinsatz des Gerätes ist die Frage der Oberflächenbeschaffenheit des zu analysierenden Materials von großer Bedeutung. Zur Ermittlung des Einflusses des Oberflächenzustandes der Proben auf die Analysenergebnisse wurden mit einer Reihe von Proben unterschiedlicher Konzentrationen zunächst nach der in der Emissionsspektrometrie üblichen Methode Kalibrationskurven erstellt. Diese dienten lediglich der Beurteilung des Analysenverfahrens, sie sind für schnelle Identitätsprüfungen in der Regel nicht geeignet. Der Wiederholstreubereich des Verfahrens ist natürlich schlechter als der mit den üblichen spektrometrischen Großgeräten erzielbare, doch genügt er den angesprochenen Problemstellungen.

Den Einfluß der Oberflächenbeschaffenheit der zu untersuchenden Proben auf die Reproduzierbarkeit der Messungen zeigt Tabelle 2.

Element	Mittelwert (%)	geschliffene Proben Standardabweichung s (%)	geschliffene Proben Standardabweichung, s_r rel.	oxidierte Proben Standardabweichung s (%)	oxidierte Proben Standardabweichung, s_r rel.
Si	0,83 0,88	0,08	0,10	0,15	0,17
Mn	1,55 1,52	0,05	0,03	0,11	0,07
	1,15 1,15	0,03	0,03	0,07	0,06
Cu	0,49 0,46	0,04	0,09	0,07	0,16
Cr	0,99 1,37	0,04	0,04	0,23	0,17
Ni	1,01 1,42	0,10	0,09	0,27	0,19
Mo	0,63 0,79	0,04	0,06	0,08	0,10

Tabelle 2: Einfluß der Probenvorbereitung auf die Reproduzierbarkeit der Messungen

Die an geschliffenen Proben erhaltenen Ergebnisse sind gegenüber denjenigen von oxidierten Proben erwartungsgemäß besser, so daß in einigen Fällen auf einen Anschliff der Probenoberfläche nicht verzichtet werden kann, ohne hier eine strenge Regel ableiten zu können (1). Sehr stark verzunderte Proben ergeben ohne Vorbehandlung in keinem Fall reproduzierbare Meßergebnisse.

Für statistische Betrachtungen wurden geschliffene Stahlproben, die verschiedene Elemente in unterschiedlichen Konzentrationen enthielten, jeweils 10 mal hintereinander analysiert. Die aus diesen Meßergebnissen berechneten Standardabweichungen (Wiederholbarkeit) sind in Tabelle 3 dargestellt.

Element	Mittelwert (%)	Standardabweichung, abs. (%)	Standardabweichung, rel. s_r
Si	0,83	0,08	0,10
	0,44	0,09	0,20
	0,06	0,04	0,63
Mn	1,55	0,05	0,03
	1,15	0,03	0,03
	0,60	0,08	0,14
	0,16	0,02	0,14
Cu	1,16	0,10	0,09
	0,49	0,04	0,09
	0,06	0,02	0,30
Cr	0,99	0,04	0,04
	0,54	0,03	0,05
	0,13	0,03	0,20
Ni	1,01	0,10	0,09
	0,50	0,03	0,06
	0,14	0,07	0,50
Mo	0,66	0,10	0,15
	0,27	0,05	0,17
	0,14	0,02	0,16
Al	0,61	0,12	0,20
	0,16	0,04	0,23
V	0,50	0,04	0,08
	0,20	0,02	0,10
	0,02	0,01	0,68

Tabelle 3: Reproduzierbarkeit des Meßverfahrens

Daraus folgt, daß die Wiederhol-Standardabweichungen zwar gegenüber denjenigen mit üblichen ortsfesten Groß - spektrometern erhaltenen natürlich wesentlich schlechter sind, jedoch genügen sie in den meisten Fällen den Anforderungen der hier angesprochenen Problemstellungen. Gegenüber den chemischen Analysen sind die Wiederhol-Standardabweichungen für Analysen, die mit dem Vorortgerät durchgeführt wurden, um etwa den Faktor 10 erhöht.

Meßverfahren

Es gibt grundsätzlich zwei verschiedene Möglichkeiten der Erfassung und Verwertung der Meßsignale. Wird die Abschätzung einer Elementkonzentration gewünscht, ist das Verfahren der Einpunktkalibration angebracht. Bei diesem Meßverfahren können die Gehalte der Elemente nach entsprechender Kanalwahl berechnet werden. Hierfür müssen die Kanäle mit entsprechenden Kalibrierproben auf 100 Digits gebracht und die Digitalwerte über die Kompensationspotentiometer auf Null zurückgestellt werden. Bei Über- oder Unterschreitung der vorgegebenen Gehalte in den zu untersuchenden Proben kann durch Anwahl des Kanals der Digitalwert abgelesen und die Konzentration durch Umrechnung ermittelt werden. Nachteilig ist das Einstellen auf 100 Digits für Gehalte von 1 %. Dieser Wert kann wegen der nichtkontinuierlichen Hochspannungseinstellung nicht immer erreicht werden und erschwert somit das direkte Ablesen der Konzentrationswerte bei Routineproben.

Das bei uns in der Praxis zur Zeit am häufigsten angewendete Verfahren bei Verwechslungsprüfungen dient jedoch der Findung einer Ja/Nein-Aussage: Eine Kalibrierprobe mit bekannten Gehalten wird abgefunkt, so daß die hierbei ermittelten Intensitäten am jeweiligen Kanalpotentiometer auf Null eingestellt werden können. Nach Vorgabe der analytischen Streubereiche - der niedrigste liegt bei 20 % der Anzeige - erfolgt bei der Untersuchung einer Probe nur dann eine optische bzw. akustische Warnung, wenn die vorgegebenen Streubereiche über- bzw. unterschritten werden. Zusätzlich kann durch Anwahl eines Kanals die Tendenz, d.h. die Aussage, ob der zu ermittelnde Gehalt größer bzw. kleiner als derjenige der Kalibrierprobe ist, am Digitalvoltmeter abgelesen werden.

Anwendungsbeispiele

Im ersten Beispiel wurden aufgrund von chemischen Routinekontrollen Verwechslungen festgestellt. Die Stahlsorten unterscheiden sich, wie in Tabelle 4 gezeigt, durch die unterschiedlichen Mangangehalte. Wie bereits erwähnt, beträgt die Standardabweichung der Wiederholbarkeit von geschliffenen Proben bei diesen Mangankonzentrationen etwa 0,03 bis 0,08 %. Die verzunderten Proben wurden mit einem Handschleifer vorbereitet und konnten bei der Vorgabe eines relativen Streubereiches von 20 % ohne Schwierigkeiten untersucht werden.

Beispiel	Si (%)	Mn (%)	Cu (%)	Cr (%)	Mo (%)	Anzahl der Prüflinge
1	0,27 0,25	0,48 0,94	0,12 0,14			310
2		1,23 0,72		1,21 0,11		730
3		1,37 0,81		0,39 0,07		4720
4		0,69 1,20		1,07 0,10	0,14 0,10	1
5		1,28 0,62				160
6		0,76 0,48		0,12 0,55		1520
7		0,76 0,48		1,09 0,46		410
8		0,76 0,48		1,21 0,28		400

Tabelle 4: Prüfbeispiele

Im zweiten Beispiel handelte es sich um Stähle, die in der Fertigung eines Kunden nach der mechanischen Bearbeitung in den Außenflächen aufgekohlt und anschließend im Ölbad gehärtet waren, so daß eine Härtemessung der Außenflächen und eine Funkenflugprüfung ausschieden. In diesem Falle konnten sowohl Mangan als auch Chrom als Entscheidungskriterien herangezogen werden.

In einem weiteren Beispiel wurden bereits gefertigte, versandbereite und verpackte Teile analysiert. Wegen der durchgeführten Oberflächenbehandlung war auch hier ein Sortieren durch Härtemessung nicht möglich. Die fertigen Formteile hätten nach Beschädigungen, wie z.B. durch Schleifen oder Entnahme von Spänen, nicht mehr freigegeben werden können. Ein einmaliges Anfunken an einer vorgegebenen Randzone hatte jedoch keinen Einfluß auf die technischen Daten. Als Entscheidungskriterien wurden die Elemente Mangan und Chrom herangezogen (s. Tabelle 4).

Bei einem anderen Auftrag ergab die Prüfung des Endproduktes, daß die vorgeschriebene Härte nicht erreicht wurde. Es lag also der Verdacht einer Materialverwechslung vor. Auch in diesem Falle durfte keine größere mechanische Beschädigung des Werkstücks erfolgen, so daß sich die spektrometrische Prüfung anbot. Identifikationskriterium war der Chromgehalt. Über eine Ja/Nein-Aussage hinaus konnten zusätzlich die ungefähren Gehalte der Elemente Mn, Cr und Mo der unbekannten Stahlsorte ermittelt werden.

Betriebserfahrungen

In diesem Zusammenhang ist vielleicht der Hinweis interessant, daß der Transport des Quantotests bei einem Prüfauftrag über mehrere hundert Kilometer mit einem Kleintransporter, der keinerlei zusätzliche stoßdämpfende Einbauten oder Schwingelemente enthielt, erfolgte. Am Zielort konnten die spektrochemischen Untersuchungen nach etwa 30 Minuten, die für die Temperierung der Optik notwendig waren, aufgenommen werden. Die Überprüfung des Profils ergab keine Änderung gegenüber der ursprünglichen Einstellung. Ferner sei erwähnt, daß sich nach einer hohen Anzahl von Abfunkungen eine Verschmutzung des optischen Teils in der Abfunkpistole bemerkbar macht. Die vorher auf 5 Sekunden festgelegte Integrationszeit erhöht sich dann ständig, so daß die Analysenzeiten zu lang werden. Profilierung, Elektrodenreinigung und Erhöhung der Hochspannung des Eisenmultipliers führen hier nur zu einer geringen Verbesserung. Nähere Untersuchungen dieser Störung ergaben, daß die auf dem Lichtleitereintritt befindliche Quarzscheibe (visuell kaum wahrnehmbar) verschmutzt war. Das Reinigen der zum Lichtleitereintritt weisenden Seite der Quarzscheibe mit einem in Alkohol getränkten Wattestäbchen ergab wieder vollen Lichtdurchlaß und ermöglichte die Einstellung der vorher gewählten Analysenzeiten. Eine Behebung dieses Mangels erscheint durch Änderung der Luftführung, ggf. unter Einsatz eines Luftfilters im Luftstrom, möglich.

Wie aus Tabelle 4 ersichtlich kann ein Kleinspektrometer nicht nur bei der Identitätsprüfung großer Probenserien herangezogen werden, sondern auch zur schnellen Untersuchung eines einzelnen Werkstückes äußerst dienlich sein.

Die Frage nach der Bestimmbarkeit des Kohlenstoffs in unlegierten Walzstahlerzeugnissen ist oft diskutiert worden. Sicher wäre eine derartige analytische Ergänzung wünschenswert. Es hat sich aber herausgestellt, daß sich in allen bisher untersuchten Fällen ein typisches Element finden ließ oder sogar mehrere typische Elemente anboten, die zur eindeutigen Identifizierung herangezogen werden konnten.

Zusammenfassung

Zusammenfassend ist festzustellen, daß mobile Klein-Spektrometer in einer Vielzahl von Fällen ihre Brauchbarkeit zur Lösung anstehender analytischer Probleme bei der Identitätsprüfung erwiesen haben und als sinnvolle Ergänzung des Laborinstrumentariums zu betrachten sind. Das Quantotest hat sich in einem gemischten Hüttenwerk bei unlegierten Walzstahlerzeugnissen für die schnelle Sortierung bzw. Identifizierung nach chemischen Gütemerkmalen bewährt.

Das beschriebene fahrbare Kleinspektrometer ist leicht transportabel, zeichnet sich durch eine robuste Bauweise aus und erlaubt Messungen an beliebigen Betriebspunkten, auch in klimatisch ungünstigen Betriebsräumen, Lagerhallen und im Freien.

Literatur

1. Koch, K.H., Arch. Eisenhüttenwes. 51, 371-375 (1980).
2. Duff, J.C., Metallurg. Mater. Technol. 8, 313-320 (1976).
3. Ambrose, A.D., Hobson, J.D., Analyst 101, 352-366 (1976).
4. Thoma, Chr., Brost, K., Stahl u. Eisen 96, 1027-1031 (1976).
5. Schmitz, K.H., Thiemann, E., Jaensch, P., Buchner, H.W., Stahl u. Eisen 100, 1399-1404 (1980).
6. Firmenschrift „Quantotest 36000", Fa. Applied Research Laboratories (ARL), Ecublens (Schweiz)

IDENTIFIZIERUNG UND ANALYSE VON LEGIERUNGEN MIT DEM KOMBINIERTEN RÖNTGENFLUORESZENZSPEKTROMETER TXRF

B. Price

Applied Research Laboratories
GB - Luton, LU4 8PU, England

Es geht hier um ein Röntgenfluoreszenz-System, das eine völlig unbekannte Metallprobe schnell identifizieren kann und das - wenn eine Eichung für die identifizierte Qualität vorliegt - eine richtige halbquantitative Analyse liefert; Eichungen für bis zu 100 Qualitäten können gespeichert werden.

Typical Spectra of Stainless Steel
Energy Dispersive System

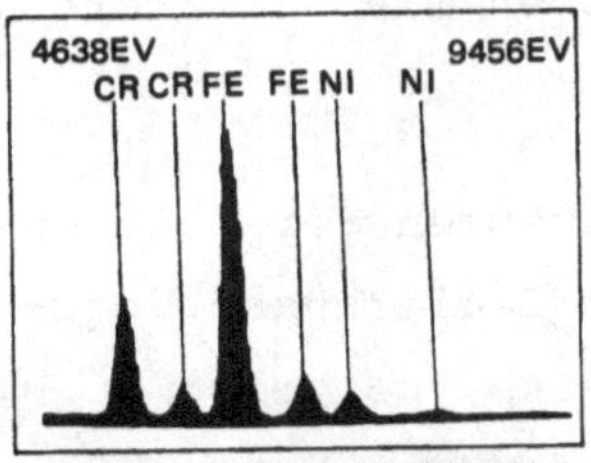

Stainless steel spectrum with peaks labelled for identified elements.

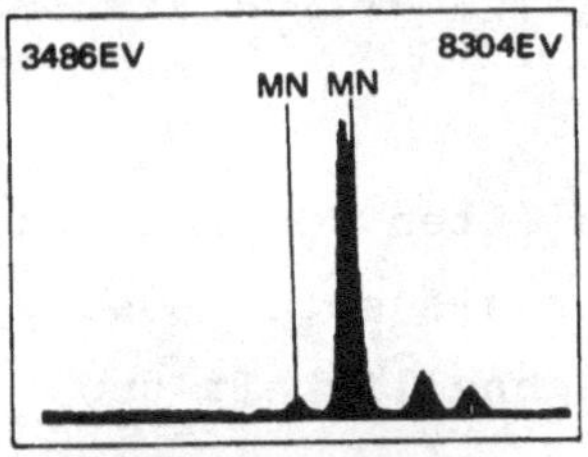

Cr stripped from stainless steel revealing hidden Mn peak

Typical Spetra of Stainless Steel
Wavelegth Dispersive System

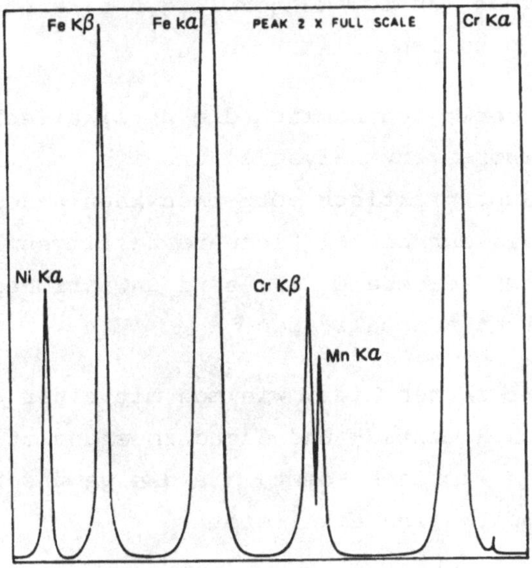

13. Spektrometertagung

Man würde auf den ersten Blick annehmen, dass ein energiedispersives System für eine solche Aufgabe am besten geeignet wäre, denn es misst alle Kanäle gleichzeitig. Solche Systeme haben aber nur begrenzte Auflösung. Das stört besonders bei der Anwesenheit eines oder mehrerer Hauptelemente - also gerade bei der Analyse von Metallegierungen. Die Bestimmung wird dann problematisch oder langwierig, denn man muss entweder mit der Anregung heruntergehen, damit die Hauptelemente das System nicht übersteuern, oder man muss die Intensitäten z.B. mit Filtern oder anderen Massnahmen manipulieren.

Wellenlängedispersive Spektrometer haben viel bessere Auflösung. Fährt man das Spektrum in konventioneller Weise sequentiell ab, so bekommt man zwar alle qualitative Information, aber das Verfahren ist langwierig und erreicht nicht die Empfindlichkeit, die man mit Impulszählung bekommt. Benutzt man Simultangeräte, so erhält man gute Empfindlichkeit auch in kurzer Zeit, aber Simultangeräte haben normalerweise nicht genug Kanäle, wenn völlig unbekannte Proben identifiziert werden sollen.

Bedenkt man nämlich die physikalischen Grenzen der Röntgenfluoreszenzanalyse einerseits und was an Legierungen überhaupt praktisch vorkommen kann andererseits, so zeigt sich, dass man bis 61 Elemente bestimmen können muss. Einige davon, etwa seltene Erden, sind unwahrscheinlich, aber man will sie nicht ausschliessen.

Wir zeigen hier, wie man mit einer geschickten Kombination von Simultan- und Sequenzmessung zu einer eleganten Lösung des Problems kommt, die die gewünschte Schnelligkeit und Empfindlichkeit liefert:

Im Modell TXRF werden die kritischen Elemente mit 16 festen Kanälen simultan bestimmt und gleichzeitig die leichter messbaren Elemente sequentiell mit einem Goniometer. Das Goniometer ist eine neuartige Konstruktion und besonders schnell.

Eine völlig unbekannte Metallprobe kann mit dieser Methode in 4 bis 5 Minuten analysiert werden. Die Nachweisgrenze ist 0,01% oder besser für alle gemessenen Elemente, rechtfertigt also die Einstufung als "halbquantitativ".

Beispiele für fertig ausgedruckte Resultate zeigen wir am Schluss.

Wie eben gesagt wurde, ist ein wichtiger Baustein dieses Systems das Goniometer, das Röntgenwellenlängen sehr schnell und reproduzierbar aufsucht. Wir gehen deshalb näher auf Einzelheiten ein.

Das Goniometer im TXRF hat mechanisch vollkommen getrennte Motorantriebe für Kristall und Zählrohr, mit elektro-optischer Einstellung. Das für die Braggsche Beziehung nötige Verhältnis 1:2 von Einfalls- zu Beugungswinkel wird elektronisch hergestellt. Um den ganzen Spektralbereich zu überdecken, hat das Goniometer einen 8-Positions-Kristallwechsler und zwei Zählrohre.

Man bekommt damit ein Goniometer, das sich schnell und reproduzierbar auf gewünschte Winkelstellungen fahren lässt. Das Fehlen mechanischer Getriebe erlaubt mittlere Geschwindigkeiten (bei grossen Winkeln) von etwa 4000 Grad pro Minute. Winkelstellungen lassen sich von beiden Seiten mit gleicher Genauigkeit anfahren, da kein mechanischer toter Gang da ist.

Das Goniometer besitzt zwei Antriebe mit koaxial montierten Motoren. Leseköpfe sitzen direkt auf den Motorachsen, die auch Kristall und Zählrohr tragen.

Die Genauigkeit der Winkeleinstellung beruht auf folgendem Prinzip:

Das Goniometer hat ein optisches Gitter mit radial angeordneten Gitterstrichen, und in jedem Lesekopf befindet sich ein kleines Bezugsgitter. Eine Lichtquelle durchstrahlt beide Gitter. Die Striche des Bezugsgitters bilden mit denen des Hauptgitters einen kleinen Winkel. Wenn sich beide Gitter gegeneinander bewegen, entstehen Moiré-Streifen, die vor dem Detektor im Lesekopf vorbeiwandern, wobei ein Drehwinkel mit hoher Auflösung in eine Streifenzahl umgesetzt wird. Winkeleinstellung wird also auf opto-elektronische Zählung von Moiré-Streifen zurückgeführt.

Dieses Bild zeigt vereinfacht das gesamte Einstellsystem.

SIMPLIFIED SCHEMATIC GONIOMETER DRIVE

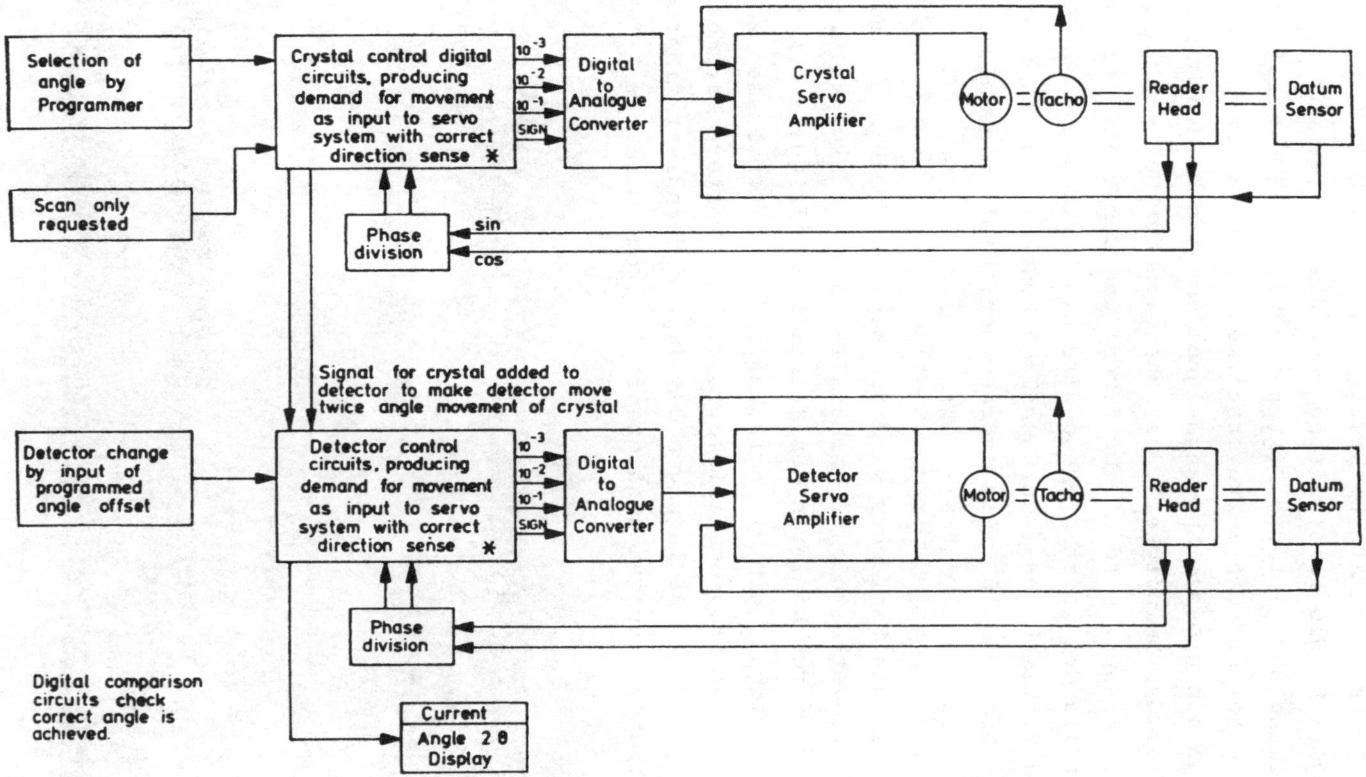

Wenn eine bestimmte Winkelstellung angefahren werden soll, vergleicht die Kristallsteuerung die Iststellung mit der Sollstellung und gibt die Differenz über einen Digital-zu-Analogkonverter auf den Servoverstärker. Eine grosse Differenz erzeugt ein grosses Ausgangssignal und treibt den Motor mit voller Geschwindigkeit. Je näher man der Sollstellung kommt, desto kleiner wird die Differenz und damit die Geschwindigkeit. In der letzten Phase wird die Auflösung des D/A-Konverters kritisch; es sind deshalb 3 Ausgänge für 10^{-1} Grad, 10^{-2} Grad und 10^{-3} Grad vorgesehen, damit eine Wiederholbarkeit von 0,001 Grad erreicht wird.

Wechsel des Zählrohrs wird als Winkeldifferenz eingegeben. Das 1:2-Verhältnis für Kristall- zu Zählrohrwinkel wird erreicht durch Addieren des Kristallwinkelsignals zum Zählrohrwinkelsignal. Winkel, Kristall und Detektor lassen sich manuell am Programmierfeld vorwählen. Weitere Parameter wie Analysenzeit, Bedingungen der Impulshöhendiskrimination und Zählrohrspannungen sind ebenfalls programmierbar.

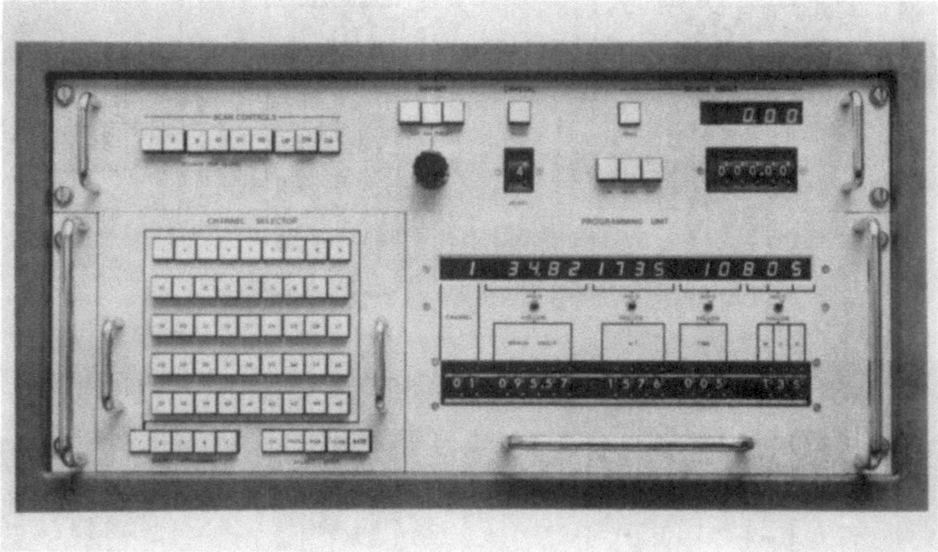

Element-Parameter werden der Goniometersteuerung mit Digitalschaltern auf dem Programmierfeld eingegeben, und zwar während der anfänglichen Einrichtungszeit des Geräts. Der Mikroprozessor der Goniometersteuerung übernimmt die Digitaleingabe in einen Speicher. Es ist ein 8-K-Speicher mit freiem Zugriff und mit batteriegespeistem Netzausfallschutz.

DATA HANDLING TXRF COMBINED SIMULTANEOUS / SEQUENTIAL SPECTROMETER

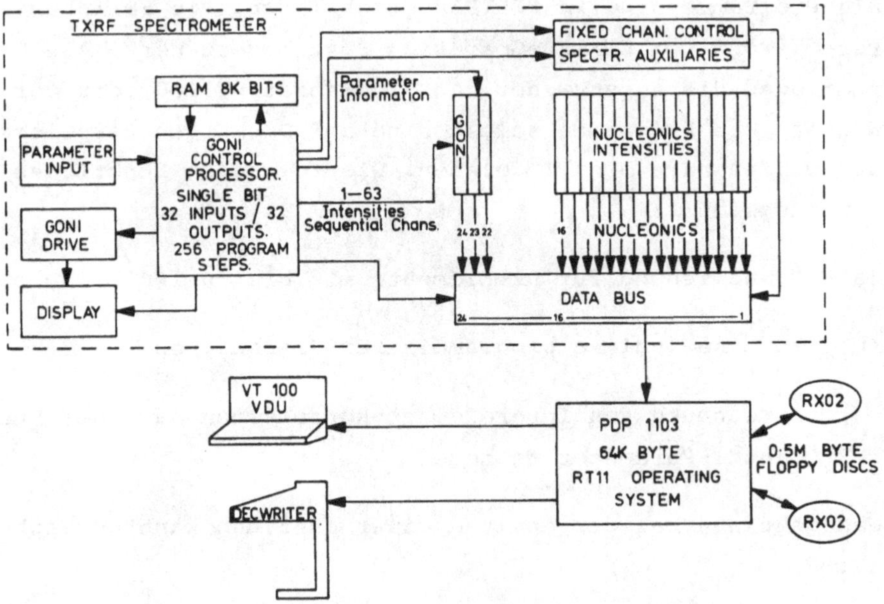

Der Mikroprozessor besteht aus 2 Intel 1702 EPROMS und anderen Einzelchips, die zusammen als 1-bit-Steuerung mit 32 Eingängen und 32 Ausgängen arbeiten. Er steuert den gesamten Arbeitszyklus des Gerätes.

Während Goniometer und Analysenzyklus mit Mikroprozessor gesteuert werden, dient ein Rechner PDP-11/03 zur Datenverarbeitung.

Alle Intensitäten werden vom Datenbus des Rechners übernommen, wenn die Kanalzählmodule von der Steuerung adressiert werden. Normalerweise werden alle Sequenzkanäle des Goniometers nacheinander abgefragt. Nach dem letzten werden alle Festkanäle sequentiell als Datenblock abgefragt.

Die Programme sind in FORTRAN geschrieben. Die Peripheriegeräte werden vom RT-100-Operating System gesteuert. Als Datenstationen dienen entweder das Sichtgerät VT 100 oder der DEC-Writer. Die Programme selbst sind auf Disketten gespeichert und werden nach Bedarf geladen. Die folgenden Funktionen werden ausgeführt:

(a) Grundeichung für 61 Elemente mit bis zu 100 Eichproben

(b) Routine-Analyse programmierter Probentypen

(c) Berechnung von Interelement-Korrekturen nach der Fundamental-Parameter-Methode.

Was geht nun bei der Analyse einer ganz unbekannten Probe vor sich?

(Das Bild zeigt die Auswertung der Intensitäten bis zum Endergebnis).

Das Programm wird ausgeführt durch Aufrufen von Betriebsarten. Zur Identifizierungsanalyse wird "Betriebsart 5 - Halbquantitative Analyse" aufgerufen.

Die Datenverarbeitung beginnt, wenn alle Intensitäten im Rechner eingelesen sind. Zunächst werden alle 61 Intensitäten

FLOW CHART DATA HANDLING

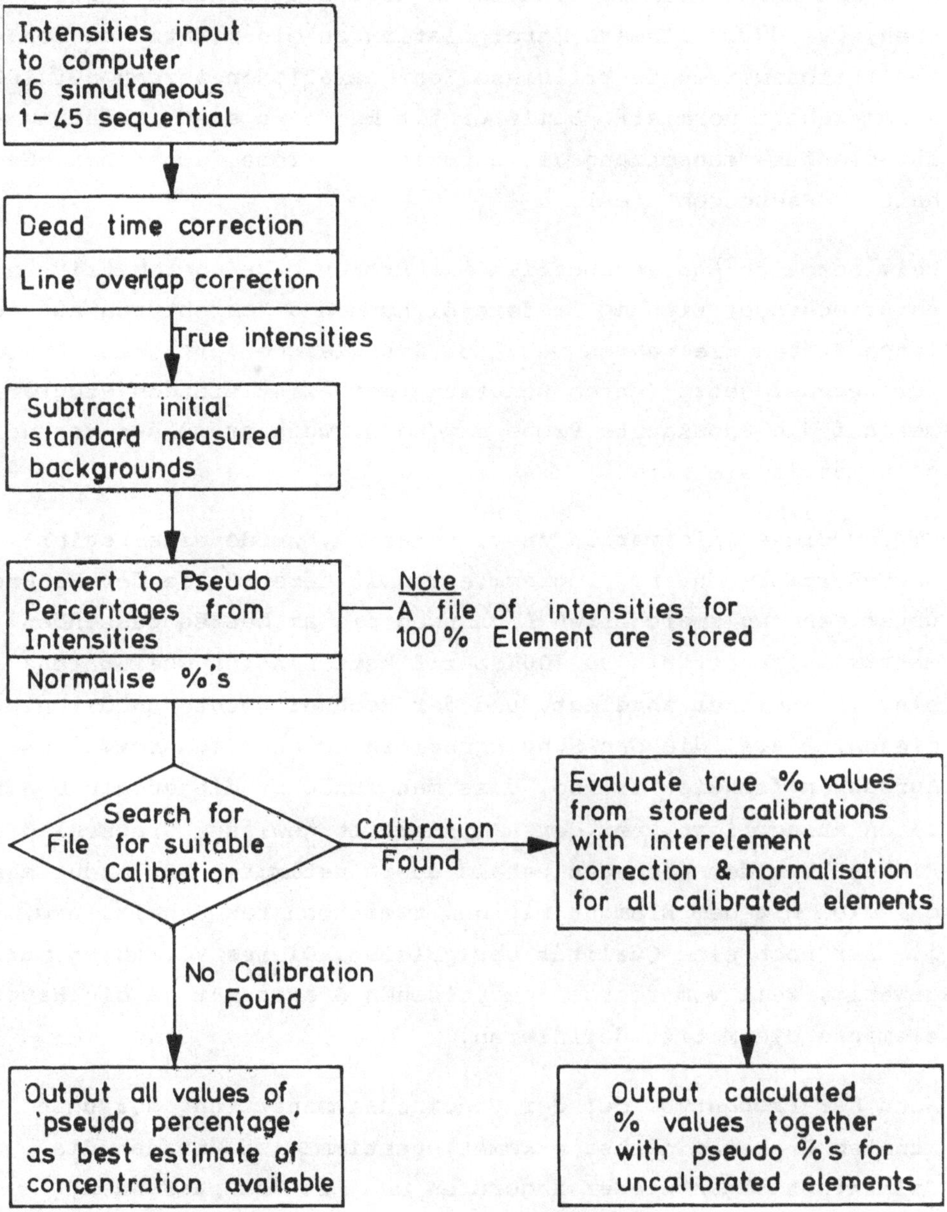

für Totzeitverluste und Linienüberlappung korrigiert. Die erhaltenen wahren Intensitäten werden durch Untergrundkorrektur in Reinintensitäten überführt. Die Reinintensitäten werden dann mit durch Eichung erhaltenen 100%-Intensitäten verglichen, was durch lineare Interpolation zu einem Satz von Konzentrationswerten führt. Diese Konzentrationen werden auf 100% Gesamtgehalt normiert. Damit erhält man eine erste Näherung für die Zusammensetzung der unbekannten Probe (scheinbare Gehalte, "Pseudogehalte").

Beim normalen Analysenbetrieb mit Proben bekannter Matrix und entsprechender Eichung liefern Eichung und Korrekturen aus den Intensitäten die wahren Gehalte. Das gleiche Verfahren könnte der Rechner jetzt (unter Benutzung der existierenden Programme) auf die unbekannte Probe anwenden, wenn er wüsste von welcher Matrix sie wäre.

Um ihm diese Information zu verschaffen, wurde eine Legierungs-Sortier-Routine programmiert, mit deren Hilfe der Rechner unter den abgespeicherten Eichungen die am besten passenden Matrix aufsucht. Bis zu 100 Spezifikationen für Qualitäten sind im Speicher abgelegt, und der Rechner sucht nun darunter diejenige auf, die den Scheingehalten am nächsten kommt. Das Aufsuchen funktioniert so, dass man zunächst diejenigen Qualitäten aussortiert, bei denen (innerhalb gewisser Grenzen) das Element mit dem höchsten Gehalt übereinstimmt; dann macht man dasselbe mit dem Element mit dem zweithöchsten Gehalt, usw. bis nur noch eine Qualität übrigbleibt. Dieses Verfahren wurde gewählt, weil vom röntgenanalytischen Standpunkt ja die Hauptelemente die Matrix definieren.

Wenn der Probentyp, der der Scheinzusammensetzung der unbekannten Probe am nächsten kommt, bestimmt ist, werden die Reinintensitäten wieder abgerufen und mit der passenden

Eichung - wie bei der Routineanalyse - in Konzentrationen umgewandelt. Man erhält auf diese Weise ziemlich zuverlässige Werte, zumal jetzt auch Matrixeffekte berücksichtigt sind.

Wenn die Suche nach einer passenden Matrix erfolglos bleibt, werden die Scheingehalte als bestmögliche Näherung ausgedruckt. Auch wenn in der gefundenen Eichung nicht alle Elemente vorgesehen waren, werden die nichtgeeichten Elemente als Scheingehalte ausgegeben. Alle Scheingehalte werden im Protokoll mit einem Stern (*) gekennzeichnet. So bekommt man die bestmögliche Aussage über die Zusammensetzung und über das Vertrauen, das sie verdient.

```
SAMPLE ID ?   2 DM HEAD              SAMPLE ID ?   2 DM TAIL
READY                                READY
  55     81.004                        55     80.935
  14     17.813                        14     18.040
   0      3.078                         0    *******
   0      3.078                         0    *******
   0      3.078                         0    *******
ALLOY     2                          ALLOY     2
ALLOY     3                          ALLOY     3
ALLOY     4                          ALLOY     4
ALLOY     3                          ALLOY     3
-------------------------------      ------------------------------------------------------------------------------------------
  Allow  CUPNICK              15       Allow  CUPNICK              15-SEP-80 10:57:08
-------------------------------      ------------------------------------------------------------------------------------------
Atomic  Element  Estimated           Atomic  Element  Estimated   (Logarithmic Scale)
Number           Concentration       Number           Concentration                0.1                 1.0                10.0                100.0
-------------------------------      ---------------------------------------------------|--------------------|--------------------|--------------------|---
 12      MG                           12      MG
 13      AL                           13      AL
 14      SI                           14      SI
 15      P            0.02*           15      P            0.02*   *******
 16      S            0.01            16      S            0.03    *********
 17      CL                           17      CL
 19      K                            19      K
 20      CA                           20      CA
 21      SC                           21      SC
 22      TI                           22      TI
 23      V                            23      V
 24      CR                           24      CR
 25      MN           0.12            25      MN           0.10    ********************
 26      FE           0.36            26      FE           0.27    *****************************
 27      CO           0.03            27      CO           0.03    *********
 28      NI          24.22            28      NI          24.54    ***********************************************************************
 29      CU          75.24            29      CU          75.02    *********************************************************************************
 30      ZN                           30      ZN
 31      GA                           31      GA
 32      GE                           32      GE
 33      AS                           33      AS
 34      SE                           34      SE
 35      BR                           35      BR
 37      RB                           37      RB
 38      SR                           38      SR
 39      Y                            39      Y
 40      ZR                           40      ZR
 41      NB                           41      NB
 42      MO                           42      MO
 44      RU                           44      RU
 45      RH                           45      RH
 46      PD                           46      PD
 47      AG                           47      AG
 48      CD                           48      CD
 49      IN                           49      IN
 50      SN           0.01*           50      SN           0.02*   ****
 51      SB                           51      SB
 52      TE                           52      TE
 53      I                            53      I
 55      CS                           55      CS
 56      BA                           56      BA
 57      LA                           57      LA
 58      CE                           58      CE
 59      PR                           59      PR
 60      ND                           60      ND
 61      PM                           61      PM
 64      GD                           64      GD
 72      HF                           72      HF
 73      TA                           73      TA
 74      W                            74      W
 75      RE                           75      RE
 76      OS                           76      OS
 77      IR                           77      IR
 78      PT                           78      PT
 79      AU                           79      AU
 80      HG                           80      HG
 81      TL                           81      TL
 82      PB           0.02            82      PB           0.02    *****
 83      BI                           83      BI
 90      TH                           90      TH
 92      U                            92      U
```

```
RUN TYPE (0-5) ?   5
SEMI-QUANTITATIVE ANALYSIS

SAMPLE ID ?   STAINLESS STEEL
READY
  54    56.311
  52    23.854
  14    17.657
  53     1.858
   0   #######
--------------------------------------------------------------------------------------------------------------------------------------------
  Allow  NO CAL                15-SEP-80 11:31:39
--------------------------------------------------------------------------------------------------------------------------------------------
Atomic  Element  Estimated   (Logarithmic Scale)
Number           Concentration                  0.1                  1.0                  10.0                 100.0
-----------------------------------------------------|--------------------|--------------------|--------------------|---------------------
 12      MG
 13      AL
 14      SI            0.52#     ********************************
 15      P             0.00#     *
 16      S
 17      CL
 19      K
 20      CA
 21      SC
 22      TI
 23      V
 24      CR           23.85#     ***********************************************************************
 25      MN            1.86#     ************************************************
 26      FE           56.31#     ********************************************************************************
 27      CO            0.13#     ***********************
 28      NI           17.66#     ********************************************************************
 29      CU
 30      ZN            0.17#     *************************
 31      GA
 32      GE
 33      AS
 34      SE
 35      BR
 37      RB
 38      SR
 39      Y
 40      ZR
 41      NB
 42      MO            0.50#     *****************************
 44      RU
 45      RH
 46      PD
 47      AG
 48      CD
 49      IN
 50      SN            0.01#     *
 51      SB
 52      TE
 53      I
 55      CS
 56      BA
 57      LA
 58      CE
 59      PR
 60      ND
 61      PM
 64      GD
 72      HF
 73      TA
 74      W
 75      RE
 76      OS
 77      IR
 78      PT
 79      AU
 80      HG
 81      TL
 82      PB
 83      BI
 90      TH
 92      U

SAMPLE ID ?
```

Das beschriebene System erleichtert wesentlich die normalerweise langwierige Identifizierungsanalyse. Die möglichst komplette Eichung des Geräts für diese Anwendung ist eine Frage der Zeit. Neue Legierungsqualitäten können im Lauf der Zeit hinzugefügt werden, solange die Speicherkapazität reicht; natürlich können auch grössere Massenspeichersysteme verwendet werden.

DOKUMENTATION BEI DER VERWECHSLUNGSPRÜFUNG

P. Friedhoff und R. Scheufler

SPECTRO, Gesellschaft für Spektrometrie mbH
Herderstraße 1A, D-4190 Kleve

Eine ordnungsgemäße Dokumentation bei der Erprobung und Überprüfung ist für die Qualitätssicherung eines Stahlwerkes von großer Wichtigkeit, weil nur so spätere Reklamationen mit den notwendigen Kenntnissen bearbeitet werden können. Gleichzeitig dient diese Dokumentation dem Nachweis, daß der vorgeschriebene Umfang der Prüfungen und Kontrollen auch tatsächlich durchgeführt wird. Durch eine automatisierte Protokollierung der Prüfung wird die Glaubwürdigkeit des Prüfprotokolls erheblich erhöht, da Übertragungsfehler ausgeschlossen werden.

Bei der Verwechslungsprüfung mit beweglichen kleinen Spektrometern, wie sie seit kurzer Zeit für die Ausgangskontrolle in einigen Stahlwerken eingesetzt werden (1, 2), bietet sich eine solche Dokumentation geradezu an, da das Ergebnis der Verwechslungsprüfung nur ein Ja/Nein oder Richtig/Falsch sein kann.

Diese an sich einfache Aufgabe wird dadurch erheblich erschwert, daß die Anzahl der Prüfungen nicht identisch mit der Anzahl der geprüften Teile und die Anzahl der Falsch-Anzeigen nicht identisch mit der Anzahl der verwechselten Teile sein muß. Es hat sich in der Praxis immer wieder herausgestellt, daß der Prüfer, der eine Falsch-Anzeige vom Gerät signalisiert bekommt, diese zunächst anzweifelt und durch eine Wiederholungsmessung bestätigt. Dies ist umso

13. Spektrometertagung

verständlicher, da die Verwechslung eines Teiles in der Ausgangskontrolle die große Ausnahme darstellt und daher nur mit einer großen Skepsis registriert wird.

Die vorigen Zeilen lassen die Schwierigkeiten erkennen, mit der die Anzahl der geprüften und der als Abweichung erkannten Teile ermittelt werden. Die Entwicklung einer Protokolleinheit sollte alle Maßnahmen berücksichtigen, die vom Prüfer getroffen werden, bevor er ein Teil als mit Sicherheit vom Normal abweichend erkannt hat. Dieser Prüfablauf muß dem Prüfer zwingend vorgeschrieben und durch entsprechende Lampen signalisiert werden. Nach Beendigung der Prüfung soll ein Protokoll mit Angaben über Datum, Name des Prüfers, Angaben der geprüften Kommission sowie über die Anzahl der Prüflinge und die Anzahl der als " Falsch " identifizierten Prüflinge erstellt werden.

Aufgrund der Erfahrungen, die in der Zwischenzeit mit den Betriebsspektrometern für die Verwechslungsprüfung vorliegen, wird eine Richtig-Meldung ohne eine Wiederholungsprüfung übernommen. Dies scheint gerechtfertigt, da bei richtiger Anwahl der überwachten Elemente und Toleranzen die Identität auch tatsächlich vorliegt (3, 4). Es ist höchst unwahrscheinlich, daß durch äußere Beeinflußung gerade die Abweichungen des Prüflings zum Normal kompensiert werden und so eine Richtig-Anzeige hervorrufen.

Bei einer Falsch-Anzeige können 4 verschiedene Ursachen vorliegen, die alle überprüft werden müssen:

a) Es liegt eine Verwechslung vor.
b) Die Prüfung wurde unter falschen Bedingungen (z.B. andere Oberfläche, Lichtpistole falsch gehalten usw. durchgeführt).
c) Das Spektrometer hat sich verstellt (z.B. die Elektrode ist verbraucht, das Quarzfenster verschmutzt usw.).

d) Die Prüftoleranzen sind zu eng gewählt.

Bei einer Falsch-Meldung wird zunächst eine Wiederholungs-Messung vom Prüfer gefordert. Die Anforderung dazu leuchtet in Form einer Lampe an der Protokolleinheit auf. Ergibt diese Prüfung mehrfach eine Richtig-Meldung, so wird die 1. Messung als falsch behandelt und der Prüfling als dem Normal entsprechend registriert. Dabei wird davon ausgegangen, daß die 1. Messung unter falschen Bedingungen erfolgte, da die beiden Wiederholungsmessungen zu einer Richtig-Meldung führten. Führt eine dieser Wiederholungsmessungen ebenfalls zu einer Falsch-Meldung, so muß die Eichung des Spektrometers überprüft werden. Diese Aufforderung erkennt der Prüfer durch das Aufleuchten einer entsprechenden Lampe. Dazu wird das Normal zweimal gemessen. Sollten beide Messungen zur Richtig-Meldung führen, so kann davon ausgegangen werden, daß das Spektrometer noch richtig geeicht ist und sich nicht verstellt hat. Die Konsequenz kann nur sein, daß das geprüfte Teil nicht dem Normal entspricht und es sich um eine Verwechslung handelt. Eine entsprechende Registrierung des Prüflings als " Falsch " wird vorgenommen. Sollte bei der Überprüfung des Normals eine Falsch-Anzeige erfolgen, so wird eine Nacheichung des Spektrometers über das Aufleuchten einer Lampe gefordert. Nach dem Eichen wird die Beendigung des Vorganges durch einen Tastendruck der Einheit mitgeteilt und eine Wiederholungsprüfung des letzten Teiles durchgeführt.

Nach Beendigung der Prüfung wird ein Prüfprotokoll ausgedruckt, daß die Anzahl der geprüften Teile und die Anzahl der als abweichend erkannten Teile enthält. Zusätzlich kann durch Kodierschalter die Kommissionsnummer, das Datum und eine Bezeichnung des Prüfers eingegeben werden.

Die Protokolleinheit besteht aus einem Microcomputer vom Typ 6802, der mit den entsprechenden Interfaces zum Spektrometer und zur Anzeigetafel auf der Frontplatte ausgerüstet ist. Das Programm ist in 1k EPROM abgespeichert. Das Protokoll wird mit einem kleinen Metallpapier-Drucker erstellt. Das gesamte System ist in einem kleinen Gehäuse untergebracht und wird an ein Betriebsspektrometer angeschlossen. Von diesem erhält es die Information " Richtig " oder " Falsch " in Form von potentialfreien Kontakten.

Schrifttum

1. Brauner, Kremer und Glaubitz:
   12. Spektrometertagung 1978, Salzburg
2. de Laffolie, Dehrendorf:
   TEW - Techn. Berichte 252 - 284 (1979)
3. Linssen, Thomich:
   Stahl u. Eisen demnächst
4. Schmitz, Thiemann, Jaensch und Buchner:
   Stahl und Eisen demnächst

SACHVERZEICHNIS

Anschriften der Autoren

Alt, F., H. Berndt, J. Messerschmidt, D. Sommer+

Institut für Spektrochemie und angewandte Spektroskopie, Postfach 778,
D-4600 Dortmund 1

+ Estel Hüttenwerke Dortmund AG, Postfach 902,
D-4600 Dortmund 1

Bombelka, R.

Applied Research Laboratories GmbH, Königstr. 5
D-4000 Düsseldorf

Bosch, H., K. H. Lohau, K. Laqua+

Thyssen AG, Forschung 4, Postfach 110067,
D-4100 Duisburg-Hamborn

+Institut für Spektrochemie und angewandte Spektroskopie, Postfach 778,
D-4600 Dortmund 1

Broekart, J. A. C., F. Leis, K. Laqua

Institut für Spektrochemie und angewandte Spektrochemie, Postfach 778,
D-4600 Dortmund 1

Bühring, M., H.-P. Buban

Gärtnerweg 49,
D-2082 Tornesch

Brunner, W., H. Heckner, B. Sansoni

Kernforschungsanlage Jülich GmbH, Zentralabteilung für Chemische Analysen, Postfach 1913,
D-5170 Jülich

Dannecker, W., I. Biehusen, K. Ahlers

Institut für Anorganische und Angewandte Chemie,
Martin-Luther-King-Platz 6,
D-2000 Hamburg 13

Dannecker, W., U. Düwel

Institut für Anorganische und Angewandte Chemie,
Martin-Luther-King-Platz 6,
D-2000 Hamburg 13

Friedhoff, P., R. Scheufler

Spectro GmbH, Herderstr. 1a
D-4190 Kleve

Gauglitz, G., T. Klink, A. Lorch

Institut für Physikalische Chemie
Auf der Morgenstelle 8
D-7400 Tübingen

Gottlieb,K., M. Malinek

VEBA Oel AG
Postfach 45
D-4660 Gelsenkirchen-Buer

Haftka, F.J., H. Vogel

Schweizerische Aluminium AG
Forschung und Entwicklung
Ch-8212 Neuhausen Schweiz

Kikkert, J.N., W.K. de Jongh

NV Philips
Lelyweg 1
Almelo Niederlande

Ko, J.B., K. Laqua

Institut für Spektrochemie
und angewandte Spektroskopie, Postfach 778,
D-4600 Dortmund 1

Koch, K.H., W. Loose, H. Aukskel

ESTEL Hüttenwerke Dortmund AG
Postfach 902
D-4600 Dortmund 1

Laffolie, H. de,

Thyssen-Edelstahlwerke
Oberschlesienstr. 16
D-4150 Krefeld

Lüschow, H.-M.

DEGUSSA ZN Wolfgang
Postfach 602
D-6450 Hanau 1

Massmann, H., Z. El Gohary

Institut für Spektrochemie
und angewandte Spektroskopie, Postfach 778,
D-4600 Dortmund 1

Nippus, M.

Kontron GmbH
Hörenzhauser Str. 5
D-8057 Eching

Ohls, K.

ESTEL Hüttenwerke Dortmund AG
Postfach 902
D-4600 DOrtmund 1

Plesch, R.

Siemens AG
Bereich Meß- und Prozeßtechnik
D-7500 Karlsruhe

Price, B.J.

Telsec Instruments Ltd.,
Sandy Lane West, Littlemore
Oxford, OX4 5JX England

Quentmeier, A., K. Laqua

Institut für Spektrochemie
und angewandte Spektroskopie, Postfach 778,
D-4600 Dortmund 1

Schaefer, M.E. Frau

Brown, Boveri & Cie
Abt. ZLC
Ch-5401 Baden Schweiz

Schrader, W.

Bodenseewerk Perkin-Elmer & Co GmbH
Ingenieurbüro Frankfurt
Berliner Str. 312
D-6050 Offenbach a. M.

Schwarz, W., W. Kandlebauer, K. Schwarz

Vereinigte Edelstahlwerke
Werkgruppe Kapfenberg
Versuchsanstalt
A-8605 Kapfenberg Österreich

Wagner, A., J. Petin, J. Hein, Fr. Bentz

ARBED-Esch-Belval
B.P. 142
Esch-sur-Alzette Luxembourg

Wagner, A., J. Petin, J. Majerus

ARBED-Esch-Belval
B.P. 142
Esch-sur-Alzette Luxembourg

Welz, B., Z. Grobenski, M. Melcher

Bodenseewerk Perkin-Elmer & Co GmbH
Postfach 1120
D-7770 Überlingen

Wernisch, J., W. Gröger

Institut für Technische Physik, TU Wien
Karlsplatz 13
A-1040 Wien Österreich

FSC
www.fsc.org
MIX
Papier | Fördert gute Waldnutzung
FSC® C083411

Kolibri 360 GmbH
Ferdinand-Jühlke-Straße 7
99095 Erfurt, Deutschland
produktsicherheit@kolibri360.de